"十四五"职业教育河南省规划教材

数控编程与加工技术

NUMERICAL CONTROL PROGRAMMING AND MACHINING TECHNOLOGY

主　编　师　鹏　崔海花　高　娜
副主编　张风光　胡士齐
参　编　解玉坤　张　磊　周吉生
　　　　胡桂领　马莉冰

河南大学出版社
HENAN UNIVERSITY PRESS
·郑州·

图书在版编目(CIP)数据

数控编程与加工技术 / 师鹏，崔海花，高娜主编. 郑州：河南大学出版社，2024.8.(2025.8 重印) -- ISBN 978-7-5649-6010-0

Ⅰ.TG659

中国国家版本馆 CIP 数据核字第 2024XZ3245 号

数控编程与加工技术
SHUKONG BIANCHENG YU JIAGONG JISHU

策　　划	孔令刚　阮林要
责任编辑	阮林要
责任校对	张雪彩
装帧设计	高枫叶

出版发行	河南大学出版社
	地址:郑州市郑东新区商务外环中华大厦 2401 号
	邮编:450046
	电话:0371-86059715(高等教育与职业教育出版分社)
	0371-86059701(营销部)
	网址:hupress.henu.edu.cn
排　　版	河南大学出版社设计排版中心
印　　刷	郑州尚品数码快印有限公司
版　　次	2024 年 8 月第 1 版　　印　次　2025 年 8 月第 3 次印刷
开　　本	787 mm×1092 mm　1/16　　印　张　22.25
字　　数	501 千字　　　　　　　　　定　价　65.00 元

(本书如有印装质量问题，请与河南大学出版社营销部联系调换。)

前　言

随着先进制造业的飞速发展,数控技术的应用领域越来越广泛。数控技术是制造业实现自动化、柔性化、集成化的基础,同时也是当今先进制造业的核心技术之一。为了适应我国职业本科教育发展以及对高技能技术型人才培养的需求,本书针对数控技术课堂教学及相关专业的生产实习、实训等实践教学环节,注重基础训练,强化实践技能,突出能力培养,采用模块式的教学结构体系,突破了传统数控技术教材在内容上的局限性,突出了系统性、实践性和综合性等特点。

本书分模块编写,全书共七个模块,模块一和模块二为基础模块,模块三至模块六是在前两个模块的基础上针对数控车床、数控铣床、加工中心、电火花线切割的编程与加工进行论述,最后一个模块为知识拓展模块。每个模块都采用"40％的理论教学＋40％的实训操作＋20％的企业实习"的教学模式,即"四四二"教学模式。每个模块都注重学生动手能力与理论知识的结合,注重培养学生的动手操作能力,力求通过本书知识的学习,使学生能灵活运用所学系统指令编制加工程序,合理选择加工路线,达到与企业的无缝对接。

本书由河南科技职业大学师鹏,崔海花,高娜任主编,具体分工如下:师鹏编写了模块一、模块二和模块四的4.4,崔海花编写了模块六和模块四的4.5,高娜编写了模块三,河南科技职业大学解玉坤编写了模块四的4.1－4.3,河南科技职业大学周吉生编写了模块五,河南科技职业大学胡士齐编写了模块七的7.1－7.3,舍弗勒(南京)有限公司张风光编写了模块七的7.4－7.8。张磊、胡桂岭多次走访企业,了解制造业企业用人需求和工艺发展趋势,为本书编写提供实践指导。马莉冰负责本书的通稿和图片校对。

由于编者水平所限,加之时间仓促,书中难免有错漏和不妥之处,恳请有关专家、学者批评指正,并提出宝贵意见。

目 录

模块一 数控技术概论 ……………………………………………………………… 1

  1.1 数控技术发展 ………………………………………………………………… 1
    1.1.1 数控机床产生 …………………………………………………………… 1
    1.1.2 数控技术发展的几个阶段 ……………………………………………… 2
    1.1.3 我国数控技术发展概况 ………………………………………………… 3
    1.1.4 数控技术发展趋势 ……………………………………………………… 3
  1.2 数控机床的工作原理及组成 ………………………………………………… 4
    1.2.1 数控机床的工作原理 …………………………………………………… 4
    1.2.2 数控机床的组成 ………………………………………………………… 5
  1.3 数控机床分类 ………………………………………………………………… 6
    1.3.1 按加工方式分类 ………………………………………………………… 6
    1.3.2 按控制系统功能分类 …………………………………………………… 6
    1.3.3 按伺服控制方式分类 …………………………………………………… 7
    1.3.4 按可联动的轴数分类 …………………………………………………… 9
  1.4 数控机床的加工特点和应用范围 …………………………………………… 9
    1.4.1 数控机床的加工特点 …………………………………………………… 9
    1.4.2 数控机床的应用范围 …………………………………………………… 10
  技能训练 …………………………………………………………………………… 11

模块二 数控加工编程基础 …………………………………………………………… 12

  2.1 数控机床坐标系 ……………………………………………………………… 12
    2.1.1 数控机床坐标系与坐标轴的确定原则 ………………………………… 12
    2.1.2 数控机床原点与参考点 ………………………………………………… 14
    2.1.3 工件坐标系 ……………………………………………………………… 14
    2.1.4 绝对坐标与增量坐标编程 ……………………………………………… 15
  2.2 数控加工程序编制的结构和方法 …………………………………………… 16
    2.2.1 加工程序的结构 ………………………………………………………… 16
    2.2.2 数控程序编制的格式和方法 …………………………………………… 17
    2.2.3 编程中的数学应用 ……………………………………………………… 20
  2.3 数控加工工艺分析 …………………………………………………………… 23
    2.3.1 数控加工工艺概述 ……………………………………………………… 23

     2.3.2 数控加工工艺分析的一般步骤 …………………………………… 26
   技能训练 ……………………………………………………………………… 36

模块三 数控车床编程与加工操作 …………………………………………… 37
  3.1 数控车床编程概述 ………………………………………………………… 37
     3.1.1 数控车床的组成与类型 ……………………………………………… 37
     3.1.2 数控车床的主要工作过程 …………………………………………… 40
     3.1.3 数控车床编程与加工特点 …………………………………………… 41
  3.2 数控车床编程常用指令 …………………………………………………… 43
     3.2.1 数控车床坐标系与参考点 …………………………………………… 43
     3.2.2 数控车床加工基本指令 ……………………………………………… 47
     3.2.3 数控车床循环指令 …………………………………………………… 58
     3.2.4 螺纹切削指令 G32 与螺纹切削循环指令 G92 ……………………… 67
     3.2.5 数控车床子程序调用 ………………………………………………… 72
  3.3 数控车床操作简介（FANUC O－TD 系统）……………………………… 74
  3.4 数控车床编程与加工综合实训 …………………………………………… 78
   技能训练 ……………………………………………………………………… 83

模块四 数控铣床编程与操作 ………………………………………………… 86
  4.1 数控铣床编程概述 ………………………………………………………… 86
     4.1.1 数控铣床的组成与类型 ……………………………………………… 86
     4.1.2 数控铣床的主要加工对象 …………………………………………… 88
     4.1.3 数控铣床编程与加工特点 …………………………………………… 89
  4.2 数控铣床编程常用指令 …………………………………………………… 91
     4.2.1 数控铣床坐标系与参考点 …………………………………………… 91
     4.2.2 数控铣床编程方法及步骤 …………………………………………… 94
     4.2.3 数控铣床编程常用基本指令 ………………………………………… 95
     4.2.4 数控铣床加工的刀具补偿指令 ……………………………………… 98
     4.2.5 数控铣床子程序运用 ………………………………………………… 101
     4.2.6 数控铣床高级编程方法（用户宏程序）……………………………… 103
  4.3 数控铣床编程综合实例 …………………………………………………… 110
     4.3.1 平面及外轮廓类加工编程 …………………………………………… 111
     4.3.2 型腔类加工编程 ……………………………………………………… 113
     4.3.3 孔类加工编程 ………………………………………………………… 118
     4.3.4 槽类加工编程 ………………………………………………………… 126
     4.3.5 利用子程序加工编程 ………………………………………………… 129
     4.3.6 利用宏程序加工编程 ………………………………………………… 130
  4.4 数控铣床操作简介 ………………………………………………………… 135

    4.4.1　FANUC 0i Mate—MC 系统数控铣床的面板介绍 ………………… 135
    4.4.2　FANUC 0i Mate—MC 系统数控铣床的基本操作 ………………… 141
    4.4.3　FANUC 0i Mate—MC 系统数控铣床的对刀操作方法和步骤 … 150
  4.5　数控铣床编程综合实训 …………………………………………………… 156
    4.5.1　平面外轮廓加工 ………………………………………………… 156
    4.5.2　平面内轮廓加工 ………………………………………………… 161
    4.5.3　凹槽加工 ………………………………………………………… 166
    4.5.4　螺纹加工 ………………………………………………………… 171
    4.5.5　典型零件编程与加工 …………………………………………… 174
  技能训练 ………………………………………………………………………… 182

模块五　数控加工中心编程与操作 …………………………………………………… 185
  5.1　概述 ……………………………………………………………………… 185
    5.1.1　加工中心概念 …………………………………………………… 185
    5.1.2　加工中心的发展历史 …………………………………………… 185
    5.1.3　加工中心的组成 ………………………………………………… 186
  5.2　加工中心的特点 …………………………………………………………… 186
    5.2.1　加工中心的加工特点 …………………………………………… 186
    5.2.2　加工中心程序编制的特点 ……………………………………… 188
    5.2.3　加工中心的类型和主要加工对象 ……………………………… 189
    5.2.4　加工中心的换刀形式 …………………………………………… 191
  5.3　加工中心编程常用指令 …………………………………………………… 193
    5.3.1　数控编程的内容与方法 ………………………………………… 193
    5.3.2　加工中心坐标系与参考点 ……………………………………… 194
    5.3.3　加工中心换刀程序 ……………………………………………… 198
  5.4　加工中心操作简介 ………………………………………………………… 208
    5.4.1　FANUC 0i Mate—MC 系统数控操作面板介绍 ………………… 208
    5.4.2　MDI 面板介绍 …………………………………………………… 210
    5.4.3　FANUC 0i Mate—MC 系统数控加工中心的基本操作 ………… 211
    5.4.4　加工中心的安全操作规程 ……………………………………… 213
  5.5　加工中心编程综合实训 …………………………………………………… 215
    5.5.1　实例 1 …………………………………………………………… 215
    5.5.2　实例 2 …………………………………………………………… 219
    5.5.3　实例 3 …………………………………………………………… 221
    5.5.4　实例 4 …………………………………………………………… 226
  技能训练 ………………………………………………………………………… 228

模块六　数控线切割编程与加工操作 ………………………………………………… 230
  6.1　概述 ……………………………………………………………………… 230

6.1.1　数控电火花线切割的加工原理 230
　　6.1.2　数控电火花线切割的加工特点 231
　　6.1.3　数控电火花线切割的应用 231
　6.2　数控电火花线切割工艺与工装基础 232
　　6.2.1　线切割加工的主要工艺指标 232
　　6.2.2　影响线切割工艺指标的若干因素 232
　　6.2.3　电火花线切割典型夹具、附件及工件装夹 237
　6.3　线切割编程 240
　　6.3.1　3B 格式程序编制 241
　　6.3.2　4B 格式程序编制 245
　　6.3.3　ISO 格式程序编制 246
　　6.3.4　数控线切割自动编程 249
　6.4　综合编程实例与加工操作 251
　　6.4.1　数控线切割机床基本操作步骤 251
　　6.4.2　注意事项 252
　　6.4.3　典型零件的线切割加工实例 252
　　6.4.4　数控线切割加工实训 256
　技能训练 258

模块七　自动编程 259

　7.1　自动编程概述 259
　　7.1.1　自动编程的发展过程 259
　　7.1.2　自动编程的操作步骤 262
　　7.1.3　常见的自动编程软件 264
　7.2　UG NX 10.0 数控加工基础 267
　　7.2.1　UG NX 10.0 数控加工流程 267
　　7.2.2　进入 UG NX 10.0 的加工模块 267
　　7.2.3　创建程序 269
　　7.2.4　创建几何体 270
　　7.2.5　创建刀具 276
　　7.2.6　创建加工方法 277
　　7.2.7　创建工序 278
　　7.2.8　生成刀路轨迹并确认 280
　　7.2.9　生成车间文档 283
　　7.2.10　输出 CLSF 文件 283
　　7.2.11　后处理 284
　　7.2.12　工序导航器 285

7.3 轮廓铣削加工 …………………………………………………………………… 287
　　7.3.1 轮廓铣削简介 ……………………………………………………………… 287
　　7.3.2 型腔铣 ……………………………………………………………………… 287
　　7.3.3 插铣 ………………………………………………………………………… 294
　　7.3.4 等高轮廓铣 ………………………………………………………………… 299
7.4 粗车外形加工 …………………………………………………………………… 308
7.5 沟槽车削加工 …………………………………………………………………… 320
7.6 螺纹车削加工 …………………………………………………………………… 324
7.7 钻孔加工 ………………………………………………………………………… 328
7.8 其他功能 ………………………………………………………………………… 337
　技能训练 …………………………………………………………………………… 342

参考文献 ……………………………………………………………………………… 345

模块一　数控技术概论

1.1　数控技术发展

数控技术(Numerical Control),简称数控,是利用数字化信息对机械运动及加工过程进行控制的一种方法。随着信息技术、电子技术、伺服系统的不断发展,数控机床也在不断地更新换代,加工精度也在不断地提高。随着检测技术与误差分析技术的不断提高,数据技术越来越向智能化、轻量化、功能复合化的方向发展。随着计算机技术的发展,现代数控技术,也被称为计算机数控技术(Computerized Numerical Control,CNC),即利用计算机按事先存储的控制程序来执行对设备的运动轨迹和外设的操作时序逻辑控制功能。由于采用计算机替代原来的用硬件逻辑电路组成的数控装置,使输入操作指令的存储、处理、运算、逻辑判断等各种控制机能的实现,均可通过计算机软件来完成,处理生成的微观指令传送给伺服驱动装置驱动电机或液压执行元件带动设备运行。

1.1.1　数控机床产生

数控机床就是将数控技术与机床生产结合,利用数字化编程精确控制零件尺寸精度和几何精度工作的机床的总称,简称 CNC 机床。数控机床是典型的机电一体化产品,它集微电子技术、计算机技术、测量技术、传感器技术、自动控制技术及人工智能技术等多种先进技术于一体,并与机械加工工艺紧密结合,是新一代的机械制造技术装备。

数控机床的产生背景是 1948 年,美国的 Parsons(帕森斯)公司为制造飞机螺旋桨叶片轮廓的板状样板,提出在坐标机床上采用数字脉冲控制的加工方法,并与麻省理工学院合作,于 1952 年成功研制出世界上第一台三坐标立式数控铣床(图 1.1.1)。随后,德国、日本等工业国家陆续开发、生产及使用了数控机床。

德国自 1956 年成功研制数控机床以来,一直重视科学实验和应用,采用大学和企业相结合的模式,对机床的性能和实际运作过程中出现的问题进行了改进,现在德国西门子公司的数控系统已成为世界知名数控系统。日本通过政府的法规引导机床的发

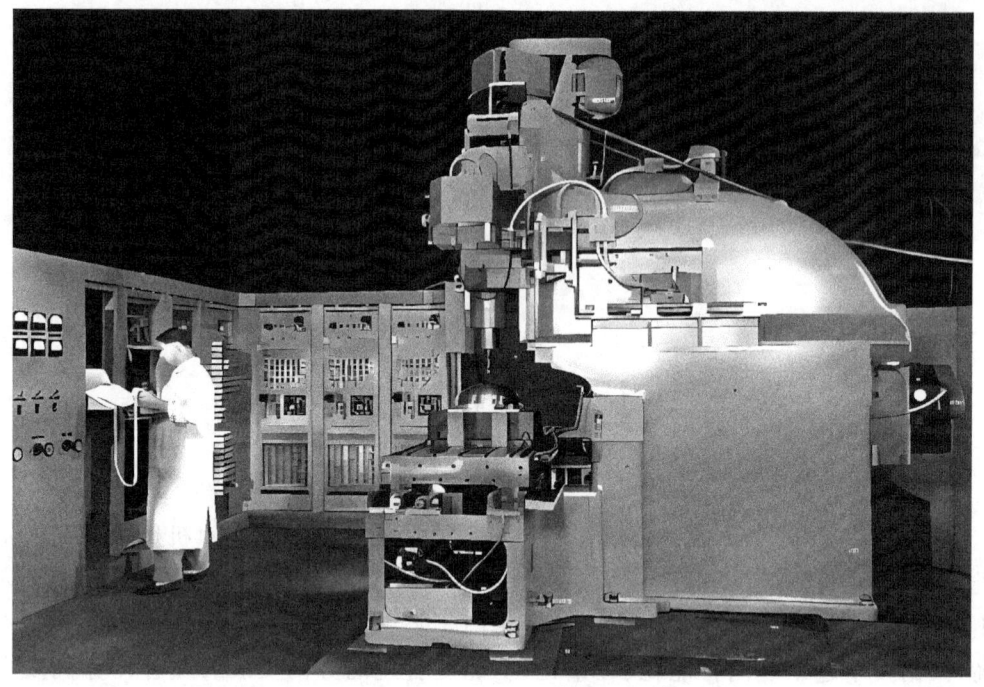

图 1.1.1　世界上第一台三坐标立式数控铣床

展,在模仿别国机床的基础上,加以创新制造出自己的机床,在技术上不断赶超美国和德国,日本法兰克公司的数控系统也是世界知名数控系统。

随着欧、美、日等工业化国家先后完成了数控机床产业化进程,中国数控机床从20世纪80年代开始起步,仍处于发展阶段,目前国内比较知名的数控机床是华中科技大学研制的华中数控机床。

1.1.2　数控技术发展的几个阶段

数控技术整体来说分为两个阶段,硬件数控(NC)和软件数控(CNC),即以数字逻辑电路为主的数控技术阶段和以计算机为主的软件数控技术阶段。

第一阶段:硬件数控(NC)。

第1代:1952年的电子管。

第2代:1959年晶体管分离元件。

第3代:1965年的小规模集成电路。

第二阶段:软件数控(CNC)。

第4代:1970年的小型计算机。

第5代:1974年的微处理器。

第6代:1990年基于个人PC机(PC-BASEO)。

最早的数控装置是采用电子真空管和晶体管构成计算单元,直至20世纪60年代初期出现了采用集成电路和大规模集成电路的电子数字计算机,计算机在运算处理能力、小型化和可靠性方面的突破性进展,由基于分立元件的数字控制(NC)走向了计算机数字控制(CNC),数控机床也开始进入实际工业生产应用。20世纪80年代IBM公司推出采用16位微处理器的个人计算机(Personal Computer,PC),由过去专用厂商开发数控装置(包括硬件和软件)走向采用通用的PC化计算机数控,同时开放式结构的CNC系统应运而生,推动数控技术向更高层次的数字化、网络化发展。

1.1.3　我国数控技术发展概况

我国数控技术起步于20世纪中后期,1958年研制成功第一台数控机床。在20世纪80年代,通过引进日本、德国、美国等国外数控技术,经过学习吸收、科技攻关,我国数控技术和数控产业取得了相当大的成绩。

我国数控技术的发展,可以大致划分为三个阶段:第一个阶段,是1958年至1979年,该阶段由于我国工业生产的落后,特别是电子技术的薄弱,再加上国外技术的封锁,我国的数控技术发展得十分缓慢。第二个阶段,在我国的"六五计划""七五计划"期间和"八五计划"前期,这一阶段,我国从发达国家和地区引进先进的数控技术,并且通过与其合作,初步建立了国产数控体系。第三个阶段,是"八五计划"后期至今,我国通过技术上的改造与科技上的攻关,大大地增强了国产数控系统的市场竞争力。

1.1.4　数控技术发展趋势

1.高速度化和高精度化

所谓高速度化是指数控机床进行切削和插补进给的高速度,高速度化的目的是在精确加工的基础上,去提高加工的速度;而高精度化是数控机床实现较高的定位精度,达到较高的分辨率等。由于质量和效率是制造的主体,高速度化和高精度化不仅可以提高产品的质量,还能有效地缩短生产周期,从而提高效率。近年来,随着高速度和高精度的发展趋势,机床的速度明显提高。例如,车削与铣削的速度达5 000～8 000 m/min的水平;精度方面,超精密加工精度达到了纳米级的水平。

2.智能化

智能化是通过聚集各种智能技术,使智能设备像人一样具有处理各种问题的能力。数控中的智能化体现在以下几个方面:第一,追求加工质量和加工效率的智能化,实际生产中,由于多种未知因素,机床难以用最佳的参数来完成切削,具有智能化的数控机床能够自身调整切削参数,达到最佳的切削;第二,提高驱动性能和连接方便的智能化,如电机参数的自适应计算、前馈控制等;第三,诊断和监控的智能化,可以在机床出现问题的时候,立刻停机,并且报警;第四,操作和编程的智能化,如自动编程和人机界面的智能化。

3.高可靠性

对于长时间处于无人操作的数控系统，其可靠性是人们比较关注的问题。为了提高数控设备的可靠性，常常采用以下几种方法：第一种方法，可以提高线路的集成度，通过采用集成电路的办法减少外部的连线和器件的数量；第二种方法，建立一套从设计到生产的质量保障体系，如输入输出的光电隔离，防电源干扰，数控系统的标准化，在制造时对器件进行严格筛选，全面考核系统可靠性；第三种方法，增加故障自诊断和保护功能，使数控系统具有故障自诊断功能，能够及时显示故障，便于快速排除障碍，避免机床和工件的损坏。

4.开放化

对于传统的数控系统，由于具有封闭性，造成了各个厂家产品不兼容，还有通用计算机的不相容，因此维修和升级变得困难。针对这种情况出现了开发式的数控系统，该系统可以运行于不同的平台之间，可以和其他的系统互相操作，提供统一的用户交互风格，具有可移植性、可伸缩性、互操作性和可互换性的特点。开发式系统具有柔性的软件和硬件，硬件的配置可以改变，软件在控制级别上可以改变。控制系统走入了开发性的阶段。

1.2 数控机床的工作原理及组成

1.2.1 数控机床的工作原理

数控机床的工作原理如图 1.2.1 所示。

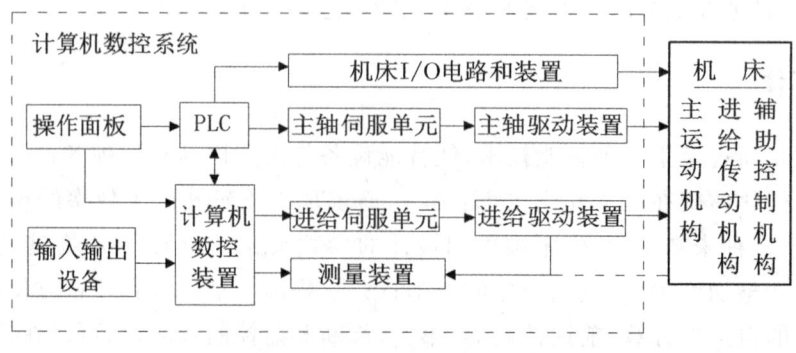

图 1.2.1 数控机床的工作原理

1.2.2 数控机床的组成

1. 控制介质

输入、输出装置控制介质又称信息载体,是人与数控机床之间联系的媒介,反映了数控加工中的全部信息。根据不同时期的数控机床,有穿孔带、磁带或磁盘等信息载体,现代数控机床可通过计算机实现数据传输。

2. 输入、输出装置

输入、输出装置是数控系统与外部设备进行交互的装置。交互的信息通常是零件加工程序。即将编制好的记录在控制介质上的零件加工程序输入数控系统,或将调试好的零件加工程序通过输出设备存放或记录在相应的控制介质上。

3. 数控装置

数控装置是数控机床实现自动加工的核心,主要由计算机系统、位置控制板、PLC接口板、通信接口板、特殊功能模块以及相应的控制软件等组成。数控装置可根据输入的零件加工程序,进行坐标系设定、机床运动轨迹等处理,然后输出控制命令到伺服单元、驱动装置等执行部件。所有这些工作都是在数控装置内硬件和软件协调配合、合理组织的基础上有条不紊地进行。

4. 伺服系统

伺服系统是数控系统与机床本体之间的电传动联系环节,主要由伺服电机、驱动控制系统以及位置检测反馈装置组成。伺服电机是系统的执行元件,驱动控制系统是伺服电机的动力源。数控系统发出的指令信号与位置反馈信号比较后作为位移指令,再经过驱动系统的功率放大后,带动机床移动部件做精确定位或按照规定的轨迹和进给速度运动,使机床加工出符合图样要求的零件。

5. 检测反馈系统

检测反馈系统由检测元件和相应的电路组成,其作用是检测机床的实际位置、速度等信息,并将其反馈给数控装置与指令信息进行比较和校正,构成系统的闭环控制。

6. 机床本体

机床本体指的是数控机床机械机构实体,包括床身、主轴、进给机构等机械部件。由于数控机床是高精度和高生产率的自动化机床,它与传统的普通机床相比,应具有更好的刚性和抗震性,相对运动摩擦系数要小,传动部件之间的间隙要小,而且传动和变速系统要便于实现自动化控制。

1.3 数控机床分类

1.3.1 按加工方式分类

1. 普通数控机床

普通数控机床可分为数控车床、数控铣床、数控钻床、数控镗床、数控齿轮加工机床和数控磨床等。普通数控机床的工艺性能和普通机床相似,但生产率和自动化程度比普通机床高,两者都适合加工单件小批量多种和复杂形状的工件。

2. 加工中心

加工中心是带有刀库和自动换刀装置的数控机床,这种机床在工件一次装夹后,可以对其大部分表面进行加工,而且具有两种或两种以上的切削、铣削功能。常见的有数控车削中心、数控镗铣加工中心。

3. 数控特种加工机床

数控特种加工机床主要有数控电火花成型加工机床、数控电火花线切割机床、数控激光切割机床等。

1.3.2 按控制系统功能分类

1. 点位控制数控机床

如图1.3.1(a)所示,数控系统只控制刀具从一点到另一点的准确位置,而不控制运动轨迹,各坐标轴之间的运动是不相关的,在移动过程中不对工件进行加工。这类机床可实现孔、槽等加工的快速精准定位,如数控钻床、数控坐标镗床、数控冲床等。

2. 直线控制数控机床

如图1.3.1(b)所示,数控系统除了控制点与点之间的准确位置外,还要保证两点间的移动轨迹为一直线,并且对移动速度也要进行控制,也称点位直线控制。这类数控机床主要有比较简单的数控车床、数控铣床、数控磨床等。单纯用于直线控制的数控机床已不多见。

3.轮廓控制数控机床

如图 1.3.1(c)所示,轮廓控制的特点是能够对两个或两个以上的运动坐标的位移和速度同时进行连续相关的控制,它不但要控制机床移动部件的起点与终点坐标,而且要控制整个加工过程的每一点的速度、方向和位移量,也称连续控制数控机床。这类数控机床是目前主流数控机床,有数控车床、数控铣床、数控线切割机床、加工中心等。

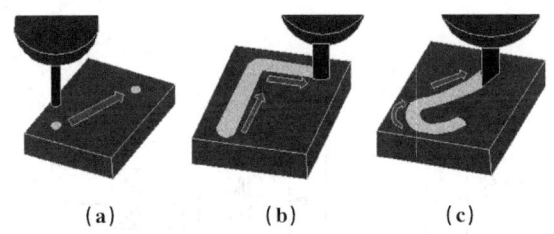

图 1.3.1 按控制系统功能分类的数控机床

1.3.3 按伺服控制方式分类

1.开环控制数控机床

这类机床不带位置检测反馈装置,通常用步进电机作为执行机构。输入数据经过数控系统的运算,发出脉冲指令,使步进电机转过一个步距角,再通过机械传动机构转换为工作台的直线移动,移动部件的移动速度和位移量由输入脉冲的频率和脉冲个数所决定。因此,开环控制数控机床加工精度较低,多属于经济型数控机床。其工作原理如图 1.3.2 所示。

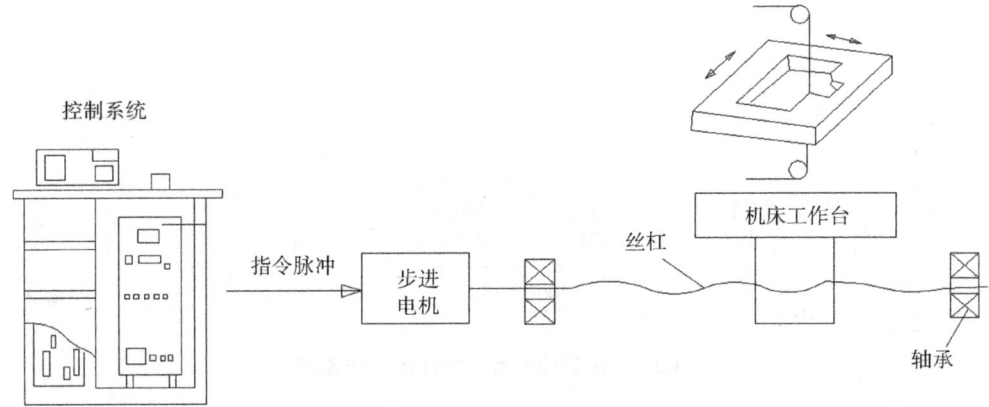

图 1.3.2 开环控制数控机床的工作原理

2.半闭环控制数控机床

在各主轴伺服电机的端头或机床丝杠的端头安装感应同步器或光电编码器等检测元件,通过检测其转角来间接检测移动部件的位移,然后反馈到数控系统中并进行修正。此类数控机床未能对机床大部分机械传动环节进行检测反馈,存在一定机械传动误差,但其控制精度高于开环控制数控机床,而且调试比较方便,被大多数中小型数控机床所采用。其工作原理如图1.3.3所示。

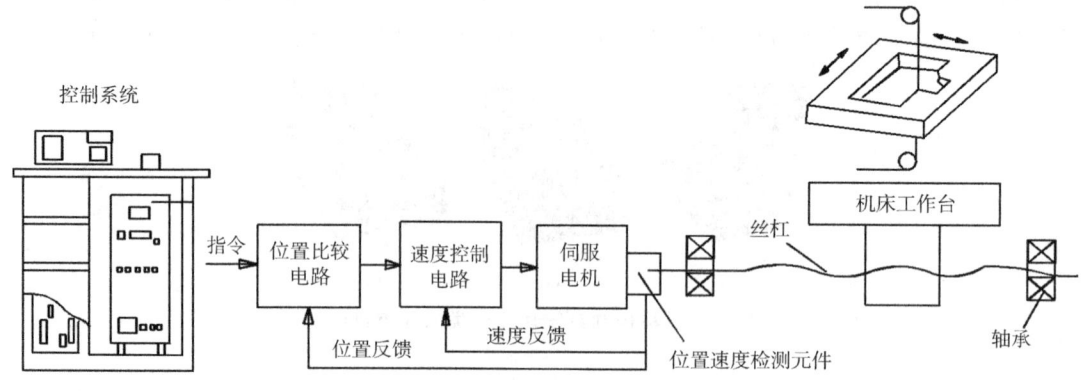

图1.3.3 半闭环控制数控机床的工作原理

3.闭环控制数控机床

这类数控机床带有位置检测反馈装置,其位置检测反馈装置采用直线位移检测元件,直接安装在机床的移动部件上,将测量结果直接反馈到数控装置中,通过反馈可消除从电机到机床移动部件整个机械传动链中的传动误差,最终实现精确定位。闭环控制系统的定位精度高于半闭环控制,但结构比较复杂,调试维修的难度较大,常用于高精度和大型数控机床。其工作原理如图1.3.4所示。

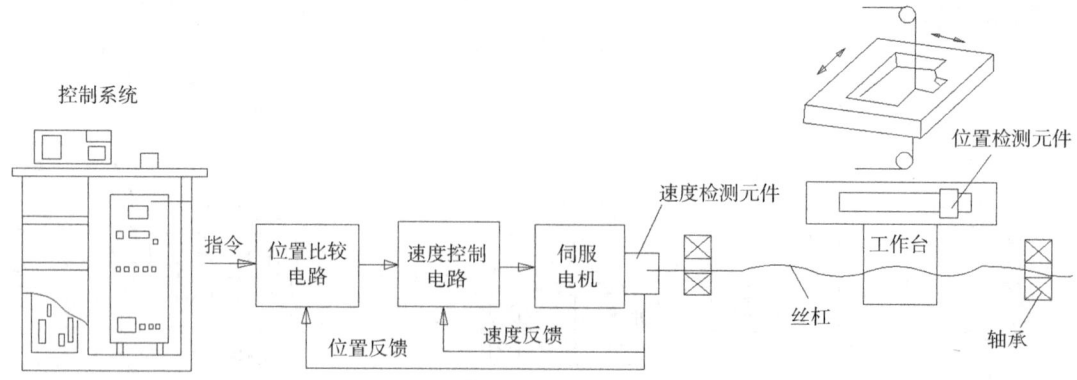

图1.3.4 闭环控制数控机床的工作原理

1.3.4 按可联动的轴数分类

数控系统控制几个坐标轴按需要的函数关系同时协调运动,称为坐标联动,按照联动轴数可以分为以下三类。

1.两轴联动数控机床

数控机床能同时控制两个坐标轴的联动,如数控车床和用于铣削平面轮廓的数控铣床。

2.三轴联动数控机床

数控机床能同时控制三个坐标轴的联动,用于一般曲面的加工,如数控铣床、加工中心等。

3.多轴联动数控机床

数控机床能同时控制四个以上坐标轴的联动。多坐标数控机床的结构复杂,精度要求高,程序编制复杂,适用于加工形状复杂的零件,如叶轮叶片类零件。我国具有自主知识产权的七轴五联动数控机床已研制成功。

1.4 数控机床的加工特点和应用范围

1.4.1 数控机床的加工特点

1.柔性强

当改变加工零件时,数控车床只需更换零件的加工程序,不必用凸轮、靠模、样板或其他模具等专用工艺装备,且可采用成组技术的成套夹具。因此,数控车床的生产准备周期短,更能适应机械产品的迅速更新换代。

2.适合加工复杂型面的零件

由于数控车床能实现两轴或两轴以上的联动,因此能完成复杂型面零件的加工,特别是可用数学方程式和坐标点表示的形状复杂的零件。

3. 加工精度高，质量稳定

数控车床有较高的加工精度，一般在 0.005～0.01 mm。数控车床的加工精度不受零件复杂程度的影响，车床传动链的反向齿轮间隙和丝杠的螺距误差等都可以通过数控装置自动进行补偿，定位精度比较高，同时还可以利用数控软件进行精度校正和补偿。数控车床运行数控程序自动进行加工，可以避免人为的误差，这就保证了零件加工质量的稳定性。

4. 生产效率高

在数控车床上可以采用较大的切削用量，有效地节省了机动工时。还有自动调整、自动换刀和其他辅助操作等自动化功能，使辅助时间大为缩短，而且一般不需工序间的检验与测量，所以，比普通车床的生产效率高 3～4 倍，甚至更高。

数控车床的主轴转速及进给范围都比普通车床大。目前数控车床的最高进给速度可达 100 m/min 以上。数控车床的加工时间利用率高达 90%，而普通车床仅为 30%～50%。

5. 工序集中，一机多用

数控车床特别是车削中心，在一次装夹的情况下，几乎可以完成零件的全部加工工序，一台数控车床可以代替多台普通车床。这样可以减少装夹误差，节约工序之间的运输、测量和装夹等辅助时间，还可以节省车间的占地面积，带来较高的经济效益。

6. 减轻劳动强度，改善劳动条件

在输入程序并启动后，数控车床就自动地连续加工，直至零件加工完毕。这样就简化了人工操作，使劳动强度大大降低。

7. 价格较高，且调试和维修较复杂

数控车床是一种技术含量和价格较高的设备，要求具有较高技术水平的人员来操作和维修。

1.4.2 数控机床的应用范围

1）多品种、高精度、小批量的零件。
2）需要进行多次改型设计的零件。
3）加工精度要求高、结构形状复杂的零件，如箱体类、曲线、曲面类零件。如在汽车制造业，车轮、发动机、变速箱和车架等零件的生产，均离不开数控机床的生产。

4）需要精确复制和尺寸一致性要求高的零件。
5）精度高、价值昂贵的零件，如航空航天、武器制造、船舶制造等行业。

技能训练

1. 什么是数控技术？
2. 数控技术的发展历程是什么？数控技术发展的趋势是什么？
3. 数控机床如何分类？
4. 数控机床的特点是什么？其应用范围如何？

模块二　数控加工编程基础

2.1　数控机床坐标系

2.1.1　数控机床坐标系与坐标轴的确定原则

机床固有的坐标系称为机床坐标系。机床坐标系的建立必须依据一定的原则。由于机床的结构不同,有的是刀具运动、工件固定,有的是刀具固定、工件运动,为方便编程,一律规定为工件固定、刀具运动。

数控机床上的坐标系采用右手直角笛卡儿坐标系,如图 2.1.1 所示,X、Y、Z 直线进给坐标系按笛卡儿坐标系右手定则判定,而围绕 X、Y、Z 轴旋转的圆周进给坐标轴 A、B、C 则按右手螺旋定则判定。

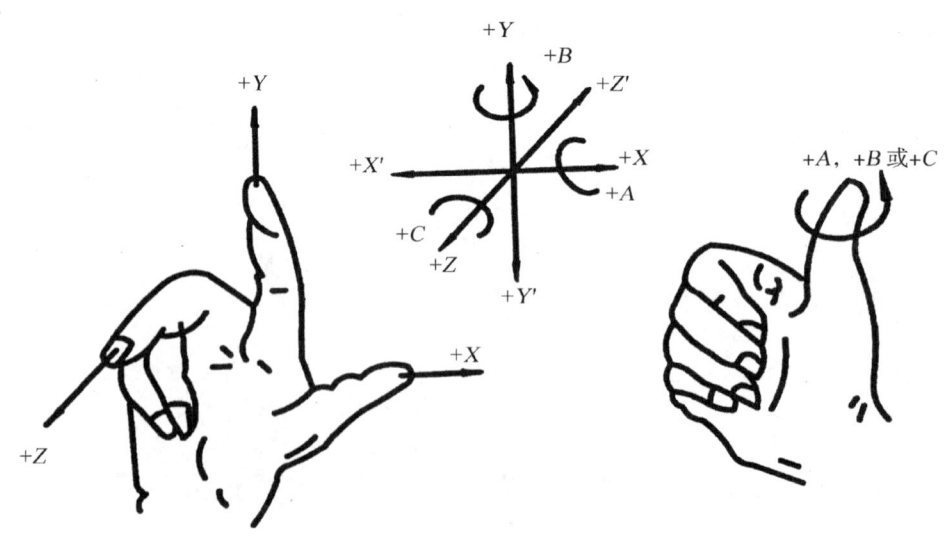

图 2.1.1　右手直角笛卡儿坐标系

机床各坐标轴及其正方向的确定原则如下。

1) Z 轴。以平行于机床主轴的刀具运动坐标为 Z 轴。若有多根主轴,则可选垂直于工件装夹面的主轴为主要主轴，Z 轴则平行于该主轴轴线；若没有主轴，则规定垂直于工件装夹表面的坐标轴为 Z 轴。刀具远离工件的方向为 Z 轴正方向。例如，卧式车床，其工件旋转，轴线为 Z 轴，刀具远离工件方向为正方向，如图 2.1.2 所示；立式铣床，刀具在主轴旋转且移动，因此 Z 轴方向为上下方向，向上为正方向。

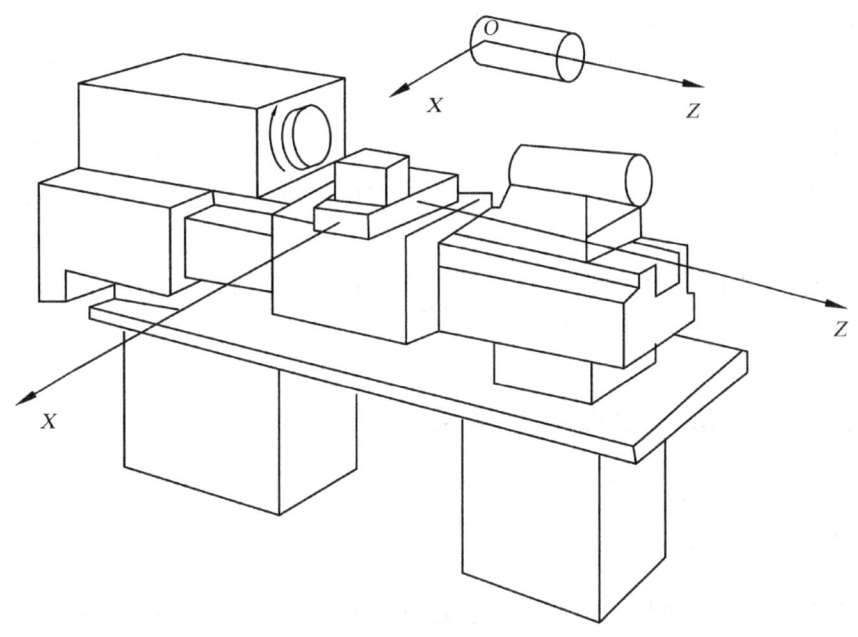

图 2.1.2 卧式车床坐标系

2) X 轴。X 轴为水平方向且垂直于 Z 轴并平行于工件的装夹面。在工件旋转的机床（如车床、外圆磨床）上，X 轴的运动方向是正向的，与横向导轨平行，以刀具离开工件旋转中心的方向为正方向。对于刀具旋转的机床，若 Z 轴为水平方向（如卧式铣床、镗床），则沿刀具主轴后端向工件方向看，右手平伸出方向为 X 轴正方向，若 Z 轴为垂直方向（如立式铣床、镗床、钻床），则从刀具主轴向床身立柱方向看，右手平伸出方向为 X 轴正方向。

3) Y 轴。在确定了 X、Z 轴的正方向后，即可按笛卡尔坐标系右手定则定出 Y 轴正方向。具体方法为：以中指指向 Z 轴的正方向，大拇指指向 X 轴正方向，让中指、食指、大拇指三个手指两两互相垂直，则食指指向 Y 轴的正方向。

4) 旋转运动坐标。A、B、C 表示其对应的 X、Y、Z 轴的旋转运动，A、B、C 的正方向对应在 X、Y、Z 轴的正方向上，按照右手螺旋法则判定，即右手大拇指方向为 X、Y、Z 轴的正方向，四指指向为旋转运动的正方向。

上述坐标轴正方向，均是假定工件不动，刀具相对于工件做进给运动而确定的方向，即刀具运动坐标系。但在实际机床加工时，有很多都是刀具相对不动，而工件相对于刀具移动实现进给运动的情况。此时，应在各轴字母后加上"′"表示工件运动坐标系。按相对运动关系，工件运动的正方向恰好与刀具运动的正方向相反，即

$$+X=-X',+Y=-Y',+Z=-Z'$$

$$+A=-A',+B=-B',+C=-C'$$

在进行编程计算时,为统一坐标系方向,一律都是假定工件不动,按刀具相对运动的坐标来编程。机床操作面板上的轴移动按钮所对应的正负运动方向,与编程用的刀具运动坐标方向相一致。例如,对立式数控铣床而言,按$+X$轴移动钮或执行程序中$+X$移动指令,应该是达到假想工件不动,而刀具相对工件往右($+X$)移动的效果。但由于在X,Y平面方向,刀具实际上是不移动的,因此相对于站立不动的人来说,真正产生的动作却是工作台带动工件在往左移动(即$+X$运动方向)。若按$+Z$轴移动钮,对工作台不能升降的机床来说,应该就是刀具主轴向上回升;而对工作台能升降而刀具主轴不能上下调节的机床来说,则应该是工作台带动工件向下移动,即刀具相对于工件向上提升。

此外,若在基本的直角坐标轴X,Y,Z之外,还有其他轴线平行于X,Y,Z轴线,则附加的直角坐标系指定为U,V,W。

2.1.2 数控机床原点与参考点

1. 机床原点

机床原点就是机床坐标系的原点。它是机床上的一个固定的点,由制造厂家确定。机床坐标系是通过返回参考点操作来确立的,参考点是确立机床坐标系的参照点。数控车床的机床原点多定在主轴前端面的中心,数控铣床的机床原点多定在进给行程范围的正极限点处,也有机床设置在工作台中心处。

2. 参考点

参考点是机床工作台与刀具相对运动的测量系统的定位点,一般设定在各轴正向行程极限点的位置上,其作用是用于确定机床原点位置。如数控车床原点位置与参考点位置是固定值,通过回参考点的方式,可以确定机床原点位置;数控铣床和加工中心等其机床原点一般和参考点为同一位置。

2.1.3 工件坐标系

在对零件图形进行编程计算时,为方便编程,要建立用于编程的坐标系,其坐标原点即为程序原点。编程坐标系在机床上就表现为工件坐标系,坐标原点就称为工件原点。

工件原点一般按如下原则选取。

1)工件原点应选在工件图样的尺寸基准上。这样可以直接用图纸标注的尺寸作为编程点的坐标值,减少数据换算的工作量。

2)方便工件装夹、测量和检验。

3)尽量选在尺寸精度和粗糙度比较低的工件表面上,这样可以提高工件的加工精度和同一批零件的一致性。

4)对于有对称几何形状的零件,工件原点最好选在对称中心点上。车床的工件原点一般设在主轴中心线上,多定在工件的后端面或前端面的中心。铣床的工件原点,一般设在工件外轮廓的某一个角上或工件对称中心处,进刀深度方向上的零点大多取在工件表面。对于形状较复杂的工件,有时为编程方便可根据需要通过相应的程序指令随时改变新的工件坐标原点;对于在一个工作台上装夹加工多个工件的情况,在机床功能允许的条件下,可分别设定编程原点独立地编程,再通过工件原点预置的方法在机床上分别设定各自的工件坐标系。

在零件加工中,要将程序应用到数控机床中,必须确定程序原点在机床坐标系中的位置,这一过程就是对刀。对于编程和操作加工采取分开管理的生产单位,编程人员只需将其编程坐标系和程序原点填写在相应的工艺卡片上即可。而操作加工人员则应根据工件装夹情况适当调整程序上建立工件坐标系的程序指令,或采用原点预置的方法调整修改原点预置值,以保证程序原点与工件原点的一致性。

2.1.4 绝对坐标与增量坐标编程

数控编程通常都是按照组成图形的线段或圆弧的端点坐标来进行的,刀具或机床运动位置的坐标值通常有两种表达方式,即绝对值坐标和相对(增量)值坐标。

1. 绝对坐标

刀具或机床的位置坐标都是以固定的坐标原点(工件坐标系原点)为基准计算的,称为绝对值坐标,按这种方式进行编程称为绝对值坐标编程。如图 2.1.3 中,A 点坐标为 $(-3,2)$,B 点坐标为 $(2,1)$,C 点坐标为 $(1,-2)$,D 点坐标为 $(-2,-1)$。

2. 增量坐标

刀具或机床的位置坐标值都是相对于前一位置计算的,称为相对值坐标或增量坐标,按这种方式进行编程称为相对(增量)值坐标编程。相对值坐标与运动方向有关。如图 2.1.3 中,A 点到 B 点的增量坐标为 $(5,-1)$,B 点到 C 点的增量坐标为 $(-1,-3)$,C 点到 D 点的增量坐标为 $(-3,1)$,D 点到 A 点的增量坐标为 $(-1,3)$。

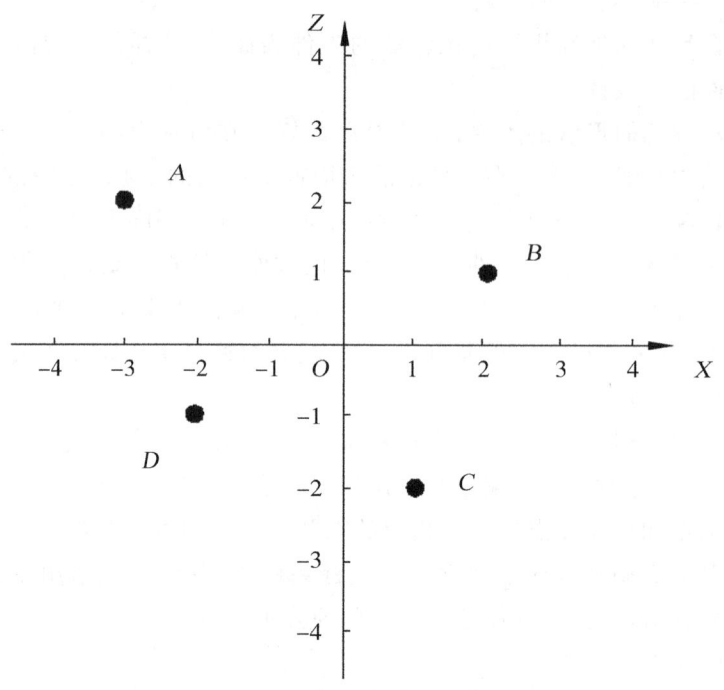

图 2.1.3　绝对坐标与增量坐标

2.2　数控加工程序编制的结构和方法

2.2.1　加工程序的结构

零件加工程序是由主程序和可被主程序调用的子程序组成,子程序有多级嵌套。不论是主程序还是子程序,每一个程序都是由程序名、程序内容和程序结束三部分组成。程序的内容则由若干按规定格式书写的程序段组成,程序段是由若干程序字组成,每个程序字又由字母和数字组成。即字母和数字组成程序字,程序字组成程序段,程序段组成程序内容。例如,

O0001；　　　　　　　　　　　　　程序名
N001 G91 G18 G00 X100 Y100 Z10.；
N002 M03 S600 M08；
N003 G01 Z-5. F0.4；　　　　　　　　程序内容
N004 X50.；
N005 Y50.；
N006 X100.；

```
N007 Y100.;
N008 M05 M09;
N009 G00 X100. Y100. Z10.;
N010 M30;                            程序结束
```

1. 程序名

程序名是一个程序必需的标识符,由地址符后带若干位数字组成。常见的地址符有"％""O""P"等,不同数控系统的程序名有不同的命名方法,西门子系统有用地址符"％"后跟若干位数字的,也有用字母数字组成的,且前两位必须是字母;而华中和 FANUC 系统地址符则分别用"％"和"O"后跟 1~4 位正整数组成,使用时应根据具体系统而定。

例如,国产华中 I 型系统用"％",日本 FANUC 系统用"O",后面所带的数字一般为 4~8 位,如％0001。

2. 程序内容

程序内容表示数控加工要完成的全部动作,是整个程序的核心。它由若干个程序段组成,每个程序段由一个或多个指令构成。

程序段中包含的代码主要有以下几种。

N:程序段地址码,用于指定程序段段号,一般格式为 N 和数字组成,数字范围从 1~9999,如 N0001。

G:准备功能字代码。

X、Z:坐标轴地址(尺寸数字)。

F:进给功能代码。

S:主轴转速代码。

M:辅助功能代码。

3. 程序结束

程序结束是以程序结束指令 M02 或 M30 结束整个程序的运行,一般单独一行。

2.2.2 数控程序编制的格式和方法

1. 程序编制的基本格式

程序是数控机床实现自动运行的根本,不同的机床生产厂家按照自己不同的程序编制习惯和要求,制定不同的程序语言,然后由指令和数字按照一定的格式排列而成。所以编程之前,只有先了解程序的指令、结构和编程规则,才可以编制出正确的数控加工程序。

编程指令又称为功能代码,主要由地址字符和数字字符组成,地址字符的含义如表 2.2.1 所示。

表 2.2.1 地址字符

字 符	含 义	字 符	含 义
A	相对 X 轴的旋转轴	N	程序段地址
B	相对 Y 轴的旋转轴	O	程序名地址
C	相对 Z 轴的旋转轴	P	程序段序号地址
D	刀具半径补偿功能	Q	程序段序号地址
E	第二进给	R	圆弧半径地址
F	进给功能	S	主轴转速功能
G	准备功能	T	刀具功能
H	刀具长度补偿功能	U	平行于 X 轴的第二轴功能
I	平行于 X 轴的插补功能	V	平行于 Y 轴的第二轴功能
J	平行于 Y 轴的插补功能	W	平行于 Z 轴的第二轴功能
K	平行于 Z 轴的插补功能	X	X 轴基本尺寸功能
L	循环次数	Y	Y 轴基本尺寸功能
M	辅助功能	Z	Z 轴基本尺寸功能

地址字符分为尺寸地址字符和非尺寸地址字符。尺寸地址字符主要存储各种尺寸相关数据,又称尺寸功能,包括 A、B、C、D、E、H、I、J、K、P、Q、R、U、V、W、X、Y、Z 一共 18 个地址符,主要用来指定机床运行的坐标位置和圆弧半径等,其中,地址字符 U、V、W、X、Y、Z 主要用来指定机床运行的直线坐标尺寸,地址字符 A、B、C 主要用来指定机床运行的角度尺寸,地址字符 I、J、K 主要用来指定圆弧圆心的坐标尺寸,地址字符 R 主要用来指定圆弧半径尺寸,地址字符 D、H 主要用来指定刀具的半径和长度尺寸。

非尺寸地址字符主要是用来存储尺寸以外的其他功能,包括 F、G、M、N、O、S、T,一共 7 个字符。

(1)G 功能

G 功能又称为准备功能,由地址符 G 和其后两位数字构成。G 功能主要是规定机床运动部件在运动时的编程坐标系、控制运动方式、刀具补偿等多种操作,通用 G 代码如表 2.2.2 所示。

表 2.2.2 通用 G 代码

代码	组号	功能	代码	组号	功能
G00	01	快速点定位	G54—G59	14	选择 1~6 工件坐标系
G01	01	直线插补	G17	—	指定工作平面为 XY 平面
G02	01	顺时针圆弧插补	G18	—	指定工作平面为 XZ 平面
G03	01	逆时针圆弧插补	G19	—	指定工作平面为 YZ 平面
G04	00	程序暂停	G90	—	绝对坐标编程
G40	07	取消刀具半径偏置	G91	—	增量坐标编程
G41	07	刀具半径左偏置			
G42	07	刀具半径右偏置			

除一些通用 G 代码功能相同外,不同数控系统生产厂家的 G 功能代码含义不同,在使用 G 功能时,必须遵照数控系统生产厂家的规定。

G 代码分模态代码和非模态代码。模态代码是指在程序段中一经指定持续有效,直到被同组其他指令替代为止的代码。G 代码被分成 00、01、02 等不同的组,其中除 00 组以外的其他各组代码都属于模态代码。如 01 组中 G00 编程时一经指定,在运动方式不改变的情况下,后续程序段中可以将其省略。

非模态代码是指只在本程序段中有效的代码。表 2.2.2 中 00 组代码就属于非模态代码,如 00 组中的 G04,在编程时,只在它出现的程序段中有效。

不同组的 G 代码可以在同一程序段中被指定,若同组多个 G 代码在同一程序段中被顺序指定,则最后指定的 G 代码有效。

当机床电源打开或重置时,有部分功能代码被设置为默认值,即开机有效,如 G17、G90 功能。

(2)M 功能

M 功能又称为辅助功能,由地址符 M 和其后的数字(一般为两位数)组成。M 功能主要是规定机床辅助开关动作的代码,如主轴转停、切削液开关等。不同机床厂家的 M 功能也不相同,在实际中应根据厂家规定使用。常用的 M 功能有 M03 主轴正转、M04 主轴反转、M05 主轴停止、M30 程序结束等。

(3)F 功能

F 功能又称为进给功能,由地址符 F 和其后的一组数字组成。F 功能主要是指定机床在加工工件时,刀具相对于工件的进给速度,地址符 F 后面的数字表示进给速度值,单位为 mm/min 或 mm/r。当加工螺纹时,F 功能则表示螺纹的导程。

(4)S 功能

S 功能又称为主轴转速功能,由地址符 S 和其后的一组数字组成。S 功能主要是指定机床主轴的转速或速度,单位为 r/min 或 m/min,地址符 S 后的一组数字即为主轴转速。

(5)T 功能

T 功能又称刀具功能,由地址符 T 和其后的一组数字组成。T 功能主要是指定机床在加工工件时的刀具。因为刀具的几何形状和磨损,造成刀具的中心或刀尖在加工时位置不重合,所以有时在 T 功能中也包含了刀具的位置偏差(多在车床中)。为了解决刀具的中心或刀尖加工时位置不重合的问题,均设置了相关的刀具补偿。

在地址符 T 后的一组数字,有 1 位数、2 位数、4 位数等,其含义和功能各不相同。

1)1 位数。在少数数控车床中,刀具的位置偏差、半径补偿和长度补偿等都不需要在程序中出现,因此,只需用 1 位数表示刀具的位置。例如,T2,T 指刀具指令,2 指 2 号刀位的刀具。

2)2 位数。2 位数分为两种情况。一种情况是两位数仅指刀具刀位号,在刀具少于 100 把的加工中心或某些数控车床中,一般都采用此种方法来选择刀具。在加工中心,由于刀具较多,因此多采用此种方法选择刀具,如 T11、T24、T99 等。当刀具位置号在 1~9 时,可以省略 T01 就变成 T1。该种情况下,T 代码后的数字仅表示调用刀具刀位号,其刀具的长度补偿和半径补偿则分别由地址符 D 和地址符 H 及其后的一组数字来完成。

另一种情况是 T 后两位数字分别表示刀具刀位号和刀具补偿编号,在数控车床中有应用。其中,首位数字表示刀具的位置号,又称为刀位号,常用 0~8 共 9 位数字,"0"表示不换刀;末位数字表示刀具的补偿编号,又称为刀补号,常用 0~8 共 9 位数字,"0"表示补偿为 0 或取消刀补。例如,T24,指调用 2 号刀具和 4 号刀补。

3)4 位数。4 位数多用于车削中心和部分数控车床中。前两位数表示刀位号,后两位数表示刀补号,其中"00"表示补偿为 0 或取消刀补。例如,T0303,指调用 3 号刀具和 3 号刀补。

2.程序编制的方法和步骤

我们把零件的加工工艺路线、工艺参数、刀具的运动轨迹、位移量、切削参数(主轴转数、进给量、背吃刀量等)以及辅助功能(换刀,主轴正转、反转,切削液开、关等),按照数控机床规定的指令代码及程序格式编写成加工程序单,再把这程序单中的内容记录在控制介质(如穿孔纸带、磁带、磁盘、磁泡存储器)上,然后输入到数控机床的数控装置中,从而指挥机床加工零件。这种从零件图的分析到制成控制介质的全部过程称为数控程序的编制。

2.2.3 编程中的数学应用

编程中的数学应用,实际就是对零件图形进行数学处理,是编程前的一个关键性环节,主要是根据零件图形,按照已确定的加工路线和容许误差,计算零件加工轨迹中或刀位点轨迹中基点和节点的坐标值。

1. 基点

零件的轮廓是由许多不同的几何元素组成的,如直线、圆弧、曲线等。所谓基点就是指构成零件轮廓的相邻两个几何元素间的交点或切点,如直线与直线之间的交点、直线与圆弧之间的交点或切点、圆弧与圆弧之间的交点或切点等。数控机床一般只有直线和圆弧插补功能,因此,对于由直线和圆弧组成的平面轮廓零件,基点的计算比较简单。选定坐标系以后可以根据零件图形给定的尺寸,运用三角、代数、几何的有关知识,直接计算出各基点的坐标值。

2. 节点

当零件的形状是由直线段或圆弧之外的其他曲线构成,如抛物线、渐开线和椭圆曲线等,而数控机床又不具备该曲线的插补功能时,其数值计算就比较复杂。数控加工中把除直线与圆弧之外可以用数学方程式表达的平面轮廓曲线称为非圆曲线,可用直角坐标的形式表示其数学表达式,也可用极坐标或者参数方程的形式表示其数学表达式。用极坐标或者参数方程的形式表示其数学表达式,通过坐标变换,可以转换为直角坐标表达式。非圆曲线类零件包括平面凸轮类、圆柱凸轮以及数控车床上加工的各种以非圆曲线为母线的回转体零件等,将组成零件轮廓的非圆曲线,按数控系统插补功能的要求,在满足允许的编程误差的条件下,用若干小直线段或小圆弧首尾相连,来逼近给定的非圆曲线。这些若干小直线段或小圆弧与给定曲线的交点或切点称为节点。

节点坐标的计算过程也是其数值计算过程,方法较多,一般采用直线段逼近非圆曲线。目前,常用的节点计算方法有等间距直线段逼近法、等程序段直线段逼近法、等误差直线段逼近法等。

(1)等间距直线段逼近法

等间距直线段逼近法就是将某一坐标轴划分成相等的间距,如图 2.2.1 所示。从起始点开始,每增加一个 ΔX,通过方程 $Y=f(X)$ 求出 Y 值,就可以得到相应节点的坐标,直至终点,得到一系列的坐标值。此种方法重点在 ΔX 的选取,应确保法向间距在允许范围以内。

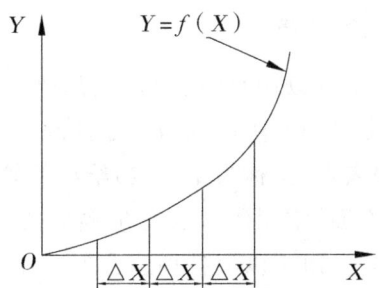

图 2.2.1　等间距直线段逼近法

(2) 等程序段直线段逼近法

等程序段直线段逼近法就是使每个程序段的线段长度相等,如图 2.2.2 所示。此种方法产生误差最大的地方在法线方向,与等间距直线段逼近法相同,应确保最大法向间距在允许范围以内。

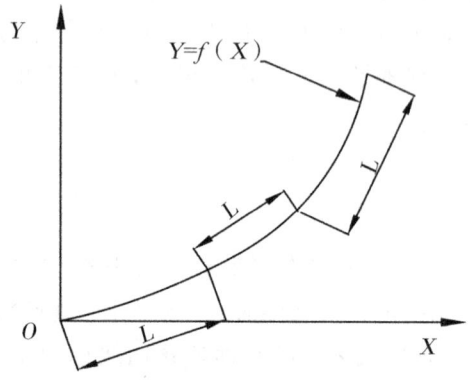

图 2.2.2　等程序段直线段逼近法

(3) 等误差直线段逼近法

等误差直线段逼近法就是指任意相邻两节点间的逼近误差为等误差,如图 2.2.3 所示。此种方法中,各程序段法向误差 δ 均相等,程序段数目最少。但计算过程比较复杂,必须由计算机辅助才能完成计算。在采用直线段逼近非圆曲线的拟合方法中,等误差直线段逼近法是一种较好的拟合方法。

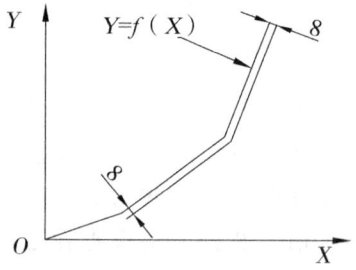

图 2.2.3　等误差直线段逼近法

(4) 列表曲线型值点坐标的计算

实际零件的轮廓形状,除了可以用直线、圆弧或其他非圆曲线组成之外,有些零件图的轮廓形状是通过实验或测量的方法得到的。零件的轮廓数据在图样上是以坐标点的表格形式给出的,这种由列表点(又称为型值点)给出的轮廓曲线称为列表曲线。

在列表曲线的数学处理方面,常用的方法有牛顿插值法、三次样条曲线拟合、圆弧样条拟合与双圆弧样条拟合等。由于以上各种拟合方法在使用时往往存在着某种局限性,目前处理列表曲线的方法通常是采用二次拟合法。

为了在给定的列表点之间得到一条光滑的曲线,对列表曲线逼近一般有以下要求:

1)方程式表示的零件轮廓必须通过列表点。

2)方程式给出的零件轮廓与列表点表示的轮廓凹凸性应一致,即不应在列表点的凹凸性之外再增加新的拐点。

3)光滑性。为使数学描述不过于复杂,通常一个列表曲线要用许多参数不同的同样方程式来描述,希望在方程式的两两连接处有连续的一阶导数或二阶导数,若不能保证一阶导数连续,则希望连接处两边一阶导数的差值应尽量小。

2.3 数控加工工艺分析

数控加工前对工件进行工艺设计是必不可少的准备工作。无论是手工编程还是自动编程,在编程前都要对所加工的工件进行工艺分析,拟定工艺路线,设计加工工序。因此,合理的工艺设计方案是编程加工程序的依据,编程人员必须首先做好工艺设计,再考虑编程。下面主要从数控加工工艺的概念、数控加工工艺分析的一般步骤(包括机床选用、零件的工艺分析、加工方法与加工方案的确定、工序与工步的划分等)等方面来阐述数控加工工艺的基础知识。

2.3.1 数控加工工艺概述

如图 2.3.1 所示,数控加工工艺流程一般有下列环节:

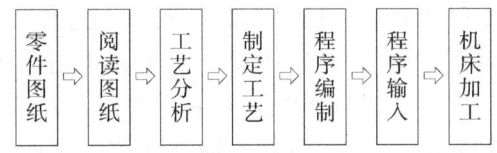

图 2.3.1 数控加工工艺流程

1)阅读零件图纸,充分了解零件的外形和结构,图纸的技术要求,如尺寸精度、形位公差、表面粗糙度、工件的材料、硬度、加工性能以及工件数量等。

2)根据零件图纸的要求进行工艺分析,其中包括零件的结构工艺性分析、材料和设计精度合理性分析、大致工艺步骤等。

3)根据工艺分析制定出加工所需要的一切工艺信息,如加工工艺路线,工艺要求,刀具的运动轨迹、位移量、切削用量(切削速度、进给量、背吃刀量),以及辅助功能(换刀、主轴正转或反转、切削液开或关)等,并填写加工工序卡和工艺过程卡。

4)根据零件图和制定的工艺内容,选用合适数控机床,再按照所用数控系统规定的指令代码及程序格式进行数控编程。

5)将编写好的程序输入数控机床的数控装置中,调整好机床并调用该程序后,加工出符合图纸要求的零件。

从数控加工过程可以看出,工艺分析和制定工艺在数控加工中起到了关键的作用,直接决定着数控加工的质量。

1.数控加工工艺的基本特点

合理确定数控加工工艺对实现优质、高效和经济的数控加工具有极为重要的作用。数控加工工艺问题的处理与普通加工工艺基本相同,在设计零件的数控加工工艺时,首先要遵循普通加工工艺的基本原则和方法,同时还必须考虑数控加工本身的特点和零件编程要求。

由于数控加工具有加工自动化程度高、精度高、质量稳定、生产效率高、设备使用费用高等特点,使数控加工工艺形成了以下特点。

(1)数控加工工艺内容要求具体而详细

用通用机床加工时,许多具体的工艺问题,如工艺中各工步的划分与安排、刀具的几何形状及尺寸、走刀路线、加工余量、切削用量等,一般由操作工人根据自己的实践经验和习惯自行考虑和决定的,无须工艺人员在设计工艺规程时进行过多的规定,零件的尺寸精度也可由试加工保证。而在数控加工时,为保证零件加工质量,提高工作效率,一般由编程人员统一对加工工艺进行设计。在编制加工程序时,数控工艺不仅包括详细描述的切削加工步骤,而且还包括工夹具型号、规格、走刀路线、切削用量和其他特殊要求的内容,以及标有数控加工坐标位置的工序图等。在自动编程中,更需要确定各种详细的工艺参数。

(2)数控加工工艺要求更严密且精确

数控机床虽然自动化程度高,但自适应性差,其加工过程要严格按照程序执行,不能像普通机床加工时可以根据加工过程中出现的问题随时进行人为调整。如在钻孔加工时,数控机床不知道孔中是否已挤满切屑,是否需要退刀清理一下切屑再继续进行,这些情况必须事先由工艺员精心考虑,否则可能会导致严重的后果。普通机床加工零件时,通常是经过多次"试切"过程来满足零件的精度要求,而数控加工过程是严格按程序规定的尺寸进给的,因此在对图形进行数学处理、计算和编程时一定要准确无误。在实际工作中,由于一个小数点或一个逗号的差错而造成重大机械事故和质量事故的例子屡见不鲜。

(3)数控加工工艺要进行零件图形的数学处理和编程尺寸设定值的计算

一般手工编程,为了编写程序方便,通常在零件图样上标出程序原点,并根据标注尺寸换算出刀位点轨迹上各点的坐标值。零件图样上重要部位尺寸标注一般包括公差,此时编程尺寸并不是零件图上设计的基本尺寸的简单再现,而应根据零件尺寸公差的要求及零件形状的几何关系重新调整计算,才能确定合理的编程尺寸。

(4)选择切削用量时要考虑进给速度对加工零件形状精度的影响

数控加工时,刀具如何从起点沿运动轨迹走向终点是由数控系统的插补装置或插补软件来控制的。根据插补原理分析,在数控系统已定的条件下,进给速度越快,则插补精度越低,工件的轮廓形状误差也越大。因此,制定数控加工工艺选择切削用量时要考虑进给速度对加工零件形状精度的影响,特别是高精度加工时影响非常明显。

(5)制定数控加工工艺时要特别强调刀具选择的重要性

复杂型面的加工编程通常要用自动编程软件来实现,由于绝大多数三轴以上联动的数控机床都具有刀具补偿功能,在自动编程时必须先选定刀具再生成刀具中心运动轨迹。若刀具预先选择不当,零件加工后达不到要求尺寸,程序将只能重新再编。

(6)数控加工工艺的特殊要求

数控加工工艺的特殊要求有如下几点:

1)由于数控机床较普通机床的刚度高,所配的刀具也较好,因而在同等情况下,所采用的切削用量通常比普通机床大,加工效率也较高,选择切削用量时要充分考虑这些特点。

2)由于数控机床的功能复合化程度越来越高,因此,工序相对集中是现代数控加工工艺的特点,明显表现为工序数目少、工序内容多,并且因为在数控机床上尽可能安排较复杂的工序,所以数控加工的工序内容要比普通机床加工的工序内容复杂。

3)由于数控机床加工的零件比较复杂,因此在确定装夹方式和夹具设计时,要特别注意刀具与夹具、工件的干涉问题。

(7)数控加工程序的编写、校验与修改是数控加工工艺的一项特殊内容

普通工艺中,划分工序、选择设备等重要内容对数控加工工艺来说属于已基本确定的内容,所以制定数控加工工艺的着重点在于对整个数控加工过程的分析,关键在于确定进给路线及生成刀具的运动轨迹。复杂表面的刀具,其运动轨迹的生成需借助于自动编程软件,既是编程问题,当然也是数控加工工艺问题。这也是数控加工工艺与普通加工工艺最大的不同之处。

2. 数控加工工艺分析的主要内容

数控加工工艺的制定包括较多的内容,而数控加工工艺分析则主要包括以下内容:

1)选择适合在数控机床上加工的零件,确定数控机床加工内容。

2)分析被加工零件图样,明确数控加工的工艺内容及技术要求,在此基础上确定零件的加工方案,制定数控加工工艺路线,如工序的划分、加工顺序的安排、与传统加工工序的衔接等。

3)设计数控加工工序,如工步的划分、零件的定位、夹具的选择、刀具的选择、切削用量的确定等。

4)调整数控加工工序的程序,如对刀点、换刀点的选择,加工路线的确定,刀具的补偿等。

5)分配数控加工中的容差。

6）处理数控机床上的部分工艺指令，编制工艺文件。

2.3.2 数控加工工艺分析的一般步骤

程序编制人员在进行工艺分析时，要有机床说明书、编程手册、切削用量表、标准工具、夹具手册等资料，根据被加工工件的材料、轮廓形状、加工精度等选用合适的机床，制订加工方案，确定零件的加工顺序，各工序所用刀具、夹具和切削用量等。此外，编程人员要具有一定的实际加工经验，能够编制高质量的数控加工程序。

1.数控机床的选用

数控机床的选用一般要考虑毛坯的材质和类型、零件轮廓形状复杂程度、尺寸大小、加工精度、生产批量及热处理要求等。选择数控机床，先了解数控机床的类型、品种、规格和应用范围。

数控机床按加工方法和使用刀具的不同可分为数控车床、数控铣床、数控镗床、数控磨床，以及镗铣类加工中心和车铣类加工中心等。不同类型、不同型号和规格的数控机床，其性能和用途也有所不同，数控车床适用于回转轴或盘类零件的加工，数控镗铣床和立式加工中心适用于箱体、箱盖、板类零件、平面凸轮等的加工，三轴联动的立式加工中心可以用来加工叶片和模具等，卧式加工中心适合于加工复杂的箱体零件、泵体和阀体等，多轴联动的数控镗铣床、加工中心可以用来加工更复杂的曲面、螺旋桨以及复杂的模具等，数控磨床适合于精度要求高、表面淬火后硬度高的零件加工。选择数控机床前应了解数控机床适宜加工的零件。

(1)最适宜数控加工的零件

形状结构复杂、加工精度要求高、普通机床无法加工或很难保证加工质量的零件，具有复杂曲线、曲面轮廓的零件，多品种小批量生产零件，公差带窄、要求精密、复杂的零件，必须在一次装夹中完成铣、镗、钻、铰、攻螺纹等多道工序于一体的零件。

(2)较适宜加工的零件

价格昂贵、不允许报废的关键零件，在通用机床上能加工但需制造复杂专用工装的零件，在通用机床上加工需进行长时间调整、生产效率低或劳动强度大的零件。

(3)不适于数控加工的内容

占机调整时间长不适于数控加工，如以毛坯的粗基准定位加工，需用专用工装协调的内容，加工部位分散，需要多次安装、设置原点，这时，采用数控加工很麻烦，效果不明显，可安排通用机床来加工。按某些特定的制造依据（如样板等）加工的型面轮廓也不适于数控加工，主要原因是获取数据困难，易于与检验依据发生矛盾，增加了程序编制的难度。

数控机床的选用概括起来应主要考虑以下几个因素：

1)要保证加工零件的技术要求,加工出合格的产品。
2)有利于提高生产率。
3)能够降低生产成本(加工费用)。
4)从维修管理的角度还应考虑尽可能选择企业已有的机型和数控系统、品牌产品和优质的售后服务。

表 2.3.1 中当零件不复杂、生产批量较小时,宜选用普通机床;当零件复杂程度较高时,选用数控机床较合理;当零件批量增大超出一定范围时,选用专用机床较为合理。

表 2.3.1 普通机床、专用机床与数控机床使用效果对比

机床类型	机床成本	工艺范围	小批量生产费用	大批量生产费用	简单零件加工效果	复杂零件加工效果
普通机床	低	宽	较高	较高	好	差
专用机床	较高	窄	高	低	差	差
数控机床	高	宽	较低	较低	差	好

如图 2.3.2(a)所示为采用数控机床与采用专用机床加工零件时的批量与成本关系图,从图中可以看出,数控机床在中、小批量的生产中有很好的经济效益。如图 2.3.2(b)所示为采用数控机床与采用普通机床加工零件时的批量与成本关系图,从图中可看出,采用数控机床加工的经济产量范围较广。选择数控机床很难做到质量、成本、效率等同时兼顾,要尽量做到合理,达到多、快、好、省的目的,必要时保证产品质量为首选。

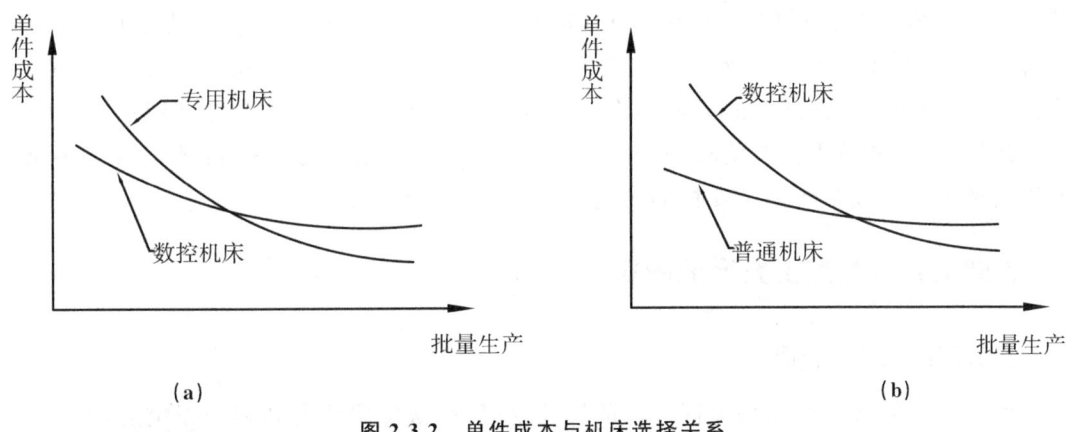

图 2.3.2 单件成本与机床选择关系

2.零件的工艺分析

数控加工工艺分析涉及面很广,在此仅从数控加工便利性方面加以分析。

(1)零件图样上尺寸数据的给出应符合编程方便的原则

零件图上尺寸标注方法应适应数控加工的特点。在数控加工零件图上,应以同一基准引注尺寸或直接给出坐标尺寸。这种标注方法既便于编程,也便于尺寸之间的相互协调,在保持设计基准、工艺基准、检测基准与编程原点设置的一致性方面带来很大

方便。由于零件设计人员一般在尺寸标注中较多地考虑装配等使用特性，而不得不采用局部分散的标注方法，这样就会给工序安排与数控加工带来许多不便。由于数控加工精度和重复定位精度都很高，不会因产生较大的积累误差而破坏使用特性，因此可将局部的分散标注法改为同一基准引注尺寸或直接给出坐标尺寸的标注法。

构成零件轮廓的几何元素的条件应充分。在手工编程时，要计算基点或节点坐标；在自动编程时，要对构成零件轮廓的所有几何元素进行定义。因此，在分析零件图时，要分析几何元素的给定条件是否充分。如圆弧与直线、圆弧与圆弧在图样上相切，但根据图上给出的尺寸，在计算相切条件时变成了相交或相离状态。由于构成零件几何元素条件的不充分，使编程时无法下手。遇到这种情况时，应与零件设计者协商解决。

(2) 零件各加工部位的结构工艺性应符合数控加工的特点

零件的内腔和外形最好采用统一的几何类型和尺寸。这样可以减少刀具规格和换刀次数，使编程方便，生产效益提高。

内槽圆角的大小决定着刀具直径的大小，因而内槽圆角半径不应过小，否则刀具刚性差。零件工艺性的好坏与被加工轮廓的高低、转接圆弧半径的大小等有关。

零件铣削底平面时，槽底圆角半径 r 不应过大。

应采用统一的基准定位。在数控加工中，若没有统一的基准定位，会因工件的重新安装而导致加工后的两个面轮廓位置及尺寸不协调。为了避免上述问题的产生，保证两次装夹加工后其相对位置的准确性，应采用统一的基准定位。

零件上最好有合适的孔作为定位基准孔，若没有，要设置工艺孔作为定位基准孔（如在毛坯上增加工艺凸耳或在后续工序要铣去的余量上设置工艺孔）。若无法制出工艺孔时，必须用经过精加工的表面作为统一基准，以减少两次装夹产生的误差。

此外，还应分析零件所要求的加工精度、尺寸公差等是否可以得到保证，有无引起矛盾的多余尺寸或影响工序安排的封闭尺寸等。

3.加工方法与加工方案的确定

(1) 加工方法的选择

加工方法的选择原则是保证零件的尺寸精度、形状位置精度和表面粗糙度的要求。由于获得同一级精度及表面粗糙度的加工方法一般有多种，因而在实际选择时，要结合零件的形状、尺寸大小和热处理要求等全面考虑。例如，对于IT7级精度的孔采用镗削、铰削、磨削等加工方法均可达到精度要求，但箱体上的孔一般采用镗削或铰削，而不宜采用磨削。一般小尺寸的箱体孔选择铰孔，当孔径较大时则应选择镗孔。此外，还应考虑生产率和经济性的要求，以及工厂的生产设备等实际情况。常用加工方法的经济加工精度及表面粗糙度可查阅有关工艺手册。

(2) 加工方案的确定

确定加工方案时，首先应根据零件加工精度和表面粗糙度的要求，初步确定为达到这些要求所需要的加工方法。零件上比较精密表面的加工,常常是通过粗加工、半精加工和精加工逐步达到的。对这些表面仅仅根据质量要求选择相应的最终加工方法是不够的,还应正确地确定从毛坯到最终成形的加工方案。采用不同加工方案所能达到的经济精度和表面粗糙度如表 2.3.2 所示。

表 2.3.2 不同加工方案所能达到的经济精度和表面粗糙度

加工类型	加工方案	精度 IT	表面粗糙度 Ra/μm	适用范围
外圆表面	粗车—半精车	8～9	5～10	除淬火钢以外的金属材料
	粗车—半精车—精车	6～7	1.25～2.5	
	粗车—半精车—磨削	6～7	0.63～1.25	淬火钢
	粗车—粗磨—精磨	5～7	0.16～0.63	
	粗铣—精铣	6～7	1.25～2.5	未淬火钢及铸铁等平面加工
	粗车—半精车—精车	7～9	1.0～2.5	端面加工
	粗车—半精车—精车—磨削	6	0.32～1.25	
孔	钻—扩—铰	8～9	2.5～5.0	未淬火钢及铸铁实心毛坯或有色金属
	钻—扩—粗铰—精铰	7	1.25～2.5	
	钻—粗镗—精镗	7～8	1.25～2.5	
	钻—铣—精镗	7～8	1.25～2.5	
	粗镗—半精镗	8～9	2.5～5.0	扩孔,除未淬火钢以外的钢和铸铁
	粗镗—半精镗—精镗	7～8	1.25～2.5	

4.工序与工步的划分

(1)工序的划分

与普通机床相比,数控机床加工工序一般比较集中,在一次装夹中尽可能完成大部分或全部工序。首先应根据零件图样,考虑被加工零件是否可以在一台数控机床上完成整个零件的加工工作,若不能,则应决定其中哪一部分在数控机床上加工,哪一部分在普通机床上加工,即对零件的加工工序进行划分。数控机床的工序主要有刀具集中分序法、粗精加工分序法、加工部位分序法和零件装夹分序法。

1)刀具集中分序法。为了减少换刀次数,压缩空行程时间,减少不必要的定位误差,可按刀具集中分序的方法加工零件,即在工件的一次装夹中,尽可能用同一把刀具加工出可能加工的所有部位,然后再换另一把刀具加工其他部位。在专用的数控机床和加工中心常采用这种方法。

2)粗精加工分序法。这种分序法是根据零件的形状、尺寸精度等因素,按照粗、精加工分开的原则进行分序。对单个零件或一批零件先进行粗加工、半精加工,而后精加工。粗精加工之间最好隔一段时间,以使粗加工后零件的变形得到充分恢复,再进行精加工,以提高零件的加工精度。

3)加工部位分序法。对于加工内容较多、零件轮廓的表面结构差异较大的零件,可按其结构特点将加工部位分成几个部分,如内形、外形、平面、曲面等。

4)零件装夹分序法。因为每个零件结构形状不同,各加工表面的技术要求也有所不同,所以加工时,其定位方式各有差异。一般加工外形时以内形定位,加工内形时又以外形定位,可根据不同的定位来确定工序。如图2.3.3所示,加工凸轮时,按定位可分为两道工序;第一道工序应在普通机床上进行,以外轮廓和B面定位加工A面和$\Phi 60$的圆孔,再加工B面和$\Phi 40$的圆孔;第二道工序在数控机床上进行,以两孔和任一面为基准,加工外轮廓。

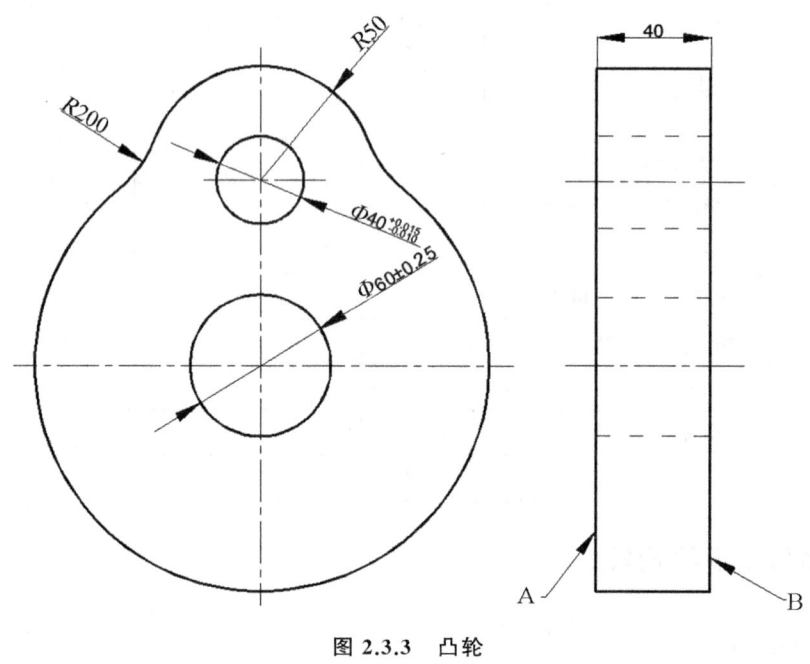

图 2.3.3 凸轮

总之,在数控机床上加工零件,其加工工序的划分要视加工零件的具体情况具体分析。

(2)工步的划分

工步的划分主要从加工精度和效率两方面考虑。合理的加工工艺,不仅要保证加工出符合图纸要求的零件,而且要使机床的功能得到充分发挥,在一个工序内往往要采用不同的刀具和切削用量,对不同的表面进行加工。为了便于分析和描述较复杂的工序,在工内又细分为若干工步。下面以加工中心为例来说明工步的划分。

1)按粗加工、精加工分。同一表面按粗加工、半精加工、精加工依次完成,或全部加工表面按粗、精加工分开进行,前者较适合尺寸精度要求较高的零件,后者较适合位置精度要求较高的表面。

2)按先面后孔分。对于既有铣面又有镗孔的零件,可按"先面后孔"的原则划分工步,即先铣面后镗孔。因为铣削时切削力较大,工件易发生变形,先铣面后镗孔,使其有一段时间恢复,可减少由于变形引起的对孔的精度的影响,从而提高孔的加工质量。若先镗孔后铣面,则由于铣削时在孔口极易产生飞边、毛刺,导致孔的精度下降。

3)某些机床工作台回转时间比刀具交换时间短,可采用按刀具划分工步,以减少换刀次数,提高加工效率。

总之,工序与工步的划分要根据具体零件的结构特点、工艺性、技术要求以及机床的功能等实际情况综合考虑。

5.零件的安装与夹具的选择

(1)定位安装的基本原则

在数控机床上加工零件时,定位安装的基本原则与普通机床相同,要合理选择定位基准和夹紧方案。为了提高数控机床的效率,在确定定位基准与夹紧方案时应注意下列几点:

1)力求设计、工艺与编程计算的基准统一。

2)尽量减少装夹次数,尽可能在一次定位装夹后加工出全部待加工表面。

3)避免采用占用机床的人工调整式加工方案,以充分发挥数控机床的效能。

(2)选择夹具的基本原则

数控加工的特点对夹具提出了两个基本要求:一是要保证夹具的坐标方向与机床的坐标方向相对固定,二是要协调零件和机床坐标系的尺寸关系。除此之外,还要考虑以下四点:

1)当零件加工批量不大时,应尽量采用组合夹具、可调式夹具及其他通用夹具,以缩短生产准备时间,节省生产费用。

2)在成批生产时才考虑采用专用夹具,并力求结构简单。

3)零件的装卸要快速、方便、可靠,以缩短机床的准备时间。

4)夹具上各零部件应不妨碍机床对零件各表面的加工,即夹具要开敞,其定位、夹紧机构元件不能影响加工中的走刀(如产生碰撞等)。

6.刀具选择与切削用量的确定

(1)刀具的选择

数控机床所用刀具要求切削性能好、精度高、可靠性高、耐用度高、断屑及排屑性能好、装夹调整方便等,合理选用既能提高加工效率,又能提高产品质量。

数控机床一般优先选用标准刀具,必要时也可采用各种高生产率的复合刀具及其他一些专用刀具。此外,根据实际情况,尽可能选用各种先进刀具,如可转位刀具、整体硬质合金刀具、陶瓷刀具等,以适应数控加工耐用、稳定、易调、可换等要求。所选刀具的类型、规格和精度等级应符合加工能力要求,刀具材料应与工件材料相适应。由于数控加工工件一般较为复杂,选择刀具时还应特别注意刀具的形状,保证在切削加工过程中刀具不与工件轮廓发生干涉。

在选择好刀具后,要把刀具的名称、规格、代号以及要加工的部位记录下来,并填入相应的工艺文件,供编程时使用。

(2)切削用量的确定

切削用量包括主轴转速(切削速度)、背吃刀量和进给量。对于不同的加工方法,需要选择不同的切削用量,并应编入程序单内。

合理选择切削用量的原则是,粗加工时,一般以提高生产率为主,但也应考虑经济性和加工成本;半精加工和精加工时,应在保证加工质量的前提下,兼顾切削效率、经济性和加工成本。具体数值应根据机床说明书、切削用量手册,并结合经验而定。

1)确定背吃刀量 a_p(mm)。

背吃刀量主要依据机床、夹具、刀具和工件的工艺系统刚度来决定。在刚度允许的情况下,a_p 相当于加工余量,应以最少的进给次数切除这一加工余量,最好一次切净余量,以便提高生产效率。但为了保证加工精度和表面粗糙度,一般都要留一点余量最后精加工。在数控机床上,精加工余量可小于普通机床,一般可取 0.2~0.5 mm。

2)确定主轴转速 n(r/min)。

主轴转速主要根据允许的切削速度 V_c(m/min)来选取。

$$n = 1\,000\,V_c/(\pi d)$$

式中,d 为工件或刀具直径,单位 mm。

切削速度高,也能提高生产效率,但首先应考虑采用尽可能大的背吃刀量来提高生产率,因为切削速度与刀具耐用度关系密切,随着 V_c 的加大,刀具耐用度将急剧降低,故 V_c 的选择主要取决于刀具耐用度。

3)进给量 f 或进给速度 V_f(mm/r 或成 mm/min)的选择。

进给量或进给速度是数控机床切削用量中的重要参数,主要根据零件的加工精度和表面粗糙度要求以及刀具、工件的材料性质选取。当加工精度要求高、表面粗糙度数值小时,进给量数值应取小些,一般 f 值在 20~550 mm/min 范围内选取。最大进给量受机床刚度和进给系统的性能限制,并与脉冲当量有关。

7.对刀点与换刀点的确定

在进行数控加工程序编制时,往往将好刀具视为没有形状和大小的一个运动质点,这个点就是刀位点。由于刀具是刚体平动,所选的这个点一定能代表刀具的运动位置。一般来说,立铣刀、端铣刀的刀位点是刀具轴线与刀具底面的交点,球头铣刀的刀位点为球心,镗刀、车刀的刀位点为刀尖或刀尖圆弧中心,钻头是钻尖或钻头底面中心。机床原点、工件原点、对刀点的相对位置如图 2.3.4 所示。

(1)对刀点的确定

数控机床操作人员在完成程序的输入、工件及刀具的安装后,首先要进行工件的装

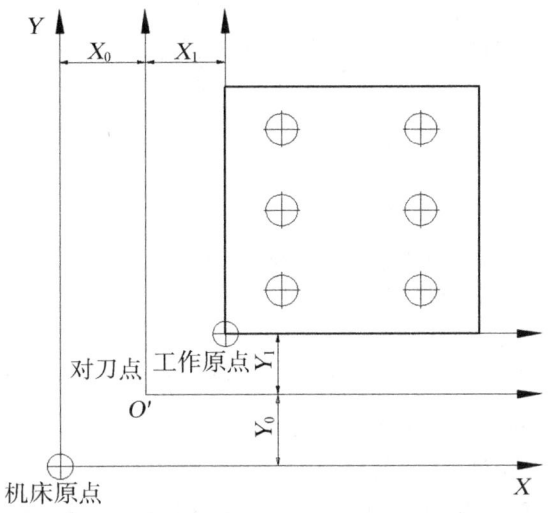

图 2.3.4　机床原点、工件原点、对刀点的相对位置

夹和定位,其目的是使工件坐标系各轴线方向与机床坐标系平行且方向一致。

在实际加工中,由于机床坐标系和工件坐标系原点并不一致,为确定机床坐标系和工件坐标系之间的位置关系,要在程序加工前进行对刀操作。由于工件在装夹后,其位置相对机床坐标系已经固定,可以通过刀具的刀位点与工作坐标系原点重合的操作,确定工件坐标系原点与机床坐标系原点的位置。在实际加工中,可以通过试切的方式,使刀具某一方向坐标与工件坐标原点在同一方向重合。

对刀点可能是一个点,也可能通过一些基准面来体现。对刀点的选择原则是:

1)方便编程,容易进行数学处理和简化程序。

2)方便加工,在机床上容易定位,便于检查和测量。

3)引起的加工误差小。

对刀点可选在工件上,也可选在工件外面(如选在夹具上或机床上),但必须与零件的定位基准有一定的尺寸关系。为了提高加工精度,对刀点应尽量选在零件的设计基准或工艺基准上,如以孔定位的工件,可选孔的中心作为对刀点。刀具的位置则以此孔来找正,使"刀位点"与"对刀点"重合。对刀点可根据具体情况作为程序起始点来安排,也可以与程序起点分开,加工中可采用对刀仪等进行辅助对刀。

(2)换刀点的确定

加工过程中需要换刀时,应规定换刀点。所谓"换刀点"是指刀架转位换刀时的位置。该点可以是某一固定点(如加工中心机床,其换刀机械手的位置是固定的),也可以是任意的一点(如车床)。换刀点应设在工件或夹具的外部,以刀架转位时不碰工件及其他部件为准,其设定值可由实际测量方法或计算确定。

8.走刀路线的确定

在数控加工中,刀具刀位点相对于工件运动的轨迹和方向称为进给路线,也称走刀路线。它既包括切削加工的路线,又包括刀具切入、切出的空行程路线;不但包括了工步的内容,也反映出工步的顺序,是编写数控加工程序的依据之一。确定走刀路线时应注意以下几点。

(1) 粗加工的走刀路线

粗加工的走刀路线应以提高加工效率为主,尽可能缩短粗加工时间。

如敞开平面铣削,在切削功率许可的情况下,尽可能选用较大直径的面铣刀铣削,以减少走刀次数。对于封闭凹槽铣削,在满足铣刀半径小于或等于内槽轮廓最小曲率半径的前提下,尽量选择较大直径的铣刀。

此外,粗加工走刀路线还应使各处精加工余量均匀,有利于提高精加工质量。当铣削无岛屿封闭凹槽时,一般有三种走刀方案,如图 2.3.5 所示,图(a)为行切法,图(b)为环切法,图(c)为先用行切法切除大量余量,后沿周向环切一刀。在这三种方案中,图(a)方案最差;图(b)方案虽有利于保证加工质量,但计算较复杂,程序段较多;图(c)方案计算简单,又能使槽内侧面精加工余量均匀,有利于获得满意的表面粗糙度。

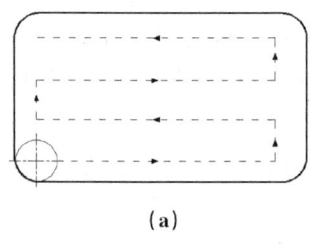
(a)
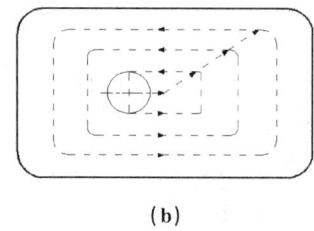
(b)
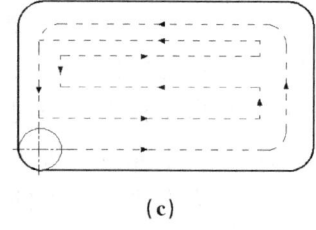
(c)

图 2.3.5　粗铣槽走刀路线

(2) 精加工的走刀路线

精加工的走刀路线应能保证零件的加工精度和表面粗糙度的要求,并兼顾效率。在数控铣削加工中,有顺铣和逆铣两种铣法。通常精加工采用顺铣,有利于切削刃切入,减少刀具磨损和振动,提高零件加工表面质量。对点位控制的数控机床,如果加工的孔系位置精度要求较高,应特别注意孔的加工顺序的安排,安排不当时,就有可能将坐标轴的反向间隙带入,直接影响位置精度。如图 2.3.6(a)所示为零件图,在该零件上镗六个尺寸相同的孔,有两种加工路线。当按如图 2.3.6(b)所示的路线加工时,由于5、6 孔与 1、2、3、4 孔定位方向相反,Y 方向反向间隙会使定位误差增加,而影响 5、6 孔与其他孔的位置精度。在按如图 2.3.6(c)所示的路线加工时,当加工完③孔后并没有在④孔处空位,而是多运动一段距离,然后折回来,在④孔处空位,这样,①②③孔的空位与④⑤⑥孔的空位方向是一致的,就可以避免引入反向间隙的误差,从而提高④⑤⑥孔与各孔之间的孔距精度。

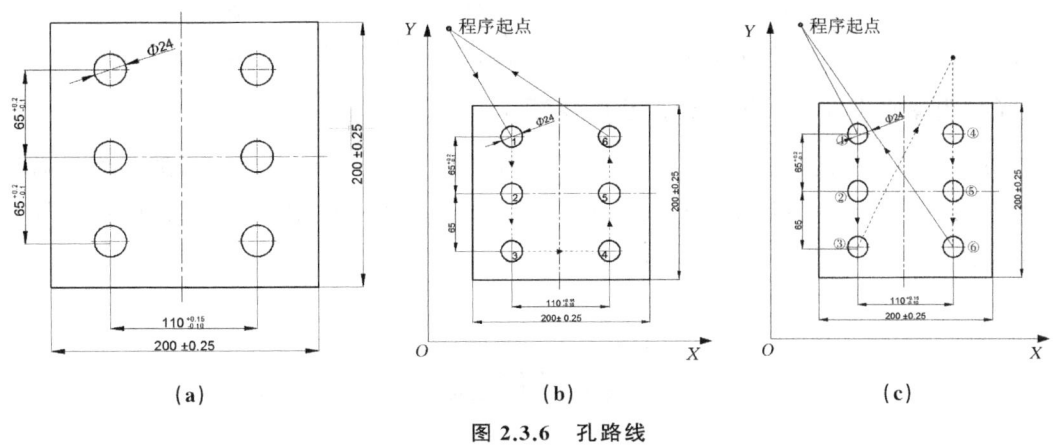

图 2.3.6 孔路线

运动路线是无关紧要的,应按空程最短来安排走刀路线,如图 2.3.7(a)所示零件上的孔系。如图 2.3.7(b)所示的走刀路线为先加工完外圈孔后再加工内圈孔。若改用如图 2.3.7(c)所示的走刀路线,减少空刀时间,则可节省近一半定位时间,提高了加工效率。

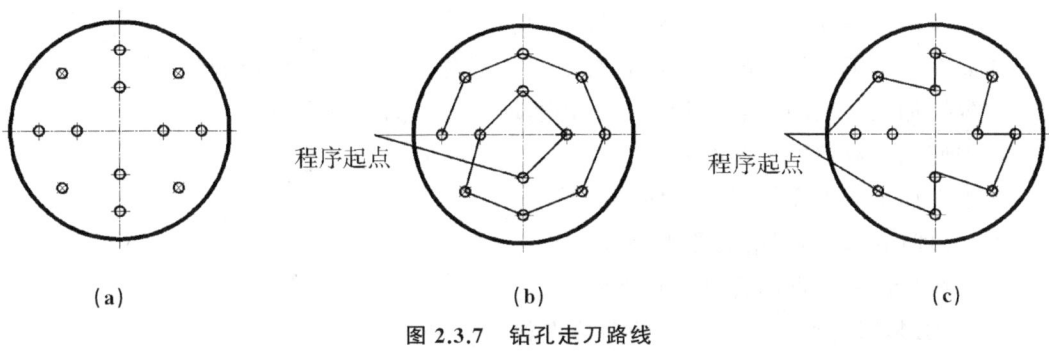

图 2.3.7 钻孔走刀路线

(3)选择进退刀的位置

进退刀位置应选在不太重要的位置,并且使刀具尽量沿切线方向切入和切出,避免采用法向切入、切出和进给中途停顿而产生刀痕。如图 2.3.8 所示,铣削零件轮廓时,一般采用立铣刀侧刃进行切削。为了减少接刀痕迹,保证零件表面质量,刀具的切出或切入点应在沿零件轮廓的切线上,即切向切入

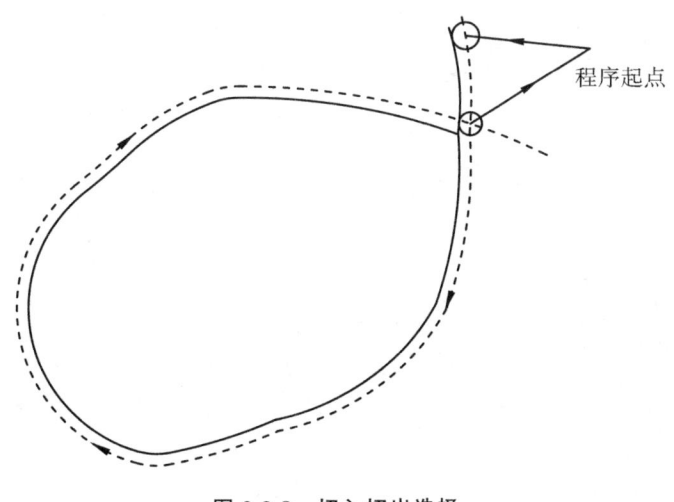

图 2.3.8 切入切出选择

和切向切出,并将其切入、切出点选在零件轮廓两几何元素的交点处。此外,尽量减少在轮廓加工切削过程中的暂停(切削力突然变化造成弹性变形),以免留下刀痕。

(4)选择使工件在加工后变形小的路线

对横截面积小的细长零件或薄板零件应采用分几次走刀进行加工,加工到最后尺寸或采用对称去除余量法来安排走刀路线。安排工步时,应先安排对工件刚性破坏较小的工步。

技能训练

1. 数控加工的过程如何?
2. 如何确定机床坐标系的各轴位置及方向?
3. 什么是数控编程?完整的数控程序应包括哪些内容?
4. 什么是机床原点、工件原点?它们之间有何联系?
5. 什么是数控加工工艺?它包括哪些内容?
6. 数控加工工艺设计的主要内容有哪些?其对数控加工有何影响?
7. 数控加工工艺的特点是什么?与普通加工工艺的区别在哪里?
8. 如何确定数控加工方案?
9. 零件加工的工序与工步如何划分?
10. 合理选择切削用量的原则是什么?
11. 对刀点、换刀点的含义是什么?
12. 什么是刀位点?常用刀具的刀位点如何规定?

模块三　数控车床编程与加工操作

3.1　数控车床编程概述

3.1.1　数控车床的组成与类型

1. 数控车床的概念

数控车床又称为 CNC(Computer Numerical Control)车床,即用计算机数字控制的车床。数控车床是一种用数字化代码作指令,由数字控制系统进行控制的自动化车床。它是综合应用了电子技术、计算机技术、自动控制、精密测量和机床设计等领域的先进技术成就而发展起来的一种新型自动化车床。数控车床应用广泛,主要用于轴类、盘套类等回转体类零件的加工,能完成内外圆柱面、锥面、圆弧、螺纹等工序的切削加工,并能进行切槽、钻、扩、铰孔等加工。数控车削还可在一次装夹中完成更多的加工内容,适宜于复杂形状的回转体类零件加工。

数控车床的结构如图 3.1.1 所示。

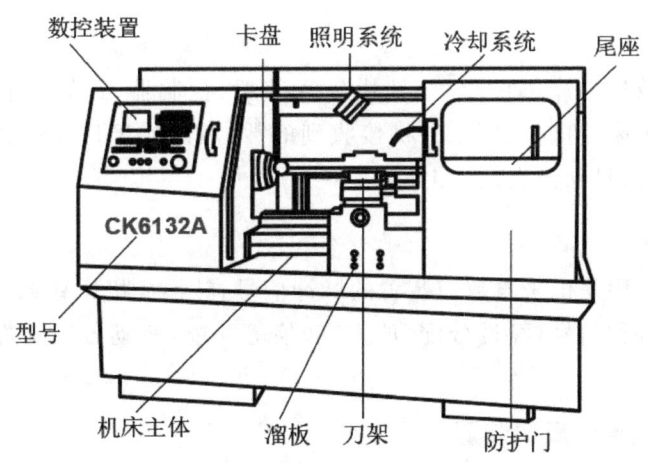

图 3.1.1　数控车床的结构

2.数控车床的组成

数控车床主要有输入、输出装置,数控装置,伺服系统,位置检测、速度反馈装置和机床本体组成,如图3.1.2所示。

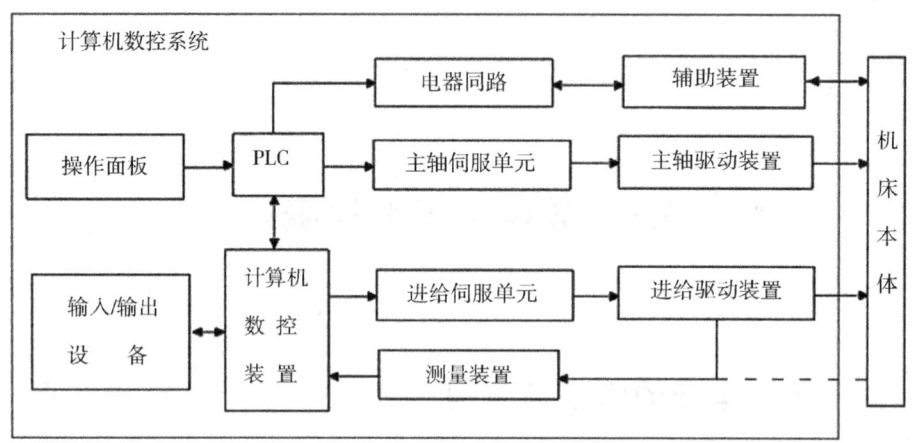

图 3.1.2　数控车床的组成

(1)输入装置

输入装置的方式:通过控制介质输入、手动输入、计算机与机床通信方式传递输入等。

控制介质:就是穿孔带或磁盘等存储数控程序的介质。控制介质大致分为纸介质(现在已经不用)和电磁介质(包括磁带和磁盘)。

手动输入:是将数控程序通过数控机床上的键盘输入,程序内容将存储在数控系统的存储器内,使用时可以随时调用。

计算机与机床通信方式传递输入:采用机床与计算机通信方式传递数控程序到数控系统中。

(2)数控装置

数控装置是数控机床的中枢,一般由输入装置、控制器、运算器和输出装置组成。数控装置是数控车床的核心部分,它将接收到的数控程序,经过编译、数学运算和逻辑处理后,输出各种信号到输出接口上。

(3)伺服系统

伺服系统的作用是把来自数控装置的脉冲信号,转换成机床移动部件的运动;接收数控装置输出的各种信号,经过分配、放大、转换等功能,驱动各运动部件,完成零件的切削加工。

(4)位置检测、速度反馈装置

位置检测、速度反馈装置根据要求不断测定运动部件的位置或速度,将其转换成电信号传输到数控装置中,数控装置将接收的信号与目标信号进行比较、运算,对驱动系统不断进行补偿控制,保证运动部件的运动精度。

(5)车床本体

车床本体是数控车床的主体部分,是实现制造加工的执行部件。车床本体主要由床身、箱体、导轨、主轴、进给机构等机械部件组成。

3.数控车床的类型

(1)按车床主轴位置分类

1)立式数控车床。立式数控车床(图 3.1.3)主轴垂直于水平面,一个直径很大的圆形工作台,用来装夹工件。这类车床主要用于加工径向尺寸大、轴向尺寸相对较小的大型复杂零件。

2)卧式数控车床。卧式数控车床(图 3.1.4)又分为数控水平导轨卧式车床和数控倾斜导轨卧式车床。其倾斜导轨结构可以使车床具有更大的刚性,易于排除切削废料。

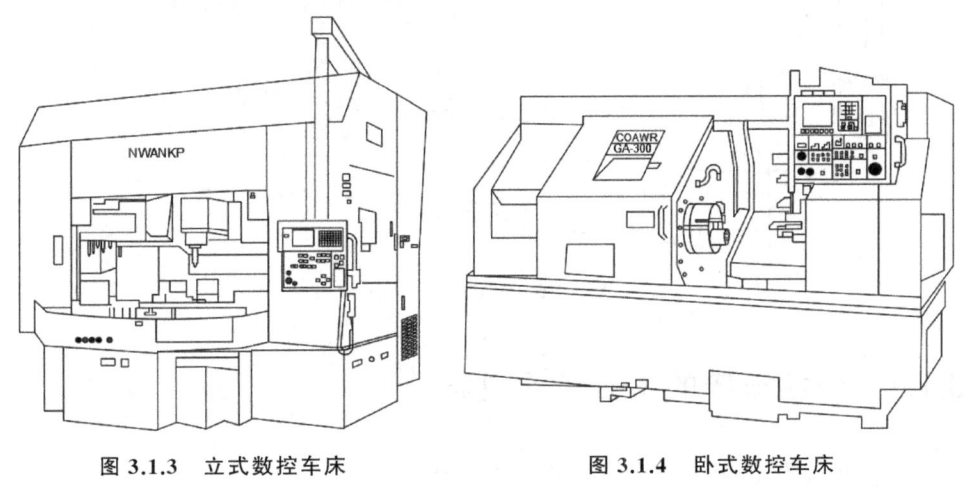

图 3.1.3　立式数控车床　　　　图 3.1.4　卧式数控车床

(2)按加工零件的基本类型分类

1)卡盘式数控车床。卡盘式数控车床没有尾座,适合车削盘类零件。夹紧方式多为电动或液动控制,卡盘结构多具有可调卡爪或不淬火卡爪。

2)顶尖式数控车床。顶尖式数控车床配有普通尾座或数控尾座,适合车削较长的零件及直径不太大的盘类零件。

(3)按功能分类

1)经济型数控车床。经济型数控车床是采用步进电机和单片机对普通车床的进给系统进行改造后形成的简易型数控车床,成本较低,但自动化程度和功能都比较差,车削加工精度也不高,适用于要求不高的回转类零件的车削加工。

2)普通数控车床。普通数控车床是根据车削加工要求在结构上进行专门设计并配备通用数控系统而形成的数控车床,数控系统功能强,自动化程度和加工精度也比较高,适用于一般回转类零件的车削加工。这种数控车床可同时控制两个坐标轴,即 X 轴和 Z 轴。

3)车削加工中心。车削加工中心(图 3.1.5)是在普通数控车床的基础上,增加了 C 轴和动力头,更好一点的数控车床带有刀库,可控制 X,Z 和 C 三个坐标轴,联动控制轴可以是 (X,Z)、(X,C) 或 (Z,C)。由于增加了 C 轴和铣削动力头,这种数控车床的加工功能大大增强,除可以进行一般车削外,还可以进行径向和轴向铣削、曲面铣削、中心线不在零件回转中心的孔和径向孔的钻削等加工。

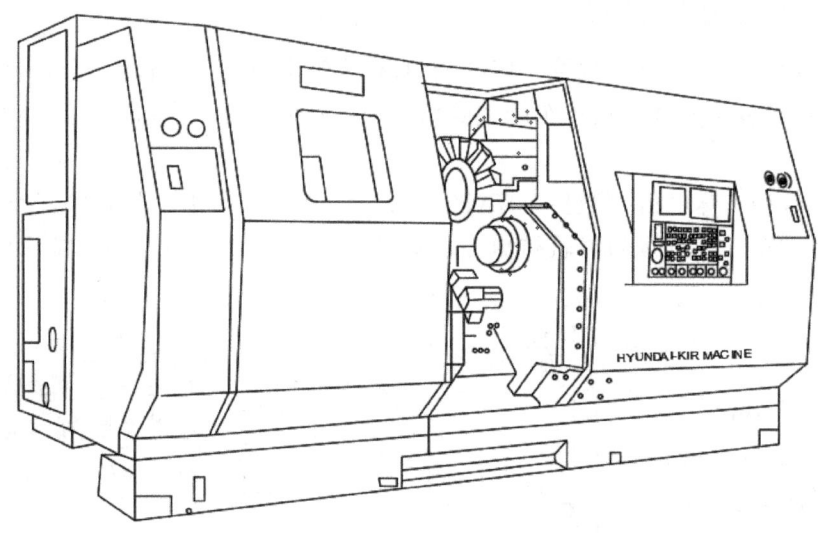

图 3.1.5　车削加工中心

3.1.2　数控车床的主要工作过程

数控车床的工作过程大致分为下面四个步骤:
1)根据零件图要求的加工技术内容,进行数值计算、工艺处理和程序设计。
2)将数控程序按数控车床规定的程序格式编制出来,并以代码的形式完整记录在存储介质上,通过输入(手工、计算机传输等)方式,将加工程序的内容输送到数控装置。
3)数控系统接收来的数控程序(NC 代码)是由编程人员在 CAM 软件上生成或手工编制的,它是一个文本数据,表达比较直观,较容易被编程人员直接理解,但却无法为硬件直接使用。数控装置将 NC 代码"翻译"为机器代码,机器代码是一种由 0 和 1 组成的二进制文件,再转换为控制 X,Z 等方向运动的电脉冲信号,以及其他辅助处理信号,以脉冲信号的形式向数控装置的输出端口发出,要求伺服系统进行执行。
4)根据 X,Z 等运动方向的电脉冲信号由伺服系统处理并驱动机床的运动机构(主轴电机、进给电机等)动作,使车床自动完成相应零件的加工。

数控车床的工作过程如图 3.1.6 所示。

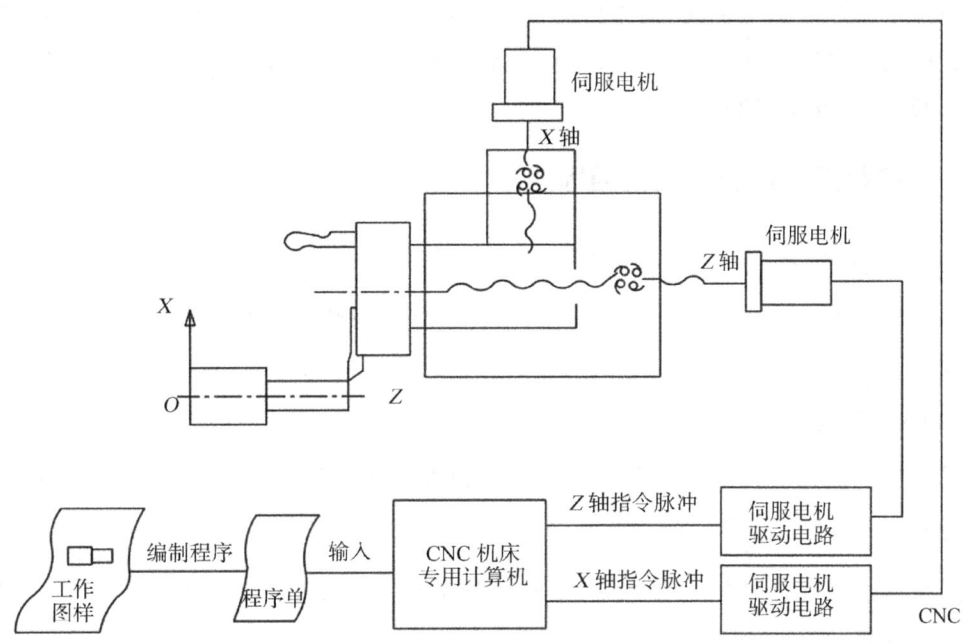

图 3.1.6 数控车床的工作过程

3.1.3 数控车床编程与加工特点

1. 与卧式车床相比,数控车床加工的特点

1) 自动化程度高。
2) 具有加工复杂形状的能力。
3) 加工精度高,质量稳定。
4) 生产效率高。
5) 不足之处主要是要求操作者技术水平高,数控车床价格高,加工成本高,技术复杂,对加工编程要求高,加工中难以调整,维修困难等。

2. 数控车床加工适用范围

1) 形状复杂、加工精度要求高,特别是较为复杂的回转曲线等方面的零件。
2) 产品更换频繁,生产周期要求短的场合。
3) 小批量生产的零件。
4) 价值较高的零件等。

数控车床是用来加工轴类或盘类的回转体零件的机床。数控车床可以自动完成内外圆柱面、圆锥面、圆弧面、端面、螺纹等切削加工,特别适合加工形状复杂的轴类或盘类零件。

数控车床具有加工灵活、通用性强、能适应产品品种和规格频繁变化的特点,能够满足新产品的开发和多种、小批量、生产自动化的要求,因此被广泛应用于机械制造业,如汽车制造厂、发动机制造厂等。

3.影响数控车床加工精度的因素

(1)加工精度系

加工精度系是指零件加工后,其几何参数(尺寸、形状和位置)与理想几何参数符合的程度。

(2)尺寸精度

尺寸精度是指零件表面本身的尺寸精度和表面间相互距离尺寸的精度。

(3)尺寸公差

尺寸公差是允许尺寸的变动量,等于最大极限尺寸减去最小极限尺寸之差,或上偏差减去下偏差之差。

(4)数控车床精度检验

数控车床精度检验可分为几何精度的检验和形状精度的检验。

1)几何精度是指机床在不运转时部件之间相互位置精度和主要零件的形状精度、位置精度。

2)工作精度是指机床在动态条件下,对工件进行加工时所反映出来的机床精度。

3)影响机床工作精度的主要因素为机床的变形和振动。

(5)金属切削机床试验

金属切削机床试验是为了检验机床的制造质量、加工性质和生产能力而进行的试验,主要进行空转试验和负荷试验。

1)机床的空转试验是在无载荷状态下运转机床,检验各机构的运转状态、温度变化、功率消耗,以及操纵机构动作的灵活性、平稳性、可靠性和安全性。

2)机床的负荷试验是用以试验机床最大承载能力。

3.2 数控车床编程常用指令

3.2.1 数控车床坐标系与参考点

1. 数控车床坐标轴与运动方向

为了简化编程和保证程序的通用性,对数控机床的坐标轴和方向命名制定了统一的标准,规定直线进给坐标轴,用 X,Y,Z 表示基本坐标轴,其相互关系用右手定则判定。

(1)数控车床坐标轴和运动方向命名原则

1)用右手直角笛卡儿坐标定义原则。围绕 X,Y,Z 坐标轴旋转的旋转坐标分别用 A,B,C 表示,如图 3.2.1 所示。

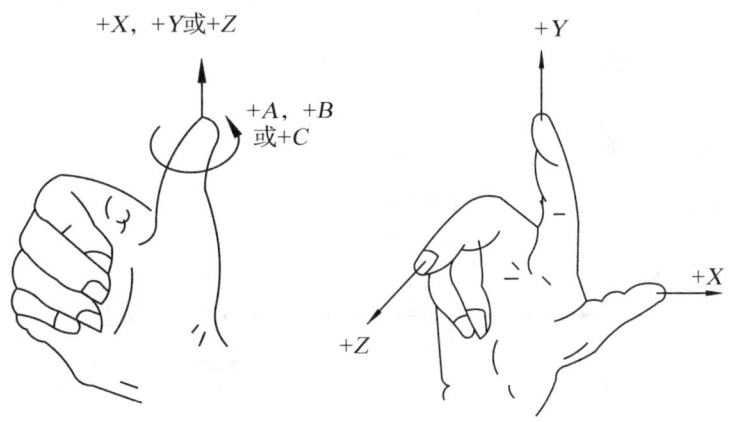

图 3.2.1 直角坐标系

2)数控车床的 Z 坐标轴规定为传递切削动力的主轴线方向;X 坐标轴规定为水平方向,X 坐标的方向是在工件的径向上,且平行于横向滑板,规定远离卡盘中心方向为正方向,如图 3.2.2 所示。

3)刀具远离工件的运动方向为坐标轴的正方向。

4)假定刀具相对于静止的工件运动。当工件移动时,则在坐标轴符号上加"'"。

(2)数控车床坐标系的确定与应用

数控车床一般只用到 X,Z 两轴。

Z——主轴中心线方向,刀具远离工件的方向为 Z 轴正方向。

X——工件径向水平方向,刀具离开工件旋转中心的方向为 X 轴正方向。

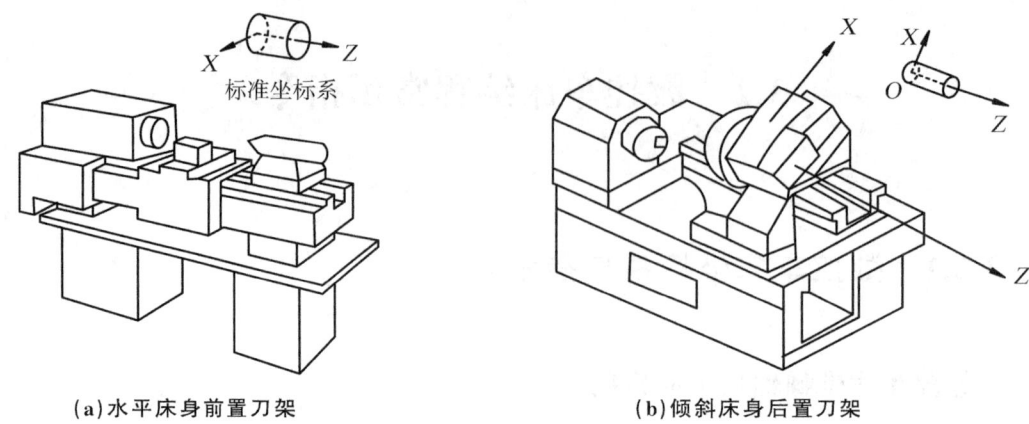

(a)水平床身前置刀架　　　　　　　(b)倾斜床身后置刀架

图 3.2.2　数控车床坐标轴及其方向

注意：

1) 先确定 Z 轴，Z 轴是传递切削动力的主要轴，然后再确定其 X 轴。

2) 数控车床坐标系的原点一般定义在卡盘中心线与中间端面交点。

3) 车床刀架有前置和后置两种，虽然两种刀架位置的车床，X 轴正方向刚好相反，但是 X 轴的数据表示的是直径没有正负，所以工件不管是装在前置还是后置车床上 X 的数据是一样的，因此不管刀架是前置还是后置我们都采用后置刀架的情况编程。

2.数控车床坐标系

(1)数控车床坐标系

数控车床坐标系与参考点如图 3.2.3 所示。

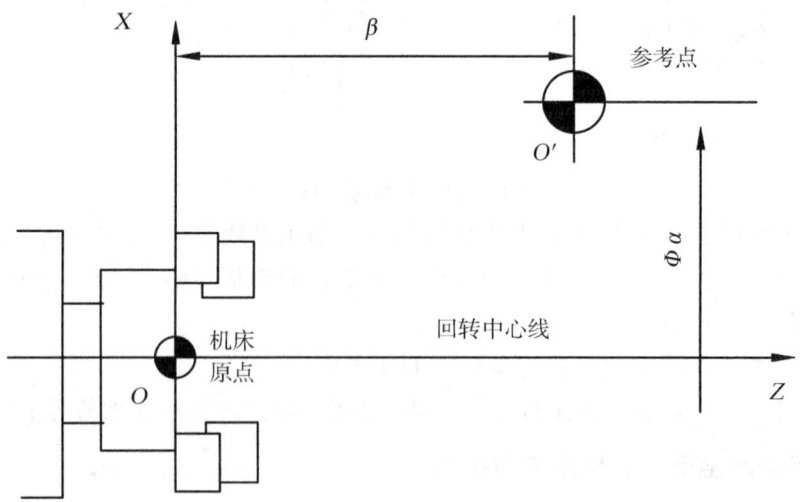

图 3.2.3　数控车床坐标系与参考点

1)机床坐标系。数控车床生产厂家按照笛卡儿原则,在数控车床上建立一个 Z 轴与 X 轴的直角坐标系,称为机床坐标系。

2)机床原点。机床坐标系的零点称为机床原点,是机床上的一个固定点,一般定义在主轴旋转中心线与车头端面的交点或参考点上。

3)参考点。参考点为机床上一固定点,由 X 方向与 Z 方向的机械挡块或系统定义的位置来确定,一般设定在 Z, X 轴正向最大位置,位置的设定由制造商定义。

(2)编程坐标系

编程人员选择工件图样上的某一已知点为原点(也称为程序原点),建立一个新的坐标系,称为编程坐标系。

从理论上讲,编程原点选在零件上的任何一点都可以,但实际上,为了换算尺寸尽可能简便,减少计算误差,应选择一个合理的编程原点。车削零件编程原点的 X 向零点应选在零件的回转中心,Z 向零点一般应选在零件的右端面、设计基准或对称平面内。车削零件的编程坐标原点选择如图 3.2.4 所示。

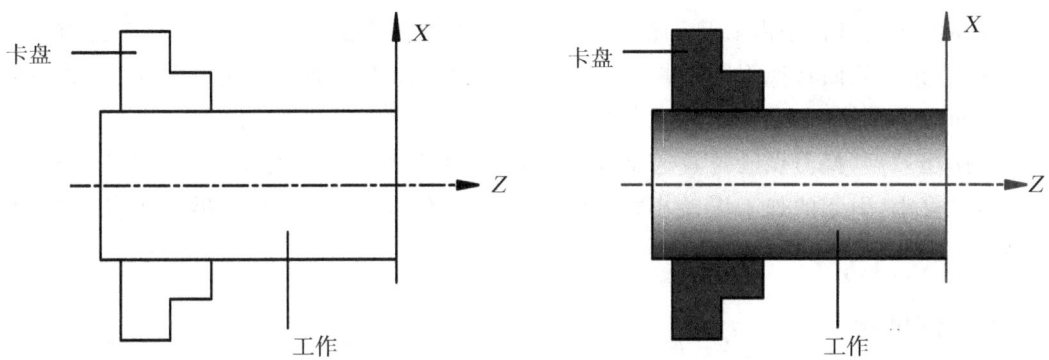

图 3.2.4 车削零件的编程坐标原点

(3)工件坐标系

操作者通过对刀等方式将编程坐标系的原点移到数控车床上,此时在数控车床上建立的坐标系称为工件坐标系。其原点一般选择在轴线与工件右端面、左端面或其他位置的交点上,工件坐标系的 Z 轴一般与主轴轴线重合。车削零件的工件坐标原点选择如图 3.2.5 所示。

(4)对刀点

将编程坐标系原点转换成机床坐标系的已知点并成为工件坐标系的原点,这个点就称为对刀点。

(5)起刀点

起刀点是零件程序加工的起始点。

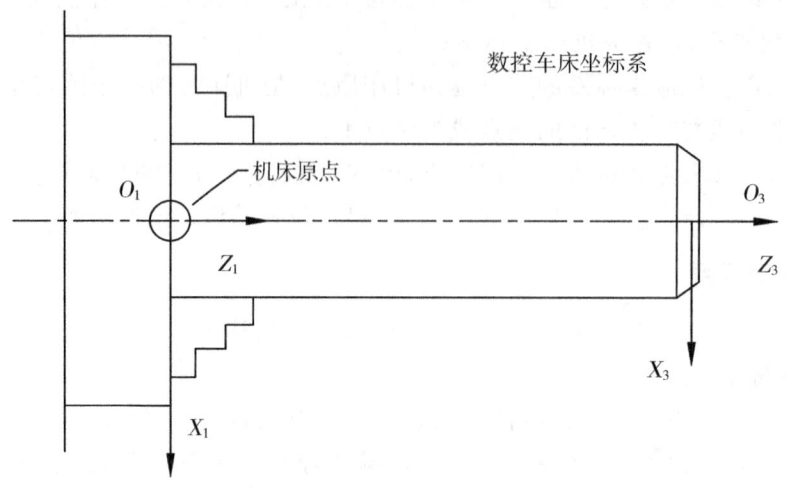

图 3.2.5　工件坐标系与机床原点

(6)换刀点

在零件车削过程中需要自动换刀,为此必须设置一个换刀点,该点应离工件有一定距离,以防止刀架回转换刀时刀具与工件发生碰撞。换刀点通常分为两种类型,即固定换刀点和自定义换刀点。

选择起刀点、换刀点的位置通常要注意:方便数学计算和简化编程,容易找正对刀,便于加工检查,引起的加工误差小,不要与机床、工件发生碰撞,方便拆卸工件,空行程不要太长。

3.编程坐标

编程坐标分为绝对坐标(X,Z)、相对坐标(U,W)和混合坐标($X/Z,U/W$)。

(1)绝对坐标(X,Z)

各点坐标参数以到坐标原点的距离作为参数值。

(2)相对坐标(U,W)

某点的坐标参数以到另外一点的距离作为参数值,即指令从前面一个位置到下一个位置的距离作为参数值。

(3)混合坐标($X/Z,U/W$)

绝对坐标和相对坐标同时使用,即在同一个程序段中,可使用 X 或 U,Z 或 W。

(4)直径坐标

X 坐标参数值为直径。

(5)半径编程

X 坐标参数值为半径值。

3.2.2 数控车床加工基本指令

1.程序结构概述

在数控车床上加工零件,首先要编制程序,然后用该程序控制机床的运动。数控指令的集合称为程序。在程序中根据机床的实际运动顺序书写这些指令。

(1)程序结构

一个完整的数控加工程序由程序开始部分、若干程序段、程序结束部分组成。一个程序段由程序段号和若干个"字"组成,一个"字"由地址符和数字组成。

下面是一个完整的数控加工程序,该程序由程序号开始,以 M30 结束。

程序	说明
O1234;	程序开始
N10 T0101 G95 M3 S500;	程序段 1
N20 G0 X100 Z100;	程序段 2
N30 G0 X26 Z0;	程序段 3
N40 G1 X0.0 F0.1;	程序段 4
N50 Z1;	程序段 5
N60 G0 X100;	程序段 6
N70 Z100;	程序段 7
N80 M30;	程序结束

1)程序名。零件程序的起始部分一般由程序起始符号%(或 O)后跟 1～4 位数字(0000～9999)组成,如%123、O1234 等。

2)程序段的格式和组成。程序段的格式可分为地址格式、分割地址格式、固定程序段格式和可变程序段格式等。其中,以可变程序段格式应用最为广泛,所谓可变程序段格式就是程序段的长短是可变的。例如,

N10	G01	X40.0	Z-30.0	F200;
程序段号	功能字	坐标字	给速度功能字	程序段结束

3)"字"。一个"字"的组成如下所示:

Z	—	30.0
地址符	符号(正、负号)	数据字(数字)

程序段号加上若干程序字就可组成一个程序段。在程序段中,表示地址的英文字母可分为尺寸地址和非尺寸地址两种,表示尺寸地址的英文字母有 X、Y、Z、U、V、W、

P、Q、I、J、K、A、B、C、D、E、R、H 共 18 个字母,表示非尺寸地址的英文字母有 N、G、F、S、T、M、L、O 共 8 个字母。

(2)主轴转速功能字 S

主轴转速功能字的地址符是 S,又称为 S 功能或 S 指令,用于指定主轴转速,单位为 r/min。对于具有恒线速度功能的数控车床,程序中的 S 指令用来指定车削加工的线速度数。

有变速箱的:用 S1(第一档)、S2(第二档)。

无变速箱的:直接输入转速,如 S100、S210、S500 等。

(3)进给功能字(切削速度)F

进给功能字的地址符是 F,又称为 F 功能或 F 指令,用于指定切削的进给速度。对于车床,F 可分为每分钟进给和主轴每转进给两种;对于其他数控机床,一般只用每分钟进给。F 指令在螺纹切削程序段中常用来指令螺纹的导程。

单位:G98 为每分钟进给,mm/min;G99 为每转进给,mm/r。

G00 为快速定位,没有 F 值,速度由倍率控制快慢。切削进给速度要有 F 值,F 值的快慢也可在进给倍率中控制。例如,

G00 X32 Z2;

G90 X24 Z-20 F50;

G90 X20 Z-15 F60。

(4)刀具功能字 T

刀具功能字的地址符是 T,又称为 T 功能或 T 指令,用于指定加工时所用刀具的编号。对于数控车床,其后的数字还兼作指定刀具长度补偿和刀尖半径补偿。T 后第一、二位是刀号,第三、四位是刀补号。例如,

T0100 T0200 T0300 T0400 无刀补,如 T0200 为 2 号刀,无刀补。

T0101 T0202 T0303 T0404 有刀补,如 T0202 为 2 号刀,执行 2 号刀补。

(5)辅助功能字 M

辅助功能字的地址符是 M,后续数字一般为 1～3 位正整数,又称为 M 功能或 M 指令,用于指定数控机床辅助装置的开关动作,如表 3.2.1 所示。

表 3.2.1 M 功能字含义表

M 功能字	含 义
M00	程序停止
M01	计划停止
M02	主程序结束
M03	主轴顺时针旋转
M04	主轴逆时针旋转
M05	主轴旋转停止
M06	换刀
M07	2 号冷却液开
M08	1 号冷却液开
M09	冷却液关
M30	程序停止并返回开始处
M98	调用子程序
M99	返回子程序

(6)准备功能字 G

准备功能字的地址符是 G,又称为 G 功能或 G 指令,用于建立机床或控制系统工作方式的一种指令,后续数字一般为 1~3 位正整数,如表 3.2.2 所示。

表 3.2.2 G 功能字含义表

G 功能字	组别	功能
G00	01	快速移动点定位
G01		直线插补(切削进给)
G02		顺时针圆弧插补
G03		逆时针圆弧插补
G04	00	暂停、准停
G28	00	返回参考点(机械原点)
G32	01	螺纹切削
G33		Z 轴攻螺纹循环
G34		变螺距螺纹切削
G50	00	坐标系设定
G65	00	宏程序命令

续表

G功能字	组别	功能
G70	00	精加工循环
G71		外圆粗切循环
G72		端面粗切循环
G73		封闭切削循环
G74		端面深孔钻循环
G75		外圆、内圆切槽循环
G76		复合螺纹切削循环
G90	00	外圆、内圆车削循环
G92		螺纹切削循环
G94		端面车削循环
G96	02	恒线速度
G97		取消恒线速度
G98	03	每分钟进给
G99		每转进给

注意 G 代码的使用方法：

1) 一次性 G 代码：只在被指令的程序段中有效的代码。例如，G04（暂停），G50（坐标设定），G70～G75（复合型车削固定循环）。

2) 模态 G 代码：在同组其他代码指令前一直有效，即表中 01 组的 G 代码。例如，G00（定位），G01、G02、G03（插补），G90、G92、G94（单一型固定循环）。

3) 初态 G 代码：系统里面已经设置好的，一开机就进入的状态。初态也是模态。例如，G98、G00。

2.编写程序基本指令

(1) 坐标系的设定

1) 坐标系设定的要求。应选在尽可能靠近工件，但换刀时又不会碰到工件的范围内。

2) 坐标系设定的格式。其格式如下：

N10 G50 X_ Z_ ;

式中 X, Z 的值是起刀点相对于加工原点的位置。在数控车床编程时，所有 X 坐标值均使用直径值。

例如，按图 3.2.6 设置加工坐标的程序段如下：

G50 X128.7 Z375.1

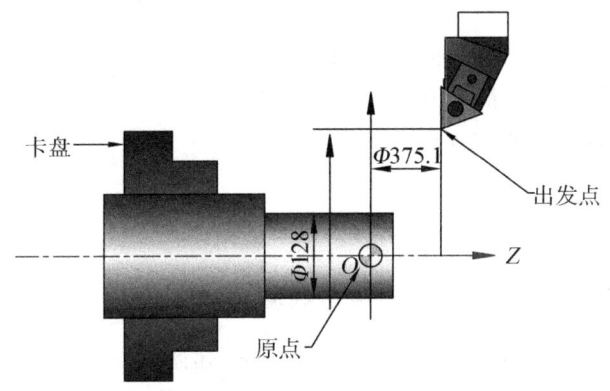

图 3.2.6　车削零件的工件坐标原点

(2)快速定位(G00)

1)编程格式。其格式如下：

N10 G00 X(U)_ Z(W)_;

式中 X,Z 的值是快速点定位的终点坐标尺寸,是绝对值坐标编程;U,W 的值是快速点定位的终点坐标尺寸,是相对(增量)值坐标编程。

例如,从 A 点到 B 点快速移动的程序段为：

N10 G00 X20 Y30；或是 N10 G00 U－20 W－10；

2)G00 走刀路线。快速点定位指令控制刀具以点位控制的方式快速移动到目标位置,其移动速度由参数来设定。指令执行开始后,刀具沿着各个坐标方向同时按参数设定的速度移动,最后减速到达终点,如图 3.2.7 所示。注意：在各坐标方向上有可能不是同时到达终点。刀具移动轨迹是几条线段的组合,不是一条直线。例如,在 FANUC 系统中,运动总是先沿 45°角的直线移动,最后再在某一轴单向移动至目标点位置,如图 3.2.7(b)所示。编程人员应了解所使用的数控系统的刀具移动轨迹情况,以避免加工中可能出现的碰撞。

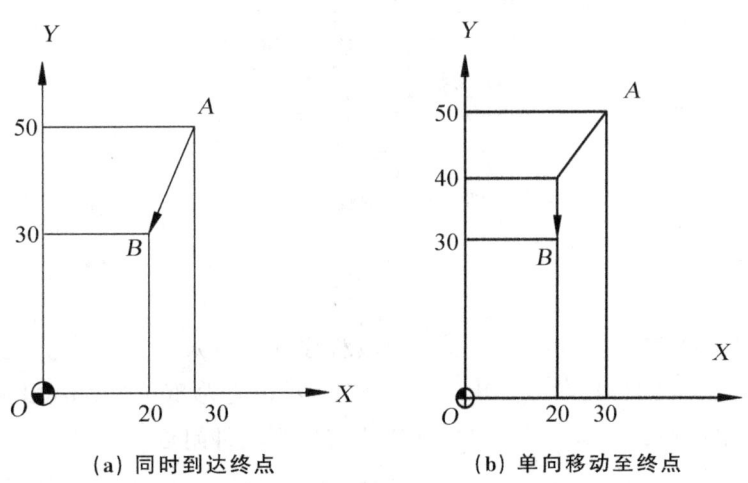

(a) 同时到达终点　　　　(b) 单向移动至终点

图 3.2.7　快速点定位

注意：
1)G00 没有 F 值，快速移动速度由厂家设定。
2)快速移动速度受快速倍率开关控制(F0 25‰ 50‰ 100‰)。
3)用 F 值指定的进给速度无效。

3.编写程序使用的功能

(1)编写程序开始使用的功能(前三步的编写)

N10 G50 X Z;设定零件坐标系，即刀具(程序)起始点。

N20 M S T;主轴正反转(M03 主轴正转，M04 主轴反转)；主轴转速：有变速箱的 S1 为第一档，S2 为第二档，无变速箱的直接输入数值；使用刀具号(如 T0100)。

N30 G00 X Z;把刀具快速移动到工件准备加工的边缘。

(2)编写程序结束使用的功能(后三步的编写)

N_G00 X Z;把刀具快速移动回到程序起点。

N_M05 T;主轴停止，换回基准刀。

N_M30;程序结束，光标回到程序开始位置，为下一工件加工做准备。

(3)编写程序中间部分使用的功能

根据加工图样的要求，选择加工工艺，编写程序的中间部分。

(4)编程举例

例 3-2-1　工件加工如图 3.2.8 所示，试编写数控加工程序。

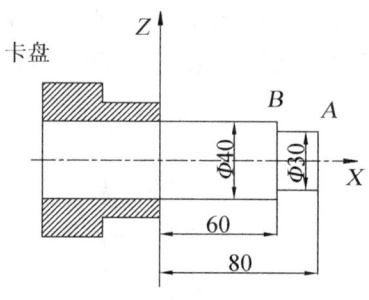

图 3.2.8　编程举例

编写程序：
O0001;
N10 G50 X100 Z100;　　　　　　(刀具程序起始点)
N20 M03 S800 T0101;　　　　　　(主轴正转，转速为 800 r/min，用一号基准刀)
N30 G00 X30 Z2;　　　　　　　　(快速定位到工件附近)
N40 …
…

...	（切削加工部分）
...	
...	
N_G00 X100 Z100;	（快速回到起始点）
N_M05 T0100;	（主轴停止,换回基准刀）
N_M30;	（程序结束,光标返回到程序开始）

(5) 程序编写时应注意的事项

1) 坐标系的设定应根据加工工艺的要求,尽可能靠近工件,只要换刀时不碰到工件就可以。

2) 前三步和后三步的格式一样,但坐标系设定的范围不同,工件 G00 定位需要根据加工要求确定。

3) G00 的程序段不能含有 F 值,有 F 值则无效。

4) 在同一个程序中绝对编程和相对(增量)编程可同时存在,即采用混合编程。

4. 插补功能

(1) 直线插补 G01

G01 是使刀具以指令的进给速度沿直线移动到目标点。

1) 指令格式为:G01 X(U)_Z(W)_F_;

其中,X,Z 表示目标点绝对值坐标;U,W 表示目标点相对前一点的增量坐标;F 表示进给量,若在前面已经指定,可以省略。

通常,在对车削端面、沟槽等与 X 轴平行的位置加工时,只需单独指定 X(或 U)坐标;在车外圆、内孔等与 Z 轴平行的加工时,只需单独指定 Z(或 W)值。图 3.2.9 为同时指令两轴移动车削锥面的情况,用 G01 编程为:

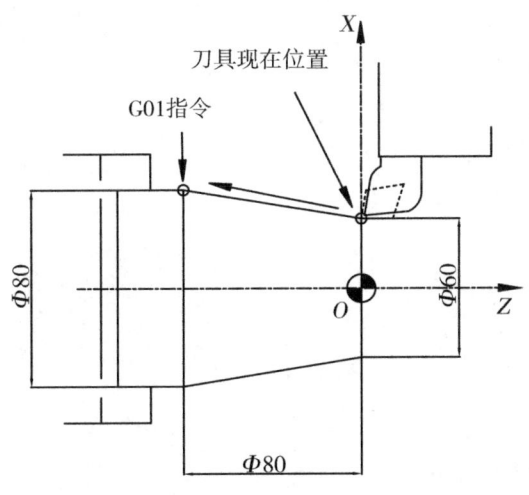

图 3.2.9 锥面车削

绝对坐标编程方式：G01 X80.0 Z—80.0 F0.25
增量坐标编程方式：G01 U20.0 W—80.0 F0.25
说明：

G01 指令后的坐标值取绝对值编程还是取增量值编程，由尺寸字地址决定，有的数控车床由数控系统当时的状态决定。

进给速度由 F 指令决定。F 指令也是模态指令，它可以用 G00 指令取消。若在 G01 程序段之前的程序段没有 F 指令，而现在的 G01 程序段中也没有 F 指令，则机床不运动。因此，G01 程序中必须含有 F 指令。

2）编程加工举例。

例 3-2-2　如图 3.2.10 所示，工件已粗加工完毕，各位置留有余量 0.2 mm，要求重新编写精加工程序，不切断。

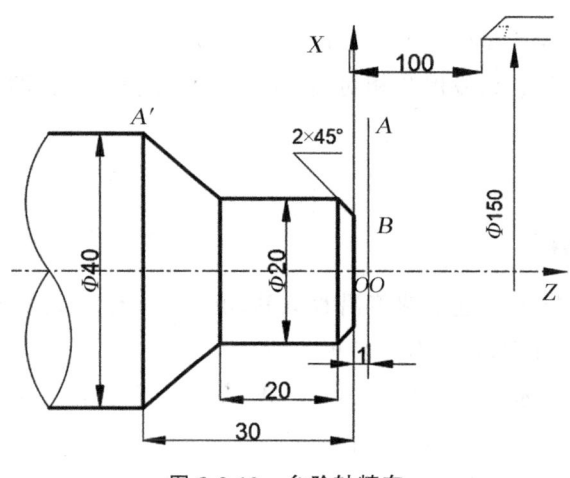

图 3.2.10　台阶轴精车

编写加工程序：
O0501；
N10 G99 G50 X150 Z100；
N20 M03 S1000 T0101；
N30 G00 X16 Z2；
N40 G01 X16 Z0 F0.5；
N50 G01 X20 Z—2 F0.1；
N60 Z—20；
N70 X40 Z—30；
N80 G00 X150 Z100；
N90 M05 T0100；
N100 M30；

(2) 圆弧插补指令 G02、G03

指令格式：G02/G03 X(U)_Z(W)_I_K_F_；

G02/G03 X(U)_Z(W)_R_F_；

1)圆弧顺逆的判断。圆弧插补指令分为顺时针圆弧插补指令 G02 和逆时针圆弧插补指令 G03。圆弧插补的顺逆可按图 3.2.11 给出的方向判断：沿圆弧所在平面（如 XZ 平面）的垂直坐标轴的负方向（-Y）看去，顺时针方向为 G02，逆时针方向为 G03。数控车床是两坐标的机床，只有 X 轴和 Z 轴，按右手定则的方法将 Y 轴也加上去来考虑。观察者让 Y 轴的正向指向自己（即沿 Y 轴的负方向看去），站在这样的位置上就可正确判断 X-Z 平面上圆弧的顺逆时针。

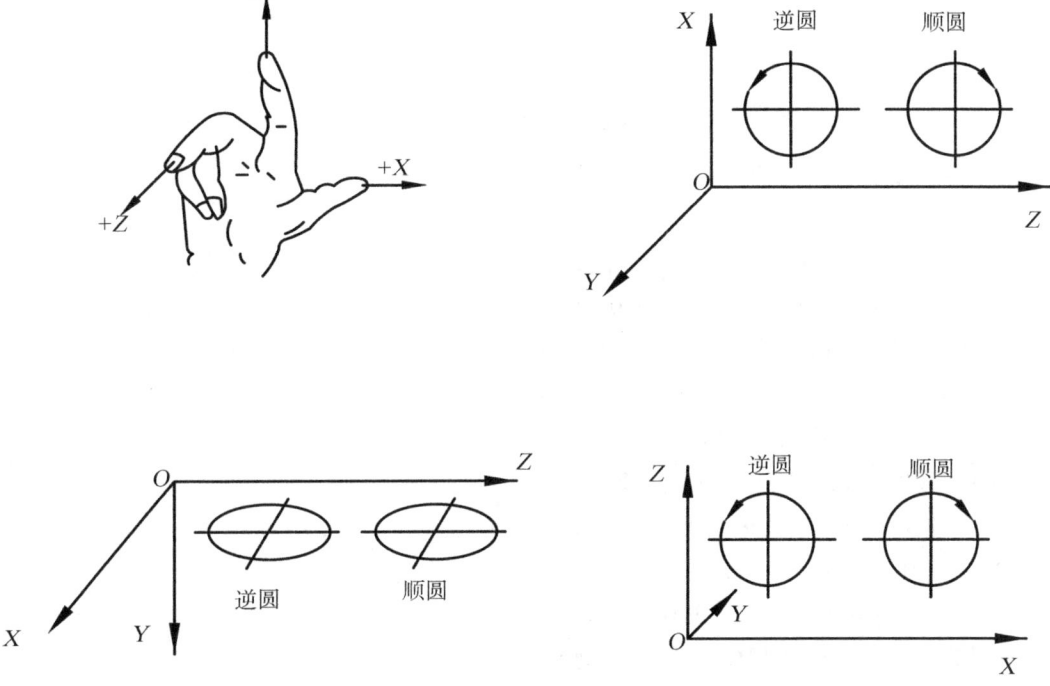

图 3.2.11　圆弧顺逆的判断

说明：

采用绝对值编程时，圆弧终点坐标为圆弧终点在工件坐标系中的坐标值，用 X,Z 表示。当采用增量值编程时，圆弧终点坐标为圆弧终点相对于圆弧起点的增量值，用 U,W 表示。

圆心坐标 I,K 为圆弧起点到圆弧中心所作矢量分别在 X,Z 坐标轴方向上的分矢量（矢量方向指向圆心）。本系统 I,K 为增量值，并带有"±"号，当分矢量的方向与坐标轴的方向不一致时取"-"号。

当用半径只指定圆心位置时，由于在同一半径值的情况下，从圆弧的起点到终点有两个圆弧的可能性，为区别二者，规定圆弧圆心角≤180°时，用"+R"表示；圆弧圆心角>180°时，用"-R"表示。用半径指定圆心位置时，不能描述整圆。

A.如图 3.2.12 所示为 G02 应用实例。

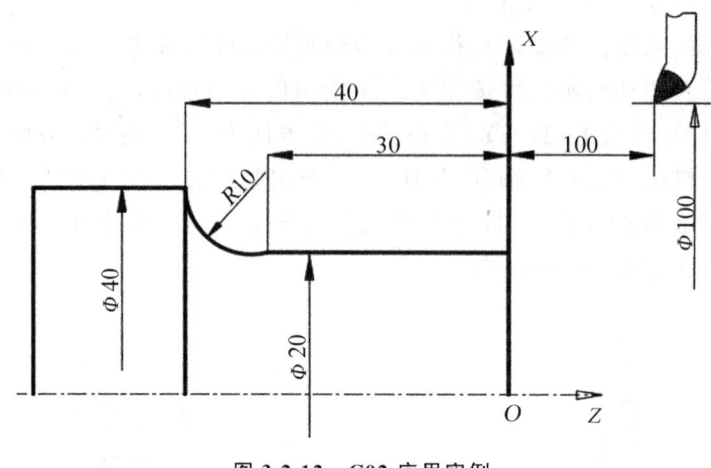

图 3.2.12 G02 应用实例

用 I,K 表示圆心位置,采用绝对值编程：

N03 G00 X20.0 Z2.0；

N04 G01 Z－30.0 F80；

N05 G02 X40.0 Z－40.0 I0.0 K0 F60；

用 I,K 表示圆心位置,采用增量值编程：

N03 G00 U－80.0 W－98.0；

N04 G01 U0 W－32.0 F80；

N05 G02 U20.0 W－10.0 I0.0 K0 F60；

用 R 表示圆心位置,采用绝对值编程：

N04 G01 Z－30.00 F80；

N05 G02 X40.0 Z－40.0 R10 F60；

B.如图 3.2.13 所示为 G03 应用实例。

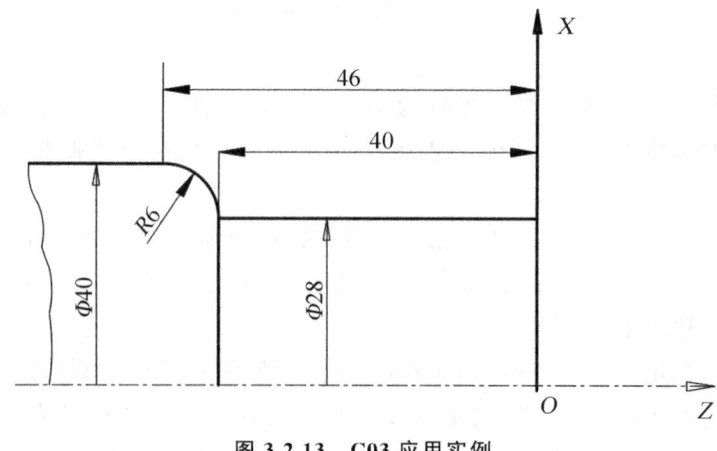

图 3.2.13 G03 应用实例

用 I,K 表示圆心位置,采用绝对值编程：

N04 G00 X28.0 Z2.0；

N05 G01 Z-40.0 F80;

N06 G03 K40.0 Z-46.0 I6.0 K-6.0 F60;

用 I,K 表示圆心位置,采用增量值编程:

N04 G00 U-150.0 W-98.0;

N05 G01 W-42.0 F80;

N06 G03 U12.0 W-6.0 I6.0 K-6.0 F60;

用 R 表示圆心位置,采用绝对值编程:

N04 G00 X28.0 Z2.0;

N05 G01 Z-40.0 F80;

G02/G03 车圆弧的方法:

应用 G02(或 G03)指令车圆弧,若用一刀就把圆弧加工出来,这样吃刀量太大,容易打刀。所以,实际车圆弧时,需要多刀加工,先将大多余量切除,最后才获得所需圆弧。下面介绍车圆弧常用加工路线。

图 3.2.14 为车圆弧的车锥法切削路线,即先车一个圆锥,再车圆弧。但要注意,车锥时起点和终点的确定,若确定不好,则可能损坏圆锥表面,也可能将余量留得过大。确定方法如图 3.2.14 所示,连接 OC 交圆弧于 D,过 D 点作圆弧的切线 AB。

图 3.2.15 为车圆弧的同心圆弧切削路线,即用不同的半径圆来车削,最后将所需圆弧加工出来。此方法在确定了每次吃刀量 a_p 后,对 90°圆弧的起点、终点坐标较易确定,数值计算简单,编程方便,常采用。但空行程时间较长。

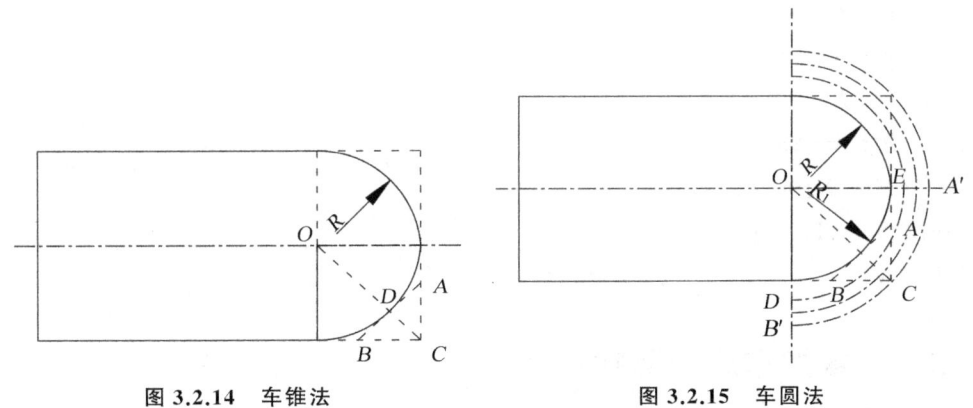

图 3.2.14 车锥法　　　　　图 3.2.15 车圆法

2)编程加工实例。

例 3-2-3　如图 3.2.16 所示,工件已粗加工完毕,各位置留有余量 0.2 mm,要求重新编写精加工程序,不切断。

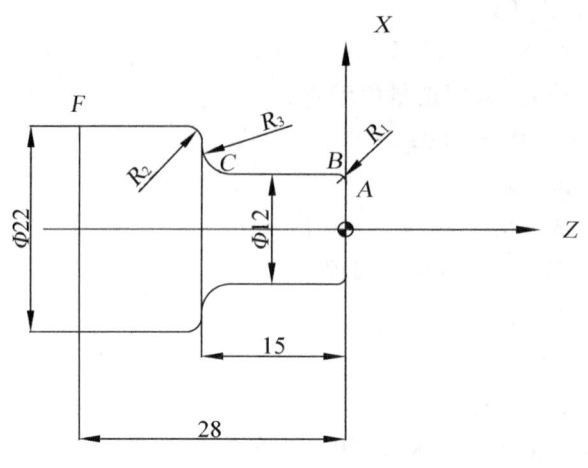

图 3.2.16 车削台阶轴

编写加工程序：
O0322；
N10 G99 G50 X100 Z100；
N20 M03 S1000 T0101；
N30 G00 X10 Z2；
N40 G01 Z0 F0.5；
N50 G03 X12 Z－1 R1 F0.2；
N60 G01 Z－12；
N70 G02 X18 Z－15 R3；
N80 G03 X22 W－2 R2；
N90 G01 Z－28；
N100 G00 X100 Z100；
N110 M05 T0100；
N120 M30；

3.2.3 数控车床循环指令

在外径、内径、端面、螺纹切削的粗加工时，刀具常常要反复地执行相同的动作，才能加工到工件要求的尺寸。为了简化程序，数控装置可以用一个程序段指定刀具做反复切削，这就是固定循环功能。车削固定循环分为单一形状固定循环和多重复合循环。

1.单一形状固定循环指令

单一形状固定循环指令有三种，分别是 G90、G92（单一螺纹固定空循环指令）和 G94，常用的有 G90 和 G94。

(1)内外圆切削循环 G90

格式 1:G90 X(U)_Z(W)_F;

其中,X,Z 表示终点绝对值坐标;U,W 表示相对(增量)值终点坐标尺寸;F 切削进给速度。其轨迹如图 3.2.17 所示,由四个步骤组成。图中:1R 表示第一步快速运动;2F 表示第二步按进给速度切削,3F 表示第三步按进给速度切削,4R 表示第四步快速运动。

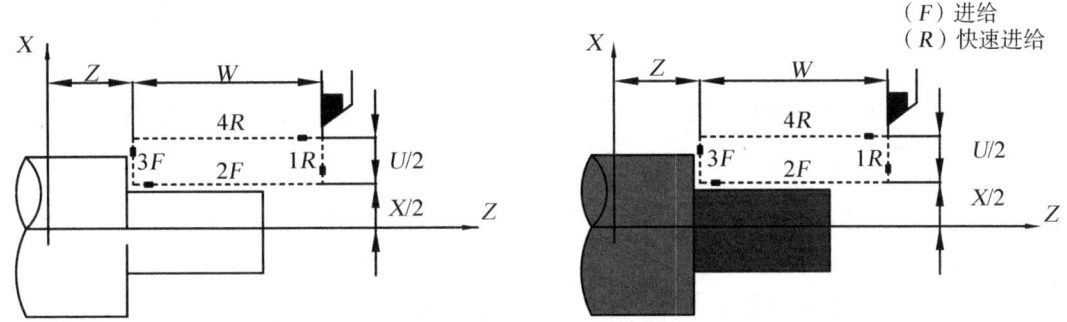

图 3.2.17 G90 指令循环轨迹(圆柱面切削)

格式 2:G90 X(U)_Z(W)_R_ F;

其中,X,Z 表示终点绝对值坐标;U,W 表示相对(增量)值终点坐标尺寸;R 表示锥度尺寸,$R=(D-d)/2$(D 为锥度大端直径,d 为锥度小端直径),车削外圆锥度从小端车到大端时,切削锥度 R 为负值;车削内圆锥度从大端车到小端时,内圆锥度 R 为正值;F 表示切削进给速。其轨迹如图 3.2.18 所示,R 值的正负与刀具轨迹有关。

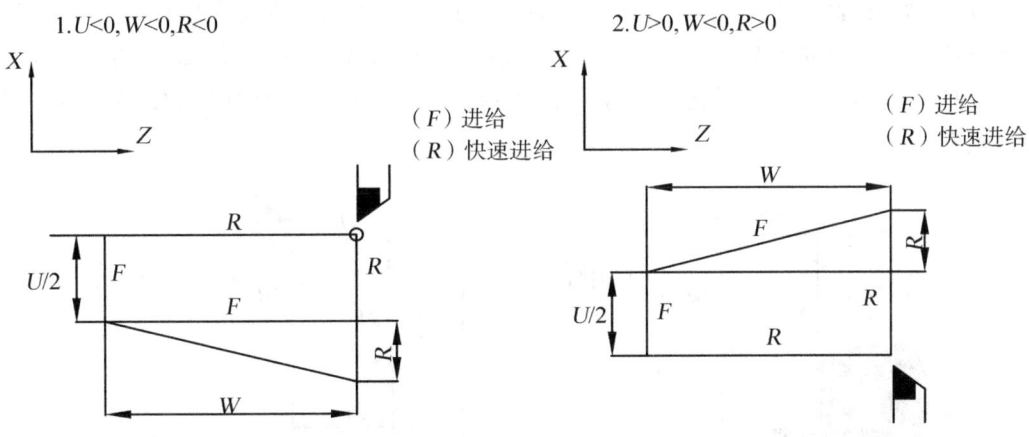

图 3.2.18 G90 指令循环轨迹(圆锥体切削)

G90 指令编程实例,如图 3.2.19 和图 3.2.20 所示。

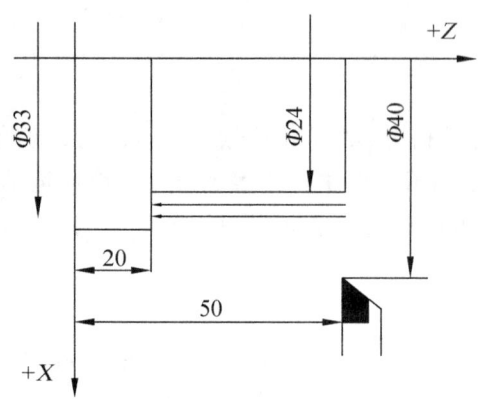

图 3.2.19　阶梯轴加工程序

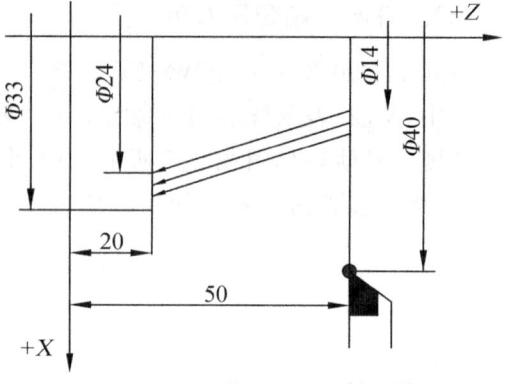

图 3.2.20　带锥度的阶梯轴加工程序

O0601;
N10 T0101 M03 S800;
N20 G00 X35 Z51;
N30 G90 X30 Z20 F0.2;
N40 G90 X27 Z20 F0.2;
N50 G90 X24 Z20 F0.2;
N60 G0 X100 Z100;
N70 M30;

O0602;
N10 M03 S600 T0101;
N20 G00 X40 Z50;
N30 G90 X-10 Z-30 R-5 F0.1;
N40 X-13 Z-30 R-5;
N50 X-16 Z-30 R-5;
N60 X100 Z100;
N70 M30;

(2)端面车削循环 G94

格式 1：G94 X(U)_Z(W)_F;

其中，X,Z 表示终点绝对值坐标；U,W 表示相对(增量)值终点坐标尺寸；F 表示切削进给速度。其轨迹如图 3.2.21 所示，由四个步骤组成。图中：1R 表示第一步快速运动，2F 表示第二步按进给速度切削，3F 表示第三步按进给速度切削，4R 表示第一步快速运动。

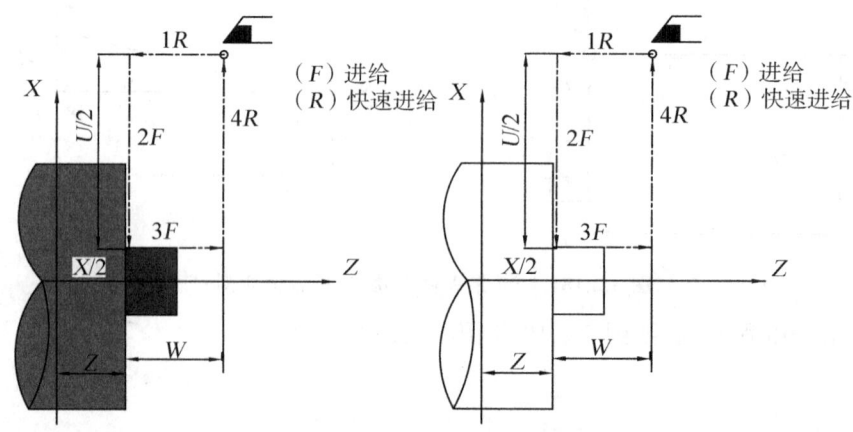

图 3.2.21　G94 指令循环轨迹(圆柱面切削)

格式 2：G94 X(U)_Z(W)_R_F；

其中，X,Z 表示终点绝对值坐标；U,W 表示相对（增量）值终点坐标尺寸；R 表示锥度尺寸，$R=(D-d)/2$（D 为锥度大端直径，d 为锥度小端直径），车削外圆锥度如是从小端车到大端时，切削锥度 R 为负值；车削内圆锥度如是从大端车到小端时，内圆锥度 R 为正值；F 表示切削进给速。其轨迹如图 3.2.22 所示，由四个步骤组成。

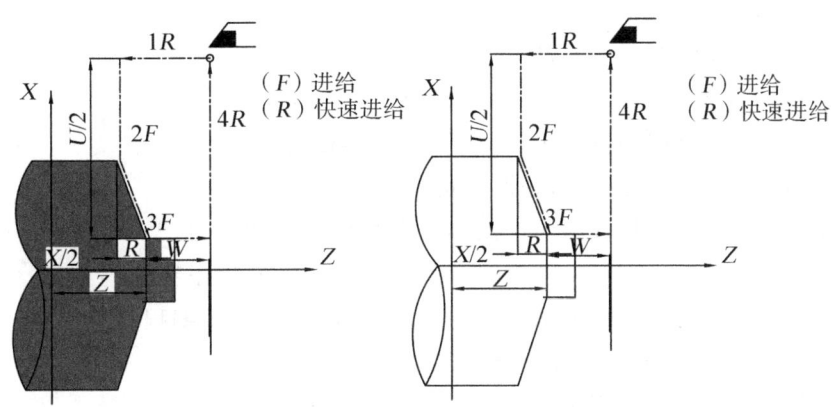

图 3.2.22　G94 指令循环轨迹（圆锥体切削）

G94 编程实例，如图 3.2.23 和图 3.2.24 所示。

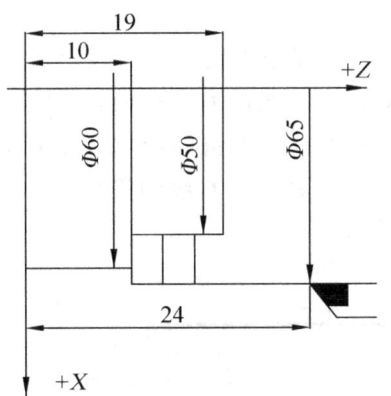

图 3.2.23　阶梯轴加工程序

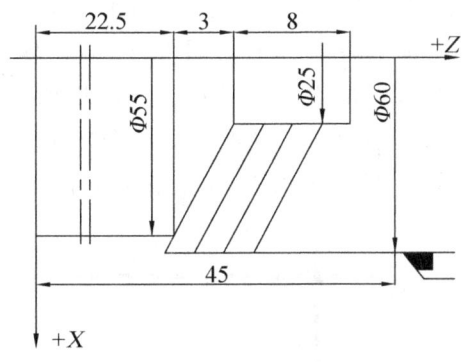

图 3.2.24　带锥度的阶梯轴加工程序

O0603；
N10 M03 S600 T0202；
N20 G00 X65 Z24；
N30 G94 U-15 W-8 F0.1；
N40 U-15 W-11；
N50 U-15 W-14；
N60 G00 X100 Z100；
N70 M30；

O0604；
N10 M03 S700 T0101；
N20 G00 X60 Z45；
N30 G94 X25 Z31.5 R-3.5 F0.15；
N40 X25 Z29.5 R-3.5；
N50 X25 Z27.5 R-3.5；
N60 X25 Z25.5 R-3.5；
N70 G00 X100 Z100；
N80 M30；

2.复合型车削固定循环 G70、G71、G72 和 G73

(1)外圆、内圆粗车循环(G71)

1)编程格式。

G71 U(△d) R(e);

G71 P(ns) Q(nf) U(△u) W(△w) F(f) T(t) S(s);

2)各参数的含义。

U(△d)表示 X 方向的进刀量(半径值),是模态指令。

R(e)表示 X 方向的退刀量,是模态指令。

P(ns)表示精加工形状程序段中的第一个程序段的顺序号。

Q(nf)表示精加工形状程序段中的最后一个程序段的顺序号。

U(△u)表示 X 轴方向精加工余量的距离及方向(直径值编程为直径)。

W(△w)表示 Z 轴方向精加工余量的距离及方向。

F 表示粗加工的切削进给速度。

S 表示主轴转速,前面有的可省略。

T 表示刀具,前面有的可省略。

3)循环路线。

循环路线如图 3.2.25 所示,循环始点为 A。假定在某段程序中指定了由 A→A′→B′→B 的精加工路线,只要用此指令,就可实现切削深度△d(该量为半径值,无正负,方向由矢量 AA′决定),退刀量为 e 的粗加工循环,X,Z 轴方向保留的精加工余量为△u 和△w,ns 为精加工路线的第一个程序段的顺序号;nf 为精加工路线的最后一个程序段的顺序号,即图中 B′B 段程序的顺序号。

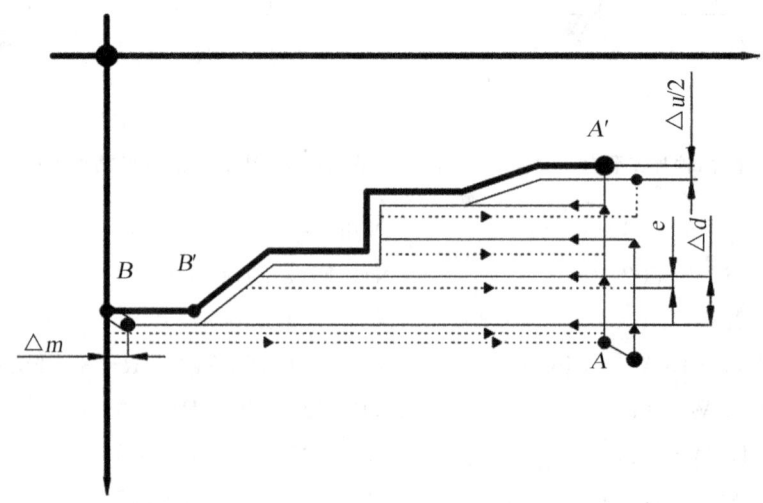

图 3.2.25 G71 循环路线图

4)编程实例。

例 3-2-4 外径粗加工复合循环编程实例如图 3.2.26 所示零件的加工程序:要求循环起始点在 $A(46,1)$,切削深度为 1.5 mm(半径量),退刀量为 1 mm,X 方向精加工余量为 0.4 mm,Z 方向精加工余量为 0.1 mm,其中点画线部分为工件毛坯。

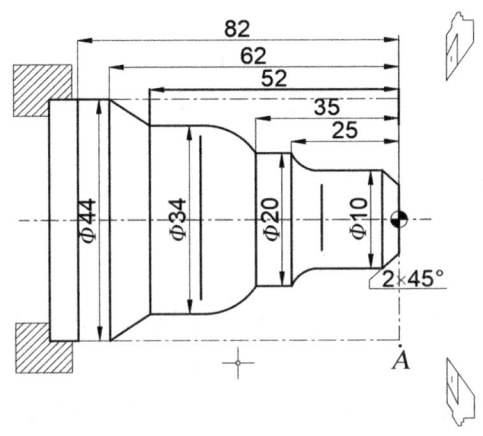

图 3.2.26 外径粗加工复合循环编程实例图

```
O3327;
N10 T0101 G00 X100 Z100 G95;    (选定刀具,到程序起点位置)
N20 M03 S800;                   (主轴以 800 r/min 正转)
N30 G00 X46 Z2;                 (刀具到循环起点位置)
N40 G71 U1.5 R0.5;              (粗切量:1.5 mm)
N50 G71 P60 Q150 U0.4 W0.1 F0.25;(精切量:X0.4 mm Z0.1 mm)
N60 G00 X4 Z2;                  (精加工轮廓起始行,到倒角延长线)
N70 G01 X10 Z-2 F0.1;           (精加工 2×45°倒角)
N80 Z-20;                       (精加工 Φ10 外圆)
N90 G02 U10 W-5 R5;             (精加工 R5 圆弧)
N100 W-10;                      (精加工 Φ20 外圆)
N110 G03 U14 W-7 R7;            (精加工 R7 圆弧)
N120 G01 Z-52;                  (精加工 Φ34 外圆)
N130 U10 W-10;                  (精加工外圆锥)
N140 W-20;                      (精加工 Φ44 外圆,精加工轮廓结束)
N150 X50;                       (退出已加工面)
N160 G00 X100 Z100;             (回对刀点)
N170 M05;                       (主轴停)
N180 M30;                       (主程序结束并复位)
```

(2)端面粗车循环(G72)

1)编程格式。

G72 U($\triangle$d) R(e);

G72 P(ns) Q(nf) U(△u) W(△w) F(f) S(s) T(t);

2)各参数的含义。

△d 表示背吃刀量；

e 表示退刀量；

ns 表示精加工轮廓程序段中开始程序段的段号；

nf 表示精加工轮廓程序段中结束程序段的段号；

△u 表示 X 轴向精加工余量；

△w 表示 Z 轴向精加工余量；

f、s、t 表示 F、S、T 代码。

注意：

A.ns→nf 程序段中的 F、S、T 功能，即使在粗车循环中被指定也是无效的，只有 G71 程序段之前或者 G71 指令中的 F、S、T 有效。

B.零件轮廓必须符合 X 轴、Z 轴方向同时单调增大或单调减少。

3)循环路线。

端面粗切循环是一种复合固定循环。端面粗切循环适于 Z 向余量小，X 向余量大的棒料粗加工，其循环路线如图 3.2.27 所示。

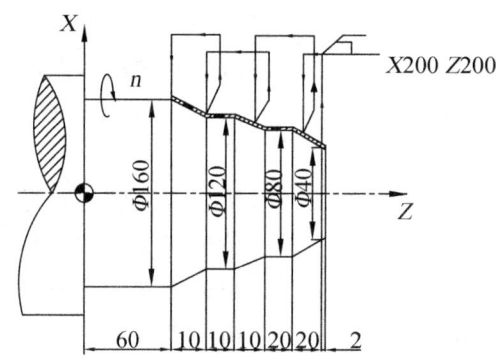

图 3.2.27　G72 的循环路线

4)编程实例。

例 3-2-5　按图 3.2.27 所示尺寸编写端面粗车循加工程序。

O0003；

N10 G50 X200 Z200 T0101；

N20 M03 S800；

N30 G90 G00 G41 X176 Z2 M08；

N40 G96 S120；

N50 G72 U3 R0.5；

N60 G72 P70 Q120 U2 W0.5 F0.2；

N70 G00 X160 Z60；

N80 G01 X120 Z70 F0.15；

N90 Z80；

N100 X80 Z90；

N110 Z110；

N120 X36 Z132；

N130 G00 G40 X200 Z200；

N140 M30；

(3)封闭车削循环(G73)

1)编程格式。

G73 U(△i) W(△k) R(d)；

G73 P(ns) Q(nf) U(△u) W(△w) F(f) S(s) T(t)；

说明：该指令适用于铸造、锻造毛坯，与最终零件有相似外形。

2)各参数的含义。

△i 表示 X 轴方向退刀的距离和方向。

△K 表示 Z 轴方向退刀的距离和方向。

d 表示分割加工的次数。

ns 表示精加工形状程序段的第一段。

nf 表示精加工形状程序段的最后一段。

△u 表示 X 轴方向的精加工余量。

△w 表示 Z 轴方向的精加工余量。

3)走刀路线。

走刀路线如图 3.2.28 所示。

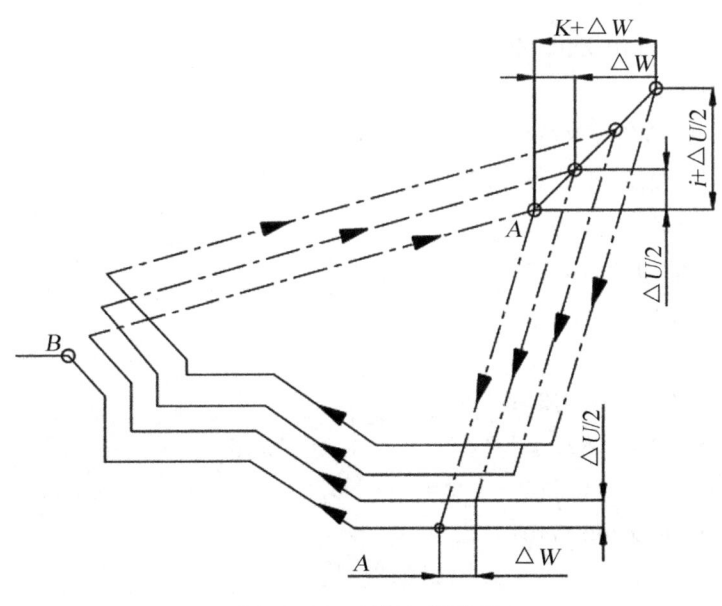

图 3.2.28　封闭切削循环

4)编程实例。

例 3-2-6 按图 3.2.29 所示尺寸编写封闭切削循环加工程序。

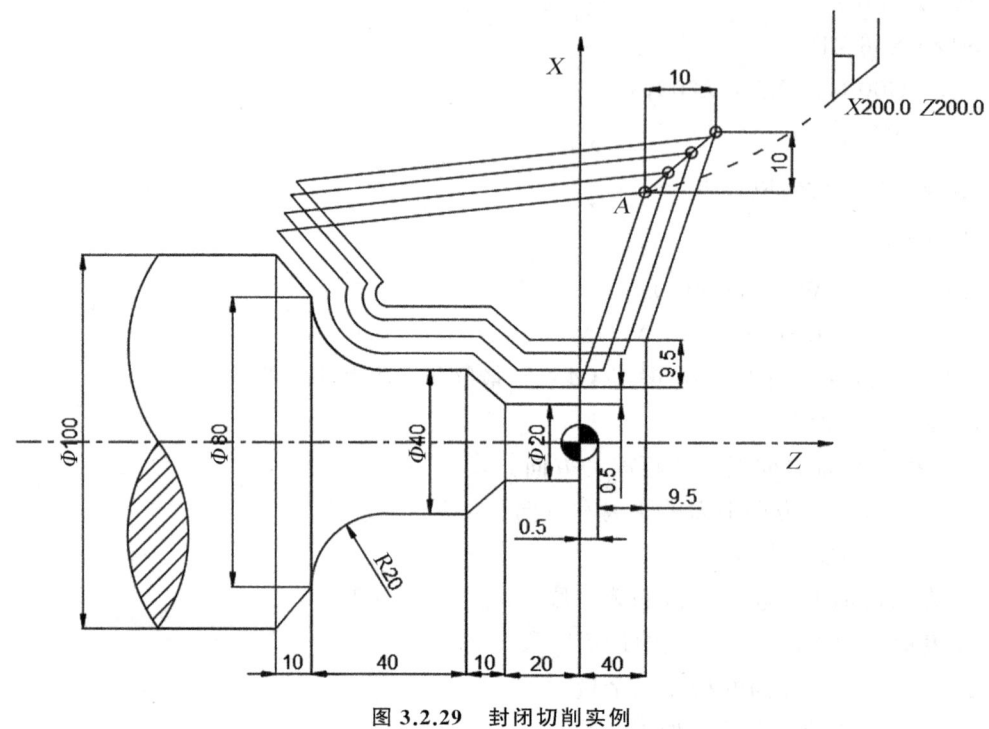

图 3.2.29 封闭切削实例

O0004；
N10 G99 G50 X200 Z200 T0101；
N20 M03 S2000；
N30 G00 G42 X140 Z40 M08；
N40 G96 S150；
N50 G73 U9.5 W9.5 R3；
N60 G73 P70 Q130 U1 W0.5 F0.3；
N70 G00 X20 Z0；
N80 G01 Z−20 F0.15；
N90 X40 Z−30；
N100 Z−50；
N110 G02 X80 Z−70 R20；
N120 G01 X100 Z−80；
N130 X105；
N140 G00 X200 Z200 G40；
N150 M30；

(4) 精加工循环(G70)

由 G71、G72、G73 完成粗加工后,可以用 G70 进行精加工。

1) 编程格式。

G70 P(ns) Q(nf)

2) 各参数的含义。

ns 表示精加工轮廓程序段中开始程序段的段号;

nf 表示精加工轮廓程序段中结束程序段的段号。

精加工时,G71、G72、G73 程序段中的 F、S、T 指令无效,只有在 ns~nf 程序段中的 F、S、T 才有效。

3) 编程实例。

例 3-2-7 在 G71、G72、G73 程序应用例中的 nf 程序段后再加上"G70 P(ns) Q(nf)"程序段,并在 ns~nf 程序段中加上精加工适用的 F、S、T,就可以完成从粗加工到精加工的全过程。

3.2.4 螺纹切削指令 G32 与螺纹切削循环指令 G92

1. 螺纹切削指令 G32

(1) 指令格式

G32 X(U)_Z(W)_ F_

(2) 指令说明

X,Z 表示绝对编程时,有效螺纹终点在工件坐标系中的坐标。

U,W 表示增量编程时,有效螺纹终点相对于螺纹切削起点的位移量。

F 表示螺纹导程,即主轴每转一圈,刀具相对于工件的进给值。

从螺纹粗加工到精加工,主轴的转速必须保持恒定。

在没有停止主轴的情况下,停止螺纹的切削将非常危险;因此螺纹切削时进给保持功能无效,如果按下进给保持按键,刀具在加工完螺纹后停止运动。

在螺纹加工中不使用恒定线速度控制功能。

在螺纹加工轨迹中应设置足够的升速进刀段 δ 和降速退刀段 δ',以消除伺服滞后造成的螺距误差。

实例1:加工如图 3.2.30 所示的圆柱螺纹切削,螺纹螺距为 1.5 mm,试编制加工程序。

其加工程序为:

……

N50 G00 Z104.0;　　　　　　　　(Z 向快速靠近工件)

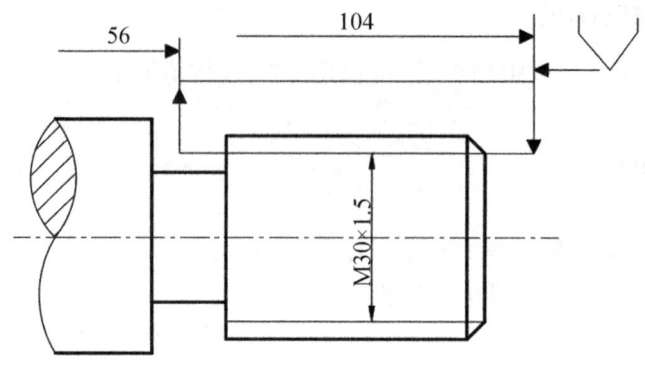

图 3.2.30 圆柱螺纹车削

N60 X29.3;	(X 向进刀,a_{p_1}=0.35 mm)
N70 G32 Z56.0 F1.5;	(车削螺纹第一刀)
N80 G00 X40.0;	(X 向快速退刀)
N90 Z104.0;	(Z 向快速退刀)
N100 X28.9;	(X 向进刀,a_{p_2}=0.2 mm)
N110 G32 Z56.0 F1.5;	(车削螺纹第二刀)
N120 G00 X40.0;	(X 向快速退刀)
N130 Z104.0;	(Z 向快速退刀)
N140 X28.5;	(X 向进刀,a_{p_3}=0.2 mm)
N150 G32 Z56.0 F1.5;	(车削螺纹第二刀)
N160 G00 X40;	(X 向快速退刀)

……

实例 2:加工如图 3.2.31 所示的锥螺纹切削,螺纹导程为 3.5 mm,δ_1=2 mm,δ_2=1 mm,每次背吃刀量为 1 mm。试编制加工程序。

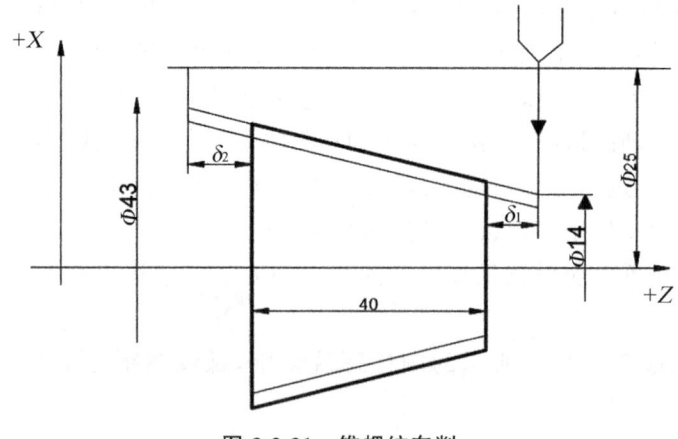

图 3.2.31 锥螺纹车削

其加工程序为:

……

```
N70  G00 X12.0;                  (X向快速进刀)
N80  G32 X41.0 W-43.0 F3.5;      (车锥螺纹)
N90  G00 X50.0;                  (X向快速退刀)
N100 W43.0;                      (Z向快速退刀)
N110 X10.0;                      (X向快速进刀)
N120 G32 X39.0 W-43.0 F3.5;      (车锥螺纹)
N130 G00 X50.0;                  (X向快速退刀)
N140 W43.0;                      (Z向快速退刀)
……
```

2.螺纹切削循环 G92

(1)指令格式

G92 X(U)_ Z(W)_ R_ F_;

(2)指令说明

X,Z:螺纹终点坐标值。

U,W:螺纹终点相对循环起点的坐标增量。

R:锥螺纹始点与终点的半径差,加工圆柱螺纹时,R为零,可省略,如图 3.2.32(a)所示。

该指令可切削圆锥螺纹和圆柱螺纹(图 3.2.32)。刀具从循环起点开始按梯形循环,最后又回到循环起点。图中虚线表示按 G00 的速度快速移动,实线表示按 F 指令的工件进给速度移动。

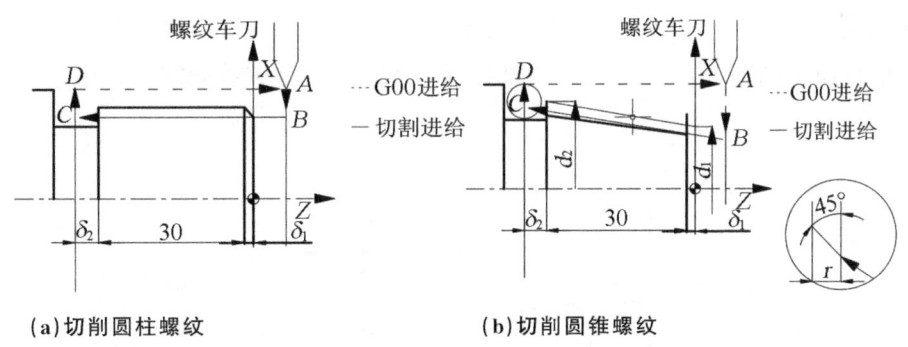

(a)切削圆柱螺纹　　　(b)切削圆锥螺纹

图 3.2.32　车削螺纹

实例1:加工如图 3.2.33 所示的 M30×2-6g 普通圆柱螺纹,用 G92 指令加工时,其程序设计如下:取编程大径为 $\Phi29.7$ mm;设其牙底由单一的圆弧 R 构成,取 $R=0.2$ mm;据计算螺纹底径为 $\Phi27.246$ mm;取编程小径为 $\Phi27.3$ mm。试编制加工程序。

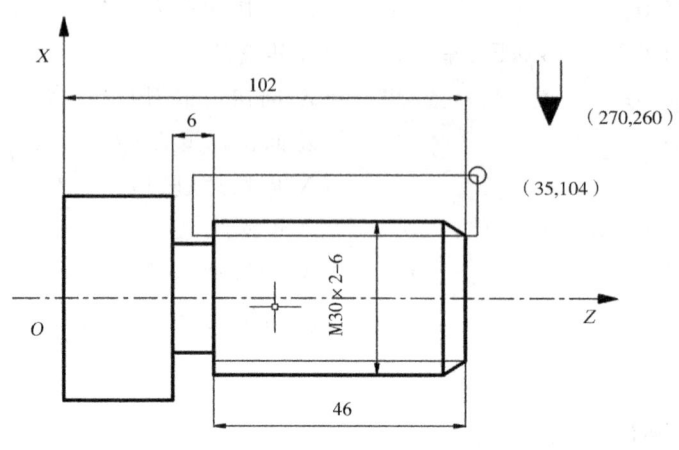

图 3.2.33

其加工程序如下：

O7001；   程序名
N01 G50 X270.0 Z260.0；   （设置工件坐标系）
N02 M03 S800 T0101；   （主轴正转,转速为 800 r/min,选 1 号刀,执行 1 号刀补）
N03 G00 X35.0 Z104.0；   （快速靠近工件）
N04 G92 X28.9 Z53.0 F2.0；（车螺纹,第一刀）
N05 X28.2；   （第二刀）
N06 X27.7；   （第三刀）
N07 X27.3；   （第四刀）
N08 G00 X270.0 Z260.0；   （快速退至参考点）
N09 M05；   （主轴停）
N10 M30；   （程序结束）

实例 2：加工如图 3.2.34 所示的圆锥螺纹,用 G92 指令试编制加工程序。

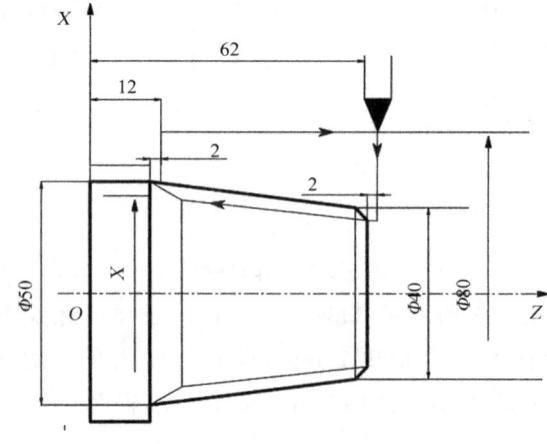

图 3.2.34　圆锥螺纹车削

其加工程序如下：

O7002;   程序名
N01 G50 X80.0 Z62.0;   (设置工件坐标系)
N02 G97 S300 M03;   (主轴正转,转速为 300 r/min)
N03 T1010;   (选 10 号刀,执行 10 号刀补)
N04 G00 X80.0 Z62.0;   (快速靠近工件)
N05 G92 X49.6 Z12.0 R－5.0 F2.0;
N06 X48.7;   (第二刀)
N07 X48.1;   (第三刀)
N08 X47.5;   (第四刀)
N09 X47.1;   (第五刀)
N10 X47.0;   (第六刀)
N11 G00 X80.0 Z62.0 T1000 M05;
N12 M30;   (程序结束)

3.复合螺纹切削循环(G76)

(1)格式

G76 P(m)(r)(a) Q(△dmin) R(d);

G76 X(U) Z(W) R(i) P(k) Q(△d) F(I);

(2)指令说明

m:最后精加工的重复次数 1～99,此指定值是模态的,在下次指定前均有效。

r:螺纹倒角量。如果把 L 作为导程,在 0.01～9.9L 的范围内,以 0.1L 为一档,可以用 00～99 两位数值指定。该指定是模态的,在下次指定前一直有效。

a:刀尖的角度(螺纹牙的角度)。可以选择 80°,60°,55°,30°,29°,0° 六种角度。把此角度值原数用两位数指定。此指定是模态的,在下次被指定前均有效。

M、r、a 同用地址 p 一次指定。

$\triangle d_{min}$:最小切入量。当一次切入量($\triangle D \times -D \times$)比$\triangle d_{min}$小时,则用$\triangle d_{min}$作为一次切入量。该指定是模态的,在下次被指定前均有效。

d:精加工余量。此指定是模态的,在下次被指定前均有效。

i:螺纹部分的半径差,$i=0$ 为切削直螺纹。

k:螺纹牙高(X 轴方向的距离用半径值指令)。

$\triangle d$:第一次切入量(同 G32 的螺纹切削)。

注 1:用 P、Q、R 指定的数据,根据有无地址 X(U)、Z(W)来区别。P(k)、Q(△d)、R(i)、R(d)及 Q(△dmin)均不可有小数点,并且自动前进三位(系统)。

注 2:循环动作由地址 X(U)、Z(W)指定的 G76 指令进行。

此循环加工中,刀具为单侧刃加工,刀尖的负载可以减轻。另外,第 1 次切入量为

△d，第 N 次为△d，每次切削量是一定的。考虑各地址的符号，有四种加工图形，也可以加工内螺纹。

(2)刀具切入方式

走刀路线如图 3.2.35 所示。

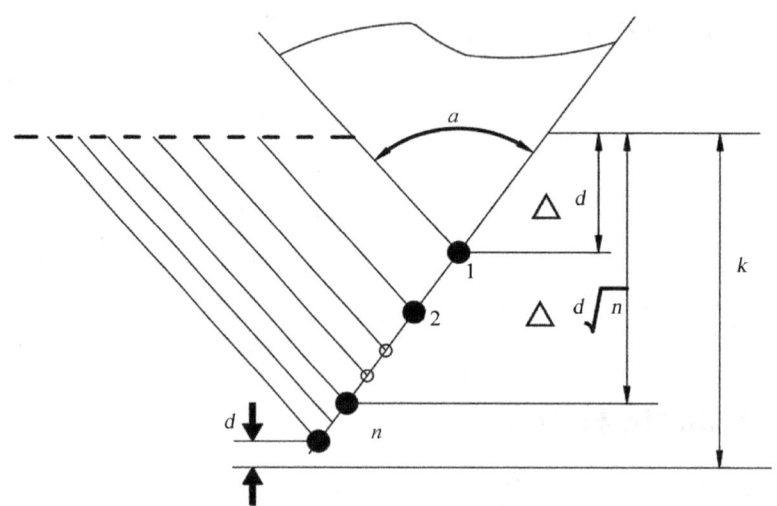

图 3.2.35　螺纹循环加工中吃刀深度的分布情况

3.2.5　数控车床子程序调用

熟练掌握调用子程序的格式及参数的含义。

(1)子程序的定义

在编制加工程序中，有时会遇到一组程序段在一个程序中多次出现，或者在几个程序中都要使用它。这个典型的加工程序可以做成固定程序，并单独加以命名，这组程序段就称为子程序。

(2)使用子程序的目的和作用

使用子程序可以减少不必要的编程重复，从而达到简化编程的目的。其作用相当于一个固定循环。

(3)格式

M98 P○○○○L□□□□

M98：子程序调用字；

○：重复调用次数；

□：被调用的子程序号。

由此可见，子程序由子程序调用字、调用次数和子程序号组成。

(4)子程序的返回

子程序返回主程序用指令 M99,它表示子程序运行结束,请返回到主程序。

(5)子程序的嵌套

子程序调用下一级子程序称为嵌套。上一级子程序与下一级子程序的关系,与主程序与第一层子程序的关系相同。子程序可以嵌套多少层由具体的数控系统决定。

(6)举例编程

例 3-2-8 如图 3.2.36 所示零件图,请调用子程序编写该工件的加工程序。

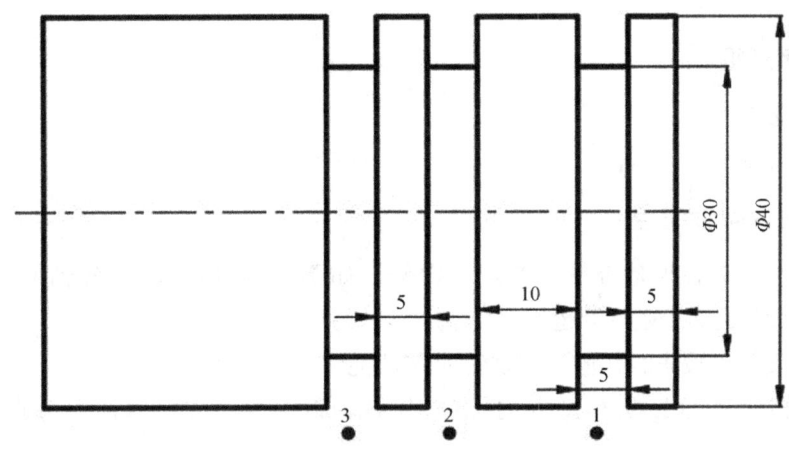

图 3.2.36 多沟槽车削加工

其加工程序如下:

O0001;　　　　　　　　(主程序)
N10 M03 S300 T0101;
N20 G00 X42 Z0;
N30 G00 Z-8;
N40 M98 P0002;
N50 G00 Z-23;
N60 M98 P0002;
N70 G00 Z-33;
N80 M98 P0002;
N90 G00 X100 Z100;
N100 M30;
O0002;　　　　　　　　(子程序)
N10 G01 U-12 F0.05;
N20 G00 U12;
N30 W-2;
N40 G01 U-12;

N50 G00 U12；
N60 M99；

3.3　数控车床操作简介(FANUC O－TD 系统)

1.机床通电及回参考点操作

(1)机床开机

1)机床通电。
2)数控系统通电。

(2)手动返回参考点

1)先检查一下各轴是否在参考点的内侧。如不在,则应手动使各轴回到参考点的内侧,以避免回参考点时产生超程。
2)在主菜单下按 F3 功能键,选择"回零功能"。
3)分别按＋X,＋Z 轴移动方向按键,使各轴返回参考点。返回参考点后,相应的指示灯将点亮。

注意:返回参考点后,屏幕上显示此时刀具(或刀架)上某一参照点在机床坐标系中的坐标值。对某机床来说,该值应该是固定的,系统将凭这一固定距离关系而建立起机床坐标系,机床原点通常就设在车床主轴端头(或卡盘)的回转中心处。只要数控系统重新启动,就必须进行一次返回参考点操作。

2.程序编程操作

(1)输入一个新程序操作

把方式开关置"编辑"方式,把程序保护开关置"0",按"PRGRM",按"0",按要用的程序名,按"INSRT"或按"EOB",输入 N10,按"EOB"自动生成 N20,接着编辑即可。

注:程序名最多为四位数 0000～9999,但最好不要用 9999 来做程序名。
程序段中有许多指令建议按如下顺序:

序号	1	2	3	4	5	6	7	8	9	10	11
代号	N	G	X/U	Y/V	Z/W	I、J、K/R	F	S	T	M	;
含义	顺序号字	准备功能字	坐标尺寸字				进给功能字	主轴转速功能字	刀具功能字	辅助功能字	结束符号

(2) 修改一个程序中的字符操作

把方式开关置"编辑"方式,把程序保护置"0",按"PRGRM",按"0",按要修改的程序号,按"CURSOR↓"。

1) 把光标移到要修改的字符下,按新的字符,按"ALTER"即修改。

2) 把光标移到要修改的字符下,按"DELET"即删除,或者直接按要修改的字符,按"CURSOR↓",光标自动移到要修改的字节下,再执行 a 或 b 两步即可。

(3) 删除一个程序操作

把方式开关置"编辑"方式,把程序保护置"0",按"PRGRM",按"0",按要删除的程序名,按"DELET"即可删除。

(4) 在自动运转时,如何从中间来执行程序段

1) 把方式开关置"MDI"方式或"手动"方式,启动主轴。

2) 把方式开关置"自动"方式,按"N",并输入要执行的段落号,按"CURSOR↓",再按循环启动即可。若要执行的段落中有 M03 代码,则省略第一步,直接从第二步开始。

3. 机床开机后常用操作

方式开关处于 JOG 或 HNDL,可以实现机床操纵面板上所有手动功能的操作。
1) 位置显示。
2) X 轴及 Z 轴点动。
3) 机床超程解除。
4) 机床主轴手动启停操作。
5) 机床冷却操作。
6) 手动选刀操作。
7) 手摇进给方式操作。

4. 对刀、设定工件坐标系

FANUC O-TD 系统确定工件坐标系常用三种方法,其中直接输入刀具偏置量法是通过对刀将刀偏值写入参数从而获得工件坐标系。这种方法操作简单,可操作性好,通过刀偏与机械坐标系紧密地联系在一起,只要不断电、不改变刀偏值,工件坐标系就会存在且不会变,即使断电,重启后回参考点,工件坐标系还在原来的位置。具体对刀过程:

1) 选择实际使用的刀具,用手轮 0.1 方式将刀具快速靠近工件,然后将手轮 0.01 方式继续靠近工件,用 0.001 方式切削工件端面。

2) 不移动 Z 轴,仅 X 方向退刀,主轴停止。

3) 测量从工件坐标系的原点到端面的距离,把该值作为 Z 轴的测量值,用下述方法设定到指定号的刀偏存储器中。

A.按"MENU OFSET"键和"形状"软键,显示刀具几何形状补偿画面。

B.用"PAGE"键和"CURSOR"键选择补偿参数号。

C.按地址键 X 和 Z。

D.键入测量值。

E.按"INPUT"按钮。

4)用手轮方式切削工件外圆表面。

5)不移动 X 轴,仅 Z 轴方向退刀,主轴停止。

6)测量工件外圆的直径,将此值设定为所要求的偏置号的 X 测量值,选择补偿参数号,按地址键 M 和地址键 X,键入测量值,按"INPUT"按钮。

注意:

1)后续对每把刀具重复以上步骤,则自动地计算出偏置量并设定在相应的刀偏号中。

2)X 轴为直径测量值。

3)若把测量值作为几何形状补偿量输入,所有的偏量都变为几何补偿量,与之相应磨损补偿量为"零"。

4)加工中,刃磨刀具和更换刀具后,要重新对刀。

5.加工操作

(1)程序运行操作

1)选择要运行的程序,认真检查核对。

2)将方式开关置于"AUTO"位置。

3)按"检视"软键。

4)按"循环启动"按钮,程序即开始自动运行,循环启动灯亮。首件试切时,快速进给倍率必须调到较低档位。

(2)MDI 操作方式

MDI 方式下可以从 CRT/MDI 面板上直接输入并执行单个程序段,被输入并执行的程序段不被存入程序存储器。例如,要在 MDI 方式下输入并执行程序段 X-17.5,Z26.7,操作方法如下:

1)将方式选择开关置为 MDI 位置。

2)按"PRGRM"键使 CRT 显示屏显示程序页面。

3)依次按 X、-、1、7、5 键。

4)按"INPUT"键输入。

5)按 Z、2、6、7 键。

6)按"INPUT"键输入。

7)按循环启动按钮,该键发光,证明已经在执行中。

注意:在 MDI 方式下输入指令只能是一个词的输入。如果需要删除一个地址后面的数据,只需键入该地址,然后按"CAN"键,再按"INPUT"键即可;被执行程序中若含有移动指令,必须先执行返回参考点操作。

(3)程序运行时常用键

1)进给保持操作。在执行自动运行中,按一下机床操纵面板上的"进给保持"键,该键发光,说明此状态有效,运行立即处于暂停状态;再按下机床操纵面板上"循环启动"键,该键的发光消失,继续执行自动运行。

2)单程序段操作。在执行自动运行中,按下机床操纵面板上"单程序段"键,该键发光,说明此状态有效,当执行完当前的这段程序后,自动停止。按下机床操纵面板上的"循环启动"键,又执行下一段程序。每按下一次"循环启动"键,程序就执行一段。再按一次该键,发光消失。但必须再按一次"循环启动"键,此状态才能解除。

3)试运行(空运行)操作。这种状态,可以使新输入的加工程序在短时间内运行完(不允许装卡工件),为调试程序节省了大量的时间。其操作步骤如下:

第一步:选择自动方式,按下机床操纵面板上的"试运行"键。

第二步:将机床操纵面板上存储保护开关,用钥匙旋至通位上,此时"试运行键"发光,说明试运行有效。

第三步:按下机床操纵面板上的"循环启动"键,该键发光,说明执行开始。

第四步:机床锁住操作,这种状态有效后,使手动或自动方式下的各轴移动只能在"CRT"上显示变化值,而机床轴不动,但主轴、冷却、刀架照常工作。

注意:当按下该键后键罩发光,说明此状态有效;再按一次,该键发光消失,说明此状态解除。

4)程序段任选跳过操作。当按下机床操纵面板上的程序段"任选跳过"键后,该键发光,说明此状态有效。在自运行中,某程序段号(N)前如果冠以符号"/"就跳过不执行。该键再按一次,发光消失,说明该状态解除。

注意:在使用中,可以根据实际需要,综合利用试运行键、机床锁住键、程序段任选跳过键、单程序段键,实现更为方便可行的组合。

5)进给(切削)倍率调整开关。在执行程序运行过程中,可以随时利用这个开关对程序中已给定的进给速度(F 值)进行修正,以达到最佳切削效果。运行中的实际进给速度可以通过"CRT"观察到。

注意:不管在自动或手动方式下操作,如果想要使机床各轴移动,就必须使进给倍率开关不在 0% 的位置;否则各轴不能移动,即使执行 G00 指令也不能移动,并有报警提示。

6)紧急停止操作。当机床在工作中如要发生不正常现象或出现其他险情时,请立即按下机床操纵面板上红色蘑菇头状态"急停"键。当险情排除后,请将该键按顺时针方向旋转一个角度即可以复位。

3.4 数控车床编程与加工综合实训

综合实训 1:对图 3.4.1 所示的零件进行精加工。图中 Φ85 mm 不加工,要求编制精加工程序。

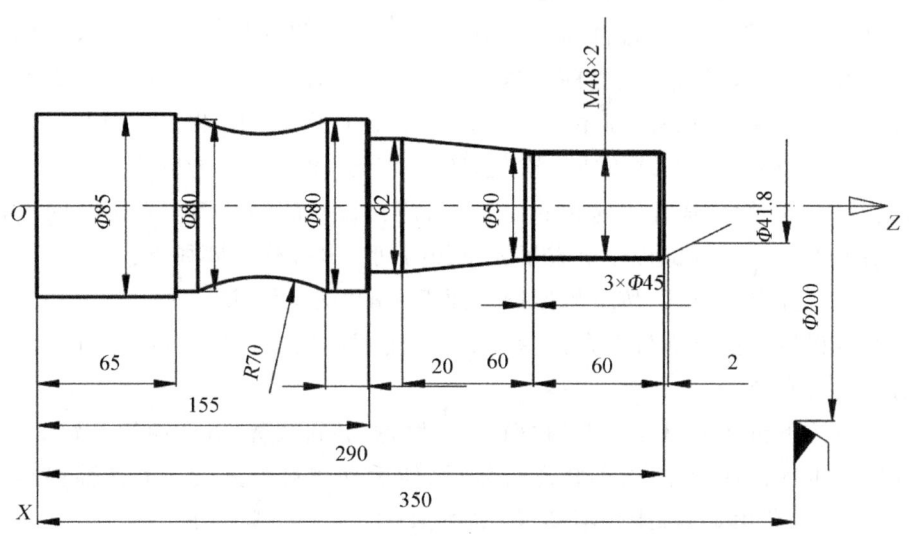

图 3.4.1　数控车床编程与加工综合实训 1

(1)确定工艺路线

1)先从左至右切削外轮廓面。

其路线为:倒角—切削螺纹的实际外圆—切削锥度部分—车削 Φ62 mm 外圆—倒角—车削 Φ80 mm 外圆—切削圆弧部分—车削 Φ80 mm 外圆。

2)切 3 mm×Φ45 mm 的槽。

3)车削 M48×2 的螺纹。

(2)选择刀具并绘制刀具布置图

根据加工要求需选用三把刀具:1 号刀车外圆,2 号刀切槽,3 号刀车螺纹。在绘制刀具布置图时,要正确选择换刀点,以避免换刀时刀具与机床、工件及夹具发生碰撞现象。本例换刀点选为 A(200,350)点。

(3)确定切削用量(表 3.4.1)

表 3.4.1 主轴转速与进给速度

	主轴转速(r/min)	进给速度(mm/r)
车外圆	600	0.15
切槽	300	0.1
车螺纹	200	2

(4)编写精加工程序

O0001；
N10 G50 X200.Z350.；　　　　　　（坐标系设定）
N20 S600 M03 T0101 M08；
N30 G00 X41.8 Z292.；
N40 G01 X47.8 Z289. F0.15；　　　（倒角）
N50 U0　W－59.；　　　　　　　　（Φ47.8 mm）
N60 X50.W0；　　　　　　　　　　（退刀）
N70 X62. W－60.；　　　　　　　　（锥度）
N80 U0 Zl55.；　　　　　　　　　　（Φ62 mm）
N90 X78. W0；　　　　　　　　　　（退刀）
N100 X80. W－1.0；　　　　　　　（倒角）
Nll0 U0 W－9.0；　　　　　　　　（车 Φ80 mm 外圆）
N120 G02 U0 W－60. I63.25 K－30.；（圆弧）
N130 G01 U0 Z65.；　　　　　　　（车 Φ80 mm 外圆）
N140 X90. W0；
N150 G00 X200. Z350. M05 T0100　（退刀）
N160 S300 M03 T0202；
G00 X51. Z230.；
N170 G01 X45. F0.1；　　　　　　（切槽）
N180 G04 X5.；　　　　　　　　　（延时）
N190 G00 X51.；　　　　　　　　（退刀）
N200 X200. Z350. M05 T0200；　　（退刀）
N210 S200 M03 T0303；
G00 X52. Z296.；
N220 G92 X47.2 Z231.5 F1.5；　　（切螺纹）
N230 X46.6；
N240 X46.2；
N250 X45.8；

N260 G00 X200. Z350.T0300;　　　　　（退至起点）
N270 M30;

综合实训 2：加工如图 3.4.2 所示零件，毛坯尺寸为 Φ30 mm×107 mm，材料为 45 钢。该零件结构典型，有圆柱、圆弧、圆锥、螺纹、槽及倒角，加工精度中等，检测手段常规，难度适中。本任务要求学生能够熟练地确定零件的加工工艺，正确地编制零件的加工程序，并完成零件的加工。

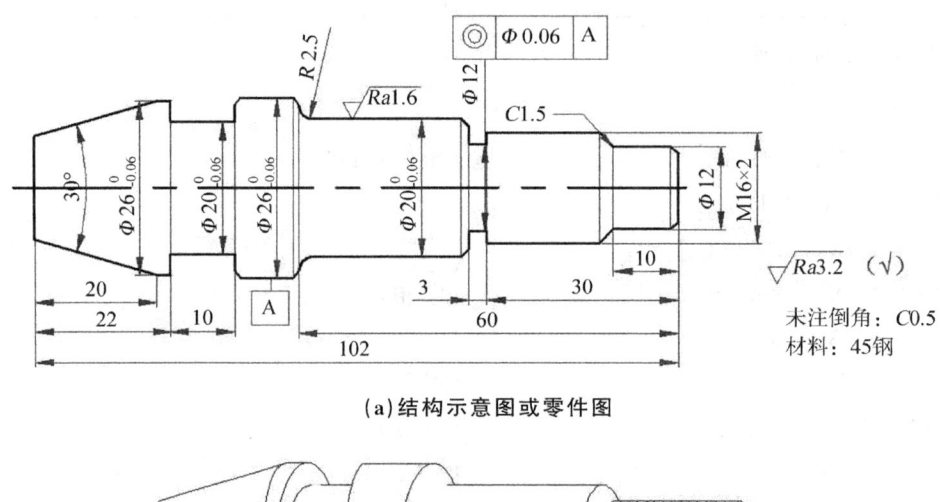

(a)结构示意图或零件图

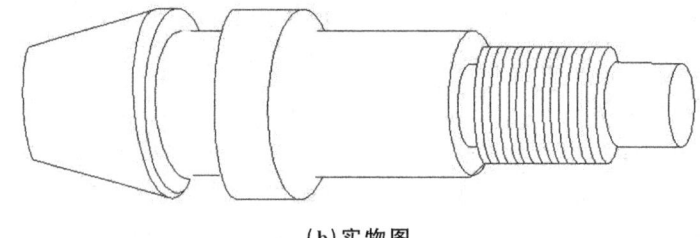

(b)实物图

图 3.4.2　数控车床编程与加工综合实训 2

(1)零件图工艺分析

该零件表面由圆柱、圆弧、圆锥、螺纹、窄槽、宽槽等组成，其中多个直径尺寸有较严的尺寸精度和表面粗糙度等要求。宽槽的底面既有尺寸公差要求，又有表面粗糙度要求。

零件尺寸标注完整，轮廓描述清楚。零件材料为 45 钢，无热处理和硬度要求。

通过分析，采取以下几点工艺措施：

1)对图样上给定的几个精度要求较高的尺寸，因其公差数值较小，故编程时不必取平均值，而全部取其基本尺寸即可。

2)该零件有 3 mm 宽的窄槽和 10 mm 宽的宽槽，加工时，可采用一把 3 mm 宽的切槽刀进行加工。10 mm 的宽槽粗车时采用排刀法，槽底和两侧面留精车余量，精车沿轮廓(含倒角)加工。

(2)确定装夹方案

采用一夹一顶的装夹方案。先夹持左端顶右端,加工右端到 75 mm,再掉头夹持右端顶左端,加工左端轮廓。两端分别为两次装夹的基准。

(3)确定加工顺序及进给路线

加工顺序按由粗到精、由近到远(由右到左)的原则确定,即先从右到左粗精车右侧外圆轮廓,长度至距离右端面 75 mm;切螺纹退刀槽;加工螺纹;掉头粗精车左端剩余外轮廓。最后粗精车 10 mm 宽槽。

(4)填写工艺卡片

数控加工刀具卡片如表 3.4.2 所示。

表 3.4.2 数控加工刀具卡片

产品名称或代号		××××		零件名称	轴承套	零件图号	××
序 号	刀具号	刀具名称	数 量	加工表面		刀尖半径 (mm)	刀具规格 (mm)
1	T01	93°偏刀	1	粗精车零件轮廓		0.5	25×25
2	T02	3 mm 切槽刀	1	加工 3 mm 和 10 mm 槽		—	25×25
3	T04	60°外螺纹车刀	1	车 M16 螺纹		0.1	25×25
编制	×××	审核	×××	批准	×××	××年××月××日	共×页 第×页

数控加工工艺卡片如表 3.4.2 所示。

表 3.4.3 数控加工工艺卡片

单位名称	××××	产品名称或代号	零件名称	零件图号
		××××	轴承套	××
工序号	程序编号	夹具名称	使用设备	车间
001	××	三爪自定心卡盘	CK6140	数控中心

工步号	工步内容	刀具号	刀具规格 (mm)	主轴转速	进给速度 (mm/min)	背吃刀量 (mm)	备注
1	粗车右端轮廓	T01	20×20	600	150	2	自动
2	精车右端轮廓	T01	20×20	900	80	0.5	—
3	车削螺纹退刀槽	T02	20×20	300	30	—	
4	车削螺纹	T03	20×20	600	1200	递减	
5	粗车左端轮廓	T01	20×20	600	150	2	—
6	精车右端轮廓	T01	20×20	900	80	0.5	冷却
7	粗车 10 mm 槽	T02	20×20	300	30	—	冷却
8	精车 10 mm 槽	T02	20×20	300	30	0.1	冷却
编制	×××	审核 ×××	批准 ×××	××年××月××日		共×页	第×页

(5)编写程序

1)右端加工程序。

O8008；	程序名
N10 G98 M03 S1200；	(每分钟进给,主轴正转,转速为 600 r/min)
N20 M08 T0101；	(切削液开,选 1 号刀具,执行 1 号刀补)
N30 G00 X32.0 Z1.0；	(快速靠近工件)
N40 G71 U2.0 R0.5；	(粗车循环,指定进刀量和退刀量)
N50 G71 P60 Q190 U0.5 W0 F150；	(指定循环的起末段号、精车余量、进给量)
N60 G00 G42 X11.0；	(X 向进刀)
N70 G01 Z0 F80；	(到达倒角起点)
N80 X12.0 Z−0.5；	(倒 $C0.5$ 角)
N90 Z−10.0；	(精车 $\Phi 12$ mm 外圆)
N100 X12.74；	(精车端面)
N110 X15.74 Z−11.5；	(倒 $C1.5$ 角)
N120 Z−33.0；	(精车螺纹顶径)
N130 X19.0；	(精车端面)
N140 X20.0 Z−33.5；	(倒 $C0.5$ 角)
N150 Z−57.5；	(精车 $\Phi 20$ mm 外圆)
N160 G02 X25.0 Z−60.0 R2.5；	(精车 $R2.5$ mm 圆弧)
N170 G01 X26.0 Z−60.50；	(倒 $C0.5$ 角)
N180 Z−75.0；	(精车 $\Phi 26$ mm 外圆)
N190 X32.0；	(X 向退刀)
N200 G70 P60 Q190；	(精车循环)
N210 G00 G40 X100.0 Z2.0；	
N220 M03 S300 T0202；	(换切槽刀)
N230 G00 X22.0 Z−33.0；	(快速靠近工件(以左刀尖对刀))
N240 G01 X12.0 F30；	(切槽)
N250 G04 X1.0；	(刀具暂停 1 s)
N260 X22.0；	(X 向退刀)
N270 G00 X100.0 Z2.0；	(退至换刀点)
N280 M03 S600 T0303；	(换螺纹刀)
N290 G00 X18.0 Z−6.0；	(快速靠近工件)
N300 G92 X15.0 Z−31.5 F2；	
N310 X14.5；	(第二次背吃刀量为 0.5 mm)
N320 X14.0；	(第三次背吃刀量为 0.5 mm)
N330 X13.84；	(第四次背吃刀量为 0.5 mm)
N340 G00 X100.0 Z2.0；	(快速退至换刀点)
N350 M30；	(程序结束)

2)左端加工程序。

O8009;   程序名
N10 G98 M03 S1200;   (每分钟进给,主轴正转,转速为 600 r/min)
N20 M08 T0101;   (切削液开,选 1 号刀,执行 1 号刀补)
N30 G00 X32.0 Z1.0;   (快速靠近工件)
N40 G71 U2.0 R0.5;   (粗车循环,指定进刀量和退刀量)
N50 G71 P60 Q100 U0.5 W0 F150;
N60 G00 G42 X15.282;
N70 G01 Z0 F80;   (到达锥体起点)
N80 X26.0 Z－20.0;   (精加工锥体)
N90 Z－30.0;   (精车 $\Phi 26$ mm 外圆)
N100 X32.0;   (X 向退刀)
N110 G70 P60 Q100;   (精车循环)
N120 G00 G40 X100.0 Z2.0;
N130 M03 S300 T0202;   (换切槽刀)
N140 G00 X28.0 Z－25.1;   (快速靠近工件)
N150 G75 R0.5;   (切槽循环,X 向退刀量为 0.5 mm)
N160 G75 X20.1 Z－32. P3000 Q2500 F30;   (设置切槽循环参数)
N170 G00 X28.0 Z－24.5;   (快速到达 Z 向倒角起点)
N180 G01 X26.0 F30;   (刀具到达 X 向倒角起点)
N190 X25.0 Z－25.0;   (倒 $C0.5$ 角)
N200 X20.0;   (切至槽底)
N210 Z－32.0;   (精车槽底)
N220 X28.0;   (X 向退刀)
N230 Z－32.5;   (刀具到达 Z 向倒角起点)
N240 X26.0;   (刀具到达 X 向倒角起点)
N250 X25.0 Z－32.0;   (倒 $C0.5$ 角)
N260 X28.0;   (X 向退刀)
N270 G00 X100.0 Z2.0;   (快速退至换刀点)
N280 M30;   (程序结束)

技能训练

1. 什么是数控车床?
2. 数控车床的工作原理?
3. 数控车床是怎样分类的? 它的结构主要由哪几部分组成?

4.数控车床的特点主要有哪些?

5.如下图所示的零件1,毛坯材料及状态:45钢,正火状态。毛坯尺寸:Φ45 mm× 100 mm。根据下图,编制数控加工程序。

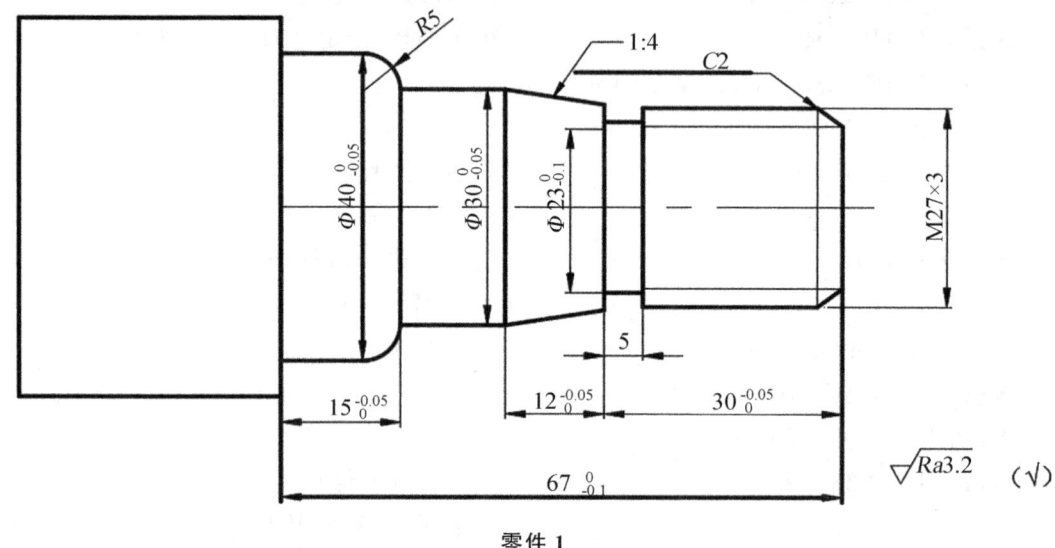

零件1

6.如下图所示的零件2,毛坯材料及状态:45钢,正火状态。毛坯尺寸:Φ50 mm× 95 mm。根据下图,编制数控加工程序。

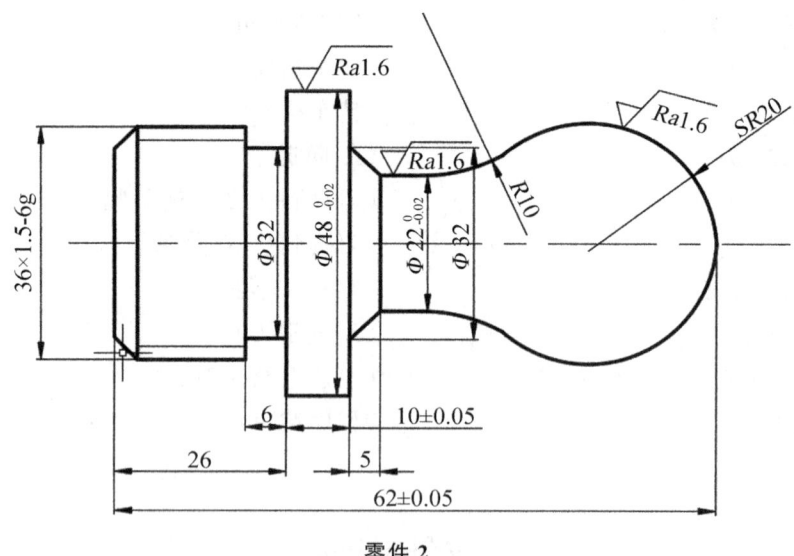

零件2

7. 如下图所示的零件 3，毛坯直径为 Φ55 mm，长为 50 mm，材料为 45 钢；未注倒角 1×45°，其余 Ra12.5 μm。根据下图，编制数控加工程序。

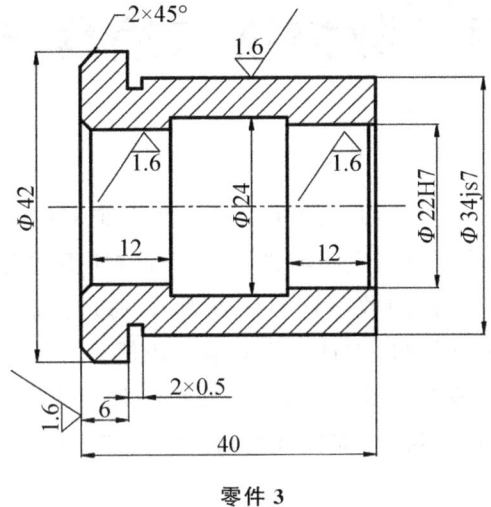

零件 3

模块四　数控铣床编程与操作

数控铣床是由普通铣床发展而来的在生产中使用非常广泛的一种数控机床,能够加工面类、轮廓类和孔类等零件。它将零件加工过程中所需的各种操作和步骤,以及刀具与工件之间的相对位移量都用数字化的代码表示,通过控制介质或数控面板等将数字信息输入专用或通用的计算机,由计算机对输入的信息进行处理与运算,发出各种指令来控制机床的伺服系统或其他执行机构,从而自动加工出所需要的零件。本模块主要介绍数控铣床的结构、功能特点、编程基础知识以及基本操作。

4.1　数控铣床编程概述

4.1.1　数控铣床的组成与类型

1. 数控铣床的主要组成

数控铣床是生产中使用非常广泛的一种数控机床,由铣床本体和数控系统组成。一般说来,主要由主轴箱、进给伺服系统、数控系统、辅助装置、机床本体等几大部分组成。以 XK714 型数控立式铣床为例介绍其组成,如图 4.1.1 所示。

1)主轴箱:包括主轴箱体和主轴传动系统,用于装夹刀具和带动刀具旋转,主轴转速范围和输出扭矩对加工有直接影响。

2)进给伺服系统:由进给电机和进给执行机构组成。按照程序设定的进给速度实现刀具和工件之间的相对运动,包括直线进给运动和旋转运动。

3)数控系统:是数控铣床运动控制的中心,执行数控加工程序,控制机床进行加工。

4)辅助装置:是实现某些部件动作和辅助功能的系统和装置,如液压、气动、润滑、冷却系统,排屑、防护等装置。

5)机床本体:通常是指床身、立柱、横梁、滑座和工作台等,它是整个机床的基础和框架。铣床的其他零部件,或者固定在基础件上,或者工作时在它的导轨上运动。其他机械结构的组成则按铣床的功能需要进行选用。

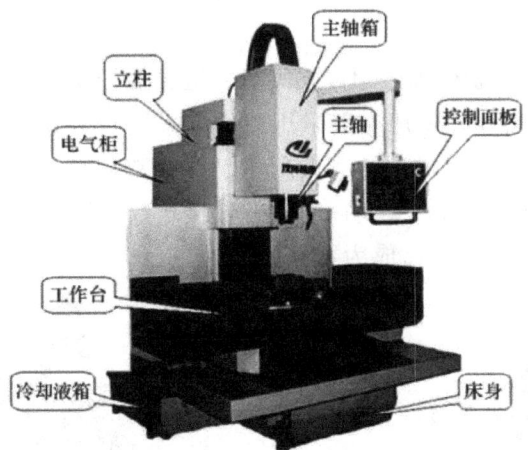

图 4.1.1　数控铣床的主要组成

2.数控铣床的分类

数控铣床可根据主轴位置、构造和坐标轴数量进行分类,具体分类如下。

(1)按主轴位置分类

1)立式数控铣床。立式数控铣床如图 4.1.1 所示,一般可进行 3 坐标联动加工,但也有部分机床只能进行 3 个坐标中的任意两个坐标联动加工(常称为 2.5 坐标加工)。此外,还有机床主轴可以绕 X、Y、Z 坐标轴中的其中一个或两个轴做数控摆角运动的 4 坐标和 5 坐标数控立式铣床。该类数控铣床的主轴与机床工作台面垂直,工件装夹方便,加工时便于观察,但不便于排屑。

2)卧式数控铣床。卧式数控铣床与通用卧式铣床相同,其主轴轴线平行于水平面,如图 4.1.2 所示。为了扩大加工范围和扩充功能,卧式数控铣床通常采用增加数控转盘或万能数控转盘来实现 4、5 坐标加工,即可以实现在一次安装中完成"四面加工"。

3)立卧两用数控铣床。这类铣床的主轴方向可以更换,能达到在一台机床上既可以进行立式加工,又可以进行卧式加工,同时具备上述两类机床的功能,如图 4.1.3 所示。其使用范围更广,功能更全,选择加工对象的余地更大,但价格较贵。

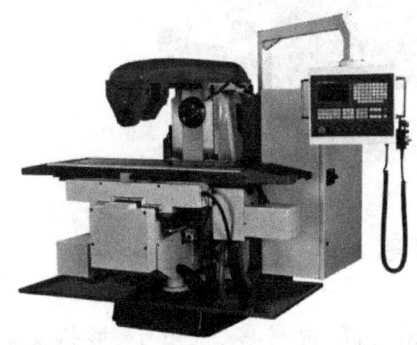　　

图 4.1.2　卧式数控铣床　　　　　　图 4.1.3　立卧两用数控铣床

(2)按构造分类

1)工作台升降式数控铣床,如图 4.1.4 所示。这类数控铣床采用工作台移动、升降,而主轴不动的方式。小型数控铣床一般采用此种方式。

2)主轴头升降式数控铣床,如图 4.1.5 所示。这类数控铣床采用工作台纵向和横向移动,且主轴沿垂直方向溜板上下运动;主轴头升降式数控铣床在精度保持、承载重量、系统构成等方面具有很多优点,已成为数控铣床的主流。

 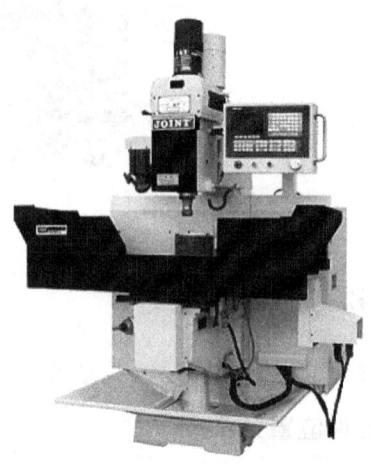

图 4.1.4　工作台升降式数控铣床　　　图 4.1.5　主轴头升降式数控铣床

3)龙门式数控铣床,如图 4.1.6 所示。这类数控铣床主轴可以在龙门架的横向与垂向溜板上运动,而龙门架则沿床身做纵向运动。对于大尺寸的数控铣床,一般采用对称的双立柱结构,以保证机床的整体刚性和强度,这就是数控龙门铣床。数控龙门铣床有工作台移动和龙门架移动两种形式,适用于加工飞机整体结构件零件、大型箱体零件和大型模具等。

图 4.1.6　龙门式数控铣床

4.1.2　数控铣床的主要加工对象

数控铣床与数控车床一样,适用于加工精度高、品种多、批量小、形状复杂的零件,而且数控铣床可以加工许多普通铣床难以加工甚至根本无法加工的零件。数控铣床用途广泛,主要用于铣削以下四类零件。

(1)平面类零件的铣削

平面类零件的各加工面均是平面,或可展开为平面,一般用三坐标数控铣床任意两坐标轴联动就可以加工出来,相对较简单。数控铣床加工的零件绝大多数属于平面类零件。

(2)空间曲面类零件的铣削

曲面类零件不能展开为平面,如模具、叶片、螺旋桨等,一般利用三坐标数控铣床通过两轴联动、另一轴做周期性移动来加工,即 2.5 轴联动。此外,利用功能更强的三轴联动数控铣床能加工出形状更加复杂的空间曲面,加工时,铣刀与加工面始终为点接触,一般采用球头铣刀进行加工。

(3)变斜角类零件的铣削

变斜角类零件是指加工面与水平面的夹角呈连续变化的零件,其加工面不能展开为平面。此类零件形状复杂,多为飞机上使用的零件,一般采用多轴联动的数控铣床(如四轴联动、五轴联动)来加工。

(4)进行孔加工和攻螺纹

数控铣床还可进行孔加工,如钻孔、扩孔、镗孔、铰孔、锪孔等孔加工和攻螺纹等。

随着科学技术的飞速发展,数控铣床的功能越来越多,用途也越来越广泛。在数控铣床基础上发展起来的加工中心也得到了快速发展和广泛应用。

4.1.3 数控铣床编程与加工特点

1.数控铣床的编程特点

(1)插补

数控铣床的数控装置具有多种插补方式,一般都具有直线插补和圆弧插补,有的还具有极坐标插补、抛物线插补、螺旋线插补等多种插补功能。编程时要合理选择这些功能,以提高加工精度和效率。

(2)子程序

子程序是数控铣床编程中简化程序编制的一个重要功能,它可将多次重复加工的内容,或者是递增、递减尺寸的内容,编成一个程序,在重复动作时,多次调用这个程序。

(3)镜像功能

镜像功能是数控系统用来简化数控编程的一种功能。如果零件的被加工表面对称于 X 轴、Y 轴,只需编制其中的 1/2 或 1/4 加工轨迹,其他部分用镜像功能加工。

(4)变量功能

对于某些结构相似、尺寸参数不同的零件的加工程序的编制,可以采用变量技术,即在程序中用变量代替实际的坐标尺寸,在执行前给变量赋值。

2.数控铣床的加工特点

数控铣床与普通铣床相比,主要有以下特点。

(1)自动化程度高

数控铣床加工零件是按事先编好的程序自动运行,完成对零件的加工。操作者除了操作之外,不需要进行繁重的重复性手工操作,劳动强度和紧张程度均大为减轻,也改善了劳动条件。

(2)加工精度高,质量稳定

目前数控装置的脉冲当量一般为 0.001 mm,即 1 μm,高精度的数控系统可达 0.1 μm,一般情况下都能保证工件精度。另外,数控加工还避免了人为操作误差,同一批加工零件的尺寸同一性好,产品质量稳定。数控铣床具有较高的加工精度,能加工很多普通机床难以加工或根本不能加工的复杂型面。

(3)能加工形状复杂的零件

数控铣床因能实现多坐标轴联动,可以加工普通机床难以加工或根本无法加工的空间曲线、曲面,如形状复杂的模具加工等。

(4)加工适应性强

数控铣床对加工对象的适应性强,亦即具有高柔性。当加工对象改变时,除了更换相应的刀具和解决工件装夹方式外,只需重新编制程序即可自动加工出新的零件,而不必对机床做任何大的调整。因此,数控铣床可很快地实现加工各种不同零件的目的,对多品种、中小批量零件的生产有很强的适应性,尤其是为新产品的研制开发以及产品的改型提供了极大的便利。

(5)生产效率高

数控铣床结构刚性好,主轴转速高,可以进行大切削用量的强力切削。机床移动部件具有很高的空行程运行速度,使辅助时间大为缩短,从而使数控铣床的生产效率较普通铣床一般高2~3倍,尤其是加工形状复杂的零件时,生产效率可提高十几倍到几十倍。

(6)良好的经济效益

数控铣床加工零件,分摊在每个零件上的设备费用是昂贵的,但其高的生产率、加工精度,以及稳定的质量,减少了废品率,降低了工艺装备费用等,使生产成本大为下降,从而可获得良好的经济效益。

(7)易于构建计算机通信网络

由于数控铣床本身是与计算机技术紧密结合的,因而易于与计算机辅助设计和计算机辅助制造(CAD/CAM)系统连接,进而形成 CAD/CAM/CNC(计算机数控)相结合的一体化系统,在生产实践和数控技术教学上都具有重大意义。

(8)便于生产管理的现代化

用数控铣床加工零件,能准确地计算出零件的加工工时,并能有效地简化检验、工夹具和半成品的管理工作,有利于使生产管理现代化。

4.2 数控铣床编程常用指令

4.2.1 数控铣床坐标系与参考点

1. 数控铣床坐标系

数控铣床坐标系分为机床坐标系和工件坐标系(编程坐标系)。

(1)机床坐标系

以机床原点为坐标系原点建立起来的 X,Y,Z 轴直角坐标系,称为机床坐标系。机床坐标系是机床本身固有的坐标系,它是制造和调整机床的基础,也是设置工件坐标系的基础,一般不允许随意变动。

标准中规定直线进给运动用右手笛卡儿坐标系 X,Y,Z 表示,常称基本坐标系。X,Y,Z 坐标轴的相互关系用右手定则判定。如图 4.2.1 所示,大拇指的指向为 X 轴的正方向,食指的指向为 Y 轴的正方向,中指的指向为 Z 轴的正方向。围绕 X,Y,Z 轴旋转的圆周进给坐标轴分别用 A,B,C 表示。根据右手螺旋法则,可以方便地确定 A,B,C 三个旋转坐标轴。以大拇指分别指向 $+X,+Y,+Z$ 方向,则其余四指的握向是圆周进给运动 $+A,+B,+C$ 方向。

常见铣床的坐标方向如图 4.2.2、4.2.3 所示,图 4.2.2、4.2.3 中表示的方向为实际运动部件的移动方向。

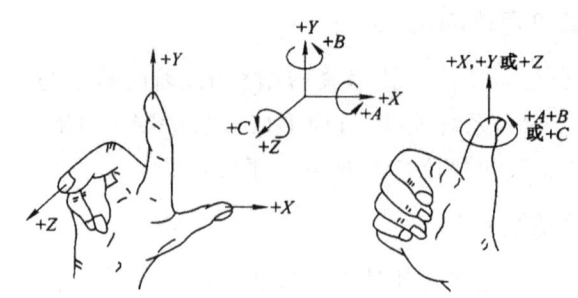

图 4.2.1　右手笛卡儿坐标系

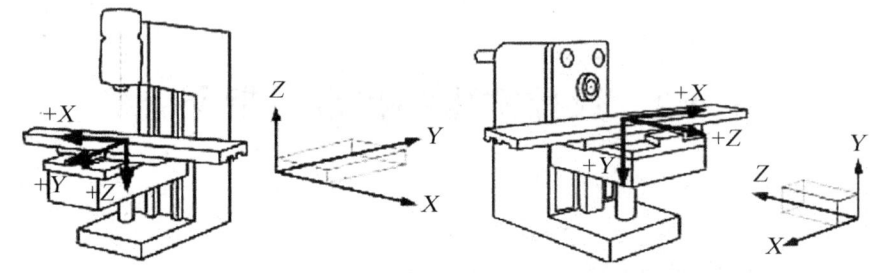

图 4.2.2　立式数控铣床坐标系　　　图 4.2.3　卧式数控铣床坐标系

(2)工件坐标系(编程坐标系)

工件坐标系是编程时使用的坐标系,是为了确定零件加工时在机床中的位置而设置的。在编程时,应首先设定工件坐标系。工件坐标系采用与机床运动坐标系一致的坐标方向。

(3)工件坐标系与机床坐标系的关系

数控编程时,所有尺寸都按工件坐标系中的尺寸确定,不必考虑工件在机床上的安装位置和安装精度,但在加工时需要确定机床坐标系、工件坐标系、刀具起点三者的位置才能加工。工件装夹在机床上后,可通过对刀操作确定工件坐标系与机床坐标系的相互位置关系,即工件在机床上的位置。

机床坐标系与工件坐标系的关系如图 4.2.4 所示。图中的 X,Y,Z 坐标系为机床坐标系,X',Y',Z' 坐标系为工件坐标系。

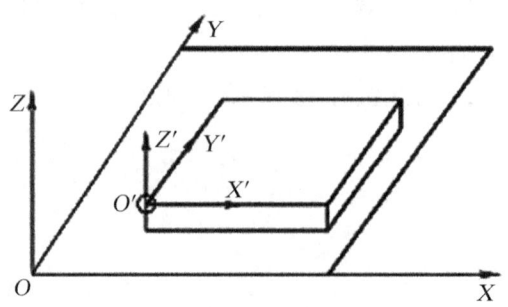

图 4.2.4　机床坐标系与工件坐标系的关系

2.坐标原点

(1)机床原点(机床零点)

机床原点是机床基本坐标系的原点,是工件坐标系、机床参考点的基准点,又称机械原点、机床零点。它是机床上的一个固定点,位置由机床设计和制造单位确定,通常不允许用户改变。

机床原点在机床装配、调试时就已确定,是数控机床进行加工运动的基准参考点。在数控铣床上,机床原点一般取在 X,Y,Z 轴的正向极限位置的交点处。

(2)工件坐标系原点(编程原点)

工件坐标系的原点简称工件原点,也是编程的程序原点,即编程原点。工件原点的位置是任意的,由编程人员在编制程序时根据零件的特点选定。

对于数控铣床一般用 G54～G59 来设置编程原点。程序中的坐标值均以工件坐标系为依据,将编程原点作为计算坐标值时的起点。编程人员在编制程序时,不用考虑工件在机床上的安装位置,只需根据零件的特点及尺寸来编程。工件原点一般选择在便于测量或对刀的基准位置,同时要便于编程计算。

选择工件原点的位置时应注意以下几点:

1)工件原点应选在零件图的尺寸基准上,以便于坐标值的计算,使编程简单。
2)尽量选在精度较高的加工表面上,以提高被加工零件的加工精度。
3)对于对称的零件,一般工件原点设在对称中心上。
4)对于一般零件,通常设在工件外轮廓的某一角上。
5)工件原点在 Z 轴方向,一般设在工件表面上。

3.机床参考点

机床参考点是机床中一个固定不变的点,是机床各运动部件在各自的正向自动退至极限的一个点(由机械挡块或行程开关来确定);机床参考点已由机床制造厂测定后输入数控系统并记录在机床说明书中,用户不得更改。数控铣床的型号不同,其参考点的位置也不同,通常立式铣床指定 X 轴正向、Y 轴正向和 Z 轴正向的极限点为参考点。

实际上,机床参考点是机床上最具体的一个机械固定点,既是运动部件返回时的固定点,又是各轴启动时的固定点,而机床零点(机床零点)是系统内运算的基准点。机床参考点对机床原点的坐标是已知定值,可以根据该点在机床坐标系中的坐标值间接确定机床原点的位置。

在机床接通电源后,通常要做"回零"或"返参"操作,使刀具或工作台运动到机床零点或参考点。

注意:当"回零"的工作完成后,显示器即显示出刀具在机床坐标系中的坐标值为 (0,0,0),表明机床坐标系已经自动建立。

4.2.2 数控铣床编程方法及步骤

1.编程方法

数控铣床的编程方法主要有手工编程和自动编程两种。

(1)手工编程

手工编程是指编制零件数控加工程序的各个步骤,即从零件图纸分析、工艺决策、确定加工路线和工艺参数、计算刀位轨迹、坐标数据,编写零件的数控加工程序单,直至程序的检验,均由人工来完成。对于点位加工或几何形状不太复杂的轮廓加工,几何计算较简单,程序段不多,手工编程即可实现。但对轮廓形状不是由简单的直线、圆弧组成的复杂零件,数值计算则相当烦琐,工作量大,容易出错,且很难校对,采用手工编程是难以完成的。

(2)自动编程

自动编程又称交互式 CAD/CAM 编程,即利用 CAD/CAM 软件,实现造型及图像自动编程。在编程时,编程人员首先利用计算机辅助设计(CAD)或自动编程软件本身的零件造型功能,构建出零件几何形状,然后对零件图样进行工艺分析,确定加工方案;其后还需利用软件的计算机辅助制造(CAM)功能,完成工艺方案的制订、切削用量的选择、刀具及其参数的设定,自动计算并生成刀位轨迹文件,利用后置处理功能生成指定数控系统用的加工程序。因此,我们把这种编程方式称为图形交互式自动编程。这种自动编程系统是一种 CAD 与 CAM 高度结合的编程系统,具有形象、直观和高效等优点。

2.数控编程的主要步骤

分析零件图样、确定工艺过程、数值计算、编写加工程序、校对程序及首件试切。编程的具体步骤说明如下。

(1)分析图样、确定工艺过程

在数控机床上加工零件,工艺人员拿到的原始资料是零件图。根据零件图,可以对零件的形状、尺寸精度、表面粗糙度、工件材料、毛坯种类和热处理状况等进行分析,然后选择机床、刀具,确定定位夹紧装置、加工方法、加工顺序及切削用量的大小。在确定工艺过程中,应充分考虑所用数控机床的指令功能,充分发挥机床的效能,做到加工路线合理、走刀次数少和加工工时短等。此外,还应填写有关的工艺技术文件,如数控加工工序卡片、数控刀具卡片、走刀路线图等。

(2)计算刀具轨迹的坐标值

根据零件图的几何尺寸及设定的编程坐标系,计算出刀具中心的运动轨迹,得到全部刀位数据。一般数控系统具有直线插补和圆弧插补的功能,对于形状比较简单的平面类零件(如直线和圆弧组成的零件)的轮廓加工,只需计算出几何元素的起点、终点、圆弧的圆心(或圆弧的半径),两几何元素的交点或切点的坐标值。若数控系统无刀具补偿功能,则要计算刀具中心的运动轨迹坐标值。对于形状复杂的零件(如由非圆曲线、曲面组成的零件),需要用直线段(或圆弧段)逼近实际的曲线或曲面,根据所要求的加工精度计算出其节点的坐标值。

(3)编写零件加工程序

根据加工路线计算出刀具运动轨迹数据和已确定的工艺参数及辅助动作,编程人员可以按照所用数控系统规定的功能指令及程序段格式,逐段编写出零件的加工程序。

编写时应注意:第一,程序书写的规范性,应便于表达和交流;第二,在对所用数控机床的性能与指令充分熟悉的基础上,注意各指令使用的技巧、程序段编写的技巧。

(4)将程序输入数控机床

将加工程序输入数控机床的方式有光电阅读机、键盘、磁盘、磁带、存储卡、连接上级计算机的 DNC 接口及网络等。目前常用的方法是通过键盘直接将加工程序输入(MDI 方式)数控机床程序存储器中或通过计算机与数控系统的通信接口将加工程序传送到数控机床的程序存储器中,由机床操作者根据零件加工需要进行调用。现在一些新型数控机床已经配置大容量存储卡,数控程序可以事先存入存储卡中。

(5)程序校验与首件试切

数控程序必须经过校验和试切才能正式加工。在有图形模拟功能的数控机床上,可以进行图形模拟加工,检查刀具轨迹的正确性,对无此功能的数控机床可进行空运行检验。但这些方法只能检验出刀具运动轨迹是否正确,不能查出对刀误差,因为刀具调整不当或某些计算误差会引起加工误差及零件的加工精度,所以有必要经过首件试切这一重要环节。当发现有加工误差或不符合图纸要求时,应分析误差产生的原因,以便修改加工程序或采取刀具尺寸补偿等措施,直到加工出合乎图样要求的零件为止。随着数控加工技术的发展,可采用先进的数控加工仿真方法对数控加工程序进行校核。

4.2.3 数控铣床编程常用基本指令

数控铣床的程序编制是根据铣床数控系统中的指令代码及程序格式进行的。数控系统中常用的功能指令有准备功能(G功能)、辅助功能(M功能)、进给功能(F功能)、主轴功能(S功能)和刀具功能(T功能)。

1. 准备功能(G 功能)

准备功能又称 G 代码,用于规定刀具和零件的相对运动轨迹(即插补功能)、机床坐标系、刀具补偿和固定循环等多种操作。

G 功能由地址符 G 及其后的数字组成。G 代码分为模态代码和非模态代码,模态代码表示该 G 代码在一个程序段中的功能一直保持到被取消或被同组的另一个 G 代码代替为止,非模态代码只在有该代码的程序段中有效。G 代码按其功能进行了分组,同一功能组的代码可相互代替,但不允许写在同一程序段中。表 4.2.1 为 FANUC Oi Mate－MC 系统准备功能 G 代码的具体含义。

表 4.2.1　FANUC Oi Mate－MC 系统准备功能 G 代码

G 代码	分组	功能	G 代码	分组	功能
G00	01	快速定位(点定位指令)	G50	11	缩放比例取消
G01		直线插补(进给速度)	G51		缩放比例
G02		顺时针圆弧插补	G52	00	局部坐标系设定
G03		逆时针圆弧插补	G53		机械坐标系设定
G04	00	进给暂停	G54	14	选择工件坐标系 1
G09		正确停止	G55		选择工件坐标系 2
G10		资料设定	G56		选择工件坐标系 3
G11		资料设定取消	G57		选择工件坐标系 4
G15	17	极坐标指令取消	G58		选择工件坐标系 5
G16		极坐标指令	G59		选择工件坐标系 6
G17	02	XY 平面选择	G68	16	坐标系旋转
G18		XZ 平面选择	G69		坐标系旋转取消
G19		YZ 平面选择	G50.1	22	可编程镜像取消
G20	06	寸制输入	G51.1		可编程镜像
G21		米制输入	G65	00	宏程序调用
G27	00	原点复位检测	G73	09	高速排屑钻孔循环
G28		原点复位(经某一点)	G74		左旋攻螺纹循环
G29		从参考点返回到起始点	G76		精镗循环
G30		第二原点复位	G81		钻孔循环
G31		跳跃功能	G82		锪孔循环或钻不通孔循环
G33	01	切削螺纹	G83		排屑钻孔循环
G40	07	刀具半径补偿取消	G84		右旋攻螺纹循环
G41		刀具半径左补偿	G85		镗孔循环
G42		刀具半径右补偿	G86		精镗孔循环
G43	08	刀具长度补偿(正向)	G80		固定循环指令取消
G44		刀具长度补偿(负向)	G98	10	固定循环返回到初始点
G49		刀具长度补偿取消	G99		固定循环返回到 R 点
G94	05	每分钟进给	G90	03	绝对值编程
G95		每转进给	G91		相对值编程
G96	13	切削速度	G92	00	设定工件坐标系
G97		转速			

注:00 组 G 代码为非模态指令。

2. 辅助功能(M 功能)

辅助功能有两种类型，辅助功能 M 代码用于指定主轴正反转、切削液的开关、程序结束等，而第二辅助功能 B 代码用于指定分度工作台定位。

当运动指令和辅助功能在同一程序段中指定时，指令以下面的两种方法之一执行：一是移动指令和辅助功能指令同时执行，二是移动指令执行完后执行辅助功能指令。两种执行顺序的选择取决于机床制造厂的设定。当地址 M 之后指定数值时，代码信号和选通信号被送到机床，机床使用这些信号去接通或断开它的各种功能，通常在一个程序段中仅能指定一个 M 代码，在某些情况下可以最多指定三个 M 代码。

M 功能由地址符 M 及其后面的两位数字组成。数控系统不同，M 代码也有差异。表 4.2.2 所示为一台配有 FANUC Oi Mate－MC 数控系统的常用 M 代码。

表 4.2.2　FANUC Oi Mate－MC 数控系统的常用 M 代码

M 代码	功能	M 代码	功能
M00	程序停止	M08	切削液开
M01	程序选择停止	M09	切削液关
M02	程序结束	M18	主轴定向解除
M03	主轴正转	M19	主轴定向
M04	主轴反转	M29	攻丝
M05	主轴停止	M30	程序结束
M06	自动换刀	M98	调用子程序
M07	喷雾启动	M99	子程序返回

3. 进给功能(F 功能)

进给功能也称 F 功能，主要用来指令切削的进给速度，表示刀具相对于工件的合成进给速度。F 功能由地址符 F 及其后面的若干位数字来表示。F 功能为模态功能，实际进给速度可以通过机床控制面板上的进给倍率修调旋钮调整。

1)每分钟进给量(G94)。FANUC Oi Mate－MC 系统用 G94 指令来指定进给速度的单位为 mm/min(米制，系统默认)或 in/min(寸制)。例如，F150.0 表示进给速度为 150 mm/min。系统通电后即为 G94 状态，编程时可以不使用 G94 指令，而直接编写进给功能(F 功能)。G94 指令被执行一次后，系统将保持 G94 状态，即使断电也不受影响，直至系统又执行了含 G95 指令的程序段，此时 G94 便被取消，而 G95 将发生作用。

2)每转进给量(G95)。若系统处于 G95 状态，则指定进给速度的单位为 mm/r 或 in/r。例如，G95 F0.15，即为 0.15 mm/r(米制)。要取消 G95 状态，必须重新指定 G94。

4. 主轴功能（S 功能）

主轴功能（S 功能）主要表示主轴转速或线速度。一般铣床主轴转速范围是 20～6 000 r/min。主轴功能由地址符 S 及其后的若干位数字组成。S 代码是模态的，即转速值给定后始终有效，直到另一个 S 代码改变模态值。主轴的旋转指令则由 M03 或 M04 实现。

1）恒表面切削速度控制（G96）。G96 指令用来给主轴设定恒线速度切削。系统执行 G96 后，便认为用 S 指定的数值表示切削速度。例如，G96 S200 M03 表示主轴正转且切削速度为 200 m/min。

2）主轴转速控制（G97）。G97 指令是取消恒表面切削速度控制的指令，用于直接给主轴设定转速，此时 S 指定的数值表示主轴每分钟的转数（r/min）。例如，G97 S1200 M03 表示主轴正转且转速为 1 200 r/min。

3）主轴最高速度限定（G92）。G92 指令除具有工件坐标系设定功能外，还有主轴最高转速设定功能，即用 S 指定的数值设定主轴每分钟的最高转速。例如，G92 S2000 表示把主轴最高转速设定为 2 000 r/min。

5. 刀具功能（T 功能）

刀具功能用地址符 T 及其后面的数字来表示，用于选择机床上的刀具。在进行多道工序加工时，必须选取合适的刀具，每把刀具应有一个刀号。

在一个程序段中，只能指定一个 T 代码。关于地址 T 可指定的位数以及 T 代码对应的机床动作，参考对应的机床制造厂的说明书。例如，T02 表示选择机床的第 2 号刀具。

4.2.4 数控铣床加工的刀具补偿指令

1. 刀具半径补偿功能（D 功能）（G41、G42、G40）

刀具半径补偿功能用字母 D 及其后面的数字值来表示刀具补偿号。该数字为存放刀具半径补偿量的寄存器地址字。能储存的刀具半径补偿值代码的最大号是 255。

当使用加工中心进行内、外轮廓的铣削时，刀具中心的轨迹能够使刀具中心在编程轨迹的法线方向上距编程轨迹的距离始终等于刀具的半径，如图 4.2.5 所示。在铣床上，这样的功能可以由 G41 或 G42 指令来实现。

基本格式：G41(G42)D_；

(1) 补偿向量

补偿向量是一个二维的向量，由它来确定进行刀具半径补偿时实际位置和编程位

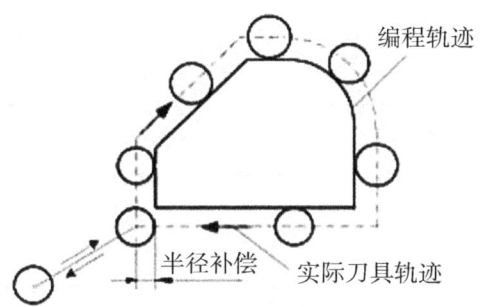

图 4.2.5　刀具半径补偿轨迹

置之间的偏移距离和方向。补偿向量的模即实际位置和补偿位置之间的距离,始终等于指定补偿号中存储的补偿值,补偿向量的方向始终为编程轨迹的法线方向,如图 4.2.6 所示。该编程向量由 NC 系统根据编程轨迹和补偿值计算得出,并由此控制刀具(X,Y 轴)的运动完成补偿过程。

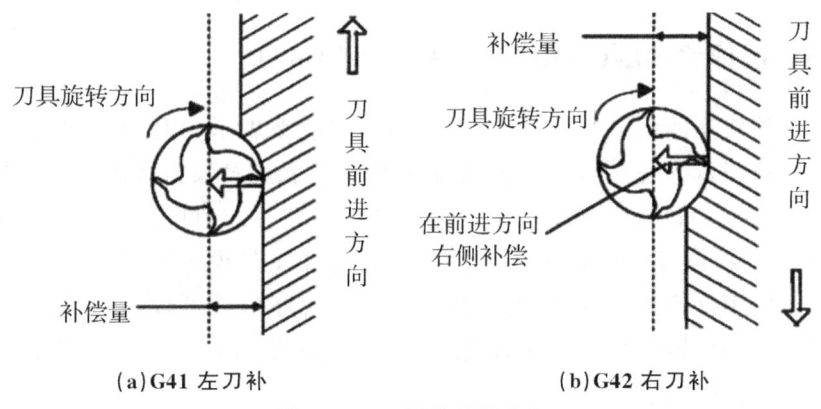

图 4.2.6　刀具的补偿方向

(2)补偿值

在 G41 或 G42 指令中,地址 D 指定了一个补偿号,每个补偿号对应一个补偿值。补偿号的取值范围为 0~200,这些补偿号由长度补偿和半径补偿共用。和长度补偿一样,D00 意味着取消半径补偿。

补偿值的取值范围和长度补偿相同。

(3)平面选择

刀具半径补偿只能在被 G17、G18 或 G19 选择的平面上进行,在刀具半径补偿的模态下,不能改变平面的选择,否则出现 P/S 报警。

(4)G40、G41 和 G42

G40 用于取消刀具半径补偿模态,G41 为左向刀具半径补偿,G42 为右向刀具半径补偿。在这里所说的左和右是指沿刀具运动方向而言的。G41 和 G42 的区别如图 4.2.7所示。

图 4.2.7 G41 和 G42 的区别

具体建立格式：

$$\begin{Bmatrix} G17 \\ G18 \\ G19 \end{Bmatrix} \begin{Bmatrix} G41 \\ G42 \end{Bmatrix} \begin{Bmatrix} G00 \\ G01 \end{Bmatrix} X\_Y\_Z\_D\_;$$

注：G41、G42 只能与 G00 或 G01 一起使用，且刀具必须移动！

取消格式：

$$\begin{Bmatrix} G00 \\ G01 \end{Bmatrix} G40 X\_Y\_Z\_;$$

2. 刀具长度补偿功能（H 功能）(G43、G44、G49)

刀具长度补偿功能用字母 H 及其后面的数字值来表示刀具长度偏置。该数字为存放刀具长度补偿量的寄存器地址符，能储存的刀具长度补偿值代码的最大号是 255。

使用 G43(G44)H_指令可以将 Z 轴运动的终点向正或负向偏移一段距离，这段距离等于 H 指令的补偿号中存储的补偿值。G43 或 G44 是模态指令，H_指定的补偿号也是模态的。使用这条指令，编程人员在编写加工程序时就可以不必考虑刀具的长度而只需考虑刀尖的位置即可。刀具磨损或损坏后更换新的刀具时也不需要更改加工程序，直接修改刀具补偿值即可。

G43 指令为刀具长度补偿＋，也就是说 Z 轴到达的实际位置为指令值与补偿值相加的位置；G44 指令为刀具长度补偿，也就是说 Z 轴到达的实际位置为指令值减去补偿值的位置。H 的取值范围为 00～200。H00 意味着取消刀具长度补偿值。取消刀具长度补偿的另一种方法是使用指令 G49。NC 执行到 G49 指令或 H00 时，立即取消刀具长度补偿，并使 Z 轴运动到不加补偿值的指令位置。

由于补偿值的取值范围－999.999～999.999 mm 或－99.999 9～99.999 9 英寸，补偿值的正负号的改变，使用 G43 就可以完成全部工作了。因而在实际工作中，绝大多数情况下，都是使用 G43 指令。

具体建立格式：

$$\begin{Bmatrix} G43 \\ G44 \end{Bmatrix} \begin{Bmatrix} G00 \\ G01 \end{Bmatrix} Z\_H\_;$$

注：使用 G43、G44 指令时，只能有 Z 轴移动量，否则会报警！

取消长度补偿格式：

$$G49(Z\_);$$

注：G49 指令或 H00 都可以立即取消刀具长度补偿。

4.2.5 数控铣床子程序运用

1.子程序的概念

数控机床的加工程序可以分为主程序和子程序,主程序是指加工完成一个零件所需要的完整程序,或者是加工程序的主体部分程序。不同的零件主程序是唯一的,而子程序则可能在一个或多个程序段内多次出现。但是,子程序一般是不可以单独作为一个独立的加工程序被使用的,只能通过调用来让其发挥作用,当子程序使用结束以后,会自动返回到主程序中去。子程序和主程序的区别是:主程序结束标记是用 M30 或 M02 表示程序结束,而子程序的结束标记则是使用 M99 结束,并返回主程序。

子程序在使用过程中还可以让子程序调用另外的子程序,这种功能叫子程序嵌套,如图 4.2.8 所示。这样在应用当中可以大大简化程序。在 FANUC Oi Mate—MC 系统中,一般可以嵌套 4 级。

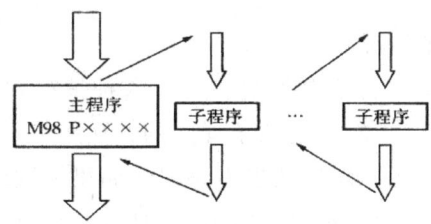

图 4.2.8 子程序嵌套结构

2.子程序调用格式

(1)子程序的格式

O××××;　　　　　　（子程序名）
……;
……;　　　　　　　　（子程序内容）
……;
M99;　　　　　　　　（返回主程序）

如果在 M99 后面加上 M99 N_,表示返回到该指定的程序段。

(2)子程序的调用格式

O××××;　　　　　　（主程序名）
……
M98××××××××;　（调用子程序）
……
M30;　　　　　　　　（主程序结束,并返回程序头）

(3)格式说明

1)在调用子程序时,FANUC Oi Mate－MC 系统规定了两种书写格式。

格式 1:M98P××××××××;

格式 2:M98P××××L××××;

在两种格式中,M98 均代表调用子程序生效。

2)在格式 1 中,P 后面的八位数字中,前四位数字代表调用次数,而后面的四位数字代表子程序的程序序号。

例如,M98P00020001 表示调用 0001 号子程序两次。(注:在 M98P00020001 书写中,不写"O",并且调用次数和子程序序号前面的"0"可省略不写,如果只调用一次,调用次数也可省略不写。如上面例子可写成 M98P21。)

在格式 2 中,P 后面的四位数字代表子程序的程序序号,L 后的四位数字代表重复调用次数。

3.子程序的应用

子程序多用于以下几种情况:

1)零件上若干处具有相同的轮廓形状。对于这种情况,只要编写一个加工该轮廓形状的子程序,然后用主程序多次调用该子程序的方法来完成对工件的加工。

2)加工中反复出现具有相同轨迹的走刀路线。如果相同轨迹的走刀路线出现在某个加工区域的各个层面上,采用子程序编写加工程序比较方便,在程序中常用增量值确定切入深度。

3)模块化的程序结构。加工复杂零件时,往往包含许多独立的工序,有时工序之间需要适当的调整。为了优化加工程序,把每一个独立的工序编成一个子程序,这样就形成了模块化的程序结构,便于对加工顺序的调整。主程序中只有换刀和调用子程序等指令。

4.子程序编程实例

【例 4-2-1】如图 4.2.9 所示,在一块平板上加工 6 个边长为 10 mm 的等边三角形,每边的槽深为 2 mm,工件上表面为 Z 向零点。其程序的编制就可以采用调用子程序的方式来实现(编程时不考虑刀具补偿)。

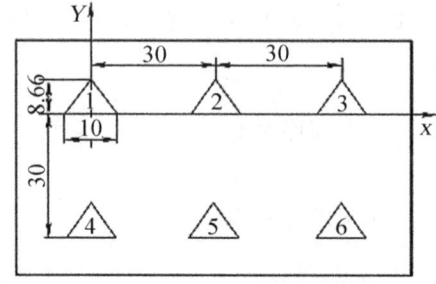

图 4.2.9 子程序应用实例

(1) 主程序

O1000;
N10 G54 G90 G01 Z40 F2000;   （进入工件加工坐标系）
N20 M03 S800 T0101;   （主轴起动）
N30 G00 Z3;   （快速移动到工件表面上方）
N40 G01 X0 Y8.66;   （到1号三角形上顶点）
N50 M98 P2000;   （调2000号切削子程序切削三角形）
N60 G90 G01 X30 Y8.66;   （到2号三角形上顶点）
N70 M98 P2000;   （调2000号切削子程序切削三角形）
N80 G90 G01 X60 Y8.66;   （到3号三角形上顶点）
N90 M98 P2000;   （调2000号切削子程序切削三角形）
N100 G90 G01 X0 Y−21.34;   （到4号三角形上顶点）
N110 M98 P2000;   （调2000切削子程序切削三角形）
N120 G90 G01 X30 Y−21.34;   （到5号三角形上顶点）
N130 M98 P2000;   （调2000切削子程序切削三角形）
N140 G90 G01 X60 Y−21.34;   （到6号三角形上顶点）
N150 M98 P2000;   （调2000切削子程序切削三角形）
N160 G90 G01 Z40 F2000;   （抬刀）
N170 M05;   （主轴停）
N180 M30;   （程序结束）

(2) 子程序

O2000;
N10 G91 G01 Z−2 F100;   （在三角形上顶点切入(深)2 mm）
N20 G01 X−5 Y−8.66;   （切削三角形）
N30 G01 X10 Y0;   （切削三角形）
N40 G01 X5 Y8.66;   （切削三角形）
N50 G01 Z5 F2000;   （抬刀）
N60 M99;   （子程序结束）

4.2.6 数控铣床高级编程方法（用户宏程序）

数控铣床高级编程方法一般是指用户宏程序功能，用户用它可以自己扩展数控系统的功能。用户可以使用变量进行算术运算、逻辑运算和函数的混合运算，根据循环语句、转移语句和用户宏指令等，编制各种复杂的零件加工程序，减少了手工编程时的数值计算，并简化了编程。用户宏程序相关内容简单介绍如下：

1. 用户宏程序的概念及分类

(1) 宏程序的概念

用户宏程序是指含有变量的一种子程序。用户宏程序由于允许使用变量、算术和逻辑运算及条件转移,使得编制相同加工操作的程序更方便、更容易,通用性也更强。在加工程序中,可用一条简单指令调出用户宏程序,该指令称为用户宏指令(G65 或 G66、G67)。用户宏指令调出用户宏程序和调出子程序是一样的。

(2) 宏程序的分类

FANUC Oi Mate—MC 系统提供两种用户宏程序,即用户宏程序功能 A 和用户宏程序功能 B。用户宏程序功能 A 可以说是 FANUC 系统的标准配置功能,任何配置 FANUC 系统的数控机床都具备此功能;而用户宏程序功能 B 虽然不是 FANUC 系统的标准配置功能,但随着数控技术的迅速发展,目前绝大部分的 FANUC 系统也都支持用户宏程序功能 B。由于 A 类宏程序需要使用"G65 Hm"格式来表达各种数学运算和逻辑运算,导致宏程序的可读性非常差,因而在实际工作中很少使用;而 B 类宏程序接近用户使用习惯,因此 B 类宏程序更常用一些。在这里只介绍用户宏程序功能 B。

2. 用户宏程序编程的适用范围

1) 用户宏程序编程适合没有抛物线、椭圆、双曲线等插补指令的数控机床的手工编程。

2) 适合形状一样,只是尺寸不同的系列零件的编程。

3) 适合工艺路径一样,只是位置参数不同的系列零件的编程。

3. 宏程序的变量

(1) 变量的表示

在程序的执行过程中,其值可以变化的量称为变量。在宏程序中,变量用变量符号(♯)和后面的变量号指定,如♯1。表达式可以用于指定变量号。此时,表达式必须封闭在方括号中,如♯[♯1+♯2-12]。

(2) 变量的类型

变量分为空变量、局部变量、公共变量(全局变量)和系统变量四种,如表 4.2.3 所示。当变量的值未定义时,这样的一个变量被看作"空"变量,变量♯0 总是"空"变量,是一个只读变量。

表 4.2.3 宏程序变量类型及功能

变量号	变量类型	功能
♯0	空变量	这个变量总是空的,不能赋值
♯1～♯33	局部变量	局部变量只能在宏中使用,以保持操作的结果,关闭电源时局部变量被初始化为"空",宏调用时自变量分配给局部变量
♯100～♯199 ♯500～♯999	公共变量	公共变量是指在主程序和主程序调用的各用户宏程序内公用的变量。公共变量在不同的宏程序中的意义相同。当断电时,变量♯100～♯199初始化为空,而变量♯500～♯999的数据保存,即使断电也不丢失
♯1000～	系统变量	系统变量是指有固定用途的变量,它的值决定了系统的状态。系统变量用于读和写 CNC 运行时的各种数据,如刀具的当前位置和补偿值等

(3)变量的引用

将跟在地址后的数值用一个变量来代替,即引入了变量。例如,当♯1=60时,则 F♯1=F60;G00Z－♯1 即是 G00Z－60。

(4)变量的赋值

1)直接赋值变量可在操作面板 MACRO 内容处直接输入,也可用 MDI 方式赋值,也可在程序内直接赋值,但等号左边不能用表达式,如♯10=100(或表达式)。

2)自变量赋值宏程序体以子程序方式出现,所用的变量可在宏调用时在主程序中赋值。自变量赋值有以下两种类型。

第一种:变量赋值方法Ⅰ。其文字变量与数字变量之间的关系如表 4.2.4 所示。

表 4.2.4 文字变量与数字变量之间的关系(变量赋值方法Ⅰ)

引数	变量	引数	变量	引数	变量
A	♯1	I	♯4	T	♯20
B	♯2	J	♯5	U	♯21
C	♯3	K	♯6	V	♯22
D	♯7	M	♯13	W	♯23
E	♯8	Q	♯17	X	♯24
F	♯9	R	♯18	Y	♯25
H	♯11	S	♯19	Z	♯26

表 4.2.4 中,文字变量为除 G、L、N、O、P 以外的英文字母,一般可不按字母顺序排列,但 I、J、K 例外;♯1～♯26 为数字变量。

例如,G65 P9120 A200.0 X100.0 F100.0

其含义为:调用宏程序号为 9120 的宏程序运行一次,并为宏程序中的变量赋值。其中,♯1 为 200.0,♯24 为 100.0,♯9 为 100.0。

第二种:变量赋值方法Ⅱ。其文字变量与数字变量之间的关系如表 4.2.5 所示。

表 4.2.5 文字变量与数字变量之间的关系(变量赋值方法Ⅱ)

引数	变量	引数	变量	引数	变量
A	#1	K_3	#12	J_7	#23
B	#2	I_4	#13	K_7	#24
C	#3	J_4	#14	I_8	#25
I_1	#4	K_4	#15	J_8	#26
J_1	#5	I_5	#16	K_8	#27
K_1	#6	J_5	#17	I_9	#28
I_2	#7	K_5	#18	J_9	#29
J_2	#8	I_6	#19	K_9	#30
K_2	#9	J_6	#20	I_{10}	#31
I_3	#10	K_6	#21	J_{10}	#32
J_3	#11	I_7	#22	K_{10}	#33

例如,G65 P9100 A20.0 I10.0 J0 K0 I8.0 J10.0 K9.0

其含义为:调用宏程序号为 9100 的宏程序运行一次,并为宏程序中的变量赋值。其中,#1 为 20.0,#4 为 10.0,#5 为 0,#6 为 0,#7 为 8.0,#8 为 10.0,#9 为 9.0。

说明:

A.变量的赋值方法Ⅰ和方法Ⅱ可以共存,此时后者有效。

例如,G65 P1000 A1.B2.J-3.I4. D5.;可以看出,I4.和 D5.都对#7 赋值,后面的 D5.有效,所以,#7=5.0。

B.I、J、K 的顺序不能颠倒,不赋值可以省略。

例如,G65 P1000 J5.I4.;则#5=5.0,#F7=4.0。

4.宏程序的算术与逻辑运算

1)宏程序数学计算的次序依次为:函数运算(SIN、COS、ATAN 等),乘和除运算(*、/、AND 等),加和减运算(+、-、OR、XOR 等)。

2)函数中的括号用于改变运算次序,函数中的括号允许嵌套使用,但最多只允许嵌套 5 级。

3)宏程序中的上、下取整运算和 CNC 处理数值运算时,若操作产生的整数大于原数时为上取整,反之则为下取整,如表 4.2.6 所示。

表 4.2.6　算术逻辑运算表

功能		格式	注释
赋值		#i=#j	
算术运算	加	#i=#j+#k;	
	减	#i=#j−#k	
	乘	#i=#j*#k	
	除	#i=#j/#k;	
	正弦	#i=SIN[#j]	角度以度为单位,如50度30分表示成50.5°
	余弦	#i=COS[#j]	
	正切	#i=TAN[#j]	
	反正切	#i=ATAN[#j]	
	平方根	#i=SQRT[#j]	
	绝对值	#i=ABS[#j]	
	进位	#i=ROUND[#j]	四舍五入整数化
	下进位(上取整)	#i=FIX[#j]	
	上进位(下取整)	#i=FUP[#j]	
逻辑运算	OR(或)	#i=#j OR #k;	用二进制数按位进行逻辑操作
	XOR(异或)	#i=#j XOR #k	
	AND(与)	#i=#j AND #k	
将 BCD 码转换为 BIN 码		#i=BIN[#j]	
将 BIN 码转换为 BCD 码		#i=BCD[#j]	

4)运算符:由两个字母组成,用于对两个值进行比较,从而来判断它们是相等、小于或者大于的关系。但是,在这里不允许使用不等号,如表 4.2.7 所示。

表 4.2.7　运算符

运算符	注释	运算符	注释
EQ	等于(=)	GE	大于或等于(≥)
NE	不等于(≠)	LT	小于(<)
GT	大于(>)	LE	小于或等于(≤)

5.宏程序循环和转移语句

在宏程序中有三种转移和循环操作可提供使用。

(1)GOTO 语句(无条件转移)

(2)IF 语句(条件转移)

1)功能:在 IF 后面指定一个条件表达式,如果条件满足,转向第 n(行号)句,否则执行下一段。

2)格式:IF[条件表达式]GOTO n;

3)说明:一个条件表达式一定要有一个操作符,这个操作符插在两个变量或一个变量和一个常数之间,并且要用方括号括起来。

(3)WHILE 语句(循环语句)

1)功能:在 WHILE 后指定一个条件表达式,条件满足时,执行 DO 到 END 之间的语句,否则执行 END 后的语句。

2)格式:WHILE[条件表达式]DO m;(m=1,2,3)

...

END m;

【例 4-2-2】请编程计算数值 1 到 10 的总和。

O2016;

N10 #1=0;

N20 #2=1;

N30 WHILE[#2 LE 10]DO 1;

N40 #1=#1+#2;

N50 #2=#2+1;

N60 END 1;

N70 M30;

6.宏程序调用

用户宏程序 B 调用的方法有以下几种。

(1)非模态调用宏程序(G65)

指令格式:G65 P<p> L<l> <自变量赋值>

式中:<p>——要调用的程序号;

<l>——重复次数;

<自变量赋值>——传递到宏程序中的数据。

具体使用情况如下:

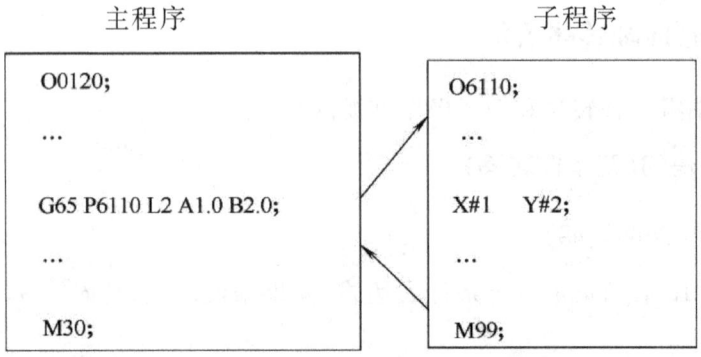

(2)模态调用与取消指令（G66/G67）

指令格式：G66 P＜p＞L＜l＞＜自变量赋值＞

式中：＜p＞——要调用的程序号；

＜l＞——重复次数；

＜自变量赋值＞——传递到宏程序中的数据。

具体使用情况如下：

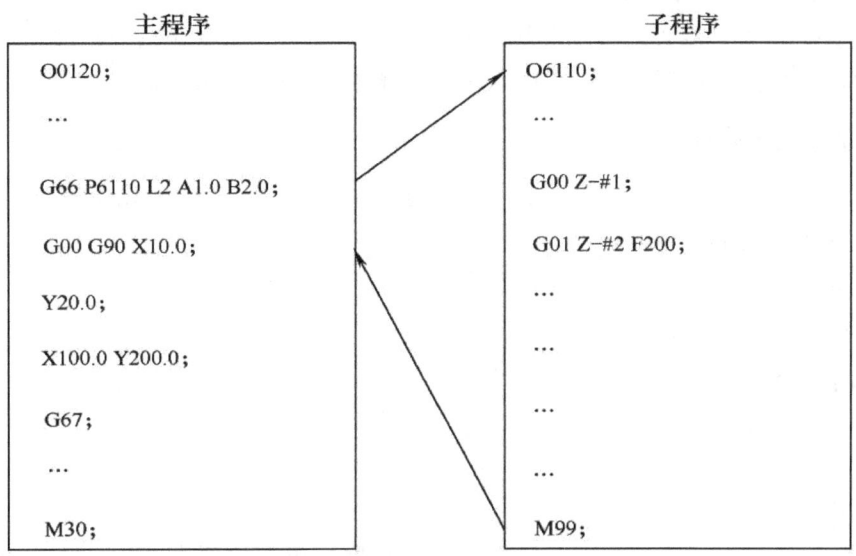

7.用户宏程序的应用实例

【例4-2-3】用直径为12 mm的立铣刀铣削加工如图4.2.10所示椭圆，深度2 mm，编写加工程序。

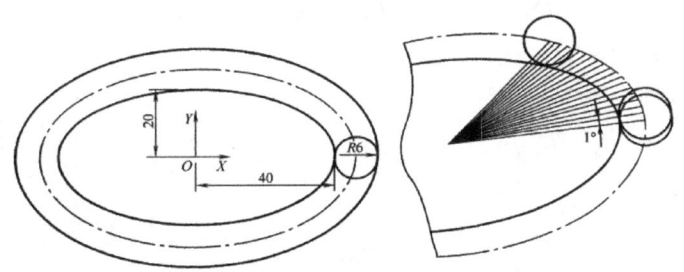

图4.2.10　椭圆铣削加工

【解析】

(1)建立数学模型

椭圆方程有两种格式：

标准方程：$\dfrac{x^2}{a^2}+\dfrac{y^2}{b^2}=1$；

参数方程（直角坐标）：$x=a\cos\theta$，$y=b\sin\theta$。

(2) 分析加工工艺与加工路线

以铣刀下表面中心为编程的刀位点，不采用半径补偿，靠铣刀的直径保证槽的宽度；加工深度较小，采用立铣刀直接下刀。

由于数控系统只能实现直线和圆弧插补，故考虑采用很多条直线段来逼近椭圆的外形轮廓，只要逼近的直线段足够多，便可保证椭圆的轮廓外形，如图 4.2.10 所示。

(3) 数控铣削编程

编程时使用刀具中心、椭圆中心与 X 轴正向的夹角为变量，变化范围为 0°～360°，采用参数方程编写如下 NC 程序段。

O4026；
G90 G55 M3 S800；
G00 X46 Y0；
G43 Z50 H1；
Z2；
G01 Z－2.0 F30；
♯1＝0；　　　　　　　　　　　（设定角度变量初始值为 0）
♯2＝6.0；　　　　　　　　　　 （设定刀具半径）
♯5＝40.0；　　　　　　　　　　（设定椭圆长半轴）
♯6＝20.0；　　　　　　　　　　（设定椭圆短半轴）
WHILE [♯1 LE 360.0] DO 1；
♯2＝[♯2＋♯5]＊COS[♯1]；　　　（计算椭圆的 X 坐标）
♯3＝[♯2＋♯6]＊SIN[♯1]；　　　（计算椭圆的 Y 坐标）
G01 X♯2 Y♯3 F180；
♯1＝♯1＋1.0；
END1；
G00 Z150.0；
M30；

4.3　数控铣床编程综合实例

本章所有实例均根据 FANUC Oi Mate－MC 数控系统编写，零件材料均为 45 钢。

所选编程实例主要包括:平面及外轮廓类加工编程、型腔类加工编程、孔类加工编程、槽类加工编程、利用子程序加工编程、利用宏程序加工编程、利用比例缩放功能加工编程、利用坐标系旋转功能加工编程、利用极坐标功能加工编程、利用镜像功能加工编程。

4.3.1 平面及外轮廓类加工编程

【例 4-3-1】零件外形如图 4.3.1 所示,厚度为 3 mm,以 Φ30 mm 孔定位,试编制零件外形轮廓精加工程序(不考虑刀具补偿)。

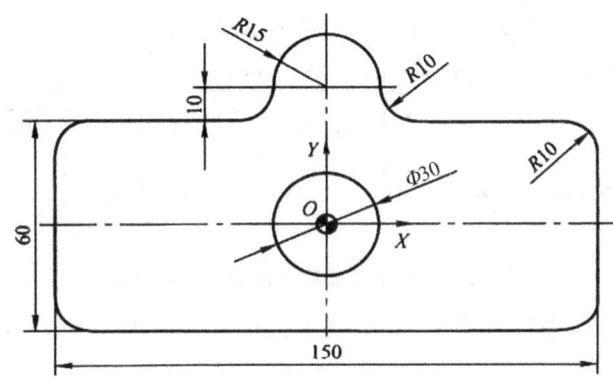

图 4.3.1 平面及外轮廓铣削编程实例 1

【工件坐标系】工件坐标系设为 G54,位于工件 Φ30 mm 孔上表面中心处,如图 4.3.1 中 O 点所示。

【参考程序】
O0404;
N10 G90 G94 G21 G17 G54;   (G 代码初始化)
N20 G00 X－75 Y40 Z100;   (快速定位)
N30 Z－3.5 S800 M03;   (主轴正转,下刀)
N40 G01 Y－20 F150;   (从延长线进刀)
N50 G91 G03 X10 Y－10 R10;   (增量值编程,逆时针圆弧插补)
N60 G01 X130;
N70 G03 X10 Y10 R10;   (逆时针圆弧插补)
N80 G01 Y40;
N90 G03 X－10 Y10 R10;
N100 G90 G01 X25;   (绝对值编程)
N110 G02 X15 Y40 R10;   (顺时针圆弧插补)
N120 G03 X－15 R15;
N130 G02 X－25 Y30 R10;
N140 G01 X－65;
N150 G03 X－75 Y20 R10;

N160 G01 Y-40;
N170 G00 Z100 M05;   （主轴停转，Z 向抬刀）
N180 G91 G28 Z0;   （Z 轴回零）
N190 M30;   （程序结束，返回程序头）

【例 4-3-2】零件外形如图 4.3.2 所示，零件厚度为 2 mm，以 Φ15 mm 孔定位，试编制零件外形轮廓精加工程序（不考虑刀具补偿）。

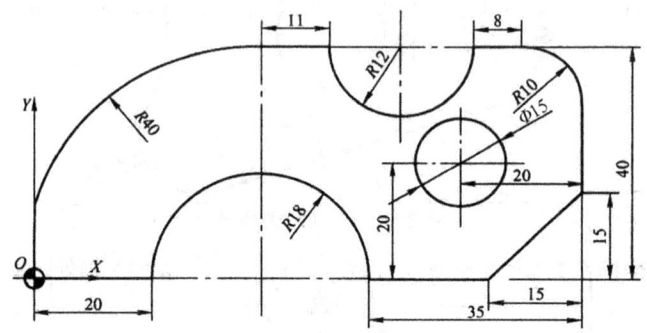

图 4.3.2 平面及外轮廓铣削编程实例 2

【工件坐标系】工件坐标系设为 G54，位于工件上表面左下角处，如图 4.3.2 中 O 点所示。

【参考程序】

O0405;
N10 G90 G94 G21 G17 G54;   （G 代码初始化）
N20 G00 X-15 Y0 Z100;   （快速定位）
N30 Z-2.5 S800 M03;   （主轴正转，下刀）
N40 G01 X20 F150;   （从延长线进刀，沿逆时针方向加工）
N50 G91 G02 X36 R18;   （增量值编程，加工 R18 mm 半圆）
N60 G01 X20;
N70 X15 Y15;
N80 Y15;
N90 G03 X-10 Y10 R10;   （加工 R10 mm 圆角）
N100 G01 X-8;
N110 G02 X-24 R12;   （加工 R12 mm 半圆）
N120 G01 X-11;
N130 G90 G03 X0 Y12.49 R40; （绝对值编程，加工 R40 mm 圆弧）
N140 G01 Y-15;   （从延长线上退刀）
N150 G00 Z100 M05;   （Z 向抬刀，主轴停止转动）
N160 G91 G28 Z0;   （Z 轴回零）
N170 M30;   （程序结束，返回程序头）

【例 4-3-3】零件外形如图 4.3.3 所示，Z 向深度为 3 mm，以 Φ40 mm 孔定位，试编制零件外形轮廓精加工程序(不考虑刀具补偿)。

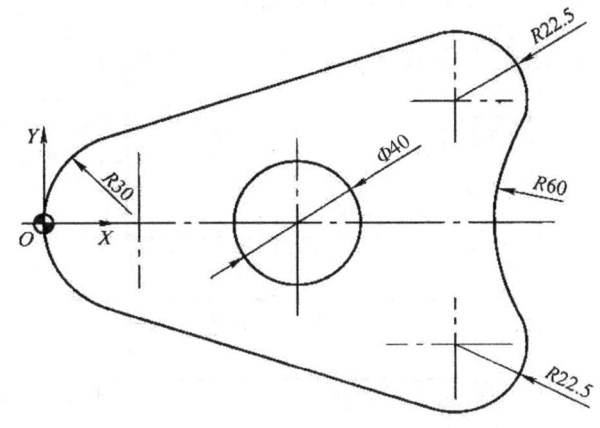

图 4.3.3　平面及外轮廓铣削编程实例 3

【工件坐标系】工件坐标系设为 G54,位于工件上表面左端处,如图 4.3.3 中 O 点所示。

【参考程序】

O0406;
N10 G90 G94 G21 G17 G40 G54;　　　(G 代码初始化)
N20 G00 X0 Y15 Z100;　　　　　　　(快速定位)
N30 Z－3.5 S800 M03;　　　　　　　(主轴正转,下刀)
N40 G01 Y0 F100;　　　　　　　　　(沿切线方向进刀,沿逆时针方向加工)
N50 G03 X20.82 Y28.56 R30;　　　　(逆时针圆弧插补)
N60 G01 X123.74 Y－61.42;
N70 G03 X149.68 Y－29.09 R22.5;　 (加工 $R22.5$ mm 圆弧)
N80 G02 Y29.09 R60;　　　　　　　 (加工 $R60$ mm 圆弧)
N90 G03 X123.74 Y61.42 R22.5;　　 (加工 $R22.5$ mm 圆弧)
N100 G01 X20.82 Y28.56;
N110 G03 X0 Y0 R30;　　　　　　　 (加工 $R30$ mm 圆弧)
N120 G01 Y－15;　　　　　　　　　 (沿切线方向退刀)
N130 G00 Z100 M05;　　　　　　　　(主轴停止,Z 向抬刀)
N140 G91 G28 Z0;　　　　　　　　　(Z 轴回零)
N150 M30;　　　　　　　　　　　　 (程序结束,返回程序头)

4.3.2　型腔类加工编程

【例 4-3-4】矩形型腔类零件如图 4.3.4 所示,试编制该零件型腔的粗、精加工数控程序。

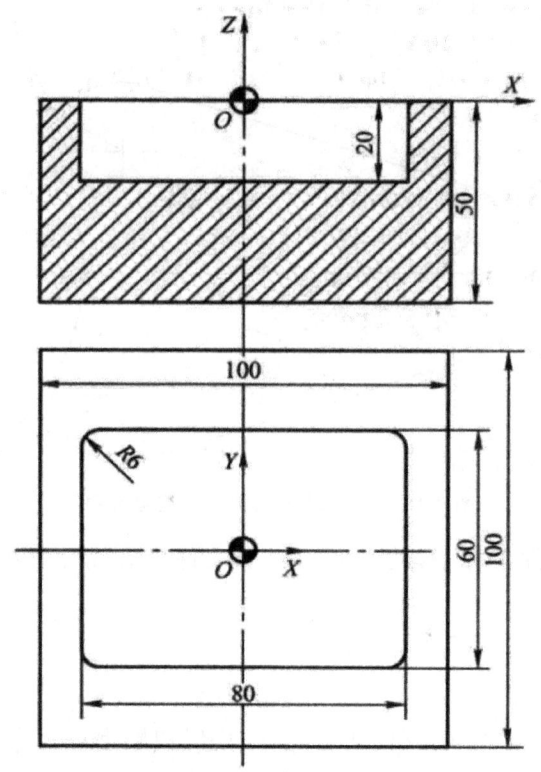

图 4.3.4 矩形型腔铣削

【工件坐标系】工件坐标系设为 G54，位于工件上表面中心处，如图 4.3.4 中 O 点所示。

【刀具】T01：Φ20 mm 立铣刀，用于粗加工；T02：Φ10 mm 键槽铣刀，用于精加工。

【工艺分析】首先在型腔中心处钻大于 Φ20 mm 的工艺孔，粗加工时从该孔垂直下刀，然后逐渐向外扩展，分层铣削，最后在底面和侧面均留 0.5 mm 余量；精加工时也是从工艺孔处垂直下刀，然后逐渐向外扩展。

【参考程序】

O0407；

N160 T01 M06；   （换 1 号立铣刀进行粗加工）

N170 G90 G94 G21 G17 G40 G54；   （G 代码初始化）

N180 G00 X0 Y0 Z300 S600 M03；   （主轴正转）

N190 G43 Z2 H01；   （建立刀具长度补偿）

N200 G01 Z−5 F20 M08；   （切削液开，Z 向进刀至−5 mm 处）

N210 M98 P1000；   （调用 1000 号子程序 1 次）

N220 G01 Z−10 F20；   （Z 向进刀至−10 mm 处）

N230 M98 P1000；   （调用 1000 号子程序 1 次）

N240 G01 Z−15 F20；   （Z 向进刀至−15 mm 处）

N250 M98 P1000；   （调用 1000 号子程序 1 次）

N260 G01 Z-19.5 F50;   （Z 向进刀至-19.5 mm 处）
N270 M98 P1000;   （调用 1000 号子程序 1 次）
N280 G00 G49 Z300 M09;   （切削液关，取消刀具长度补偿）
N290 M05;   （主轴停止）
N300 T02 M06;   （换 2 号键槽铣刀进行精加工）
N310 G90 G00 X0 Y0 Z300 S800 M03;   （主轴正转）
N320 G43 Z2 H02;   （建立刀具长度补偿）
N330 G01 Z-18 F300 M08;   （切削液开）
N340 Z-20 F20;   （Z 向进刀至-20 mm 处）
N350 X-11 Y1 F100;
N360 Y-1;
N370 X11;
N380 Y1;
N390 X-11;
N400 X-19 Y9;
N410 Y-9.5;
N420 X19;
N430 Y9;
N440 X-19;
N450 X-27 Y17;
N460 Y-17;
N470 X27;
N480 Y17;
N490 X-27;
N500 X-34 Y25;
N510 G03 X-35 Y24 I0 J-1;
N520 G01 Y-24;
N530 G03 X-34 Y-25 I1 J0;
N540 G01 X34;
N550 G03 X35 Y-24 I0 J1;
N560 G01 Y24;
N570 G03 X34 Y25 I-1 J0;
N580 G01 X-34;
N590 Y24.5;
N600 G00 G49 Z100 M09;   （切削液关，取消刀具长度补偿）
N610 G91 G28 Z0 M05;   （主轴停止，Z 轴回零）
N620 M30;   （程序结束，返回程序头）

O1000；　　　　　　　　　　　　（型腔加工子程序）

N10 G01 X—18 Y8 F50；

N20 Y—8；

N30 X18；

N40 Y8；

N50 X—18；

N60 X—29.5 Y19.5；

N70 Y—19.5；

N80 X29.5；

N90 Y19.5；

N100 X—29.5；

N110 X0 Y0；

N120 M99；　　　　　　　　　　　　（子程序结束）

【例 4-3-5】圆形型腔类零件如图 4.3.5 所示，试编制该零件型腔的粗、精加工数控程序。

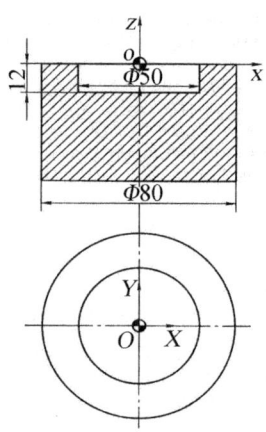

图 4.3.5　圆形型腔铣削

【工件坐标系】工件坐标系设为 G54，位于工件上表面中心处，如图 4.3.5 中 O 点所示。

【刀具】T01：Φ15 mm 的立铣刀，用于粗加工；T02：Φ10 mm 键槽铣刀，用于精加工。

【工艺分析】首先在型腔中心处钻大于 15 mm 的工艺孔，粗加工时从该孔垂直下刀，然后逐渐向外扩展，分层铣削，最后在底面和侧面均留 0.5 mm 余量。精加工时也是从工艺孔处垂直下刀，然后逐渐向外扩展。

【参考程序】

O0408；

N10 T01 M06；　　　　　　　　　（换 1 号立铣刀进行粗加工）

N20 G90 G94 G21 G17 G40 G54；（G 代码初始化）

N30 G00 X0 Y0 Z100 S600 M03;   (主轴正转)
N40 G43 Z2 H01;   (建立刀具长度补偿)
N50 G01 Z−4 F20 M08;   (切削液开,Z 向进刀)
N60 M98 P1000;   (调用 1000 号子程序 1 次)
N70 G01 Z−8 F20;   (Z 向进刀至−8 mm 处)
N80 M98 P1000;   (调用 1000 号子程序 1 次)
N90 G01 Z−11.5 F20;   (Z 向进刀至−11.5 mm 处)
N100 M98 P1000;   (调用 1000 号子程序 1 次)
N110 G00 G49 Z300 M09;   (切削液关,取消刀具长度补偿)
N120 M05;
N130 T02 M06;   (换 2 号键槽铣刀进行精加工)
N140 G90 G00 X0 Y0 Z300 S800 M03;
N150 G43 Z2 H02;   (建立刀具长度补偿)
N160 G01 Z−10 F300 M08;   (切削液开,Z 向进刀)
N170 Z−12 F20;   (Z 向进刀至−12 mm 处)
N180 G01 X8 Y0 F50;
N190 G02 I−8;
N200 G01 X16;
N210 G02 I−16;
N220 G01 X25;
N230 G02 I−25;
N240 G01 X24.5;
N250 G00 G49 Z100 M09;   (切削液关,取消刀具长度补偿)
N260 G91 G28 Z0 M05;   (主轴停止,Z 轴回零)
N270 M30;   (程序结束,返回程序头)
O1000;   (型腔加工子程序)
N10 G01 X8 Y0 F50;
N20 G02 I−8;
N30 G01 X16;
N40 G02 I−16;
N50 G01 X24.5;
N60 G02 I−24.5;
N70 G01 X0 Y0;
N80 M99;   (子程序结束)

【例 4-3-6】零件如图 4.3.6 所示,试编制该零件型腔数控加工程序。

【工件坐标系】工件坐标系设为 G54,位于工件上表面中心处,如图 4.3.6 中 O 点所示。

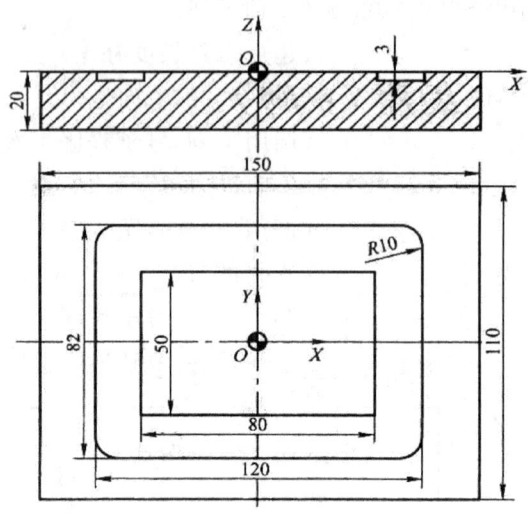

图 4.3.6 型腔铣削加工实例

【刀具】Φ10 mm 键槽铣刀。

【工艺分析】加工该封闭内轮廓时,由于工艺孔不好加工,所以选择键槽铣刀。

【参考程序】

O0409;
N10 G90 G94 G21 G17 G40 G54;　　　　　(G 代码初始化)
N20 G00 X45 Y－35 Z100 S600 M03;　　　(主轴正转)
N30 Z2;
N40 G01 Z－3 F80 M08;　　　　　　　　(切削液开,Z 向进刀)
N50 Y30 F100;
N60 X－45;
N70 Y－30;
N80 X51;
N90 Y36 R10;　　　　　　　　　　　　(倒圆角 R10 mm)
N100 X－51 R10;　　　　　　　　　　 (倒圆角 R10 mm)
N110 Y－36 R10;　　　　　　　　　　 (倒圆角 R10 mm)
N120 X51 R10;　　　　　　　　　　　 (倒圆角 R10 mm)
N130 Y26;
N140 Z2 M09;　　　　　　　　　　　　(切削液关)
N150 G91 G28 Z0 M05;　　　　　　　　(主轴停止,Z 轴回零)
N160 M30;　　　　　　　　　　　　　 (程序结束,返回程序头)

4.3.3 孔类加工编程

【例 4-3-7】零件如图 4.3.7 所示,试编制 4×Φ10 mm 孔的钻削加工程序。

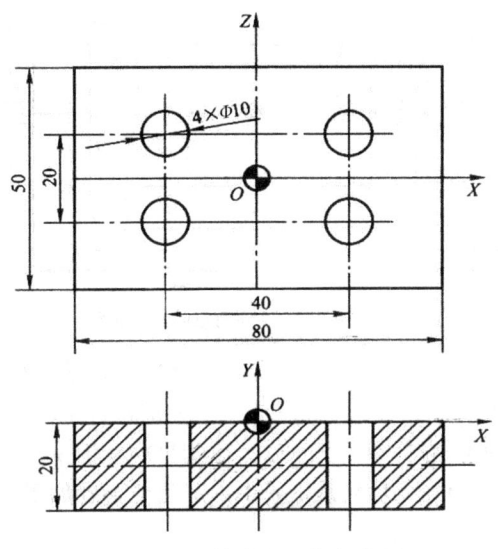

图 4.3.7 钻孔加工编程实例

【工件坐标系】工件坐标系设为 G54，位于工件上表面中心位置，如图 4.3.7 中 O 点所示。

【刀具】Φ10 mm 的麻花钻。

【工艺分析】首先用中心钻钻 $4\times\Phi$10 mm 的中心孔，然后用 Φ10 mm 的麻花钻钻 $4\times\Phi$10 mm 通孔。

【参考程序】

O0410；
N10 G90 G94 G21 G17 G40 G54；   （G 代码初始化）
N20 G00 X－20 Y10 Z15 S600 M03；   （主轴正转）
N30 M08；   （切削液开）
N40 G98 G81 X－20 Y10 Z－25 R5 F100；   （调用钻孔循环）
N50 X－20 Y－10；
N60 X20 Y－10；
N70 X20 Y10；
N80 G80 G00 Z100 M09；   （取消固定循环）
N90 G91 G28 Z0 M05；   （主轴停止，Z 轴回零）
N100 M30；   （程序结束，返回程序头）

【例 4-3-8】零件如图 4.3.7 所示的 $4\times\Phi$10 mm 孔攻螺纹 $4\times$M11，试编制螺纹加工程序。

【工件坐标系】工件坐标系设为 G54，位于工件上表面中心位置，如图 4.3.7 中 O 点所示。

【刀具】Φ11 mm 丝锥。

【参考程序】

O0410；
N10 G90 G94 G21 G17 G40 G54；   （G代码初始化）
N20 G00 X-20 Y10 Z15 S400 M03；   （主轴正转）
N30 M08；   （切削液开）
N40 G98 G84 X-20 Y10 Z-25 R5 F100；   （调用攻螺纹循环）
N50 X-20 Y-10；
N60 X20 Y-10；
N70 X20 Y10；
N80 G80 G00 Z100 M09；   （取消固定循环）
N90 G91 G28 Z0 M05；   （主轴停止，Z轴回零）
N100 M30；   （程序结束，返回程序头）

【例 4-3-9】零件如图 4.3.8 所示，孔 Φ30 mm 已进行粗加工，要求镗孔至要求精度，试编制镗孔加工程序。

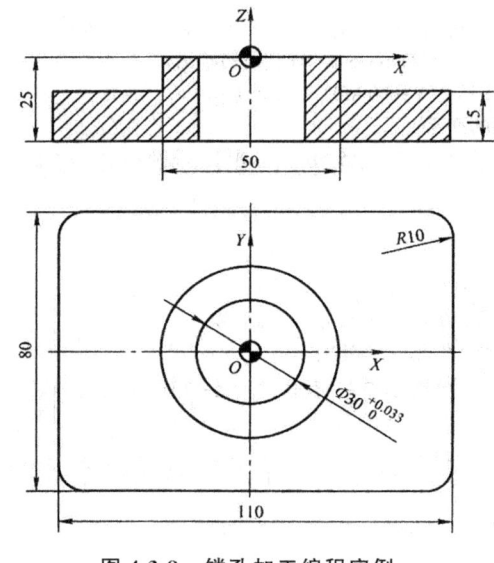

图 4.3.8 镗孔加工编程实例

【工件坐标系】工件坐标系设为 G54，位于工件上表面中心位置，如图 4.3.8 中 O 点所示。

【刀具】Φ25 mm 镗刀。

【工艺分析】先用 Φ25 mm 镗刀粗镗，留 0.5 mm 单边余量，然后调整镗刀进行半精镗，留 0.1 mm 单边余量，最后调整镗刀，精镗孔至尺寸。

【参考程序】
O4101；   （粗镗加工程序）
N10 G90 G94 G21 G17 G40 G54；   （G代码初始化）
N20 G00 X0 Y0 Z15 S500 M03；   （主轴正转）
N30 M08；   （切削液开）

N40 G98 G85 X0 Y0 Z-30 R5 F100;   （调用镗孔循环）
N50 G80 G00 Z100 M09;   （取消固定循环）
N60 M30;   （程序结束,返回程序头）
O4102;   （半精镗加工程序）
N10 G90 G94 G21 G17 G40 G54;   （G代码初始化）
N20 G00 X0 Y0 Z15 S500 M03;   （主轴正转）
N30 M08;   （切削液开）
N40 G98 G86 X0 Y0 Z-30 R5 F100;   （调用镗孔循环）
N50 G80 G00 Z100 M09;   （切削液停,取消固定循环）
N60 M30;   （程序结束,返回程序头）
O4103;   （精镗加工程序）
N10 G90 G94 G21 G17 G40 G54;   （G代码初始化）
N20 G00 X0 Y0 Z15 S400 M03;   （主轴正转）
N30 M08;   （切削液开）
N40 G98 G76 X0 Y0 Z-30 R5 Q2.0 P1000 F100; （调用镗孔循环,在孔底定向,然
                                           后移动2 mm,停留1 s。注意Q是模态值,必须小心指定）
N50 G80 G00 Z100 M09;   （固定循环取消）
N60 M30;   （程序结束,返回程序头）

【例4-3-10】铰孔。零件如图4.3.9所示,试编制Φ10H7孔的数控加工程序。

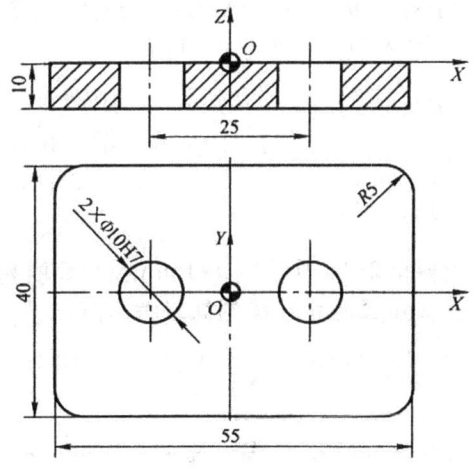

图4.3.9 铰孔加工编程实例

【工件坐标系】工件坐标系设为G54,位于工件上表面中心位置,如图4.3.9中O点所示。

【刀具】T01:A2中心钻;T02:Φ9.8 mm麻花钻;T03:Φ10 mm铰刀。

【工艺分析】先用中心钻钻2个中心孔,然后用Φ9.8 mm麻花钻钻2个Φ10H7通孔,最后用铰刀加工至精度要求。

【参考程序】

O0413；
N10 G90 G94 G21 G17 G40 G54；   （G代码初始化）
N20 T01 M06；   （换A2中心钻加工中心孔）
N30 G00 X−12.5 Y0 Z100 S800 M03；   （主轴正转）
N40 G43 H01 Z10 M08；   （建立刀具长度补偿）
N50 G98 G81 X−12.5 Y0 Z−3 R5 F100； （调用钻孔固定循环，钻中心孔）
N60 X12.5 Y0；
N70 G80 G00 Z10 M09；   （切削液停，取消固定循环）
N80 G49 Z100 M05；   （主轴停止，取消刀具长度补偿）
N90 T02 M06；   （换麻花钻）
N100 G00 X−12.5 Y0 Z100 S600 M03；
N110 G43 H02 Z10 M08；   （切削液开，建立刀具长度补偿）
N120 G98 G81 X−12.5 Y0 Z−15 R5 F100；（调用钻孔循环，钻通孔）
N130 X12.5 Y0；
N140 G80 G00 Z10 M09；   （取消固定循环）
N150 G49 Z100 M05；   （取消刀具长度补偿）
N160 T03 M06；   （换铰刀）
N170 G00 X−12.5 Y0 Z100 S800 M03；
N180 G43 H03 Z10 M08；   （切削液开，建立刀具长度补偿）
N190 G98 G85 X−12.5 Y0 Z−3 R5 F100； （调用铰孔循环）
N200 X12.5 Y0；
N210 G80 G00 Z10 M09；   （切削液关，取消固定循环）
N220 G49 Z100 M05；   （主轴停止，取消刀具长度补偿）
N230 G91 G28 Z0；   （Z轴回零）
N240 M30；   （程序结束，返回程序头）

【例4-3-11】铣孔。零件如图4.3.10所示，$\Phi30$ mm的孔已经加工至$\Phi29$ mm，试采用螺旋铣削精加工孔$\Phi30$ mm至要求尺寸，编制数控加工程序。

【工件坐标系】工件坐标系设为G54，位于工件上表面中心位置，如图4.3.10中O点所示。

【刀具】$\Phi15$ mm立铣刀。

【工艺分析】编程时直接按照刀具中心轨迹编程，孔的尺寸为$\Phi30_{0}^{+0.03}$ mm，编程半径取为15.015 mm，刀具半径为7.5 mm，螺旋线轨迹半径为7.515 mm。编程中采用子程序结构，每执行一次子程序，刀位点轨迹为一个圆周的螺旋线，其导程为0.5 mm，执行32次，则孔的加工深度为32×0.5 mm＝16 mm。

【参考程序】
O0414；
N10 G90 G94 G21 G17 G40 G54；   （G代码初始化）

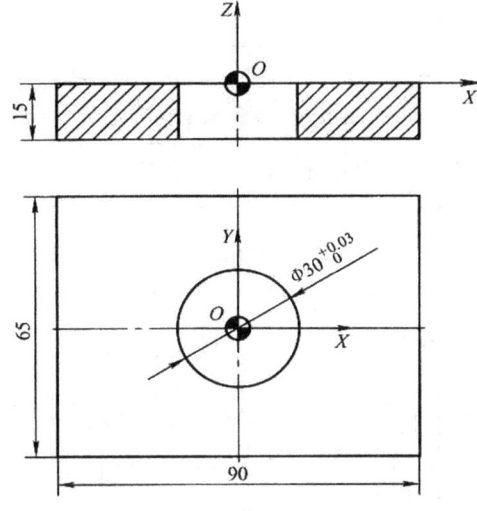

图 4.3.10 铣孔加工编程实例

N20 G00 X0 Y0 Z5 S800 M03;   （主轴正转）
N30 G01 Z0 F80 M08;   （切削液开）
N40 X7.5 F120;
N50 M98 P320001;   （调用1号子程序32次）
N60 G90 G01 X0 Y0;
N70 G00 Z10 M09;
N80 G91 G28 Z0;   （Z轴回零）
N90 M30;   （程序结束,返回程序头）
O0001;   （子程序）
N10 G91 G03 I－7.515 Z－0.5 F200; （螺旋插补铣削,导程为0.5 mm）
N20 M99;   （子程序结束）

【例 4-3-12】孔系加工。零件如图 4.3.11 所示,试编制各孔的数控加工程序。

【工件坐标系】工件坐标系设为 G54,位于工件上表面中心位置,如图 4.3.11 中 O 点所示。

【刀具】T01:A3 中心钻;T02:Φ9.8 mm 麻花钻;T03:Φ28 mm 麻花钻;T04:Φ10 mm 铰刀;T05:Φ10 mm 丝锥;T06:Φ25 mm 镗刀。

【工艺分析】

(1)用 A3 中心钻钻各孔的中心孔。

(2)用 Φ9.8 mm 麻花钻钻各孔为通孔。

(3)用 Φ28 mm 麻花钻扩 P30 mm 孔。

(4)用 Φ10 mm 铰刀加工 4 个 Φ10H7 孔至要求尺寸。

(5)用 Φ10 mm 丝锥攻 2 个 M10 螺纹。

(6)用 Φ25 mm 镗刀加工 Φ30 mm 孔至要求尺寸。先用 Φ25 mm 镗刀粗镗,留 0.5 mm 单边余量,然后调整镗刀进行半精镗,留 0.1 mm 单边余量,最后调整镗刀,精镗孔至要求尺寸。

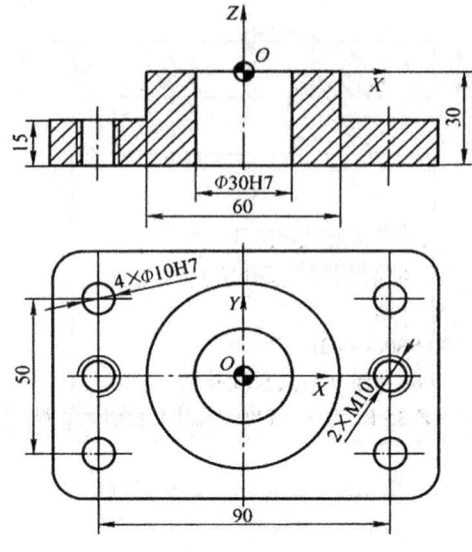

图 4.3.11 孔系加工编程实例

【参考程序】

O0415;

N10 G90 G94 G21 G17 G40 G54;　　　　　　（G代码初始化）

N20 T01 M06;　　　　　　　　　　　　　　（换中心钻,钻中心孔）

N30 G00 X0 Y0 Z100 S1000 M03;　　　　　　（主轴正转）

N40 G43 Z10 H01 M08;　　　　　　　　　　（建立刀具长度补偿）

N50 G98 G81 X0 Y0 Z－5 R5 F100;　　　　　（调用钻孔循环,钻中心孔）

N60 X－45 Y25;

N70 Y0;

N80 Y－25;

N90 X45;

N100 Y0;

N110 Y25;

N120 G80 G00 Z50 M09;　　　　　　　　　（取消固定循环）

N130 G49 Z100 M05;　　　　　　　　　　　（取消刀具长度补偿）

N140 T02 M06;　　　　　　　　　　　　　（换麻花钻）

N150 G00 X0 Y0 Z100 S800 M03;

N160 G43 Z10 H02 M08;　　　　　　　　　（建立刀具长度补偿）

N170 G98 G83 X0 Y0 Z－35 R5 Q10.0 F80;　　（调用钻削固定循环,钻通孔）

N180 X－45 Y25;

N190 Y0;

N200 Y－25;

N210 X45；

N220 Y0；

N230 Y25；

N240 G80 G00 Z50 M09；　　　　　　　　　（取消固定循环）

N250 G49 Z100 M05；　　　　　　　　　　　（取消刀具长度补偿）

N260 T03 M06；　　　　　　　　　　　　　（换麻花钻）

N270 G00 X0 Y0 Z100 S600 M03；

N280 G43 Z10 H03 M08；　　　　　　　　　（建立刀具长度补偿）

N290 G98 G83 X0 Y0 Z－35 R5 Q10.0 F80；　（扩孔）

N300 G80 G00 Z50 M09；　　　　　　　　　（取消固定循环）

N310 G49 Z100 M05；　　　　　　　　　　　（取消刀具长度补偿）

N320 T04 M06；　　　　　　　　　　　　　（换铰刀）

N330 G00 X－45 Y25 Z100 S500 M03；

N340 G43 Z10 H04 M08；　　　　　　　　　（建立刀具长度补偿）

N350 G98 G81 X－45 Y25 Z－33 R5 F80；　　（铰孔）

N360 Y－25；

N370 X45；

N380 Y25；

N390 G80 G00 Z50 M090　　　　　　　　　（取消固定循环）

N400 G49 Z100 M05；　　　　　　　　　　　（取消刀具长度补偿）

N410 T05 M06；　　　　　　　　　　　　　（换丝锥）

N420 G00 X－45 Y0 Z100；

N430 G43 Z10 H04 M08；　　　　　　　　　（建立刀具长度补偿）

N440 M29 S1000；　　　　　　　　　　　　（刚性攻螺纹）

N450 G98 G84 X－45 Y0 Z－35 R5 F1000；　（攻螺纹）

N460 X45；

N470 G80 G00 Z50 M09；　　　　　　　　　（取消固定循环）

N480 G49 Z100 M05；　　　　　　　　　　　（取消刀具长度补偿）

N490 T06 M06；　　　　　　　　　　　　　（换镗刀）

N500 G00 X0 Y0 Z100；

N510 S500 M03；

N520 G43 Z10 H06 M08；　　　　　　　　　（建立刀具长度补偿）

N530 G98 G85 X0 Y0 Z－35 R5 F100；　　　（粗镗）

N540 G80 G00 Z100 M09；　　　　　　　　（取消固定循环）

N550 M05；

N560 M00；　　　　　　　　　　　　　　　（程序暂停,调整镗刀尺寸,准备半精镗）

N570 G00 X0 Y0 Z10 S500 M03;
N580 M08;
N590 G98 G86 X0 Y0 Z-35 R5 F100;   （半精镗）
N600 G80 G00 Z100 M09;   （取消固定循环）
N610 M05;
N620 M00;   （程序暂停，调整镗刀尺寸，准备精镗）
N630 G00 X0 Y0 Z10 S400 M03;
N640 M08;
N650 G98 G76 X0 Y0 Z-35 R5 Q2.0 P1000 F1000; （在孔底定向，然后移动2 mm，停留1 s）
N660 G80 G00 Z50 M09;   （取消固定循环）
N670 G49 G00 Z100 M05;   （取消刀具长度补偿）
N680 G91 G28 Z0;   （Z轴回零）
N690 M30;   （程序结束，返回程序头）

4.3.4 槽类加工编程

【例4-3-13】键槽加工。零件如图4.3.12所示，试编制键槽的数控加工程序。

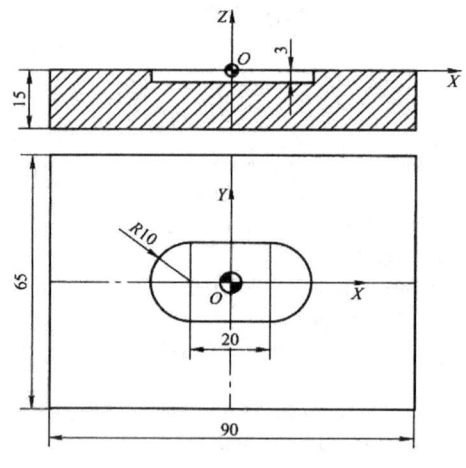

图4.3.12 键槽加工编程实例

【工件坐标系】工件坐标系设为G54，位于工件上表面中心位置，如图4.3.12中O点所示。

【刀具】Φ20 mm键槽铣刀。

【工艺分析】加工平键槽的时候，通常可以采用直径与键槽宽度相等的铣刀加工。但是，若键槽精度要求高的话，则采用小于键宽尺寸的键槽铣刀加工。本例题中键槽精度要求不高，采用Φ20 mm的键槽铣刀加工。

【参考程序】

O0416；

N10 G90 G94 G21 G17 G40 G54；   （G代码初始化）

N20 G00 X10 Y0 Z100 S1000 M03；   （主轴正转）

N30 Z2；

N40 G01 Z－3 F80 M08；

N50 X－10；

N60 G00 Z10 M09；

N70 G91 G28 Z0 M05；   （Z轴回零）

N80 M30；   （程序结束，返回程序头）

【例4-3-14】精密键槽加工。零件如图4.3.13所示，试编制键槽的数控加工程序。

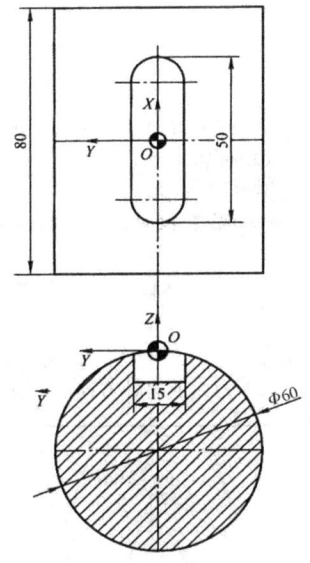

图 4.3.13　精密键槽加工编程实例

【工件坐标系】工件坐标系设为G54，位于工件上表面中心位置，如图4.3.13中O点所示。

【刀具】Φ14 mm 键槽铣刀。

【工艺分析】刀具采用小于键槽宽度的键槽铣刀，先通过坡走铣方法粗铣键槽，单边余量为0.5 mm，然后精铣至要求尺寸。

【参考程序】

O0417；

N10 G90 G94 G21 G17 G40 G54；   （G代码初始化）

N20 G00 X17.5 Y0 Z100 S1000 M03；   （主轴正转）

N30 Z2 M08；

N40 G01 X－17.5 Z－2 F80；

N50 X17.5 Z-4;
N60 X-17.5 Z-6;
N70 X17.5 Z-8;
N80 X-17.5 Z-10;
N90 X17.5;
N100 G02 Y-0.5 R0.25;
N110 G01 X-17.5;
N120 G02 Y0.5 R0.5;
N130 G01 X17.5;
N140 G02 Y-0.5 R0.5;
N150 G01 X-17.5;
N160 Z2;
N170 G91 G28 Z0 M09;   (Z轴回零)
N180 M30;   (程序结束,返回程序头)

【例4-3-15】星形槽加工。零件如图4.3.14所示,槽宽为5 mm、深为2 mm,试编制该星形槽的数控加工程序。

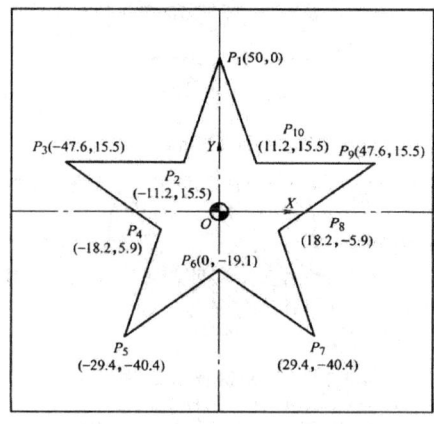

图4.3.14 星形槽加工编程实例

【参考程序】
O0418;
N10 G90 G94 G21 G17 G40 G54;   (G代码初始化)
N20 G00 X0 Y50 Z100 S1000 M03;   (主轴正转,快速定位至P_1点上方)
N30 Z2;
N40 G01 Z-2 F80 M08;
N50 X-11.2 Y15.5 F100;   (至P_2点)
N60 X-47.6 Y15.5;   (至P_3点)
N70 X-18.2 Y-5.9;   (至P_4点)
N80 X-19.4 Y-40.4;   (至P_5点)

N90 X0 Y−19.1; (至 P_6 点)
N100 X29.4 Y−40.4; (至 P_7 点)
N110 X18.2 Y−5.9; (至 P_8 点)
N120 X47.6 Y15.5; (至 P_9 点)
N130 X11.2 Y15.5; (至 P_{10} 点)
N140 X0 Y50; (至 P_1 点)
N150 Z2; (Z 向抬刀)
N160 G91 G28 Z0 M09; (Z 轴回零)
N170 M30; (程序结束,返回程序头)

4.3.5 利用子程序加工编程

【例 4-3-16】已知零件如图 4.3.15 所示,该零件型腔已经过预加工,内轮廓预留为 3 mm,要求对该零件型腔轮廓进行粗、精加工,利用子程序编制数控加工程序。

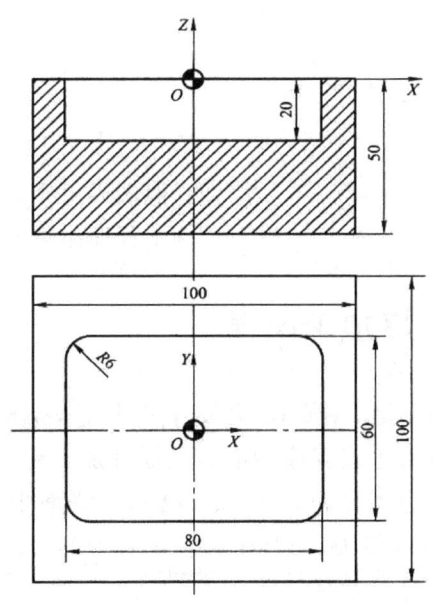

图 4.3.15 子程序编程实例

【工件坐标系】工件坐标系设为 G54,位于工件上表面中心处,如图 4.3.15 中 O 点所示。

【刀具】Φ10 mm 的立铣刀,刀具半径补偿号为 D01,补偿值设为 0。

【工艺分析】首先粗加工内轮廓,留余量为 0.5 mm,然后进行精加工。

【参考程序】
O0419;
N10 G90 G94 G21 G17 G54; (G 代码初始化)
N20 G00 X0 Y0 Z300 S600 M03;

N30 G01 Z-15 F200;
N40 G01 Z-20 F100 M08;
N50 G10 L12 P01 R5.5;   （刀具半径补偿号 D01,补偿值为 5.5 mm）
N60 M98 P1000;
N70 G10 L12 P01 R5;   （刀具半径补偿号 D01,补偿值为 5 mm）
N80 M98 P1000;   （调用子程序）
N90 G00 Z300 M09;
N100 G91 G28 Z0 M05;   （Z 轴回零）
N110 M30;
O1000;   （子程序）
N10 G41 G01 Y15 D01 F100;   （建立左侧刀具半径补偿）
N20 G03 Y30 R7.5;
N30 G01 X-40 R6;
N40 Y-30 R6;
N50 X40 R6;
N60 Y30 R6;
N70 X0;
N80 G03 Y15 R7.5;
N90 G40 X0 Y0;   （取消刀具半径补偿）
N100 M99;   （子程序结束）

4.3.6 利用宏程序加工编程

【例 4-3-17】零件如图 4.3.16 所示,毛坯尺寸为 100 mm×100 mm×30 mm,调质处理,六面已加工完毕,试采用宏程序功能编制零件加工程序。

【工件坐标系】工件坐标系设为 G54,位于工件上表面中心位置。

【刀具】T01:Φ20 mm 立铣刀,刀具半径补偿号为 D01。

【参考程序】
O0420;
G54 G90 G01;   （G 代码加工准备）
T01 M06;   （调用 1 号刀具）
G43 H1 Z200;   （调用 1 号刀补）
M03 S800;   （主轴开转）
#1=40;   （方形轮廓值）
#2=10;   （圆角半径）
X80;
Z10;

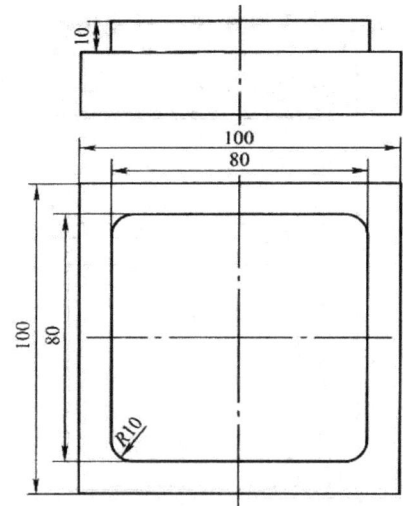

图 4.3.16 宏程序编程实例 1

G01 Z−10 F200;
G41 X♯1 D01;   （建立刀具半径左补偿）
Y−♯1 R♯2;   （倒圆角）
X−♯1 R♯2;   （倒圆角）
Y♯1 R♯2;   （倒圆角）
X♯1 R♯2;   （倒圆角）
Y0;
G40 X80;   （取消刀具半径补偿）
G00 Z200;
M05;
M30;

【例 4-3-18】宏程序铣平面。零件如图 4.3.17 所示,毛坯尺寸为 100 mm × 100 mm × 30 mm,调质处理,六面已加工完毕,试采用宏程序功能编制零件加工程序。

【工件坐标系】工件坐标系设为 G54,位于工件上表面中心位置。

【刀具】T01:Φ20 mm 立铣刀,刀具半径补偿号为 D01。

【参考程序】
O4211;   （平面加工）
G54 G90 G17;   （G 代码加工准备）
T1 M6;   （调用 1 号刀具）
G43 H1 Z200;   （调用 1 号刀补）
M03 S800;   （主轴开转）
Z10;
♯1=45;   （X 向铣削长度）
♯2=40;   （Y 向铣削长度）

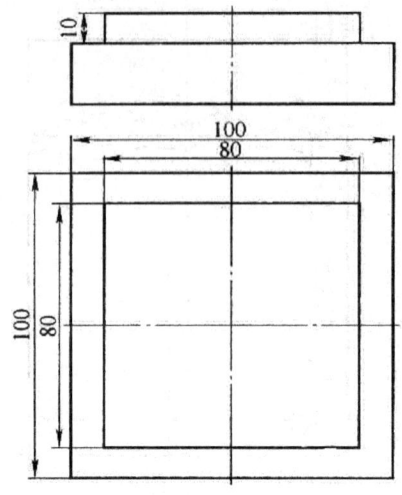

图 4.3.17 宏程序编程实例 2

X♯1 Y♯1；
G01 Z-0.2 F200；
WHILE [♯2 LE -40] DO 1；　　　　　（WHILE 语句运用）
X-♯1；
Y♯2；
X♯1；
Y[♯2-10]；
♯2=♯2-10；　　　　　　　　　　　（Y 向递减）
END 1；
G00 Z200；
M05；
M30；
O4212；　　　　　　　　　　　　　（加工轮廓）
G54 G90 G17；　　　　　　　　　　（G 代码加工准备）
M6 T1；　　　　　　　　　　　　　（调用 1 号刀具）
G43 H1 Z200；　　　　　　　　　　（调用 1 号刀补）
M03 S800；　　　　　　　　　　　　（主轴开转）
♯1=40；　　　　　　　　　　　　　（加工范围赋值）
X80；
Z10；
G01 Z-10 F200；
G41 X♯1 DO 1；
Y-♯1；
X-♯1；

Y#1;
X#1;
Y0;
G40 X80;
G00 Z200;
M05;
M30;

【例 4-3-19】宏程序倒圆角。零件如图 4.3.18 所示,毛坯尺寸为 100 mm×100 mm×50 mm,调质处理,六面已加工完毕,试采用宏程序功能编制零件加工程序。

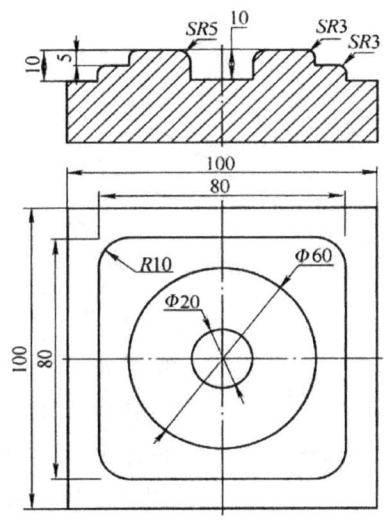

图 4.3.18 宏程序编程实例 3

【工件坐标系】工件坐标系设为 G54,位于工件上表面中心位置。
【刀具】T01:Φ16 mm 立铣刀;T02:Φ12 mm 立铣刀。
【参考程序】

O4221;   (轮廓加工)
G54 G90 G17;   (G 代码加工准备)
T01 M06;   (调用 1 号刀具)
G43 H01 Z200;   (调用 1 号刀补)
M03 S800;   (主轴正转)
G00 X0 Y0 Z100;
Z10;
X80;
G01 Z−10 F200;
G41 X40 D01;
Y−40 R10;
X−40 R10;

Y40 R10；
X40 R10；
Y0；
G40 X80；
Z—5；
G41 X30 D01；
G02 I—30；
G01 G40 X80；
G00 Z10；
X0 Y0；
G01 Z—10 F200；
G42 X10 D01；
G02 I—10；
G01 G40 X0；
G00 Z200；
M05；
M30；
O4222；   （倒角加工）
G54 G90 G17；   （G 代码加工准备）
T2 M6；   （调用 2 号刀具）
G43 H2 Z200；   （调用 2 号刀补）
M03 S1000；   （主轴开转）
G00 X0 Y0 Z100；
Z10；
X80；
#1=0；   （圆弧起始角度）
WHILE [#1 LE 90] DO 1；   （WHILE 语句运用）
#2=3*SIN#1-3-5；   （Z 向数值计算）
#3=40+3*COS#1-3；   （X 向数值计算）
#4=3*SIN#1-3；   （Z 向数值计算）
#5=30+3*COS#1-3；   （X 向数值计算）
#11=10+3*COS#1-3；   （倒角数值计算）
G01 Z#2 F1000；
G41 X#3 D02；
#3 R#11；
X—#3 R#11；
Y#3 R#11；

X#3 R#11;
Y0;
G00 G40 X80;
Z#4;
G41 G01 X#5 D01;
G02 I-#5;
G00 G40 X80;
#1=#1+1;
END 1;
G00 Z10;
X0 Y0;
#6=0;
WHILE [#6 GE 0] DO 2;   （WHILE 语句运用）
#7=5*SIN#6-5;
#8=10-5*COS#6+5;
G01 Z#7 F1000;
G42 X#8 D02;
G02 1-#8;
G00 G40 X0;
#6-#6+1;
END 2;
G00 Z200;
M05;
M30;

4.4　数控铣床操作简介

数控机床的操作是数控加工技术的重要环节。数控铣床的操作是通过系统操作面板和机床控制面板来完成的。不同类型的数控机床由于配置的数控系统不同，面板功能和布局也各不相同，但其各种开关、按键的功能及操作方法大同小异，因此，应根据具体设备，仔细阅读编程与操作说明书。

4.4.1　FANUC Oi Mate-MC 系统数控铣床的面板介绍

FANUC Oi Mate-MC 系统数控铣床的操作面板由系统操作面板和机床控制面

板两块面板组成。凡是采用 FANUC Oi Mate－MC 系统,系统操作面板都是相同的;而机床控制面板由于机床生产厂家的不同,其面板上的按钮、开关或旋钮的设置及布局也有所不同。下面以 XK714 型立式数控铣床(FANUC Oi Mate－MC 系统)为例,介绍数控铣床的操作面板。

1.系统操作面板(LCD/MDI 单元)

(1)LCD/MDI 单元

系统操作面板即 LCD/MDI 单元是由 LCD(或 CR)显示器和 MDI 键盘两部分构成。图 4.4.1 所示为 FANUC Oi Mate－MC 系统操作面板。

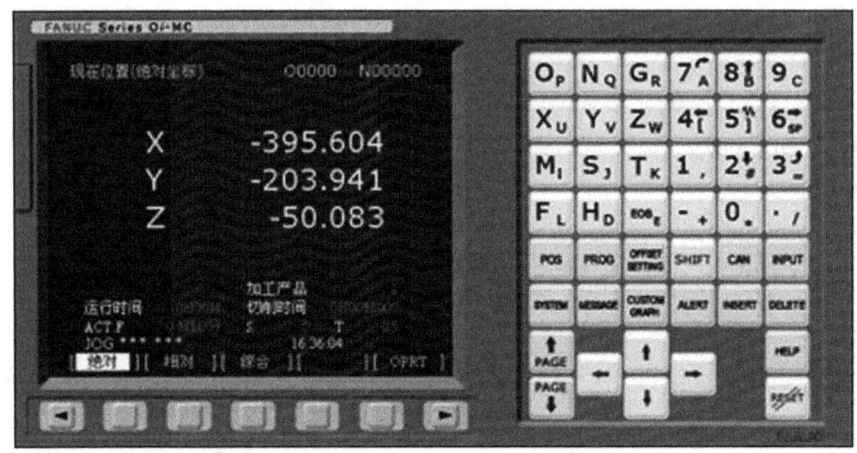

图 4.4.1　FANUC Oi Mate－MC 系统操作面板

(2)MDI 键盘的布局及各键功能

FANUC Oi Mate－MC 系统 MDI 键盘的布局如图 4.4.2 所示,各按键的名称和功能如表 4.4.1 所示。

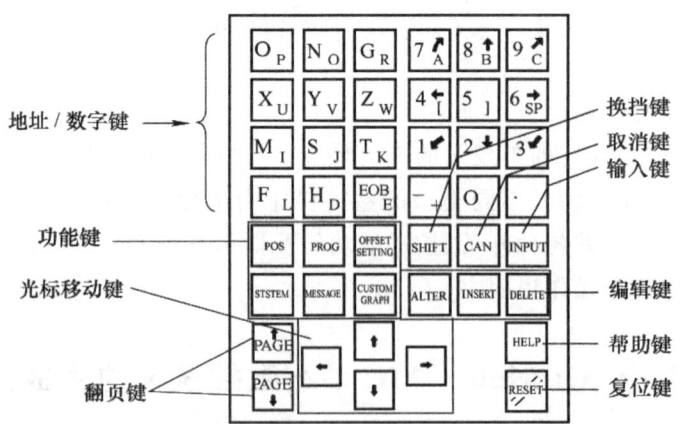

图 4.4.2　FANUC Oi Mate－MC 系统 MDI 键盘的布局

表 4.4.1　FANUC 0i Mate－MC 系统操作面板按键的名称和功能

序号	名称	键	功能的详细说明
1	地址/数字键	O_P … T_k (24个键)	按下这些键可以输入字母、数字或者其他字符
2	复位键	RESET	按下该键可以使 CNC 复位或者取消报警等
3	软键	□	根据不同的画面，软键有不同的功能，软件功能显示在屏幕的底部
4	帮助键	HELP	当对 MDI 键的操作不明白时，按下该键可以获得帮助（帮助功能）
5	换挡键	SHIFT	在键盘上有些键具有两个功能，按下该键可以在这两个功能之间进行切换。当一个键右下角的字母可被输入时，就会在屏幕上显示一个特殊的字符 Ê
6	输入键	INPUT	当按下一个字母键或者数字键时，再按该键，数据被输入缓存区，并且显示在屏幕上。要将输入缓存区的数据复制到偏置寄存器中，请按下该键。这个键与软键中的"INPUT"键是等效的
7	取消键	CAN	按下该键，删除最后一个进入输入缓存区的字符或符号。若键输入缓存区后显示为：＞N060 X100 Y_，当按下该键时，Y 被取消并且显示为：＞N060 X100_
8	程序编辑键	ALTER	替换
		INSERT	插入
		DELETE	删除
9	功能键	POS	按下该键显示位置画面
		PROG	按下该键显示程序画面
		OFFSET SETTING	按下该键显示偏置/设置（SETTING）画面
		SYSTEM	按下该键显示系统画面
		MESSAGE	按下该键显示系统画面
		CUSTOM GRAPH	按下该键显示用户宏画面（会话式宏画面）或显示图形画面

续表

序号	名称	键	功能的详细说明
10	光标移动键	↑	该键用于将光标向上或者往回移动,以大的单位往回移动
		↓	该键用于将光标向下或者向前移动,以大的单位向前移动
		←	该键用于将光标向左或者往回移动,以小的单位往回移动
		→	该键用于将光标向左或者往回移动,以小的单位往回移动
11	翻页键	PAGE↑	该键用于在屏幕上往回(程序开始方向)翻页
		PAGE↓	该键用于在屏幕上向下(程序结束方向)翻页

2.机床控制面板

机床控制面板如图 4.4.3 所示,由各种按钮、旋钮及开关等组成,主要用来控制机床的运行方式和运行状态。机床生产厂家不同,机床控制面板也有所不同,但各主要按钮功能及操作方法基本相同。这些按钮、旋钮与开关中,最重要的一个旋钮就是"工作方式选择"旋钮。开机后,首先是选择机床的工作方式,只有在相应的工作方式下才能完成相应的工作,其他按钮、旋钮都是在确定的工作方式下起着不同的作用。系统操作面板上的六大功能键与机床控制面板上的"工作方式选择"旋钮相配合,对机床操作起特别重要的作用。这里所选两块机床控制面板,几乎包括了所有 FANUC Oi Mate－MC 系统数控铣床机床控制面板上常用的按钮、旋钮与开关。数控铣床机床控制面板上各按钮、旋钮、开关名称及其功能说明如表 4.4.2 所示。

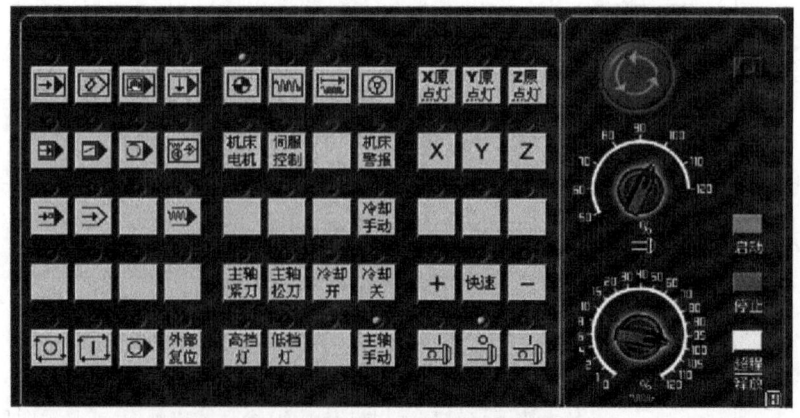

图 4.4.3 FANUC Oi Mate－MC 标准机床控制面板

表 4.4.2 机床控制面板各按钮、旋钮及开关的功能说明

序号	名称	符号	功能
1	机床总电源开关		ON 状态,启动数控铣床; OFF 状态,关闭数控铣床
2	系统电源开关		按下左边绿色按钮,启动数控系统;按下右边红色按钮,关闭数控系统
3	急停按钮		在机床操作过程中遇到紧急情况时,按下此按钮使机床移动立即停止,并且所有的输出,如主轴的转动等都会关闭。按照按钮上的旋向旋转该按钮使其弹起来消除急停状态
4	主轴转速修调旋钮		旋转旋钮在不同的位置,调节主轴转速倍率,调节范围为 50%～120%
5	进给速率修调旋钮		旋转旋钮在不同的位置,调节手动操作或数控程序自动运行时的进给速度倍率,调节范围为 0%～120%
6	程序保护锁		对存储的程序起保护作用,当程序锁被锁上后,不能对存储的程序进行任何操作
7	手轮		在"手轮"模式下,通过将第一个旋钮旋转至 X,Y,Z 位置来选择进给轴,将第二个旋钮旋转至×1、×10、×100 位置选择进给倍率,然后顺时针或逆时针方向摇动手轮手柄实现该轴方向上的正向或负向移动

续表

序号	名称	符号	功能
8	模式选择按钮		自动运行	此按钮被按下后，系统进入自动加工模式
		编辑	此按钮被按下后，系统进入程序编辑状态
		手动数据输入	此按钮被按下后，系统进入 MDI 模式，手动输入并执行指令
		远程执行	此按钮被按下后，系统进入远程执行模式（DNC 模式），输入输出资料
		单段	此按钮被按下后，运行程序时每次执行一段数控指令
		跳步	此按钮被按下后，数控程序中的注释符号"/"有效
		选择性停止	单击该按钮，"M01"代码有效
		机械锁定	锁定机床。在自动、MDI 或手动方式下按下此按钮，伺服系统将不进给，机床刀具不会产生移动。程序执行时，LCD（或 CRT）上仍会显示各坐标轴的位置变化
		空运行	在自动方式下按下此按钮，机床快速移动运行加工程序，此时的速度不受程序中给定的 F 速度限制。该按键主要用于在锁定机床的情况下快速校验加工程序
		进给保持	程序运行暂停。在程序运行过程中，按下此按钮运行暂停，但 Z 轴仍然转动，按循环启动"▣"恢复运行
		循环启动	程序运行开始。系统处于自动运行或"MDI"位置时按下有效，其余模式下使用无效
		循环停止	程序运行停止。在数控程序运行中，按下此按钮停止程序运行
		机床复位	在程序运行中点击该按钮将使程序运行停止。在机床运行超程时若"超程释放"按钮不起作用，可使用该按钮使系统释放

续表

序号	名称	符号	功能
9	运动模式选择按钮	 回原点	单击该按钮系统处于回原点模式
		 手动	机床处于手动模式,连续移动
		 增量进给	机床处于手动模式,点动移动
		 手动脉冲	机床处于手轮控制模式
10	原点灯	X原点灯 Y原点灯 Z原点灯	当机床的 X,Y,Z 坐标轴返回参考点后,X,Y,Z 轴参考点指示灯亮
11	坐标轴选择按钮	X Y Z	分别用于选择 X,Y,Z 轴
12	运动方向选择按钮	＋ 快速 －	"＋"表示坐标轴正向运动,"－"表示坐标轴负向运动;同时按下坐标轴和"快速",可以实现该坐标轴上的快速移动
13	主轴控制按钮		手动方式下可启动主轴使其正转(CW)、停止(STOP)或反转(CCW)

4.4.2　FANUC Oi Mate－MC 系统数控铣床的基本操作

数控铣床开机后的操作都是围绕相应工作方式展开的,即只有选择相应的工作方式,才能实现相应的操作。

1.开机与关机

(1)开机

开机的操作步骤:
1)将机床侧面或背面的机床电源开关置于"ON"状态,接通机床电源即给机床上电。
2)按下机床控制面板上的系统电源开关"ON",接通系统电源即给系统上电。

(2)关机

关机的操作步骤:

1)按下机床控制面板上的系统电源开关"OFF",断开系统电源即给系统下电。

2)将机床侧面或背面的机床电源开关置于"OFF"状态,断开机床电源即给机床下电。

2.手动返回参考点

开机后一般通过回参考点操作确定机床原点的位置,从而在系统内部建立正确的机床坐标系。手动返回参考点的具体操作步骤如下:

1)检查机床控制面板上"回原点"指示灯是否亮,若指示灯亮,则表明机床已回原点;若指示灯不亮,则点击"回原点"按钮,进入回参考点(回零)模式。

2)先将 Z 轴回参考点。按下机床控制面板上的 [Z] 按钮,再按下 [+] 按钮(有的直接按 [+Z] 按钮),Z 轴向正方向运动,Z 轴回到参考点后,[Z原点灯]灯亮,LCD(CRT)上的 Z 坐标变为"0.000"。

3)按下 [X] 按钮,再按下 [+] 按钮(有的直接按 [+X] 按钮),X 轴回参考点,[X原点灯]灯亮表示 X 轴已经回参考点。

4)按下 [Y] 按钮,再按下 [+] 按钮(有的直接按 [+Y] 按钮),Y 轴回参考点,[Y原点灯]灯亮表示 Y 轴已经回参考点。

此时 LCD(CRT)上的坐标发生变化,显示出机床原点(零点)坐标值,如图 4.4.4 所示。

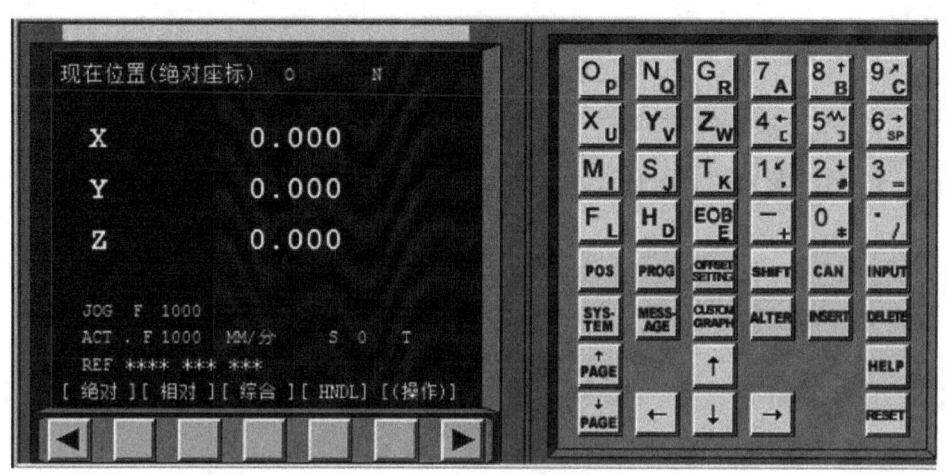

图 4.4.4　回零显示

3.手动连续进给(JOG 进给)操作

手动连续进给操作的步骤如下:

1)单击机床控制面板上的"手动"按钮[图标](或将"方式选择"旋钮置于"JOG"位置),机床进入手动方式。

2)分别按下 [X]、[Y]、[Z] 按钮,选择坐标轴,再按住 [+][-] 按钮不放(有的直接按住 [+X]、

+Y、+Z按钮），可使所选坐标轴向正或负方向连续运动。

3）手动连续进给速度可由进给速率修调旋钮来调节，调节范围一般为0%～120%。

4）选择坐标轴后，若同时按住"快速移动"按钮[快速]和方向按钮[+]或[-]（有的直接按住"快速移动"按钮[快速]和+X、+Y、+Z按钮），则机床向相应的方向快速移动。快速移动速度同样受进给速率修调旋钮的调节。

4.增量进给(INC)方式

在增量进给(INC)方式中，按下机床控制面板上的进给轴[X]、[Y]或[Z]及其方向按钮[+]或[-]（有的直接按+X、+Y、+Z按钮），会使刀具沿着所选轴方向移动一步。刀具移动的最小距离是最小的输入增量。每一步可以是最小输入增量的1、10、100或1 000倍。这种方式在没有连接手摇脉冲发生器时有效。

增量进给操作的步骤如下：

1）单击机床控制面板上的"增量进给(INC)"按钮[图]（或将"方式选择"旋钮置于"增量进给"方式），机床进入增量进给(INC)模式。

2）按下[X]、[Y]、[Z]按钮选择进给轴，按下[+]或[-]按钮选择进给方向（有的直接按+X、+Y、+Z按钮），每按一次按钮，刀具就移动一步。进给速度与JOG方式的进给速度一样。

3）选择进给轴后，若同时按住"快速移动"按钮[快速]和进给方向按钮[+]或[-]（有的直接按住"快速移动"按钮[快速]和+X、+Y、+Z按钮），则刀具以快速移动速度移动。

5.手轮进给操作

手轮进给操作的步骤如下：

1）单击机床控制面板上的"手动脉冲"按钮（或将"方式选择"旋钮置于"HANDLE"方式），机床进入手动脉冲模式。

2）选择手摇脉冲倍率（×1、×10、×100），再选择所需移动的坐标轴。

3）摇动手轮，顺时针方向摇动为正方向移动，逆时针方向摇动为负方向移动。

6.MDI方式(手动数据输入方式)

MDI方式，可用于数据（如参数、坐标系等）的输入，也可以用来直接执行若干个从MDI界面输入的程序段。MDI方式下执行程序段的具体操作步骤如下：

1）单击机床控制面板上的"MDI"按钮（或将"方式选择"旋钮置于"MDI"方式），进入MDI模式。

2）在MDI键盘上按功能键[PROG]，则进入MDI输入画面，如图4.4.5所示。

3）用通常的程序输入与编辑方法编制一个程序。

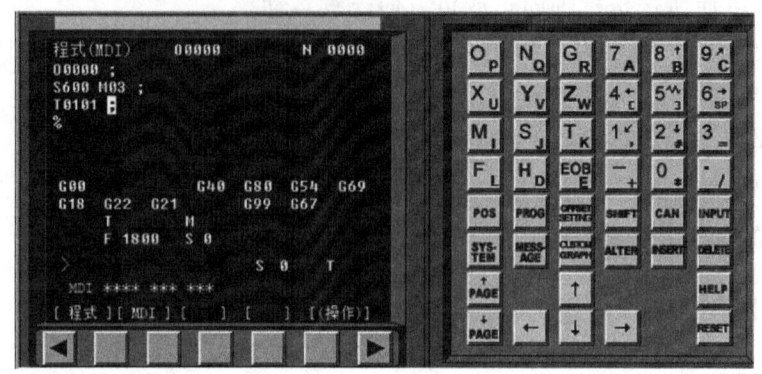

图 4.4.5　MDI 输入画面

4)将光标移到程序头。

5)按下机床控制面板上的"循环启动"按钮 ▣ ,运行程序。程序运行结束后所输入的数据被清空,按 RESET 键也可清除输入的数据。

7. 编辑(EDIT)方式

(1)程序的管理

1)新建一个程序。

第一步:点击机床控制面板上的"编辑"按钮 ▣ (或将"方式选择"旋钮置于"EDIT"方式),进入程序编辑模式。

第二步:按功能键 PROG ,显示程序编辑画面,如图 4.4.6 所示。

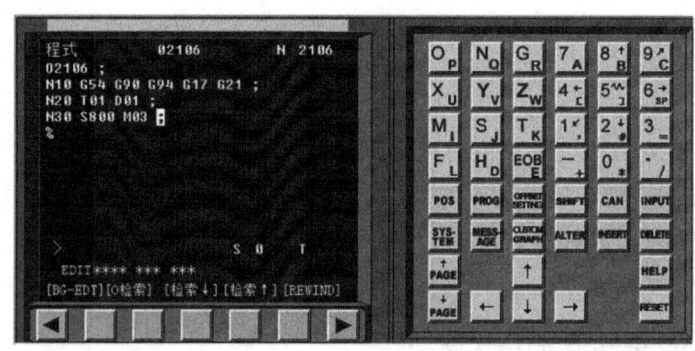

图 4.4.6　程序编辑画面

第三步:输入程序名如"O2106"。输入的程序名不可以与已有的程序名重复。

第四步:按 INSERT 键,屏幕上显示刚输入的程序名。

第五步:按换行键 EOB/E 结束一行的输入。

第六步:按 INSERT 键,程序名后插入段结束符";"实现换行。

第七步:屏幕显示 O2106 程序画面,在此窗口中输入程序。注意每段结尾都要按 EOB/E 键,最后按下 INSERT 键插入。

2)选择一个程序。

第一步:单击机床控制面板上的"编辑"按钮(或将"方式选择"旋钮置于"EDIT"方式),进入程序编辑模式。

第二步:按功能键PROG,显示程序画面。

第三步:输入地址"O"和要选择程序的程序号,如输入"O1012"。

第四步:按光标键↑、↓或软键[O检索]开始搜索,搜索到后,"O1012"显示在屏幕首行程序号位置,NC程序显示在屏幕上。

3)删除一个程序。

第一步:单击机床控制面板上的"编辑"按钮(或将"方式选择"旋钮置于"EDIT"方式),进入程序编辑模式。

第二步:按功能键PROG,显示程序画面。

第三步:输入地址"O"和要删除程序的程序名,如输入"O2012"。

第四步:按删除键DELETE,即可删除O2012程序。

4)删除指定范围内的多个程序。

第一步:单击机床控制面板上的"编辑"按钮(或将"方式选择"旋钮置于"EDIT"方式),进入程序编辑模式。

第二步:按功能键PROG,显示程序画面。

第三步:输入要删除程序的程序号范围:"OXXXX,OYYYY",其中XXXX代表要删除程序的起始程序号,YYYY代表要删除程序的终了程序号。

第四步:按删除键DELETE,则删除从OXXXX到OYYYY的程序。

5)删除全部程序。

第一步:单击机床控制面板上的"编辑"按钮(或将"方式选择"旋钮置于"EDIT"方式),进入程序编辑模式。

第二步:按功能键PROG,显示程序画面。

第三步:输入地址"O"和"-9999"。

第四步:按删除键DELETE,删除全部程序。

6)复制整个程序。

如图4.4.7所示,通过程序的复制可建立一个新程序。在图4.4.7中用复制程序号为XXXX的程序建立了一个程序号为YYYY的新程序。由复制操作建立的程序,除程序号外,均与原程序一样。

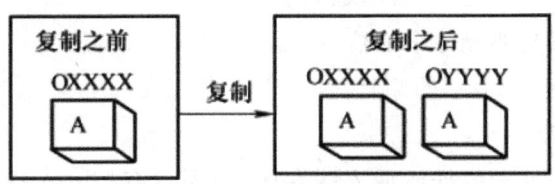

图 4.4.7 复制整个程序

复制整个程序的步骤如下：

第一步：单击机床控制面板上的"编辑"按钮▨（或将"方式选择"旋钮置于"EDIT"方式），进入程序编辑模式。

第二步：按功能键[PROG]，显示程序画面。

第三步：按软键[(OPRT)]即[(操作)]。

第四步：按菜单继续键。

第五步：按软键[EX-EDT]。

第六步：确认被复制程序的画面被选中并按软键[COPY]。

第七步：按软键[ALL]。

第八步：输入新程序号（用数字键）并按[INPUT]键。

第九步：按软键[EXEC]。

(2) 程序的编辑

1) 字的插入。

插入字的步骤：

第一步：选择"EDIT"（编辑）方式。

第二步：按功能键[PROG]，进入程序编辑画面。

第三步：将光标移到要插入字的前一个字的位置。

第四步：用键盘输入要插入的字。

第五步：按[INSERT]键，完成字的插入。

2) 字的替换。

替换字的步骤：

第一步：选择"EDIT"（编辑）方式。

第二步：按功能键[PROG]，进入程序的编辑画面。

第三步：移动光标到需要替换字的位置上。

第四步：用键盘输入所需要的字。

第五步：按[ALTER]键，完成字的替换。

3) 字的删除。

删除字的步骤：

第一步：选择"EDIT"（编辑）方式。

第二步：按功能键[PROG]，进入程序编辑画面。

第三步：将光标移到要删除字的位置上。

第四步：按[DELETE]键，完成字的删除。

4) 删除缓存区的字。

在输入过程中，地址和数据已插入缓存区，但还没有按[INSERT]键的时候，如发现有错可按取消键[CAN]进行删除。每按一次[CAN]，则可删除光标前一个字符。

5)删除一个程序段。

删除一个程序段的步骤：

第一步：选择"EDIT"（编辑）方式。

第二步：按功能键 PROG，进入程序编辑画面。

第三步：检索到要删除程序段的地址 N，即将光标移到要删除的程序段的段号上。

第四步：按 EOB 键。

第五步：按删除键 DELETE，删除该程序段。

6)删除多个程序段。

从当前显示字的程序段到指定顺序号的程序段都被删除。删除多个程序段的步骤：

第一步：选择"EDIT"（编辑）方式。

第二步：按功能键 PROG，进入程序编辑画面。

第三步：检索到要删除部分的第一个程序段的字，即将光标移到要删除部分的第一个程序段的段号上，如"N70"上。

第四步：键入地址"N"和要删除部分最后一个程序段的顺序号，如输入"N410"。

第五步：按删除键 DELETE，即可删除从 N70 到 N410 的多个程序段。

(3)后台编辑

在执行一个程序期间编辑另一个程序，称为后台编辑。编辑方法与普通编辑（前台编辑）相同。

后台编辑步骤：

第一步：进入"EDIT"（编辑）或"MEMORY"（自动运行）方式。即使正在执行程序时也可在 MEM 方式下进行后台编辑。

第二步：按功能键 PROG。

第三步：按软键[(OPRT)]，然后再按软键[BG－EDT]，进入后台编辑画面[在屏幕左下角显示 PROGRAM(BG－EDIT)]。

第四步：在后台编辑画面，用通常的程序编辑方法编辑程序。

第五步：编辑完成后，按软键[(OPRT)]，然后按软键[BG－END]，结束后台编辑。编辑程序被保存到前台程序存储器中。

8.程序的图形模拟运行

程序输入后，为了确保加工程序正确无误，可进行图形模拟运行以检验程序，具体步骤如下：

1)首先调整机床，使机床锁住、辅助功能锁住，并且按下"空运行"（DRN）按钮。

2)选择"EDIT"（编辑）方式，检索到要运行的加工程序并将光标移到程序头。

3)选择"MEM"（自动运行）方式。

4）按下功能键 [CSTM/GR]，再按下软键[GRAPH]，则进入图形画面。

5）按下"循环启动"按钮 [↑]，自动运行程序，出现刀具走刀轨迹，机床不动，但显示器上各轴位置在改变。

如果程序有问题出现报警，要先按 [RESET] 键以清除报警，然后返回到编辑方式重新编辑修改程序。

程序修改完后，将光标移到程序头。在"MEM"方式下切换到图形画面，清屏后重新进行图形模拟运行直至程序调试正确为止。进入图形画面后，可按软键[操作]，再按软键[ERASE]清屏即可。

9.数据的显示和设定

(1)刀具偏置设置

1）按下功能键 [OFS/SET]。

2）依次按下软键[补正]、[形状]，进入刀具补偿画面。

3）用翻页键或光标键移动光标到所需设定或修改的补偿值处。

4）为设定补偿值，输入一个值并按下软键[INPUT]。为改变补偿值，输入一个值并按下软键[＋INPUT]，则该值与当前值相加。

(2)显示程序目录

1）选择"EDIT"（编辑）方式。

2）按功能键 [PROG]，显示程序画面。

3）按软键[DIR]，则在屏幕上显示内存程序目录。

(3)信息数据的显示

按功能键 [MESSAGE] 和菜单继续键，可显示报警信号信息、报警履历等数据信息。

10.自动运行方式

开机后，首先要回参考点一次。自动运行前还必须正确安装好工件与刀具，调试好程序并进行对刀操作。

(1)自动/连续运行方式

自动/连续运行方式的具体操作步骤如下：

1）选择一个程序或输入一个新程序，光标移到程序开始位置。

2）单击机床控制面板上的"自动运行"按钮 [→]（有的机床是将"方式选择"旋钮置于"MEM"方式），进入自动运行模式。

3）按"循环启动"按钮 [↑]，自动运行启动，而且循环启动灯亮；当自动运行结束，循环启动灯灭。

4)程序在运行过程中可根据需要暂停、停止、急停和重新运行。

第一步:程序在运行时,按机床控制面板上的"进给保持"按钮■,则暂停进给,但机床的其他功能仍有效;再次按下"循环启动"按钮■,程序从暂停行开始继续运行。

第二步:程序在运行时,按"循环停止"按钮,程序停止运行;再次按下"循环启动"按钮■,程序从开头重新运行。

第三步:程序在运行时,按下"急停"按钮■,程序中断运行;继续运行时,先顺时针方向旋转按钮以解除急停,再按"循环启动"按钮■,余下的程序从中断行开始作为一个独立的程序执行。

第四步:程序在运行时,按 MDI 键盘上的复位键 RESET,自动运行结束并进入复位。

5)可以通过主轴倍率旋钮■和进给倍率旋钮■来调节主轴旋转的速度和移动的速度。

(2)自动/单段运行方式

其具体操作步骤如下:

1)选择一个程序或输入一个新程序,光标移到程序开始位置。

2)按下机床控制面板上的"自动运行"按钮■(有的机床是将"方式选择"旋钮置于"MEM"方式),进入自动运行模式。

3)按下机床控制面板上的"单段"(SBK)按钮■,运行程序时每次执行一段程序。

4)按"循环启动"按钮■执行该程序段,执行完毕后光标自动移到下一个程序段位置,按下"循环启动"按钮■依次执行下一个程序段直至程序结束。自动/单段方式执行每一段程序均需按一次"循环启动"按钮■。

(3)单节跳过

按下"跳步"按钮■,则程序运行时跳过符号"/"有效,该行成为注释行,不执行。

(4)选择性停止

按下"选择性停止"按钮■,则程序中 M01 有效。

(5)DNC 运行(在线加工)

DNC 运行方式(RMT)是自动运行的一种,是在读入外部设备上程序的同时,执行自动加工(DNC 运行)。它可以选择存储在外部输入/输出设备上的文件(程序)以及指定(编辑计划)自动运行的顺序和执行次数。

对于无法手工编制的复杂工件的加工程序,需要用专门的 CAM 软件进行自动编程。这类程序的程序段很多,会占用很大的存储空间。系统存储空间有限,当加工程序比较大时,需要边传输边加工。加工程序由计算机输出,经控制系统的 RS232 接口传入,控制机床完成加工(DNC 加工)。有些程序不是太大,但录入不便,也可以先使用传输软件将程序传入系统,然后执行自动加工(CNC 加工)。

进行 DNC 加工,计算机必须事先安装好传输软件,并设置好各种参数,同时机床方面也应进行必要的设置。

利用传输软件进行 DNC 加工的步骤如下：
1)在计算机上启动传输软件。
2)进行通信设置。
3)双击要传输的 NC 文件。
4)单击数据传送按钮。
5)工件对好刀后,将"方式选择"旋钮置于"DNC"方式。
6)按"循环启动"按钮 □,数控系统执行外部程序完成加工,即执行 DNC 加工。

4.4.3 FANUC Oi Mate—MC 系统数控铣床的对刀操作方法和步骤

对刀是数控加工中最重要的操作内容,对刀的准确性将直接影响零件的加工精度,同时,对刀效率还直接影响数控加工效率。

1.对刀原理

在数控机床加工过程中,通常使用的有两个坐标系：一个是机床坐标系,另一个是工件坐标系。数控机床开机后能够识别的只有机床坐标系。机床坐标系原点是由机床厂家设定的,加工时点的坐标以此原点为基准进行计算将非常复杂。为此,我们可以设定便于加工的工件坐标系和工件原点。

对刀的目的是通过对刀来确定工件坐标系与机床坐标系之间的空间位置关系,通过对刀操作,求出工件原点在机床坐标系中的坐标,并将此数据输入数控系统相应的存储器中。这样,在程序中调用时,所有的值都是针对所设定的工件坐标系原点给出的。

2.数控铣床的对刀方法和步骤

根据现有条件和零件加工精度要求来选择对刀方法,可采用试切法对刀、寻边器和 Z 轴设定器对刀、塞尺和量块对刀、杠杆百分表对刀、对刀仪自动对刀等。其中试切法对刀精度较低;当零件加工精度要求高时,可采用杠杆百分表对刀,但效率较低;加工中心常用寻边器和 Z 轴设定器对刀,效率高且能保证对刀精度。对刀操作分为 X 向、Y 向和 Z 向对刀。

在数控铣床上加工零件时,为了使对刀过程方便,通常工件坐标系的原点设在工件的几何中心或几何角上。下面以工件原点设在工件的几何中心为例,说明常见的几种对刀方法。

(1)用寻边器和 Z 轴设定器对刀

寻边器主要用来确定工件坐标系原点在机床坐标系中的 X,Y 值,也可测量工件的简单尺寸。寻边器分为偏心式和光电式两种,其中光电式寻边器比较常用。光电式寻边器的测头一般为直径 10 mm 的钢球,用弹簧拉紧在光电式寻边器的测杆上,碰到工件时可以退让,并将电路导通,发出光信号,通过光电式寻边器的指示和机床坐标位置,即可得到被测表面的坐标位置。

Z 轴设定器主要用于确定工件坐标系中的 Z 值,有光电式和指针式等类型,通过光电指示或指针判断刀具与对刀器是否接触,对刀精度一般可达 0.005 mm。Z 轴设定器带有磁性表座,可以牢固地吸附在工件或夹具上,其高度一般为 50 mm 或 100 mm,对刀时,将刀具的端刃与工件表面或 Z 轴设定器的测头接触,利用机床坐标的显示来确定对刀值。需要注意的是,当使用 Z 轴设定器对刀时,要将 Z 轴设定器的高度考虑进去。

光电式寻边器和 Z 轴设定器的使用情况分别如图 4.4.8 和图 4.4.9 所示,具体对刀操作步骤如下。

图 4.4.8　使用光电式寻边器对刀　　　4.4.9　使用 Z 轴设定器对刀

1) X 轴方向对刀。

第一步:将寻边器装到机床主轴上,找正。

第二步:开机。

第三步:回参考点。

第四步:单击操作面板中的手动按钮![],机床进入手动模式。

第五步:分别按下![X]、![Y]或![Z]按钮选择坐标轴,再按住![+]或![-]不放,可以使选定的坐标轴向正方向或负方向连续运动。

第六步:按下![X]按钮,再按住![+]或![-]不放,使寻边器接近工件的右边(图 4.4.10),通过进给速度倍率旋钮![]来调节进给速度。

第七步:单击操作面板中的手动脉冲按钮![],机床进入手动脉冲模式。

第八步:通过将手轮上坐标选择的旋转按钮![]旋转在 X 位置选择 X 进给轴。

第九步:通过将手轮上进给倍率旋扭![],依次旋转在×100、×10、×1 位置,逆时针方向摇动手轮手柄![],注意观察寻边器的指示灯,当指示灯亮表明位置合适,记下此时

的坐标值 X_1。

第十步:同理,将寻边器移动至工件左边位置(图 4.4.10),用手轮操作使其接近工件,注意观察寻边器的指示灯,当指示灯亮表明位置合适,记下此时的坐标值 X_2。

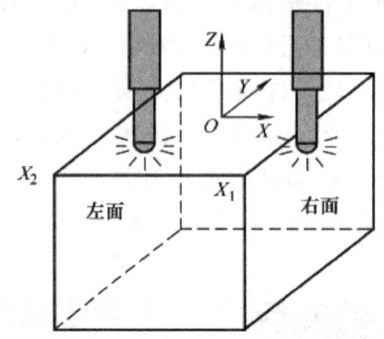

图 4.4.10　用寻边器进行 X 方向对刀

第十一步:将$(X_1+X_2)/2$ 所得的 X 坐标值输入 G54 坐标系中即完成了 X 方向的对刀操作。

2)Y 轴方向对刀。

第一步:按照与 X 轴对刀相同的方法,将寻边器移动至工件前边位置,用手轮操作使其接近工件,注意观察寻边器的指示灯,当指示灯亮表明位置合适,记下此时的坐标值 Y_1;再将寻边器移动至工件后边位置,用手轮操作使其接近工件,注意观察寻边器的指示灯,当指示灯亮表明位置合适,记下此时的坐标值 Y_2(图 4.4.11)。

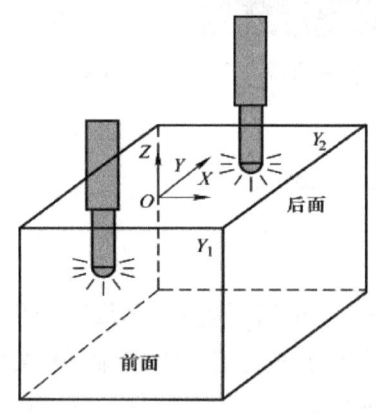

图 4.4.11　用寻边器进行 Y 方向对刀

第二步:将$(Y_1+Y_2)/2$ 所得的 Y 坐标值输入 G54 坐标系中即完成了 Y 方向的对刀操作。

3)Z 轴方向对刀。

第一步:将寻边器卸下来,将加工用的刀具装到机床主轴上,找正。

第二步:将 Z 轴设定器吸附在工件的上表面上。

第三步:单击操作面板中的手动按钮▉,机床进入手动模式。

第四步:分别按下▉、▉或▉按钮选择坐标轴,再按住▉或▉不放,使刀具接近工件上表面,通过进给速度倍率旋钮 ◉ 来调节进给速度。

第五步:当刀具非常接近工件时,单击手动脉冲按钮 ◉,机床进入手动脉冲模式。

第六步:通过将手轮上坐标选择的旋钮 ◉ 旋转在 Z 位置选择 Z 进给轴。

第七步:通过将手轮上进给倍率旋钮 ◉,依次旋转在×100、×10、×1 位置,摇动手轮手柄 ◉,注意 Z 轴设定器的指示灯,当指示灯亮时表示刀具已经与工件上表面接触上,记下此时的坐标值 Z。

第八步:将所得的 Z 坐标值输入 G54 坐标系中即完成了 Z 方向的对刀操作。

(2)试切对刀

试切对刀法具体步骤如下。

1) X 轴方向对刀。

第一步:将加工用的刀具装到机床主轴上,找正。

第二步:单击操作面板中的手动按钮 ◉,机床进入手动模式。

第三步:开机。

第四步:回参考点。

第五步:按下按钮 ◉ 或 ◉,使主轴正转或反转。

第六步:分别按下 X、Y 或 Z 按钮选择坐标轴,再按住 + 或 − 不放,使刀具接近工件的右边,通过进给速度倍率旋钮 ◉ 来调节进给速度。

第七步:当刀具非常接近工件时,单击手动脉冲按钮 ◉,机床进入手动脉冲模式。

第八步:将手轮上坐标轴选择旋钮 ◉ 旋转在 X 位置选择 X 进给轴。

第九步:将手轮上进给倍率旋钮 ◉,依次旋转在×100、×10、×1 位置,逆时针方向摇动手轮手柄 ◉,注意观察切屑情况,一旦下屑表示刀具已经与工件右表面接触上,记下此时的坐标值 X_1(图 4.4.12)。

第十步:将刀具沿着 X 正方向退刀,再沿 Z 正方向抬刀。

第十一步:重复上述操作过程,用刀具试切工件左端面,注意观察切屑情况,一旦下屑表示刀具已经与工件左表面接触上,记下此时的坐标值 X_2(图 4.4.12)。

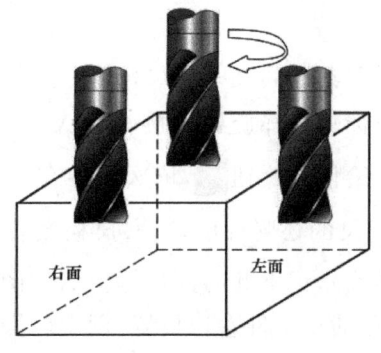

图 4.4.12 试切法对刀

第十二步：将$(X_1+X_2)/2$所得的X坐标值输入G54坐标系中即完成了X方向的对刀操作。

2)Y轴方向对刀。

第一步：按照与X轴对刀相同的方法，用刀具试切工件前端面，用手轮操作使其接近工件，注意观察切屑情况，一旦下屑表示刀具已经与工件前面接触上，记下此时的坐标值Y_1。再用刀具试切工件后端面，用手轮操作使其接近工件，注意观察切屑情况，一旦下屑表示刀具已经与工件后表面接触上，记下此时的坐标值Y_2。

第二步：将$(Y_1+Y_2)/2$所得的Y坐标值输入G54坐标系中即完成了Y方向的对刀操作。

3)Z轴方向对刀。

第一步：按照与X轴对刀相同的方法，用刀具试切工件上表面，用手轮操作使其接近工件，注意观察切屑情况，一旦下屑表示刀具已经与工件上表面相接触，记下此时的坐标值Z。

第二步：将所得的Z坐标值输入G54坐标系中即完成了Z方向的对刀操作。

(3)用塞尺对刀

当用试切法对刀时，通常会在工件表面留下对刀痕迹，从而影响工件的表面质量。为此，可在刀具与工件之间加入塞尺进行对刀，步骤如下。

1)X轴方向对刀。

第一步：将加工用的刀具装到机床主轴上，找正。

第二步：开机。

第三步：回参考点。

第四步：单击操作面板中的手动按钮■，机床进入手动模式。

第五步：分别按下■、■或■按钮选择坐标轴，再按住■或■不放，可以使选定坐标轴向正方向或负方向连续运动。

第六步：按下■按钮，再按住■或■不放，使刀具接近工件的右边，通过进给倍率旋钮■来调节进给速度。

第七步：快接近工件时，单击操作面板中的手动脉冲按钮■，机床进入手动脉冲模式。

第八步：在工件右端面和刀具之间夹一塞尺（或一定尺寸的量块）。

第九步：通过将手轮上坐标轴选择旋钮■旋转在X位置选择X进给轴。

第十步：通过将手轮上进给倍率旋钮■，依次旋转在×100、×10、×1位置，逆时针方向摇动手轮手柄■，注意塞尺的松紧程度，当塞尺松紧程度适中（太紧容易损坏刀具和工件表面，太松则对刀不准确），记下此时的坐标值X_1（图4.4.13）。

第十一步：同理，将刀具移动至工件左边位置，用手轮操作使其接近工件，注意塞尺的松紧程度，当塞尺松紧程度适中时，记下此时的坐标值X_2。

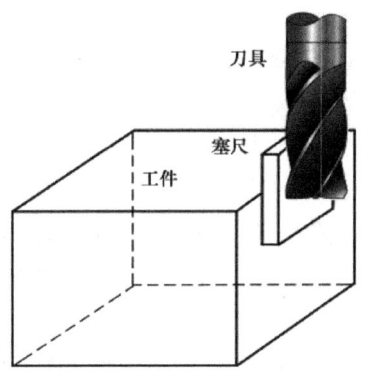

图 4.4.13 用塞尺对刀

第十二步:将$(X_1+X_2)/2$所得的 X 坐标值输入 G54 坐标系中即完成了 X 方向的对刀操作。

2)Y 轴方向对刀。

第一步:按照与 X 轴对刀相同的方法,将刀具移动至工件前边位置,用手轮操作使其接近工件,注意塞尺的松紧程度,当塞尺松紧程度适中时,记下此时的坐标值 Y_1;再将刀具移动至工件后边位置,用手轮操作使其接近工件,注意塞尺的松紧程度,当塞尺松紧程度适中时,记下此时的坐标值 Y_2。

第二步:将$(Y_1+Y_2)/2$所得的 Y 坐标值输入 G54 坐标系中即完成了 Y 方向的对刀操作。

3)Z 轴方向对刀。

第一步:按照与 X 轴对刀相同的方法,将刀具移动至工件上表面附近,用手轮操作使其接近工件,注意塞尺的松紧程度,当塞尺松紧程度适中时,记下此时的坐标值 Z_1。

第二步:计算 $Z=Z_1-$塞尺的厚度。

第三步:将计算所得的 Z 坐标值输入 G54 坐标系中即完成了 Z 方向的对刀操作。

(4)用杠杆百分表对刀

除了上述常用的三种对刀方法外,有时还采用杠杆百分表对刀,如图 4.4.14 所示。

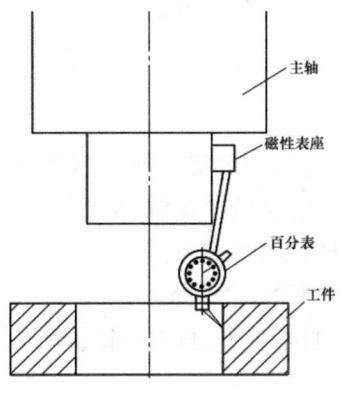

图 4.4.14 杠杆百分表对刀

对刀步骤如下：

第一步：用磁性表座将杠杆百分表吸附在机床主轴端面上，并手动输入 M03 S60 低速正转。

第二步：手动操作，使旋转的表头按 X,Y,Z 的顺序逐渐靠近孔壁（或圆柱面）。

第三步：移动 Z 轴，使表头压住被测表面，指针转到约 0.1 mm；

第四步：逐步降低手动脉冲发生器的 X,Y 移动量，使表头旋转一周时，其指针的跳动量在允许的对刀误差内，如 0.01 mm，此时可认为主轴的旋转中心与被测孔中心重合。

第五步：记下此时机床坐标系中的 X,Y 坐标值，输入 G54 中完成对刀操作。

4.5 数控铣床编程综合实训

本小节例题和强化训练题均严格按照《数控铣工国家职业标准》进行设计和选题，能够更好地锻炼学生数控铣工应具备的知识和技能，提升学生数控铣床编程能力水平。同时，注重培养学生良好的职业道德，如团结协作、爱岗敬业、遵守安全操作规程等。

4.5.1 平面外轮廓加工

1.项目实训目标

(1)知识目标

1）掌握刀具长度补偿指令及其应用（FANUC 0i Mate-MC 系统）。
2）掌握刀具半径补偿指令及其应用。
3）掌握平面外轮廓切向切入与切出方式。
4）掌握平面外轮廓加工工艺的制定方法。
5）掌握平面外轮廓加工程序的编制。

(2)技能目标

1）掌握两种系统正确对刀方法，设定工件坐标系。
2）掌握平面外轮廓加工方法及精度控制。
3）掌握平面外轮廓多余材料的处理方法。
4）能独立操作机床，顺利完成零件的加工。
5）培养遵守操作规程、文明生产的良好工作习惯。

2. 项目实训内容

实训项目 1　平面外轮廓加工

1. 零件图样及加工要求

【例 4-5-1】在数控铣床上加工如图 4.5.1 所示零件,毛坯尺寸为 80 mm×80 mm×20 mm,材料为铝合金。请编写零件加工程序并上机床操作,加工出该零件。

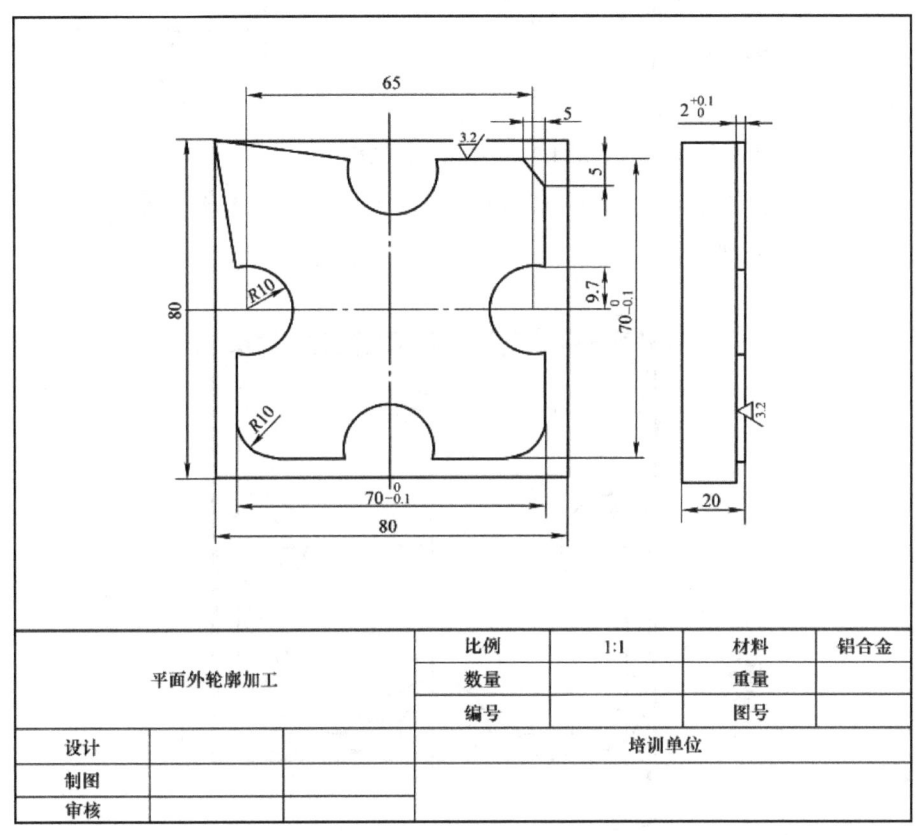

图 4.5.1　平面外轮廓加工零件图

2. 工艺分析

(1) 零件图分析

该零件是由直线、圆弧组成的平面外轮廓,编程时用到 G00、G01、G02/G03 等指令,可把平面外轮廓编成子程序,主程序则通过换刀并调用子程序来对工件进行粗、精加工。

(2) 加工路线的确定

1) 铣削方向的选择。如图 4.5.2(a)所示为顺铣,如图 4.5.2(b)所示为逆铣。一般情况下尽可能采用顺铣,即外轮廓铣削时宜采用沿工件顺时针方向铣削。

2) 切入、切出方式的选择。铣削平面外轮廓零件时,一般采用立铣刀侧刃进行切削。由于主轴系统和刀具刚性变化,当铣刀沿工件轮廓切向切入工件时,也会在切入处

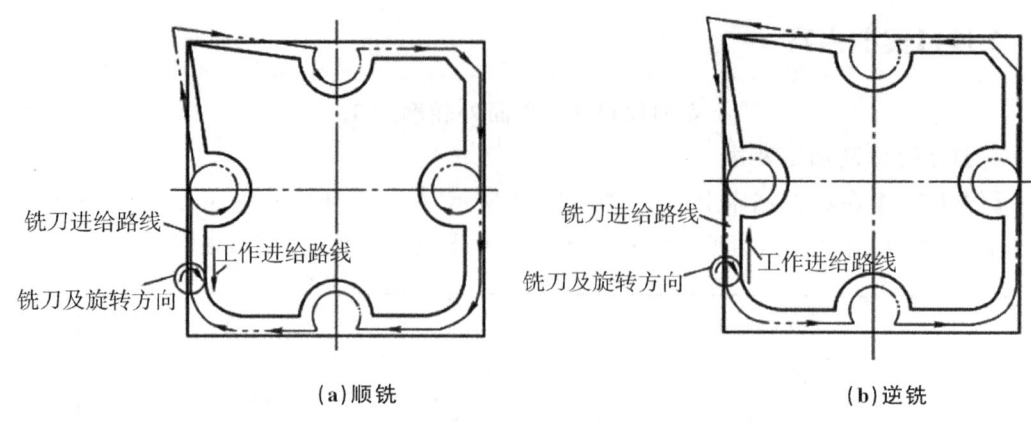

(a) 顺铣   (b) 逆铣

图 4.5.2　铣削方向选择

产生刀痕。为了减少刀痕，切入、切出时可沿零件外轮廓曲线延长线的切线方向切入、切出工件，如图 4.5.3 所示。

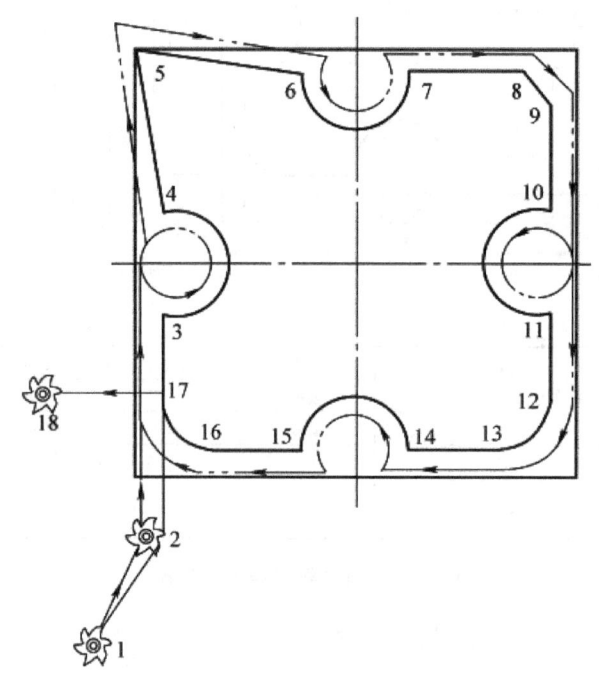

图 4.5.3　切入与切出

3) 铣削路线。如图 4.5.3 所示，刀具由 1 点运行至 2 点（轨迹的延长线上）建立刀具半径补偿，然后按 3→4→5…→16→17 的顺序铣削加工。切出时由 17 点插补到 18 点取消刀具半径补偿。加工中，用键槽铣刀粗加工→立铣刀精加工→手动铣削剩余岛屿材料或编程铣削剩余岛屿材料。精加工（轮廓）余量用刀具半径补偿控制；精加工尺寸精度由调试参数值控制。

(3) 装夹方案的确定

工件采用平口钳装夹，下用垫铁支承，其他工具如表 4.5.1 所示。

表 4.5.1　平面外轮廓加工的工、量、刀具清单

工、量、刀具清单 M 代码 功能				图号	图 4.5.1	
种类	序号	名称	规格	精度/mm	单位	数量
工具	1	平口钳	QH135		台	1
	2	扳手			把	1
	3	平板垫铁			副	1
	4	塑胶榔头			把	1
量具	1	游标卡尺	0~150 mm	0.02	把	1
	2	深度游标卡尺	0~200 mm	0.02	把	1
	3	百分表及表座	0~10 mm	0.01	个	1
	4	表面粗糙度样板	N0~N1	12 级	副	1
刀具	1	键槽铣刀	Φ16 mm		把	1
	2	立铣刀	Φ16 mm		把	1

(4) 刀具的选择

图 4.5.1 中四个圆弧直径均为 Φ20 mm，故所选铣刀直径不得大于 Φ20 mm，这里选直径为 Φ16 mm 的铣刀。粗加工时用键槽铣刀铣削，精加工时用立铣刀从侧面下刀来铣削平面外轮廓。工件材料为硬铝，铣刀材料采用高速钢即可。

(5) 切削用量的选择

根据被加工零件的质量要求、工件材料、刀具材料以及加工的不同阶段等，选取合适的切削用量。该工件材料为硬铝，硬度低，切削力小，粗铣背吃刀量除留精铣余量外，一次性切除；切削速度(主轴转速)可适当高些，进给速度 50~100 mm/min。切削用量选择如表 4.5.2 所示。

表 4.5.2　粗、精铣平面外轮廓加工的切削用量

刀具	加工阶段	背吃刀量 a_p/mm	进给速度 v_f/(mm/min)	主轴转速 n/(r/min)
高速钢键槽铣刀(T01)	粗铣外轮廓	1.7	100	800
高速钢立铣刀(T02)	精铣外轮廓	0.3	60	1 000

(6) 工件坐标系原点的选择

根据工件坐标系原点选择原则，该工件坐标系 X,Y 零点应建立在设计基准上，即建立在工件几何中心上；Z 方向零点设置在工件上表面。即工件坐标系原点选择在工件上表面的中心位置。

(7) 数值计算

由于采用刀具半径补偿功能，故只需计算工件轮廓上各基点坐标即可，而无须计算刀具中心运动轨迹坐标。基点如图 4.5.3 所示，各基点坐标如表 4.5.3 所示。

表 4.5.3　各基点坐标

基点	坐标(X,Y)	基点	坐标(X,Y)
1	(−45,−60)	10	(39,9.7)
2	(−35,−50)	11	(35,−9.7)
3	(−35,−9.7)	12	(35,−35)
4	(−35,9.7)	13	(35,−35)
5	(−40,40)	14	(10,−35)
6	(−10,35)	15	(−10,−35)
7	(10,35)	16	(−25,−35)
8	(35,35)	17	(−35,−25)
9	(35,35)	18	(−50,−25)

3.程序编制

零件加工程序及其说明如下：

【参考程序】

O4230；　　　　　　　　　　　　　　　（主程序）
N10 G54 G90 G94 G17 G21 G40 G49；　　（用 G54 建立工件坐标系，程序初始化）
N20 T01 D01；　　　　　　　　　　　　（换 1 号键槽铣刀）
N30 S800 M03；　　　　　　　　　　　（主轴正转，转速为 800 r/min）
N40 G00 G43 Z100 H01；　　　　　　　（Z 轴快速定位至安全高度）
N50 G00 X−45 Y−60 Z10；　　　　　　（三轴联动快速定位）
N60 M08；　　　　　　　　　　　　　　（开切削液）
N70 G01 Z−1.7 F100；　　　　　　　　（下刀,粗加工进给速度 100 mm/min）
N80 M98 P0805；　　　　　　　　　　（调用子程序粗加工平面外轮廓）
N90 G00 Z200；　　　　　　　　　　　（Z 轴快速定位至安全高度）
N100 M05；　　　　　　　　　　　　　（主轴停止）
N110 M00；　　　　　　　　　　　　　（程序暂停）
N120 T02 D02；　　　　　　　　　　　（换 2 号精铣刀）
N130 S1000 M03 F60；　　　　　　　　（主轴正转,转速升至 1 000 r/min,精加工进给速度为 60 mm/min）
N140 G00 X−45 Y−60；　　　　　　　　（刀具快速定位至下刀点）
N150 G43 Z−2 H02；　　　　　　　　　（下刀至 Z−2 处）
N160 M98 P0805；　　　　　　　　　　（调用子程序精加工平面外轮廓）
N170 M09；　　　　　　　　　　　　　（关切削液）
N180 G49 G00 Z200；　　　　　　　　（抬刀）
N190 M02；　　　　　　　　　　　　　（程序结束）
O4231；　　　　　　　　　　　　　　　（子程序）

N10 G41 G00 X−35 Y−50;	(建立刀具半径左补偿,定位至 2 点)
N20 G01 Y−9.7;	(直线加工至 3 点)
N30 G03 Y9.7 R−10;	(圆弧加工至 4 点)
N40 G01 X−40 Y40;	(直线加工至 5 点)
N50 X−10 Y35;	(直线加工至 6 点)
N60 G03 X10 R10;	(圆弧加工至 7 点)
N70 G01 X35 Y35 C5;	(利用倒角指令加工至 8、9 点)
N80 Y9.7;	(直线加工至 10 点)
N90 G03 Y−9.7 R−10;	(圆弧加工至 11 点)
N100 G01 Y−35 R10;	(利用倒圆指令加工至 12、13 点)
N110 X10;	(直线加工至 14 点)
N120 G03 X−10 R10;	(直线加工至 16 点)
N140 G02 X−35 Y−25 R10;	(圆弧加工至 17 点)
N150 G01 G40 X−60 Y−25;	(取消刀具半径补偿,移至 18 点)
N160 M99;	(子程序结束并返回主程序)

4.5.2　平面内轮廓加工

1.项目实训目标

(1)知识目标

1)掌握刀具补偿功能(刀具半径、长度补偿)及子程序的应用。
2)掌握平面内轮廓加工工艺的制定方法。
3)掌握平面内轮廓加工刀具及切削用量的选择。
4)掌握平面内轮廓加工程序的编制。

(2)技能目标

1)掌握平面内轮廓加工方法。
2)掌握平面内轮廓尺寸控制方法。
3)能用 CAD 软件查询各基点坐标。
4)能独立操作机床,顺利完成零件的加工。
5)培养遵守操作规程、文明生产的良好工作习惯。

2.项目实训内容

实训项目 2　平面内轮廓加工

1.零件图样及加工要求

【例 4-5-2】在数控铣床上加工如图 4.5.4 所示零件,毛坯尺寸为 80 mm×80 mm×

20 mm，材料为铝合金。请编写零件加工程序并上机床操作，加工出该零件。

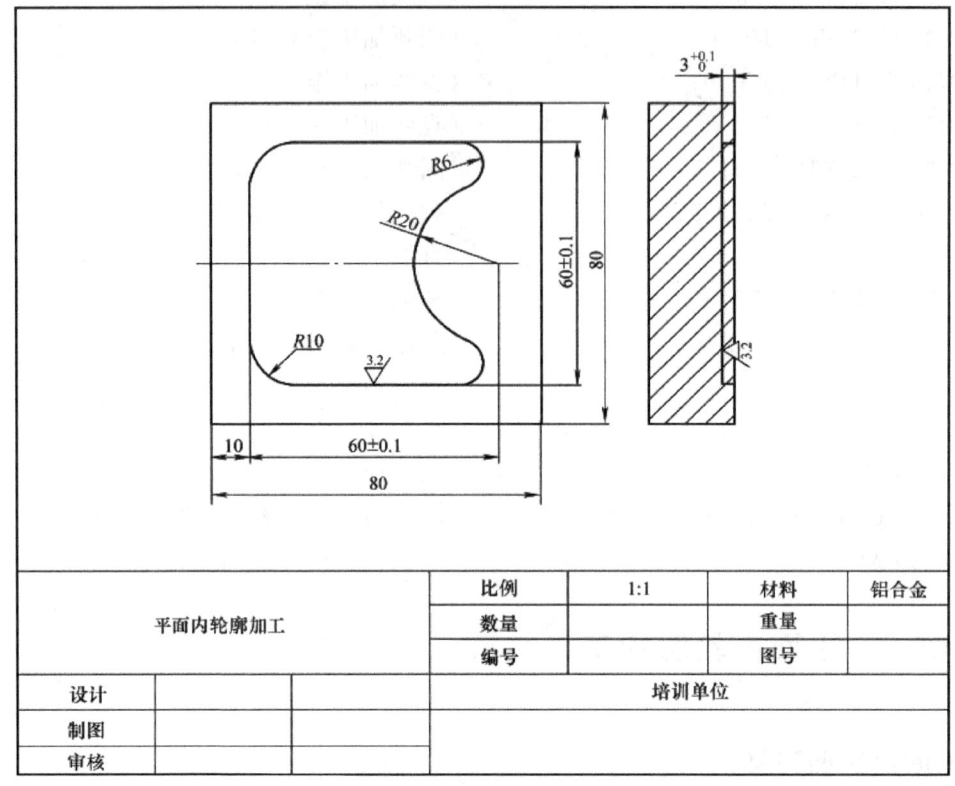

图 4.5.4 平面内轮廓加工零件图

2.工艺分析

(1)零件图分析

该零件是由直线、圆弧组成的平面内轮廓，编程时用到 G00、G01、G02/G03 等指令，可把平面内轮廓编成子程序，主程序则通过换刀并调用子程序来对工件进行粗、精加工。

(2)加工路线的确定

1)铣削方向选择。如图 4.5.5(a)所示为顺铣，如图 4.5.5(b)所示为逆铣。一般情况下尽可能采用顺铣，即在铣内轮廓时采用铣刀沿内轮廓逆时针的铣削方向为好。

2)切入、切出方式的选择。铣削封闭内轮廓表面时，刀具无法沿轮廓线的延长线方向切入、切出，只能沿法线方向切入、切出或沿圆弧切入、切出。本项目选择法线方向切入和切出，切入、切出点应选在零件轮廓两几何要素的交点上，而且进给过程中要避免停顿。

3)进给路线的确定。内轮廓的进给路线有行切、环切和综合切削三种切削方法。图 4.5.6(a)所示为行切法，图 4.5.6(b)所示为环切法，综合切削法是先行切后环切。行切与环切进给路线都能切净内轮廓中的全部面积，不留死角，不伤轮廓，同时能尽量减少重复进给的搭接量。不同点是行切法的进给路线比环切法短，但行切法在每两次进

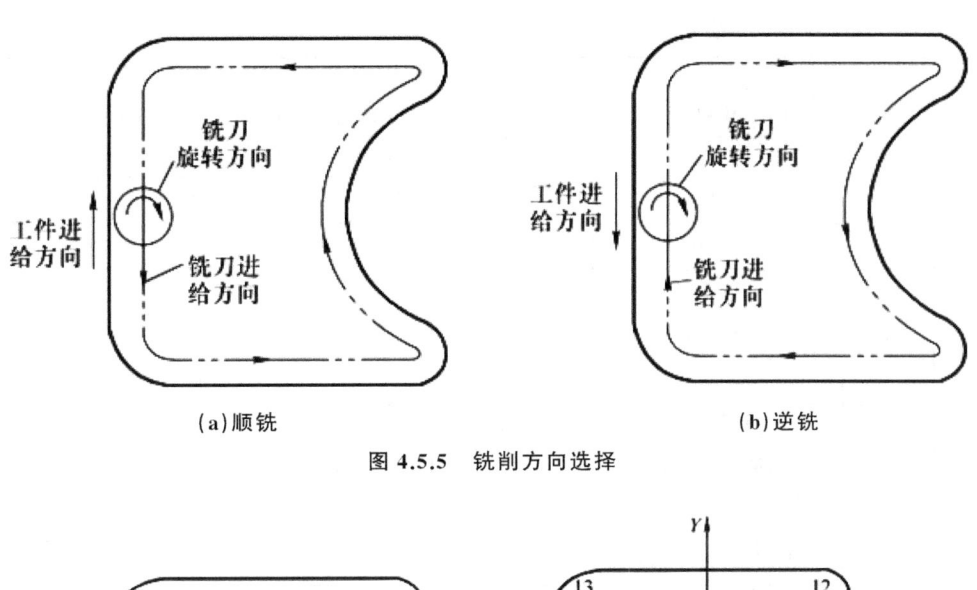

图 4.5.5 铣削方向选择

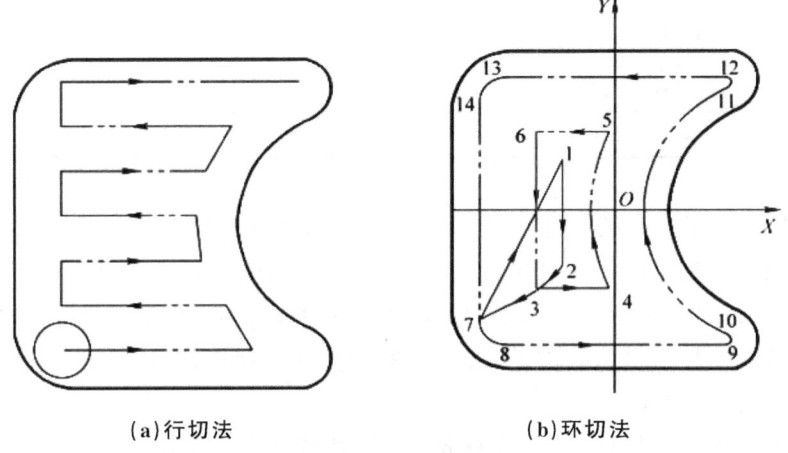

图 4.5.6 进给路线

给的起点与终点间留下残留面积,而达不到所要求的表面粗糙度。用环切法获得的表面粗糙要好于行切法,但环切法需要逐次向外扩展轮廓线,刀位点计算复杂、刀具路径长。加工中可结合行切、环切的优点,采用综合切削法:先用行切法去除中间部分余量,最后用环切法加工内轮廓表面,既可缩短进刀路线,又能获得较好的表面质量。

本项目由于内轮廓余量不多,选择环切法并由里向外加工,加工行距取刀具直径的 50%～90%,加工路线如图 4.5.6(b)所示。刀具由 1→2→3→4→5→6→7→8→9→10→11→12→13→14→7→1 的顺序按环切方式进行加工,刀具从点 3 运行至点 7 时建立刀具半径补偿,加工结束时刀具从点 7 运行至点 1 过程中取消刀具半径补偿。

(3)装夹方案的确定

工件采用平口钳装夹,下用垫铁支承,其他工具如表 4.5.4 所示。

表 4.5.4 平面内轮廓加工的工、量、刀具清单

工、量、刀具清单 M 代码 功能				图号	图 4.5.4	
种类	序号	名称	规格	精度/mm	单位	数量
工具	1	平口钳	QH135		台	1
	2	扳手			把	1
	3	平板垫铁			副	1
	4	塑胶榔头			把	1
量具	1	游标卡尺	0~150 mm	0.02	把	1
	2	深度游标卡尺	0~200 mm	0.02	把	1
	3	百分表及表座	0~10 mm	0.01	个	1
	4	表面粗糙度样板	N0~N1	12 级	副	1
刀具	1	键槽铣刀	Φ10 mm		把	1
	2	立铣刀	Φ10 mm		把	1

(4)刀具的选择

铣内轮廓刀具的半径必须小于内轮廓最小圆弧半径,否则将无法加工出内轮廓圆弧。本项目内轮廓最小圆弧轮廓半径为 6 mm,故所选铣刀直径不得大于 12 mm,此处选用直径为 10 mm 的铣刀。粗加工用键槽铣刀铣削,精加工用能垂直下刀的立铣刀或用键槽铣刀替代。加工材料为硬铝,铣刀材料用普通高速钢即可。

(5)切削用量的选择

根据被加工零件质量要求、工件材料、刀具材料以及加工的不同阶段等,选取合适的切削用量。该工件材料为硬铝,易切削,粗铣背吃刀量除留 0.3 mm 精加工余量外,其余一刀切除;切削速度(主轴转速)可适当高些,进给速度 50~100 mm/min。垂直进给速度要选择小些。切削用量的选择如表 4.5.5 所示。

表 4.5.5 粗、精铣平面内轮廓加工的切削用量

刀具	加工阶段	背吃刀量 a_p/mm	进给速度 v_f/(mm/min)	主轴转速 n/(r/min)
高速钢键槽铣刀 (T01)	垂直进给,深度留 0.3 mm 精加工余量	1.7	100	800
	粗铣轮廓,轮廓留 0.3 mm 精加工余量	0.3	60	1 000
高速钢立铣刀 (T02)	垂直进给	0.3	50	1 200
	精铣内轮廓		60	1 200

(6)工件坐标系原点的选择

根据工件坐标系原点选择原则,将工件坐标系建立在工件几何中心上,Z 轴零点设

置在工件的上表面,如图 4.5.6(b)所示。

(7)数值计算

本项目不仅要计算基点 7、8、9、10、11、12、13、14 等坐标,还要计算环切余量时 1、2、3、4、5、6 点坐标。其中,点 1、2、3、4、5、6、9、10、11、12 坐标不易计算,可采用 CAD 软件查找点坐标的方法。具体做法:在二维 CAD 软件中画出内轮廓图形(注意工件坐标系与 CAD 软件坐标系一致,坐标原点重合),然后把鼠标放置在各点上可通过软件屏幕下方显示出该点坐标或用软件查询工具查找各点坐标,如表 4.5.6 所示。

表 4.5.6 各基点坐标

基点	坐标(X,Y)	基点	坐标(X,Y)
1	(−10,10)	8	(−20,−30)
2	(−10,−10)	9	(20,−30)
3	(−1.716,−17)	10	(22.308,−18.462)
4	(−35,−17)	11	(22.308,18.462)
5	(−1.716,17)	12	(20,30)
6	(−17,17)	13	(−20,30)
7	(−30,−20)	14	(−30,−20)

3.程序编制

零件加工程序及其说明如下:

【参考程序】

O4240;	(主程序)
N10 G54 G17 G21 G90 G94;	(用 G54 建立工件坐标系,程序初始化)
N20 T01 D01;	(换 1 号键槽铣刀)
N30 S1000 M03;	(主轴正转,转速为 1 000 r/min)
N40 G00 G43 Z100 H01;	(Z 轴快速定位至安全高度)
N50 G00 X−10 Y10 Z10;	(三轴联动快速定位)
N60 G01 Z−2.7 F50;	(下刀,垂直进给速度为 50 mm/min)
N65 F80;	(设定粗加工进给速度为 80 mm/min)
N70 M98 P0807;	(调用子程序,粗加工平面内轮廓)
N80 G00 Z200;	(抬刀)
N90 M05;	(主轴停止)
N100 M00;	(程序暂停,手动换精铣刀)
N110 T02 D02;	(换 2 号精铣刀)
N120 S1200 M03;	(主轴正转,转速升至 1 200 r/min)
N130 G00 G43 X0 Y10 Z5 H02;	(快速定位至 X0 Y10 处)
N140 G01 X−10 Z−3 F50;	(斜坡下刀至 1 点)
N150 F60;	(设定精加工进给速度为 60 mm/min)

N160 M98 P0807;   （调用子程序,精加工平面内轮廓）
N170 G49 G00 Z200;   （抬刀）
N180 M02;   （程序结束）
O4241;   （子程序）
N10 G01 X−10 Y−10;   （从1点直线加工至2点）
N20 X−17 Y−17;   （直线加工至3点）
N30 X−1.716;   （直线加工至4点）
N40 G02 Y17 R35;   （圆弧加工至5点）
N50 G01 X−17;   （直线加工至6点）
N60 Y−17;   （直线加工至3点）
N70 G41 X−30 Y−20;   （建立刀具半径左补偿,移至7点）
N80 G03 X−20 Y−30 R10;   （圆弧加工至8点）
N90 G01 X20;   （直线加工至9点）
N100 G03 X22.308 Y−18.462 R6; （圆弧加工至10点）
N110 G02 Y18.462 R20;   （圆弧加工至11点）
N120 G03 X20 Y30 R6;   （圆弧加工至12点）
N130 G01 X−20;   （直线加工至13点）
N140 G03 X−30 Y20 R10;   （圆弧加工至14点）
N150 G01 Y−20;   （直线加工至7点）
N160 G40 G01 X−10 Y10;   （移至1点并取消刀具半径补偿）
N170 M99;   （子程序结束并返回主程序）

4.5.3 凹槽加工

1. 项目实训目标

(1) 知识目标

1) 掌握子程序编程及其应用。

2) 掌握 FANUC Oi Mate−MC 系统偏移指令的使用方法,FANUC Oi Mate−MC 系统可设定零点偏置(G54～G59指令)及可编程的零点偏置(局部坐标系 G52 指令)。

3) 掌握键槽加工工艺的制定方法。

(2) 技能目标

1) 掌握键槽铣削方法。

2) 熟练应用刀具半径补偿及刀具长度补偿进行尺寸控制。

3) 能独立操作机床,顺利完成零件的加工。

2.项目实训内容

实训项目 3　键槽铣削

1.零件图样及加工要求

【例 4-5-3】铣削加工如图 4.5.7 所示零件,毛坯尺寸为 160 mm×160 mm×20 mm,材料为 45 钢。请编写零件加工程序并上机床操作,加工出该零件。

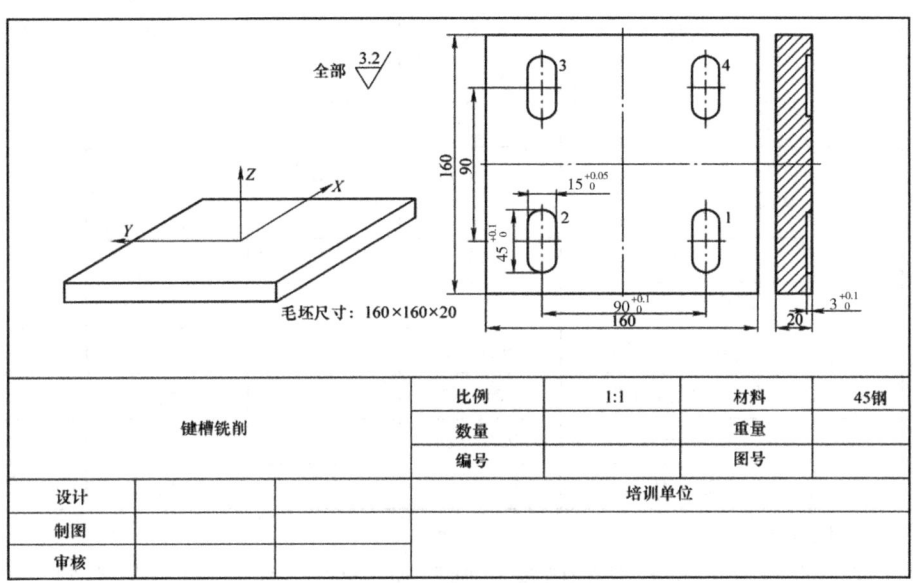

图 4.5.7　键槽铣削零件图

2.工艺分析

(1)零件图分析

该零件铣削 4 个尺寸完全一样的键槽,可编写成子程序进行调用。分粗、精加工两个阶段。粗加工时调用 4 次子程序,精加工时调用 4 次子程序,完成键槽加工。工件坐标系原点设在工件上表面的中心位置,子程序坐标系(局部坐标系)原点设在各槽的几何中心上,Z 轴零点在工件的上表面。若用坐标系偏移指令(如可设定的零点偏置 G54~G59,可编程的零点偏置 G52),可将工件坐标系原点偏移到局部坐标系原点上再调用子程序,加工各槽。

(2)加工路线的确定

1)铣削方向的确定。一般采用顺铣以提高表面加工质量。当铣刀沿内轮廓逆时针方向铣削时,刀具旋转方向与工件进给方向一致为顺铣。

2)进给路线。铣削凹槽时仍采用行切和环切相结合的方式进行铣削。本项目由于键槽宽度较小,铣刀沿内轮廓加工一圈即可把槽中余量全部切除,故不需采用行切方式切除槽中多余余量。根据槽尺寸精度、表面粗糙度要求,每个槽分为粗、精加工两个阶段,粗加工时留约 0.3 mm 的精加工余量,然后精加工至尺寸要求。

(3)装夹方案的确定

工件采用平口钳装夹,下用垫铁支承,高出钳口 5～10 mm,并校平上表面。键槽铣削的工具、量具、刀具如表 4.5.7 所示。

表 4.5.7 键槽铣削的工、量、刀具清单

工、量、刀具清单 M 代码 功能				图号	图 4.5.7	
种类	序号	名称	规格	精度/mm	单位	数量
工具	1	平口钳	QH160		台	1
	2	扳手			把	1
	3	平板垫铁			副	1
	4	塑胶榔头			把	1
量具	1	游标卡尺	0～150 mm	0.02	把	1
	2	深度游标卡尺	0～200 mm	0.02	把	1
	3	百分表及表座	0～10 mm	0.01	个	1
	4	表面粗糙度样板	N0～N1	12 级	副	1
刀具	1	键槽铣刀	Φ10 mm		把	1
	2	立铣刀	Φ10 mm		把	1

(4)刀具的选择

刀具直径的选择主要考虑凹槽最小圆弧半径值大小,本项目最小圆弧半径为 7.5 mm,所选铣刀直径应小于等于 Φ15 mm,这里选用 Φ10 mm 铣刀。粗加工用键槽铣刀,精加工时用能垂直下刀的立铣刀或用键槽铣刀代替。工件材料为 45 钢,铣刀材料用高速钢铣刀。

(5)切削用量的选择

根据被加工零件质量要求、工件材料、刀具材料以及加工的不同阶段等,选取合适的切削用量。该工件材料为 45 钢,粗铣背吃刀量除留 0.3 mm 精加工余量外,其余一刀切除;切削速度(主轴转速)可适当高些,进给速度 30～100 mm/min,垂直进给速度相应要选择小些。切削用量的选择如表 4.5.8 所示。

表 4.5.8 粗、精铣键槽加工的切削用量

刀具	加工阶段	背吃刀量 a_p/mm	进给速度 v_f/(mm/min)	主轴转速 n/(r/min)
高速钢键槽铣刀 (T01)	垂直进给,深度留 0.3 mm 精加工余量	2.7	30	800
	粗铣轮廓,轮廓留 0.3 mm 精加工余量		60	800
高速钢立铣刀 (T02)	垂直进给	0.3	30	1 000
	精铣内轮廓		60	1 000

(6)工件坐标系原点的选择

根据工件坐标系原点选择原则,工件坐标系 X,Y 零点应建立在工件几何中心上,

Z 轴零点设置在工件的上表面;子程序坐标系(局部坐标系)X,Y 零点建立在键槽几何中心上,Z 轴零点仍设置在工件的上表面。

(7)数值计算

各键槽几何中心在工件坐标系中的坐标如表 4.5.9 所示,亦即坐标系偏移指令所设定的偏移值。子程序中局部坐标系原点为键槽几何中心,局部坐标系中各基点 A,B,C,D(图 4.5.8)在局部坐标系中的坐标值如表 4.5.10 所示。

表 4.5.9 各键槽几何中心点坐标

几何中心点	坐标(X,Y)
槽 1	(45,−45)
槽 2	(−45,−45)
槽 3	(−45,45)
槽 4	(45,45)

表 4.5.10 子程序中各基点在局部坐标系中的坐标

基点	坐标(X,Y)
A	(7.5,15)
B	(−7.5,15)
C	(−7.5,−15)
D	(7.5,−15)

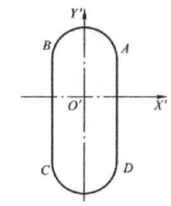

图 4.5.8 键槽各基点

3.程序编制

本项目主程序采用不用坐标系偏移指令直接编程,零件加工程序及其说明如下:

【参考程序】

O4250;	(主程序)
N10 G54 G17 G21 G90 G94;	(用 G54 建立工件坐标系,程序初始化)
N20 T01 D01;	(换 1 号键槽铣刀)
N30 S800 M03;	(主轴正转,转速为 800 r/min)
N40 G00 G43 Z100 H01;	(Z 轴快速定位至安全高度)
N50 G00 X45 Y−45 Z10;	(三轴联动快速定位)
N60 M08;	(开切削液)
N70 G01 Z5.3 F100;	(下刀至一定高度)
N80 M98 P0809;	(调用子程序粗铣键槽 1)
N90 G90 G00 X−45;	(快速定位键槽 2 几何中心上方)
N100 M98 P0809;	(调用子程序粗铣键槽 2)
N110 G90 G00 Y45;	(快速定位键槽 3 几何中心上方)
N120 M98 P0809;	(调用子程序粗铣键槽 3)
N130 G90 G00 X45;	(快速定位键槽 4 几何中心上方)
N140 M98 P0809;	(调用子程序粗铣键槽 4)

```
N150 G90 G00 Z200;                    (抬刀)
N160 M05;                             (主轴停止)
N170 M00;                             (程序暂停,以便手动换刀)
N180 T02 D02;                         (换2号精铣刀)
N190 S1000 M03;                       (主轴正转,转速升为1 000 r/min)
N200 G00 G43 X45 Y-45 Z10 H02;        (三轴联动快速定位)
N210 G01 Z5 F100;                     (下刀至一定高度)
N220 M98 P0809;                       (调用子程序,精铣键槽1)
N230 G90 G00 X-45;                    (快速定位键槽2几何中心上方)
N240 M98 P0809;                       (调用子程序,精铣键槽2)
N250 G90 G00 Y45;                     (快速定位键槽3几何中心上方)
N260 M98 P0809;                       (调用子程序,精铣键槽3)
N270 G90 G00 X45;                     (快速定位键槽4几何中心上方)
N280 M98 P0809;                       (调用子程序,精铣键槽4)
N290 M09;                             (关切削液)
N300 G49 G90 G00 Z200;                (抬刀)
N310 M02;                             (程序结束)
O4251;                                (子程序)
N10 G54 G91;                          (增量尺寸输入)
N20 G01 Z-8 F30;                      (下刀)
N30 G41 D01 G01 X7.5 Y0 F60;          (建立刀具半径左补偿,移至点(7.5,0)处)
N40 Y15;                              (直线加工至A点)
N50 G03 X-15 Y0 R7.5;                 (圆弧加工至B点)
N60 G01 Y-30;                         (直线加工至C点)
N70 G03 X15 Y0 R7.5;                  (圆弧加工至D点)
N80 G01 Y20;                          (直线加工至点(7.5,5)处)
N90 G40 G01 X-7.5 Y-5;                (取消刀具半径补偿)
N100 G00 Z8;                          (抬刀)
N110 M99;                             (子程序结束并返回主程序)
```

4.5.4 螺纹加工

1.项目实训目标

(1)知识目标

1)掌握钻中心孔、钻孔和用丝锥攻螺纹的加工工艺。
2)正确选用丝锥,合理选择切削用量。
3)训练应用攻螺纹加工固定循环指令编程。

(2)技能目标

1)掌握攻内螺纹方法。
2)掌握攻内螺纹精度的测量与控制。
3)能独立操作机床,顺利完成零件的加工。

2.项目实训内容

实训项目 4　螺纹加工

1.零件图样及加工要求

【例 4-5-4】在数控铣床上加工如图 4.5.9 所示零件,毛坯尺寸为 100 mm×100 mm×20 mm,材料为 45 钢。请编写零件加工程序并上机床操作,加工出该零件。

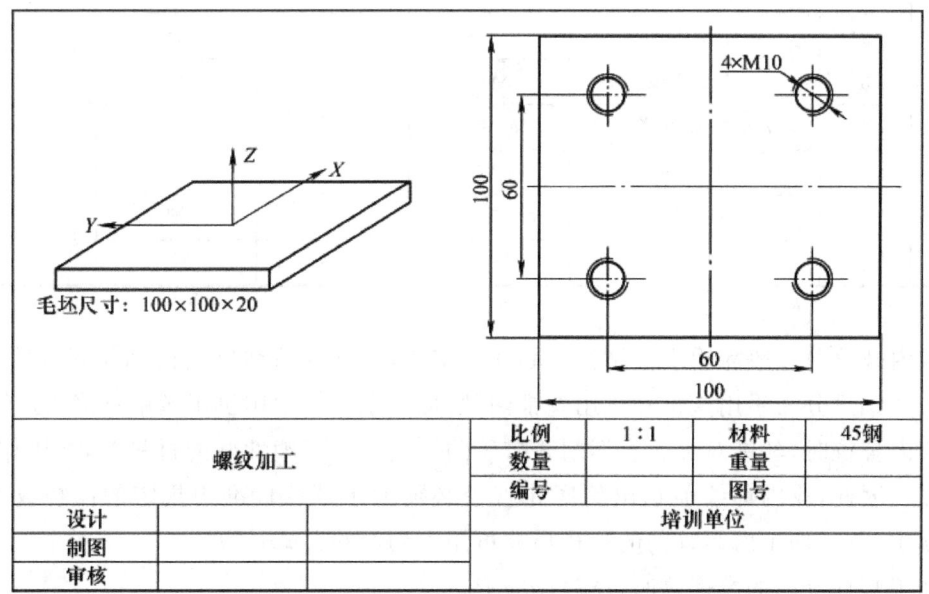

图 4.5.9　螺纹加工零件图

2.工艺分析

(1)零件图分析

该零件由 4 个 M10 的螺纹孔组成,分别应用钻孔、攻螺纹固定循环完成零件的加工。

(2)加工路线的确定

1)用 A5 中心钻钻中心孔。

2)用 Φ8.5 mm 麻花钻钻螺纹底孔。

3)用 M10 丝锥攻 M10 的螺纹。

(3)装夹方案的确定

工件采用平口钳装夹,下用垫铁支承,伸出钳口 5 mm 左右并校平上表面。其他工具如表 4.5.11 所示。

表 4.5.11 攻内螺纹的工、量、刀具清单

工、量、刀具清单 M 代码 功能					图号	图 4.5.9	
种类	序号	名称	规格	精度/mm		单位	数量
工具	1	平口钳	QH160			台	1
	2	扳手				把	1
	3	平板垫铁				副	1
	4	塑胶榔头				把	1
量具	1	游标卡尺	0~150 mm	0.02		把	1
	2	百分表及表座	0~10 mm	0.01		个	1
	3	螺纹塞规	M10			个	1
	4	表面粗糙度样板	N0~N1	12 级		副	1
刀具	1	中心钻	A5			个	1
	2	麻花钻	Φ8.5 mm			把	1
	3	丝锥	M10			个	1

(4)刀具的选择

攻内螺纹前一般需用中心钻钻中心孔以定心,用麻花钻钻出底孔,最后用丝锥攻内螺纹。丝锥可分为手用丝锥和机用丝锥两种,加工中心上常用机用丝锥直接攻螺纹。

攻内螺纹时,丝锥对金属有切削兼挤压的作用。加工塑性好的材料时,挤压作用尤其明显。因此,攻内螺纹前钻出的底孔直径必须大于螺纹标准中规定的内螺纹小径。在实际生产中,加工内螺纹前的孔径尺寸可用下列经验公式计算:

加工塑性金属的内螺纹时,$D_{孔} \approx d - P$;

加工脆性金属的内螺纹时,$D_{孔} \approx d - (1.05 \sim 1.1)P$。

式中,$D_{孔}$——底孔直径,d——螺纹公称直径,P——螺距。

(5)切削用量的选择

根据被加工零件质量要求、工件材料(该工件材料为 45 钢)、刀具材料以及加工的不同阶段等,选取合适的切削用量。钻中心孔和小孔时,可选取较高的主轴转速和进给速度;攻螺纹时,可以低速和高速;一般工件较薄时,可高速攻螺纹。本项目选择低速攻螺纹。切削用量的选择如表 4.5.12 所示。

表 4.5.12 切削用量的选择

刀具号	刀具	规格	进给速度 v_f/(mm/min)	主轴转速 n/(r/min)	刀具半径补偿值 Di	刀具长度补偿值 Hi
T01	中心钻	A5	100	1 000	无	H01(需测定)
T02	麻花钻	Φ8.5 mm	80	800	无	H02(需测定)
T03	丝锥	M10	150	100	无	H03(需测定)

(6)工件坐标系原点

根据工件坐标系原点选择原则,工件坐标系 X,Y 零点应建立在工件几何中心上,Z 轴零点设置在工件的上表面。即工件坐标系原点选择在工件上表面中心位置。

(7)数值计算

该零件 4 个螺纹孔中心点坐标分别为(30,-30)、(-30,-30)、(-30,30)、(30,30)。

3.程序编制

FANUC Oi Mate-MC 系统加工程序及其说明如下:

【参考程序】

O4260;   (主程序)
N10 G54 G90 G94 G17 G21 G40 G49 G80; (用 G54 建立工件坐标系,程序初始化)
N20 T01 D01;   (换 1 号刀具中心钻)
N30 S1000 M03;   (主轴正转,转速为 1 000 r/min)
N40 G00 G43 Z100 H01;   (调用 1 号刀具长度补偿,Z 轴快速定位至安全高度)
N50 G00 X0 Y0 Z10 M08;   (快速定位,开切削液)
N60 G99 G81 X30 Y-30 Z-5 R5 F100;   (钻孔循环,在 X30 Y-30 处钻中心孔深 5 mm,刀具返回 R 平面)
N70 X-30;   (在 X-30 Y-30 处钻中心孔)
N80 Y30;   (在 X-30 Y30 处钻中心孔)
N90 X30;   (在 X30 Y30 处钻中心孔)
N100 G80 G00 X0 Y0 Z200;   (取消钻孔循环,抬刀)
N110 M09;   (关切削液)
N120 M05;   (主轴停止)
N130 M00;   (程序暂停以便安装刀具)
N140 T02 D02;   (换 2 号刀具 Φ8.5 mm 麻花钻)

N150 S800 M03;   (主轴正转,转速为 800 r/min)
N160 G00 G43 Z10 H02 M08;   (调用 2 号刀具长度补偿,开切削液)
N170 G99 G81 X30 Y－30 Z－23 R5 F80;   (钻孔循环,在 X30 Y－30 处钻
                                         Φ8.5 mm 孔,刀具返回 R 平面)
N180 X－30;   (在 X－30 Y－30 处钻 Φ8.5 mm 孔)
N190 Y30;   (在 X－30 Y30 处钻 Φ8.5 mm 孔)
N200 X30;   (在 X30 Y30 处钻 Φ8.5 mm 孔)
N210 G80 G00 X0 Y0 Z200;   (取消钻孔循环,抬刀)
N220 M09;   (关切削液)
N230 M05;   (主轴停止)
N240 M00;   (程序暂停以便安装刀具)
N250 T03 D03;   (换 3 号刀具 M10 丝锥)
N260 S100 M03;   (主轴正转,转速降至 100 r/min)
N270 G00 G43 Z10 H03 M08;   (调用 3 号刀具长度补偿,开切削液)
N280 G99 G84 X30 Y－30 Z－25 R5 F150;   (调用攻螺纹循环,在 X30 Y－30 处攻
                                          螺纹)
N290 X－30;   (在 X－30 Y－30 处攻螺纹)
N300 Y30;   (在 X－30 Y30 处攻螺纹)
N310 X30;   (在 X30 Y30 处攻螺纹)
N320 G80 G49 G00 Z200;   (取消攻螺纹循环,取消刀具长度补
                                          偿,抬刀)
N330 M09;   (关切削液)
N340 M05;   (主轴停止)
N350 M02;   (程序结束)

4.5.5 典型零件编程与加工

1.项目实训目标

(1)知识目标

1)会识读零件图。
2)熟悉工件安装、刀具选择、工艺编制及切削用量选择。
3)掌握典型零件加工工艺的制定方法。
4)掌握典型零件的程序编制。

(2)技能目标

1)掌握光电寻边器和 Z 轴设定器的使用方法。

2)掌握利用刀具半径补偿、刀具长度补偿来控制精度的方法。
3)会选择适当量具检测工件,会对产品质量进行分析。
4)能独立操作机床,顺利完成典型零件的加工。
5)养成遵守操作规程、文明生产的良好工作习惯。

2.项目实训内容

实训项目5 型腔类零件的编程与加工

1.零件图样及加工要求

【例4-5-5】在数控铣床上加工如图4.5.10所示零件,毛坯尺寸为80 mm×80 mm×20 mm,材料为硬铝。请编写零件加工程序并上机床操作,加工出该零件。

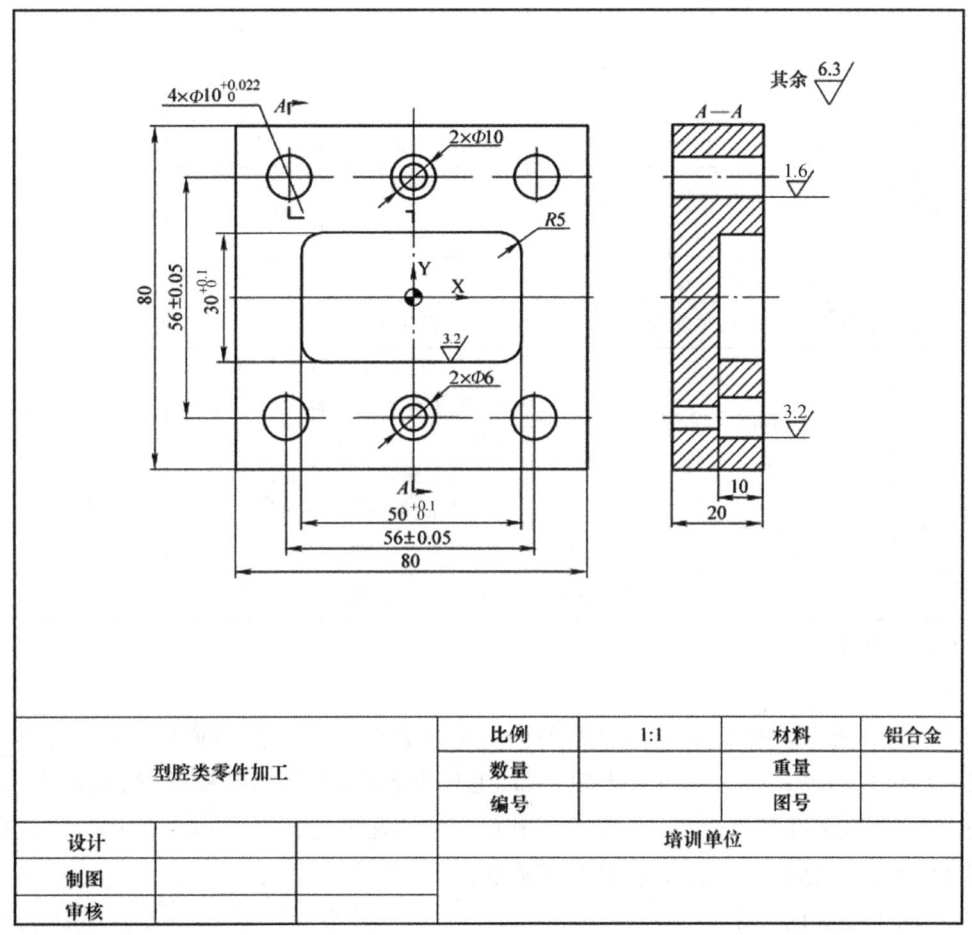

图4.5.10 型腔类零件图

评分表如表4.5.13所示。

表 4.5.13 评分表

班级		姓名		学号		日期	
实训课题		零件综合加工训练(一)		零件图号		图 4.5.10	
序号	考核内容	考核要求	配分	评分标准	学生自评分	教师评分	得分
1	轮廓	$30_0^{+0.1}$ mm	5	超差 0.1 mm 扣 2 分			
2		$50_0^{+0.1}$ mm	5	超差 0.1 mm 扣 2 分			
3		$R5$ mm(4 处)	12	超差不得分			
4	孔	$4\times\Phi10_0^{+0.022}$ mm	24	超差 0.01 mm 扣 2 分			
5		$2\times\Phi6$ mm	6	超差不得分			
6		$2\times\Phi10$ mm	6	超差不得分			
7	孔距	(56 ± 0.05) mm(2 处)	8	超差 0.01 mm 扣 2 分			
8	深度	10 mm(3 处)	6	超差 0.1 mm 扣 2 分			
9	表面粗糙度	$R_a 1.6\ \mu m$(4 处)	12	升高一级扣 2 分			
10		$R_a 3.2\ \mu m$(3 处)	6	升高一级扣 2 分			
11		$R_a 6.3\ \mu m$	1	升高一级不得分			
12	工艺	切削加工工艺制定正确	4	工艺不合理扣 2 分			
13	程序	程序正确、简单、明确、规范	5	程序不正确不得分			
14	安全文明生产	按国家颁布的安全生产规定标准评定		1.违反有关规定酌情扣 1~10 分,危及人身或设备安全者终止考核 2.场地不整洁,工、夹、刀、量具等放置不合理酌情扣 1~5 分			
		合计	100	总分			
未注公差按 GB/T 1804—m 规定							

2.工艺分析

(1)零件图分析

该零件由孔和内槽组成。在装夹工件时应用百分表校平上表面以保证孔、槽的深度尺寸及位置精度;当然,也可首先粗、精铣毛坯上表面,然后用键槽铣刀、立铣刀来粗、精铣内槽;两沉头孔精度较低,可采用钻中心孔+钻孔+铣孔工艺;$4\times\Phi10_0^{0.022}$ mm 孔可采用钻中心孔+钻孔+铰孔工艺来保证精度。

(2)加工路线的确定

1)粗铣、精铣毛坯上表面,留精铣余量约 0.5 mm。

2)用中心钻钻中心孔。

3)用 $\Phi10$ mm 键槽铣刀铣 $2\times\Phi10$ mm 孔及粗铣内槽。

4)用 $\Phi10$ mm 立铣刀精铣内槽。

5)用 $\Phi6$ mm 钻头钻 $2\times\Phi6$ mm 的通孔。

6) 用 $\Phi 9.7$ mm 钻头钻 $4 \times \Phi 10_0^{0.022}$ mm 的底孔。

7) 用 $\Phi 10H8$ 机用铰刀铰 $4 \times \Phi 10_0^{0.022}$ mm 的孔。

(3) 装夹方案的确定

工件采用平口钳装夹,采用垫铁支承,伸出钳口 5 mm 左右,用百分表校正钳口,X,Y 方向用寻边器对刀。其他工具如表 4.5.14 所示。

表 4.5.14 型腔类零件加工的工、量、刀具清单

种类	序号	名称	规格	精度/mm	单位	数量
工具	1	平口钳	QH160		台	1
	2	呆扳手			把	若干
	3	平板垫铁			副	1
	4	塑胶榔头			把	1
	5	寻边器	$\Phi 10$ mm		只	1
	6	Z 轴设定器	50 mm		只	1
量具	1	游标卡尺	0～150 mm	0.02	把	1
	2	百分表及表座	0～10 mm	0.01	个	1
	3	深度游标卡尺	0～150 mm	0.02	把	1
	4	内径千分尺	5～25 mm	0.01	把	1
刀具	1	面铣刀	$\Phi 60$ mm		把	1
	2	中心钻	A2		个	1
	3	麻花钻	$\Phi 6$ mm、$\Phi 9.7$ mm		把	各1
	4	机用铰刀	$\Phi 10H8$		把	1
	5	键槽铣刀	$\Phi 10$ mm		把	1
	6	立铣刀	$\Phi 10$ mm		把	1

(4) 刀具的选择

工件上表面铣削用面铣刀,孔加工用中心钻、麻花钻和铰刀,凹槽加工则用键槽铣刀及立铣刀。

(5) 切削用量的选择

铝件较易切削,粗加工深度除留精加工余量,可以一刀切除。切削速度较高,但垂直下刀的进给速度较低。切削用量选择具体如表 4.5.15 所示。

表 4.5.15 切削用量的选择

刀具号	刀具规格	工序内容	进给速度 v_f/(mm/min)	主轴转速 n/(r/min)
T01	$\Phi 60$ mm 面铣刀	粗、精铣毛坯上表面	100/80	600/800
T02	A2 中心钻	钻中心孔	100	1 000
T03	$\Phi 10$ mm 键槽铣刀	铣 $2 \times \Phi 10$ mm 孔及内槽加工	100	800

刀具号	刀具规格	工序内容	进给速度 v_f/(mm/min)	主轴转速 n/(r/min)
T04	$\Phi10$ mm 立铣刀	精铣内槽	80	1 000
T05	$\Phi6$ mm 麻花钻	钻 $2\times\Phi6$ mm 通孔	100	1 000
T06	$\Phi9.7$ mm 麻花钻	钻 $4\times\Phi10_0^{+0.022}$ mm 的底孔	100	800
T07	$\Phi10$H8 机用铰刀	铰 $4\times\Phi10_0^{+0.022}$ mm 的孔	80	1 200

(6) 选择工件坐标系原点

根据工件坐标系原点的选择原则,工件坐标系 X,Y 零点应建立在工件几何中心上;为了先粗、精铣毛坯上表面,可设工件上表面为工件坐标系的 $Z=1$ 面。

(7) 数值计算

该零件各基点坐标可以很容易计算出,此处不再进行计算。

3. 程序编制

FANUC Oi Mate—MC 系统加工程序及其说明如下:

【参考程序】

O4270;	(主程序)
N10 G54 G90 G94 G17 G21 G40 G49 G80;	(用 G54 建立工件坐标系,程序初始化)
N20 T01 D01;	(换 1 号刀具)
N30 S600 M03 M08;	(主轴正转,转速 600 r/min,开切削液)
N40 G00 G43 Z100 H01;	(调用 1 号刀具长度补偿,Z 轴快速定位至安全高度)
N50 G00 X−80 Y20 Z5;	(快速定位至 X−80 Y20 Z5 处)
N60 G01 Z0.5 F100;	(直线进给到 Z0.5 处,进给速度 100 mm/min)
N70 X80;	(直线进给到 X80 处)
N80 G00 Z5;	(快速抬刀至 Z5 处)
N90 X−80 Y−20;	(刀具快速移动到 X−80 Y−20 处)
N100 G01 Z0.5;	(直线进给到 Z0.5 处)
N110 X80;	(直线进给到 X80 处)
N120 G00 Z5;	(快速抬刀至 Z5 处)
N130 X−80 Y20;	(刀具快速移动到 X−80 Y20 处)
N140 S800 M03;	(主轴正转,转速升至 800 r/min,工件表面精铣)
N150 G01 Z0 F80;	(刀具 Z 向进刀,进给速度 80 mm/min)
N160 X80;	(直线进给到 X80 处)
N170 G00 Z5;	(快速抬刀至 Z5 处)
N180 X−80 Y−20;	(刀具快速移动到 X−80 Y−20 处)

```
N190 G01 Z0;                          (刀具 Z 向进刀)
N200 X80;                             (直线进给到 X80 处)
N210 G00 Z200;                        (快速抬刀至 Z200 处)
N220 M09 M05 M00;                     (关切削液,主轴停止,程序暂停,安装
                                       T02 刀具)
N230 T02 D02;                         (换 2 号刀具)
N240 S1000 M03 M08;                   (主轴正转,转速 1 000 r/min,开切削液)
N250 G00 G43 Z5 H02;                  (调用 2 号刀具长度补偿)
N260 G99 G81 X-28 Y28 Z-5 R3 F100;    (在 X-28 Y28 处调用孔加工循环,钻中
                                       心孔深 5 mm,刀具返回 R 平面)
N270 X0 Y28;                          (在 X0 Y28 处钻中心孔)
N280 X28;                             (在 X28 Y28 处钻中心孔)
N290 Y-28;                            (在 X28 Y-28 处钻中心孔)
N300 X0;                              (在 X0 Y-28 处钻中心孔)
N310 X-28;                            (在 X-28 Y-28 处钻中心孔)
N320 G80 G00 Z200;                    (取消钻孔循环,刀具沿 Z 轴快速移动
                                       到 Z200 处)
N330 M09 M05 M00;                     (关切削液,主轴停止,程序暂停,安装
                                       T03 刀具)
N340 T03 D03;                         (换 3 号刀具)
N350 S800 M03 M08;                    (主轴正转,转速 800 r/min,开切削液)
N360 G00 X0 Y28;                      (刀具快速移动到 X0 Y28 处)
N370 G00 G43 Z5 H03;                  (调用 3 号刀具长度补偿)
N380 G01 Z-10 F100;                   (铣孔深 10 mm)
N390 G04 X4;                          (刀具暂停 4 s)
N400 Z5;                              (刀具抬到 Z5 处)
N410 G00 Y-28;                        (刀具快速移动到 Y-28 处)
N420 G01 Z-10;                        (铣孔深 10 mm)
N430 G04 X4;                          (刀具暂停 4 s)
N440 Z5;                              (刀具抬到 Z5 处)
N450 G00 X10 Y0;                      (快速定位,开始粗铣内槽)
N460 G01 Z-5 F100;                    (刀具沿 Z 轴进刀至 Z-5 处)
N470 X11;                             (直线进给到 X11 处)
N480 Y2;                              (直线进给到 Y2 处)
N490 X-11;                            (直线进给到 X-11 处)
N500 Y-2;                             (直线进给到 Y-2 处)
N510 X11;                             (直线进给到 X11 处)
```

N520 Y0；   （直线进给到 Y0 处）
N530 X19；   （直线进给到 X19 处）
N540 Y10；   （直线进给到 Y10 处）
N550 X－19；   （直线进给到 X－19 处）
N560 Y－10；   （直线进给到 Y－10 处）
N570 X19；   （直线进给到 X19 处）
N580 Y0；   （直线进给到 Y0 处）
N590 Z5；   （直线进给到 Z5 处）
N600 G00 Z50；   （刀具快速抬刀至 Z50 处）
N610 X10；   （刀具快速移动到 X10 处）
N620 Z0；   （刀具快速移动到 Z0 处）
N630 G01 Z－9.7 F100；   （刀具沿 Z 轴进刀至 Z－9.7 处）
N640 X11；   （直线进给到 X11 处）
N650 Y2；   （直线进给到 Y2 处）
N660 X－11；   （直线进给到 X－11 处）
N670 Y－2；   （直线进给到 Y－2 处）
N680 X11；   （直线进给到 X11 处）
N690 Y0；   （直线进给到 Y0 处）
N700 X19；   （直线进给到 X19 处）
N710 Y10；   （直线进给到 Y10 处）
N720 X－19；   （直线进给到 X－19 处）
N730 Y－10；   （直线进给到 Y－10 处）
N740 X19；   （直线进给到 X19 处）
N750 Y0；   （直线进给到 Y0 处）
N760 Z5；   （直线进给到 Z5 处）
N770 G00 Z200；   （刀具快速抬刀至 Z200 处）
N780 M09 M05 M00；   （关切削液，主轴停止，程序暂停，安装 T04 刀具）
N790 T04 D04；   （换 4 号刀具）
N800 S1000 M03 M08；   （主轴正转，转速 1 000 r/min，开切削液）
N810 G00 X－20 Y5；   （刀具快速定位到 X－20 Y5 处）
N820 G00 G43 Z2 H04；   （调用 4 号刀具长度补偿）
N830 G01 Z－10 F80；   （进给至 Z－10 处，开始精铣内槽）
N840 G41 D04 G01 X－10；   （建立刀具半径左补偿）
N850 Y－15；   （直线进给到 Y－15 处）
N860 X20；   （直线进给到 X20 处）
N870 G03 X25 Y－10 I0 J5；   （逆时针圆弧插补）

N880 G01 Y10；	（直线进给到 Y10 处）
N890 G03 X20 Y15 I－5 J0；	（逆时针圆弧插补）
N900 G01 X－20；	（直线进给到 X－20 处）
N910 G03 X－25 Y10 I0 J－5；	（逆时针圆弧插补）
N920 G01 Y－10；	（直线进给到 Y－10 处）
N930 G03 X－20 Y－15 I5 J0；	（逆时针圆弧插补）
N940 G01 X0；	（直线进给到 X0 处）
N950 G40 G01 Y5；	（取消刀具半径补偿，直线进给到 Y5 处）
N960 Z0；	（刀具沿 Z 向移动到 Z0 处）
N970 G00 Z200；	（刀具快速移动到 Z200 处）
N980 M09 M05 M00；	（关切削液，主轴停止，程序暂停，安装 T05 刀具）
N990 T05 D05；	（换 5 号刀具）
N1000 S1000 M03 M08；	（主轴正转，转速 1 000 r/min，开切削液）
N1010 G00 X0 Y28；	（刀具快速定位到 X0 Y28 处）
N1020 G00 G43 Z2 H05；	（调用 5 号刀具长度补偿）
N1030 G99 G83 Z－24 R5 Q－5 F80；	（调用排屑钻孔循环，钻孔深 24 mm，刀具返回 R 平面）
N1040 X0 Y－28；	（继续在 X0 Y－28 处钻孔）
N1050 G80 G00 Z200；	（取消钻孔循环，刀具沿 Z 轴移动到 Z200 处）
N1060 M09 M05 M00；	（关切削液，主轴停止，程序暂停，安装 T06 刀具）
N1070 T06 D06；	（换 6 号刀具）
N1080 S800 M03 M08；	（主轴正转，转速 800 r/min，开切削液）
N1090 G00 X－28 Y28；	（刀具快速移动到 X－28 Y28 处）
N1100 G00 G43 Z5 H06；	（调用 6 号刀具长度补偿）
N1110 G99 G83 Z－24 R5 Q－5 F100；	（调用孔加工循环，钻孔深 24 mm，刀具返回 R 平面）
N1120 X28 Y28；	（在 X28 Y28 处钻孔）
N1130 X28 Y－28；	（在 X28 Y－28 处钻孔）
N1140 X－28 Y－28；	（在 X－28 Y－28 处钻孔）
N1150 G80 G00 Z200；	（取消钻孔循环，刀具沿 Z 轴快速移动到 Z200 处）
N1160 M09 M05 M00；	（关切削液，主轴停止，程序暂停，安装 T07 刀具）
N1170 T07 D07；	（换 7 号刀具）

N1180 S1200 M03 M08;   （主轴正转,转速1 200 r/min,开切削液）
N1190 G00 X-28 Y28;   （刀具快速移动到 X-28 Y28 处）
N1200 G00 G43 Z5 H07;   （调用 7 号刀具长度补偿）
N1210 G99 G85 Z-23 R5 F80;   （调用孔加工循环,铰孔深 23 mm,刀具返回 R 平面）
N1220 X28 Y28;   （在 X28 Y28 处铰孔）
N1230 X28 Y-28;   （在 X28 Y-28 处铰孔）
N1240 X-28 Y-28;   （在 X-28 Y-28 处铰孔）
N1250 G80 G00 Z200;   （取消循环,刀具沿 Z 轴快速移动到 Z200 处）
N1260 M09;   （关切削液）
N1270 M05 M02;   （主轴停止,程序结束）

技能训练

1.在数控铣床上完成如图 1 所示零件的加工并检查零件质量。毛坯尺寸为 100 mm×100 mm×30 mm,材料为硬铝。

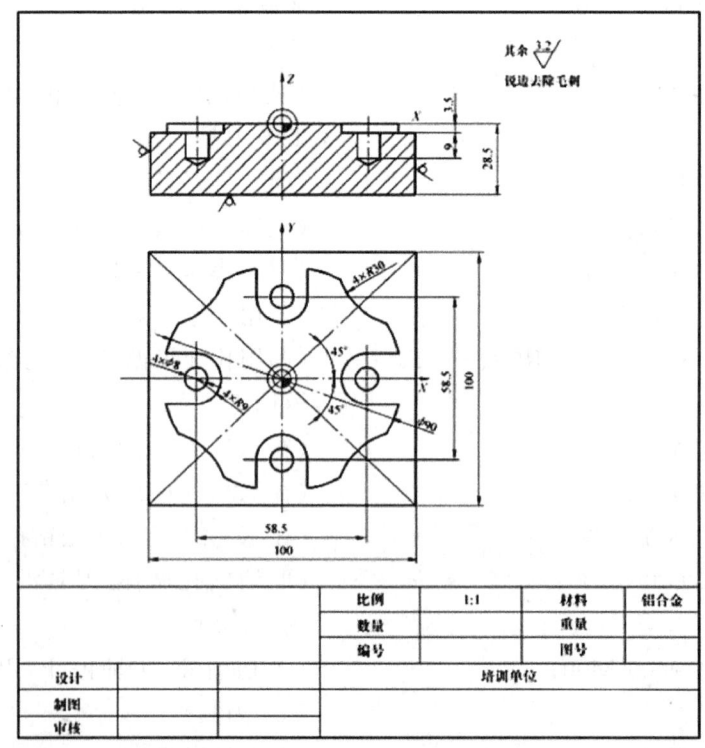

图 1　强化训练题 1

2.在数控铣床上完成如图2所示零件的加工并检查零件质量。毛坯尺寸为80 mm×80 mm×20 mm,材料为硬铝。

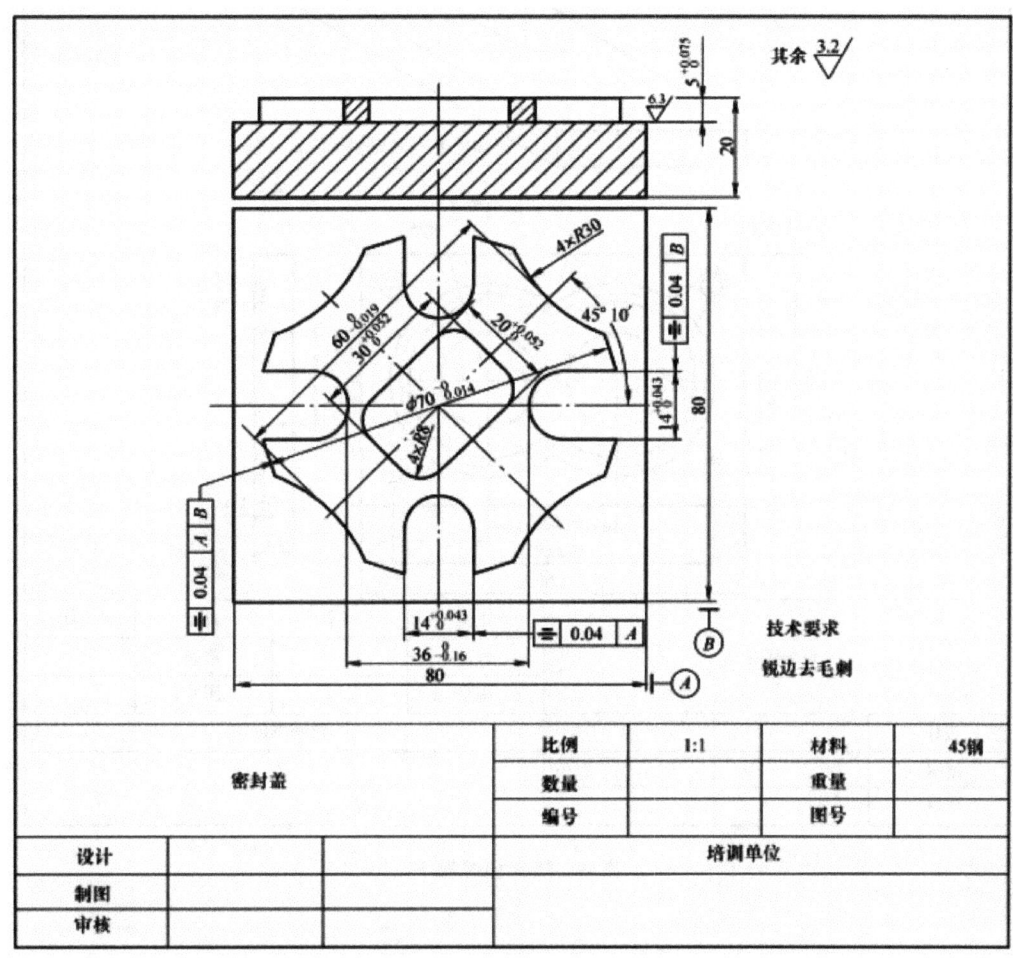

图 2　强化训练题 2

3.在数控铣床上完成如图3所示零件的加工并检查零件质量。毛坯尺寸为120 mm×60 mm×12 mm,材料为45钢。

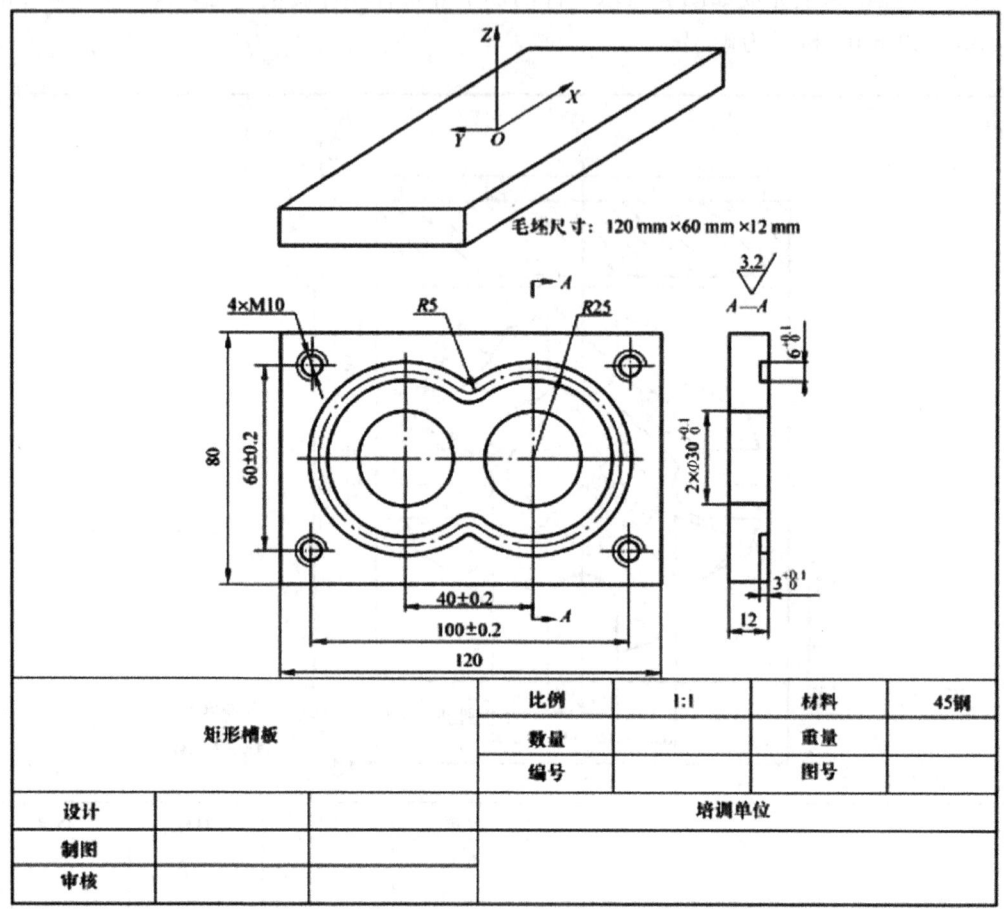

图 3　强化训练题 3

模块五　数控加工中心编程与操作

5.1　概述

5.1.1　加工中心概念

加工中心(Machining Center,简称 MC)是由机械设备与数控系统组成的应用于加工复杂形状工件的高效率自动化机床。加工中心最初是从数控铣床发展而来的。与数控铣床相同的是,加工中心同样是由计算机数控系统、伺服系统、机械本体、液压系统等各部分组成。但加工中心又不完全等同于数控铣床,加工中心与数控铣床的最大区别在于加工中心具有自动交换刀具的功能,通过在刀库上安装不同用途的刀具,可在一次装夹中通过自动换刀装置改变主轴上的加工刀具,实现铣、钻、镗、铰、攻螺纹等多种加工功能。

数控加工中心是由机械设备与数控系统组成的适用于加工复杂零件的高效率自动化机床。数控加工中心是世界上产量最高、应用最广泛的数控机床之一。它的综合加工能力较强,工件一次装夹后能完成较多的加工内容,加工精度较高,对于中等加工难度的批量工件,其效率是普通设备的 5～10 倍,特别是它能完成许多普通设备不能完成的加工,对形状较复杂、精度要求高的单件加工或中小批量多品种生产更为适用。它把铣削、镗削、钻削、攻螺纹和切削螺纹等功能集中在一台设备上,使其具有多种加工工序工艺手段。

5.1.2　加工中心的发展历史

加工中心最初是从数控铣床发展而来的。20 世纪 40 年代末,由于工业发展的需要,美国开始研究制作数控机床。1952 年,美国麻省理工学院(MIT)伺服机构实验室成功研制出第一台数控铣床,并于 1957 年投入使用。第一台加工中心是 1958 年由美国卡尼-特雷克公司首先研制成功的。它在数控卧式镗铣床的基础上增加了自动换刀装置,从而实现了工件一次装夹后即可进行铣削、钻削、镗削、铰削和攻丝等多种工序的集中加工。这是制造业科技发展的一个里程碑,意味着制造领域中数控加工时代的开始。数控加工是现代制造技术的基础,世界上工业发达国家都十分重视数控加工技术的研究和创新。加工中心的出现在原来的基础上使得加工制造行业向前迈进了一大步,实现了从质变到量变的飞跃。

20 世纪 70 年代是加工中心发展的鼎盛期,出现了可换主轴箱加工中心,能对工件同时进行多孔加工。随着加工行业的步步发展,加工中心也随之变得更加实用,应用也越来越广泛,出现了立式加工中心、卧式加工中心、万能式加工中心。

5.1.3　加工中心的组成

基础部件:是加工中心的基础结构,主要由床身、工作台、立柱三大部分组成。这三部分不仅要承受加工中心的静载荷,还要承受切削加工时产生的动载荷。所以要求加工中心的基础部件必须有足够的刚度,通常这三大部件都是铸造而成的。

主轴部件:由主轴箱、主轴电机、主轴和主轴轴承等零部件组成。主轴是加工中心切削加工的功率输出部件,它的起动、停止、变速、变向等动作均由数控系统控制。主轴的旋转精度和定位准确性,是影响加工中心加工精度的重要因素。

数控系统:由 CNC 装置、可编程序控制器、伺服驱动系统以及面板操作系统组成,是执行顺序控制动作和加工过程的控制中心。CNC 装置是一种位置控制系统,其控制过程是根据输入的信息进行数据处理、插补运算,获得理想的运动轨迹信息,然后输出到执行部件,加工出所需要的工件。

自动换刀系统:主要由刀库组成。当需要更换刀具时,数控系统发出指令后,先把主轴上的刀具送回刀库,再抓取相应的刀具至主轴孔内,从而完成整个换刀动作。

辅助装置:包括润滑、冷却、排屑、防护、液压、气动和检测系统等部分。这些装置虽然不直接参与切削运动,但却是加工中心不可缺少的部分,对加工中心的加工效率、加工精度和可靠性起着保障作用。

5.2　加工中心的特点

5.2.1　加工中心的加工特点

加工中心是一种典型的集高新技术于一体的机械加工设备,集铣削、钻削、铰削、镗削、攻螺纹和切螺纹于一身,具有多种工艺手段。与普通数控机床相比,CNC 加工中心具有以下几个突出特点。

1)机床的刚度高,抗震性好。为了适应加工中心高自动化、高精度、高效率及高可靠性的加工要求，加工中心的静态刚度和动态刚度都高于普通数控机床；由于其机械结构系统的阻尼比高，从而在加工过程中机床的抗震性能高于普通数控机床。

2) 工序集中。加工中心带有刀库，并能够自动换刀，这是加工中心和数控铣床的主要区别。在加工前将需要的刀具调整测量好后先装入刀库，加工时能够通过程序控制实现相应的刀具自动更换，从而对工件进行多工序加工。现代高速加工中心更大程度地使工件在一次装夹后实现多表面、多特征、多工位的连续、高效、高精度加工，即工序集中。这是加工中心最突出的特点。

3) 对加工对象的适应性强。加工中心生产的柔性不仅体现在对特殊要求的快速反应上，而且还可以快速实现批量生产，提高市场竞争能力。

4) 高自动化、高精度、高效率。自动换刀是高速加工中心高自动化的一个方面。加工中心的主轴转速高、进给速度快、快速定位精度高，可以通过切削参数的合理选择，充分发挥刀具的切削性能，减少切削时间，且整个加工过程连续、辅助动作快、自动化程度高。

同其他数控机床一样，高速加工中心也具有加工精度高的特点。而且，由于加工工序集中，避免了长工艺流程，减少了人为干扰，故加工中心加工精度更高，加工质量更加稳定。

在一台加工中心上能集中完成多种工序，因而可减少工件装夹、测量和机床的调整时间，减少工件半成品的周转、搬运和存放时间，使加工中的切削利用率（切削时间和开动时间之比）高出普通数控机床 3~4 倍，达到 80% 以上。

5) 使用多个可以自动交换的工作台。有的零件加工中心上带有自动交换工作台，可实现一个工作台在加工的同时，另一个工作台完成工件的装夹，从而大大缩短辅助时间，提高加工效率。

6) 减轻了操作者的劳动强度。加工中心对零件的加工是按事先编好的程序自动完成的。操作者除了操作键盘、装卸零件、进行关键工序的中间测量以及观察机床的运行之外，不需要进行繁重的重复性手工操作，劳动强度和紧张程度均可大大减轻，劳动条件也得到很大的改善。

7) 经济效益高。使用加工中心加工零件时，分摊在每个零件上的设备费用是比较昂贵的，但在单件、小批量生产的情况下，可以节省许多其他方面的费用，因此能获得良好的经济效益。例如，在零件安装到加工中心上之后可以减少调整、加工和检验时间，从而减少了直接生产费用；另外，由于线轨加工中心加工时不需要手工制作模型、凸轮、砧模板及其他工装夹具，省去了许多工艺装备，减少了硬件投资；还由于加工中心的加工稳定，减少了废品率，使生产成本进一步下降。

8) 有利于生产管理的现代化。用加工中心加工零件，能够准确地计算零件的加工工时，并有效地简化了检验和工装夹具、半成品的管理工作，有利于使生产管理现代化。当前，有许多大型 CAD/CAM 集成软件已经开发了生产管理模块，实现了计算机辅助生产管理。

加工中心的工序集中加工方式固然有其独特的优点，但同时也带来了新的问题。

1）由于加工中心智能化程度高、结构复杂、功能强大，因此加工中心的一次性投资及日常维护保养费用较普通机床高出很多。

2）在适当的条件下才能发挥最佳效益，即在使用过程中要发挥加工中心的优点，才能充分体现效益。所以，对加工中心的合理使用至关重要。

3）由于工序集中，在加工中心上加工时，粗加工后直接进入精加工阶段，工件的温升来不及恢复，冷却后尺寸变动，影响零件精度。

4）工件由毛坯直接加工为成品，一次装夹中金属切除量大、几何形状变化大，没有释放应力的过程。加工完成一段时间后，应力才得以释放，导致工件变形。

5）切削不断屑，切屑的堆积会影响加工的顺利进行及零件的表面质量，甚至使刀具损坏、工件报废。

6）装夹零件的夹具必须满足既能承受粗加工中大的切削力，又能满足在精加工中准确定位的要求，而且零件夹紧变形要小。

7）由于自动换刀及全封闭防护的应用，工件尺寸受到一定的限制，吊装较大的工件有时也不太方便，钻孔深度、刀具长度、刀具直径及刀具重量也要加以考虑。

5.2.2 加工中心程序编制的特点

加工中心是将数控铣床、数控镗床、数控钻床的功能组合起来，并装有刀库和自动换刀装置的数控镗铣床，因此数控加工中心在加工程序的编制当中，从加工工序的确定、刀具的选择、进给路线的安排，到数控加工程序的编制，都比其他机床复杂。加工中心有其自身的编程特点。

1）首先应进行合理的工艺分析。由于零件加工工序多，使用的刀具种类多，甚至在一次装夹下，要完成粗加工、半精加工与精加工，周密合理地安排各工序加工的顺序有利于提高加工精度和生产效率；加工顺序如前所述的按铣大平面、粗镗孔、半粗镗孔，立铣刀加工，打中心孔，钻、攻螺纹，精加工、铰镗精铣等的加工次序。

2）根据加工批量等情况，决定采用自动换刀还是手动换刀。一般地，对于加工批量在10件以上，而刀具更换又比较频繁时，采用自动换刀为宜。但当加工批量很小而使用的刀具种类又不多时，把自动换刀安排到程序中，反而会增加机床调整时间。当然，这时就相当于把加工中心机床当数控铣床来使用。

3）自动换刀要留出足够的换刀空间。有些刀具直径较大或尺寸较长，自动换刀时要注意避免发生撞刀事故。为了安全起见，有的机床要求换刀前必须回到参考点（或 Z 轴回到参考高度）后进行换刀。

4）为提高机床利用率，尽量采用刀具机外预调，并将测量尺寸填写到刀具卡片中，以便于操作者在运行程序前及时修改刀具补偿参数。

5）对于编好的程序，必须进行认真检查，并于加工前安排好试运行。从编程的出错率来看，采用手工编程比自动编程出错率高，特别是在生产现场，为临时加工而编程时，出错率更高，认真检查程序并安排好试运行就更为必要。

6)尽量把不同工序内容的程序,分别安排到不同的子程序中。当零件加工工序较多时,为了便于程序的调试,一般将各工序内容分别安排到不同的子程序中,主程序主要完成换刀及子程序的调用。这种安排便于按每一工序独立地调试程序,也便于因加工顺序不合理而做出重新调整。对于需要多次重复调用的子程序,可以考虑采用 G91 增量编程的方式处理其中的关键程序段,以便在主程序中用 M98PL 方式调用,这样可简化程序量。

7)尽可能地利用机床数控系统本身所提供的镜像、旋转、固定循环和宏指令编程处理的功能,以简化程序量。

8)对加工时所要使用的第一把刀具,可以把它直接安装在主轴上,并将这把刀的刀号输入设置到某地址号中。这样,在加工程序的开头就可以不进行换刀操作。但在程序结束前必须要有换刀程序段,以便使加工最后用的刀具换为加工开始时用的刀具,使这个程序还能继续进行下个零件的加工。在调整时,主轴上先不装刀,所要用的几把刀具全装在刀库上。在程序的开头,是换刀的程序段,以使主轴装上刀具。当然,这次换刀时,主轴上是空的,只是把刀库上的刀具装上主轴,后面的程序则与前述相同。

5.2.3 加工中心的类型和主要加工对象

1.数控加工中心的类型

(1)按主轴空间位置分类

1)立式加工中心。主轴在空间中处于垂直状态。立式加工中心一般具有三个直线运动坐标,工作台具有分度和旋转功能,立式加工中心机主要适用于加工板类、盘类、模具及小型壳体类复杂零件。立式加工中心能完成铣、镗削、钻削、攻螺纹和切削螺纹等工序。立式加工中心最少是三轴二联动,一般可实现三轴三联动,有的可进行五轴、六轴控制。立式加工中心立柱高度是有限的,对箱体类工件加工范围要减少,这是立式加工中心的缺点。但立式加工中心工件装夹、定位方便;刃具运动轨迹易观察,调试程序检查测量方便,可及时发现问题,进行停机处理或修改;冷却条件易建立,切削液能直接到达刀具和加工表面;三个坐标轴与笛卡儿坐标系吻合,感觉直观与图样视角一致,切屑易排除和掉落,避免划伤加工过的表面。与相应的卧式加工中心相比,立体加工中心结构简单,占地面积较小,价格较低。

2)卧式加工中心。卧式加工中心是最常用的数控机床之一,其技术含量高,是数控机床产业发展水平的标志性产品之一。卧式加工中心指主轴为水平状态的加工中心,通常都带有自动分度的回转工作台,它一般具有 3~5 个运动坐标,常见的是三个直线运动坐标加一个回转运动坐标,工件在一次装卡后,完成除安装面和顶面以外的其余四个表面的加工,它最适合加上箱体类零件。与立式加工中心相比,卧式加工中心加工时排屑容易,对加工有利,但结构复杂,价格较高。

(2) 按功能特征分类

1) 钻削加工中心：加工方式以钻削为主，主要适用于加工板类、盘类、模具及小型壳体类复杂零件。

2) 镗削加工中心：加工方式以镗铣为主，一般具有分度转台或数控转台，可加工工件的各个侧面，也可作多个坐标的联合运动，以便加工复杂的空间曲面，主要适用于加工箱体类零件。

3) 万能加工中心：也称复合加工中心，主轴头可自动回转，进行立卧加工，能完成复杂空间曲面的加工，适用于具有复杂空间曲面的叶轮转子、模具、刀具等工件的加工。

(3) 按所用换刀装置分类

1) 转塔头加工中心。转塔头加工中心有立式和卧式两种，主轴一般为6～12个，换刀时间短，数量少，主轴转塔头刚性和承载能力较弱，定位精度要求高。因此，它多用于小型加工中心，以孔加工为主。

2) 带刀库的加工中心。这种加工中心的换刀方式有无机械手式主轴换刀、机械手式主轴换刀和机械手式双主轴转塔头换刀。无机械手式主轴换刀方式的特点是利用工作台运动及刀库相对转动，由主轴箱上下运动进行选刀和换刀。而机械手式主轴换刀的加工中心结构多种多样，由于机械手卡爪可同时分别抓住刀库上所选的刀和主轴上的刀，换刀时间短，并且选刀时间可与机械加工时间重合，因此得到广泛的应用。而机械手式双主轴转塔头换刀，这种加工中心刀具在主轴上进行铣削时，通过机械手将下一步所用的刀具换在转塔头的非切削主轴上。当主轴上的刀具切削完毕后，转塔头即回转，完成换刀工作，因此也能节省换刀时间。

(4) 按工作台结构特征分类

数控加工中心可分单工作台、双工作台和多工作台加工中心。设置工作台的目的是缩短零件的辅助准备时间，提高生产效率和机床自动化程度。工作台可自动分度和回转，便于加工和工件的装卸。常见的加工中心有单工作台和双工作台加工中心两种形式。

(5) 按主轴结构特征分类

数控加工中心可分为单轴、双轴、三轴及可换主轴的加工中心。

2.数控加工中心的主要加工对象

加工中心是一种工艺范围较大的数控加工机床，能进行铣削、镗削、钻削和螺纹加工等多项工作，因此适于加工复杂、工序多、要求高、需用多种类型的普通机床和众多刀具夹具，且需多次装夹才能完成的零件。其加工的主要对象可分为箱体类零件、盘板类零件、复杂曲面零件、异形件和特殊加工零件，特别适合箱体类零件和孔系的加工。

(1) 箱体类零件

箱体类零件是指内部有型腔，在外部长、宽、高方向上有一定尺寸的零件。其一般都需要进行多工位孔系及平面加工,公差要求较高,特别是对形位公差要求严格,通常要经过铣、钻、镗、铰、扩等多道工序,需要刀具较多,在普通数控机床上加工工装次数多,加工周期长,需多次装夹、找正,手工测量次数多,加工时频繁更换刀具,工艺制定困难,并且难以保证加工精度。

加工箱体类零件时,当加工工位较多,需要工作台多次旋转角度才能完成的零件,一般选择镗铣类加工中心。当加工的工位较少且跨距不大时,可选立式加工中心。

(2)盘板类零件

盘板类零件是指零件厚度相对于零件的长、宽来说可忽略的零件,此类零件常带有键槽或径向孔,或端面有分布的孔系等。此类零件常用立式数控加工中心加工。

(3)复杂曲面零件

复杂曲面是由复杂的空间曲线构成的,此类零件采用普通加工一般很难完成,甚至无法完成。传统方法通常采用精密铸造,但由于材料、铸造技术等原因,产品精度通常极低。常见的复杂曲面零件有各种叶轮、球面、螺旋桨以及一些其他形状的自由曲面。这类零件均可用加工中心进行加工。复杂曲面用加工中心加工时,编程工作量较大,大多采用自动编程技术。

(4)异形件

异形件是外形不规则的零件,大多需要进行点、线、面多工位混合加工。异形件一般刚性较差,装夹变形难以控制,因此加工精度也难以保证,用加工中心加工时应采用合理的工艺措施,一次或二次装夹,利用加工中心多工位点、线、面混合加工的特点完成加工。

(5)特殊加工零件

在熟练掌握了加工中心的功能之后,配合一定的工装和专用工具,利用加工中心可以完成一些特殊的工艺工作,如在金属表面刻字、刻线、刻图案;在加工中心的主轴上装上高频电火花电源,可对金属表面进行线扫描表面淬火;用加工中心装上高速磨头,可实现小模数渐开线圆锥齿轮磨削及各种曲线、曲面的磨削等。

5.2.4 加工中心的换刀形式

除了和其他数控铣削加工设备一样,具有高效加工复杂曲面工件和异形轮廓工件的加工能力以外,它还有自动更换加工刀具的先进功能。数控加工中心之所以具有较高的自动化加工能力,除了因为机床配置有控制装置和工件的加工程序以外,还在于硬件方面配置有刀库和自动换刀装置两部分。

根据数控加工中心加工形式和加工要求的不同,常见的刀库形式主要有斗笠式刀库、圆盘机械手刀库、链式刀库等几种,相对应的换刀方式可分为直接换刀方式、机械手换刀方式和转塔头换刀方式几种,具体我们来看一下它们各自的特点。

1. 数控加工中心换刀方式——直接换刀方式

所谓直接换刀方式是指换刀过程由刀库和主轴箱配合完成,这是一种最直接的换刀方式,一般配置的刀库是斗笠式的。按照换刀过程中刀库有没有发生位移来区分,直接换刀方式又可以分为刀库移位方式和刀库固定方式两种。刀库移位方式中,刀库是可以移动的,在换刀前,刀库进入换刀工作区,换刀后再退出该区域。这种换刀方式由于刀库发生的运动较多,布局比较讲究,灵活性和适应性较差。刀库固定方式中,主要通过主轴箱的移动进行选刀。刀库可以是保持静止的,也可以只进行位置旋转。前者只能进行顺序选刀,适用于刀具数量较少的数控加工中心,而后者可以实现转位选刀。这种选刀方式减少了刀库的移动,可以大大简化刀库的设计结构,对换刀过程的控制也简单可靠。直接换刀方式的特点是换刀速度慢、故障率高,只在早期的机型上使用。

2. 数控加工中心换刀方式——机械手换刀方式

一般配置机械手换刀机构的刀库常使用圆盘式刀库。所谓机械手换刀方式,就是指在换刀时,由机械手进行抓刀、选刀及换刀。负责在刀库和数控加工中心的主轴之间传递刀具,将替换下来的刀具送回到刀库内,再将需要使用的刀具推送到主轴上。这种换刀方式的特点是待使用的新刀和已使用的旧刀同时抓取,也就是说抓刀和换刀同时进行。因此相对其他换刀方式来说,它具有换刀速度更快、各机械元件的运动幅度更小等特点,是现在比较主流的换刀方式。

3. 数控加工中心换刀方式——转塔头换刀方式

转塔头换刀方式是通过转塔的旋转,使需要的刀具移动到相应位置的换刀方式。它一般为顺序换刀,优点是结构紧凑,换刀时间极短,一般较多应用于加工曲轴类等细长类工件且需要完成多道工序的复杂工序加工场合。

转塔头换刀方式的自动换刀装置和直接换刀方式类似,又分为转塔刀架换刀和转塔主轴头换刀两种方式。转塔刀架换刀方式是通过转塔头的旋转,实现自动换刀动作;转塔主轴头换刀方式也需要配备转塔,但转塔主轴上连接的不是刀架,而是多个不同方位,呈章鱼触手状分布的分主轴头,每个主轴头上事先安装有各个工序需要使用的刀具。

在数控加工中心加工中,通过旋转转塔,各主轴头按照程序指令依次转动到加工位置,从而实现自动换刀动作。这种换刀方式,由于各分主轴都集中在一个转塔上,对转塔主轴的刚度有较高的要求,对刀具主轴的数量也有一定的限制。这种换刀方式主要应用在较小型的数控加工中心上。

5.3 加工中心编程常用指令

数控机床是按照事先编制好的零件加工程序自动地对工件进行加工的高效自动化设备。在数控编程之前,编程人员首先应了解所用数控机床的规格、性能,数控系统所具备的功能及编程指令格式等。编制程序时,应先对图纸规定的技术要求,零件的几何形状、尺寸及工艺要求进行分析,确定加工方法和加工路线,再进行数学计算,获得刀位数据;然后按数控机床规定的代码和程序格式,将工件的尺寸,刀具运动中心轨迹、位移量,切削参数以及辅助功能(换刀、主轴正反转、冷却液开关等)编制成加工程序,并输入数控系统,由数控系统控制数控机床自动地进行加工。

5.3.1 数控编程的内容与方法

1. 数控编程的内容

一般来讲,程序编制包括以下几个方面的工作。

(1) 加工工艺分析

编程人员首先要根据零件图,对零件的材料、形状、天时、精度和热处理要求等,进行加工工艺分析,合理地选择加工方案,确定加工工序、加工路线、装卡方式、刀具及切削参数等;同时,还要考虑所用数控机床的指令功能,充分发挥机床的效能,加工路线要短,换刀次数要少。

(2) 数值计算

根据零件图的几何尺寸确定工艺路线及坐标系,计算零件粗、精加工运动的轨迹,得到刀位数据。对于形状比较简单的零件(如直线和圆弧组成的零件)的轮廓加工,要计算出几何元素的起点、终点,圆弧的圆心,两几何元素的交点或切点的坐标值,有的还要计算刀具中心的运动轨迹坐标值。对于形状比较复杂的零件(如非圆曲线、曲面组成的零件),需要用直线段或圆弧逼近,根据加工精度的要求计算出节点坐标值,这种数值计算一般要用计算机来完成。

(3) 编写加工程序

加工路线、工艺参数及刀位数据确定后,编程人员就可以根据数控系统规定的功能指令代码及程序段的格式,逐段编写加工程序。如果编程人员和加工人员是分开的话,还应附上必要的加工示意图、刀具参数表、机床调整卡、工艺卡以及相关的文字说明。

(4)制备控制介质

把编制好的程序记录到控制介质上,作为数控装置的输入信息,用人工或通信传输的方式送入数控系统。

(5)程序校对和首件试切

编写的程序和制备好的控制介质,必须经过校验和试切后才能正式使用。校验的方法是直接将控制介质的内容输入数控系统中,让机床空运行,以检查机床的运动轨迹是否正确,或者通过数控系统提供的图形仿真功能,在CRT屏幕上,模拟刀具的运动轨迹。但这些方法只能检验运动是否正确,不能检验被加工零件的加工精度。因此,要进行零件的首件试切。当发现有加工误差时,分析误差产生的原因,找出问题所在,加以修正。

2.数控编程的方法

数控机床所使用的程序是按照一定的格式并以代码的形式编制的,一般称为"加工程序",目前零件的加工程序编制方法主要有以下三种。

(1)手工编程

利用一般的计算工具,通过各种数学方法,人工进行刀具轨迹的运算,并进行指令编制。这种方式比较简单,很容易掌握,适应性较大,适用于二维零件和计算量不大的零件编程,对机床操作人员来讲必须掌握。

(2)自动编程

自动编程的初期是利用微机或专用的编程器,在专用编程软件(如APT系统)的支持下,以人机对话的方式来确定加工对象和加工条件,然后编程器自动进行运算并生成加工指令。这种自动编程方式,对于形状简单(轮廓由直线和圆弧组成)的零件,可以快速完成编程工作。目前在安装高版本数控系统的机床上,这种自动编程方式已经完全集成在机床的内部(如西门子810系统、海德汉430系统等)。但是,如果零件的轮廓是曲线样条或是由三维曲面组成,这种自动编程是无法生成加工程序的,解决的办法是利用CAD/CAM软件来进行数控编程。

(3)CAD/CAM

利用CAD/CAM系统进行零件的设计、分析及加工编程,这种方法适用于制造业中的CAD/CAM集成系统,目前正被广泛应用。该方式适应面广、效率高,程序质量好,适用于各类柔性制造系统(FMS)和计算机集成制造系统(CIMS),但投资大,掌握起来需要一定时间。

5.3.2 加工中心坐标系与参考点

加工中心坐标系包括机床坐标系和工件坐标系,不同的加工中心坐标系略有不同。

机床加工时仍然是刀具相对工件发生运动,即假设工件相对静止,刀具在运动。

为了简化编制程序的方法和保证记录数据的一致性,对数控机床的坐标和方向的命名国际上很早就制定有统一标准,我国于1982年制定了《数控机床坐标和运动方向的命名》(JB3051—82)。

在标准中统一规定采用右手直角笛卡儿坐标系对数控机床的坐标系进行命名,用 X,Y,Z 表示直线进给坐标轴,X,Y,Z 坐标轴的相互关系由右手法则决定,如图 5.3.1 所示。

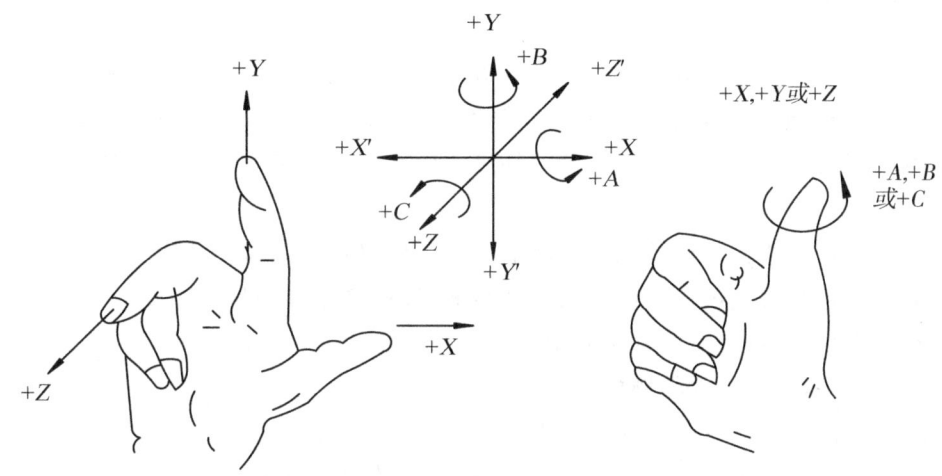

图 5.3.1　机床坐标系

围绕 X,Y,Z 轴旋转的圆周进给坐标轴分别用 A,B,C 表示,根据右手螺旋定则确定 $+A,+B,+C$ 的方向,如图 5.3.1 所示。

数控机床的进给运动,有的由主轴带动刀具运动来实现,有的由工作台带着工件运动来实现。通常在编程时,不论机床在加工中是刀具移动,还是被加工工件移动,都一律假定被加工工件相对静止不动,而刀具在移动,并规定刀具远离工件的方向作为坐标轴的正方向。

Z 轴与主轴轴线重合,刀具远离工件的方向为正方向($+Z$)。

X 轴垂直于 Z 轴,并平行于工件的装卡面,如果为单立柱铣床,面对刀具主轴向立柱方向看,向右运动的方向为 X 轴的正方向($+X$)。

Y 轴可根据已选定的 X 轴和 Z 轴按右手法则来确定。

1.机床坐标系指令 G53

机床坐标系各轴符合右手笛卡儿坐标系准则,是用来确定工件坐标系的基本坐标系,为机床本身所固有,由机床生产厂商设计时制定的。位置由机械挡块决定,不能随意更改。该坐标系必须在开机后通过手动回参考点的操作来建立(回零操作)。该参考点是机械原点(零点)。

编程格式:(G90)G53 IP

其中:IP 为绝对尺寸字。

使用说明:

当指令机床坐标系上的位置时,刀具快速移动到该位置。用于选择机床坐标系的 G53 是非模态 G 代码,即它仅在指令机床坐标系的程序段有效。对 G53 应指定绝对值(G90)指令。当指定增量值指令(G91)时,G53 指令被忽略。当指令刀具移动到机床的特殊位置时(如换刀位置),应该用 G53 编制在机床坐标系的移动程序中。

2.工件坐标系

工件坐标系是编程人员在编写程序时在工件上建立的坐标系,工件坐标系的原点位置为工件原点(编程原点)。理论上工件坐标系的原点可以是任意位置,实际上原点位置是由编程人员为了编程方便以及零件尺寸的直观性来确定的。编程原点的选择应注意:

1)编程原点应选在零件的尺寸基准上,便于坐标值计算,减少错误。
2)编程原点应尽量选在精度高的工件表面,以提高零件的加工精度。
3)对称零件,原点应在对称中心上。
4)一般零件,应在工件轮廓的某一角。
5)Z 轴方向上零点一般设在工件表面。
6)对于卧式加工中心,最好把工件零点设在回转中心与 Z 轴连线适当位置上。
7)编程时应将刀具起点和程序原点设在同一处,可以简化程序,便于计算。

A.设置工件坐标系指令 G92

编程格式:G92 X Y Z

使用说明:

执行此指令后,就在机床上建立了一个工件坐标系,该指令中的坐标值代表刀具起始点在该工件坐标系中的坐标值,因此操作者在使用写有该坐标系设定指令的程序时,必须在安装工件后通过对刀操作,使刀具刀位点与程序起始点重合。对于三轴联动的加工中心,各坐标轴均不能省略;否则会对未设定的坐标轴按以前的记忆进行,达不到控制的目的。

B.工件坐标系选择指令 G54—G59

在编程过程中进行编程坐标系(工件坐标系)的平移变换,使编程坐标系的零点偏移到新的位置。FANUC 0i Mate—MC 数控系统可通过 CRT/MDI 画面设定机床零点到各工件坐标系(G54—G59)原点的偏移距离。

G54—G59 是模态指令,在执行手动返回参考点之后,系统自动选择工件坐标系。在有"模态"命令对这些坐标做出改变之前,将保持其有效性。

3.自动返回参考点指令 G27、G28、G29

参考点是 CNC 机床上的固定点,利用参考点返回指令将刀架移动到该点。可以设置最多四个参考点,各参考点的位置利用参数事先设置。接通电源后必须先进行第一参考点返回,否则不能进行其他操作。参考点返回有两种方法:

1)手动参考点返回。

2)自动参考点返回。该功能是用于接通电源已进行手动参考点返回后,在程序中需要返回参考点进行换刀时使用的自动参考点返回功能。

自动参考点返回时需要用到如下指令:

(1)返回参考点校验指令 G27

指令格式为:G27 X Y Z

说明:

1)该指令可以检验刀具是否能够定位到参考点上,指令中 X,Y,Z 分别代表参考点在工件坐标系中的坐标值,执行该指令时,各轴按指令中给定的坐标值快速定位,且系统内部检查检验参考点的行程开关信号。若定位结束后检测到开关信号发令正确,则参考点的指示灯亮,说明滑板正确回到了参考点位置;若检测到的信号不正确,则系统报警,说明程序中指令的参考点坐标值不对或机床定位误差过大。在刀具补偿方式中使用该指令,刀具到达的位置将是加上补偿量的位置,此时刀具将不能到达参考点,因而指示灯也不亮,因此执行该指令前应先取消刀具补偿。

2)假如不要求每次执行程序,但都执行返回参考点的操作,应在该指令前加上"/"(程序跳),以便在不需要校验时,跳过该程序段。

(2)自动返回参考点指令 G28

编程格式:G28 IP

使用说明:

执行该指令时,可以使刀具以 G00 方式经中间点快速返回到参考点,中间点的位置由 P 决定,P 可以是 X,Y,Z 轴坐标的任意组合。该坐标可以用 G90 方式也可用 G91 方式表示。设置该点的目的是防止刀具在回参考点时与工件或夹具发生碰撞。

程序如下:

G91 G28 X100 Y100;

M06;

……

或者:

G90 G28 X150 Y150;

M06;

……

使用 G28 时应注意以下几点:

1)使用 G28 指令前,要求机床在通电后必须(手动)返回过一次参考点。

2)G28 多用于自动换刀功能,为了安全,在此指令使用前一般应有取消刀具补偿指令。

3)在 G28 程序段中不仅记忆了移动指令坐标值,还记忆了中间点的坐标值。换句话说,对于在 G28 的程序段中没有被指令的轴,前 G28 中的坐标值就作为那个轴的中间点坐标值。

(3)返回第 2、3、4 参考点 G30

格式:

G30 P2 X Y Z;　　　　　（返回第 2 参考点（P2 可以省略））
G30 P3 X Y Z;　　　　　（返回第 3 参考点）
G30 P4 X Y Z;　　　　　（返回第 4 参考点）

说明:

1)格式中 X,Y,Z 为中间的位置,说明同 G28。

2)在没有绝对位置检测器的系统中,只有在执行过自动返回参考点(G28)或手动返回参考点之后,方可使用返回第 2、3、4 参考点功能。通常,当刀具自动交换(ATC)位置与第 1 参考点不同时,使用 G30 指令。

(4)自动从参考点返回指令 G29

格式:G29 X Y Z;

说明:

1)在一般情况下,在 G28 或 G30 指令后,立即指定从参考点返回指令。执行这条指令,可以使刀具从参考点出发,经过一个中间点到达由这个指令后面 X,Y,Z 坐标值所指令的位置。中间点的坐标由前面的 G28(G30)所规定,因此这条指令应与 G28(G30)指令成对使用,指令中 X,Y,Z 是到达点的坐标,由 G90/G91 状态决定是绝对值还是增量值,若为增量值时,则是指到达点相对于 G28(G30)中间点的增量值。

2)在选择 G28(G30)之后,这条指令不是必需的,使用 G00 定位有时可能更为方便。

5.3.3　加工中心换刀程序

1.刀具的类型和刀具的选择

(1)刀具的类型

加工中心刀具主要包含以下三种:钻削刀具(包括钻头、铰刀、丝锥)、镗削刀具和铣削刀具。

铣刀主要有:

圆柱铣刀,用在卧式铣床上加工平面。

端铣刀,用在立式铣床上加工平面。

立铣刀,用于加工平面、台阶、槽和相互垂直的平面。

键槽铣刀,用于加工各种形状的键槽。

盘形铣刀,盘形铣刀有缝槽铣刀、两面刃铣刀、三面刃铣刀和错齿三面刃铣刀。槽铣刀一般用于加工浅槽,两面刃铣刀用于加工台阶面,三面刃铣刀用于切槽和台阶面。

锯片铣刀,用于切削窄槽或切断材料。

角度铣刀,角度铣刀有单角铣刀和双角铣刀,用于铣削沟槽和斜面。

成形铣刀,用于加工成形表面。

(2)刀具的选择

刀具的选择是在数控编程的人机交互状态下进行的,应根据机床的加工能力、工件材料的性能、加工工序、切削用量以及其他相关因素正确选用刀具及刀柄。刀具选择总的原则是:安装调整方便,刚性好,耐用度和精度高。在满足加工要求的前提下,尽量选择较短的刀柄,以提高刀具加工的刚性。

选取刀具时,要使刀具的尺寸与被加工工件的表面尺寸相适应。生产中,平面零件周边轮廓的加工时常采用立铣刀;铣削平面时应选硬质合金刀片铣刀;加工凸台、凹槽时选高速钢立铣刀;加工毛坯表面或粗加工孔时,可选取镶硬质合金刀片的玉米铣刀;对一些立体型面和变斜角轮廓外形进行加工时,常采用球头铣刀、环形铣刀、锥形铣刀和盘形铣刀。在进行自由曲面加工时,由于球头刀具的端部切削速度为零,因此,为保证加工精度,切削行距一般取得很浓密,故球头常用于曲面的精加工。而平头刀具在表面加工质量和切削效率方面都优于球头刀,因此,只要在保证不过切的前提下,无论是曲面的粗加工还是精加工,都应优先选择平头刀。另外,刀具的耐用度和精度与刀具价格关系极大。必须引起注意的是,在大多数情况下,选择好的刀具虽然增加了刀具成本,但由此可以带来加工质量和加工效率的提高,从而使整个加工成本大大降低。

在加工中心中,刀柄作为刀具的重要组成部分,有其自身的特点。刀柄的结构形式分为整体式与模块式两种。整体式刀柄装夹刀具的工作部分与它在机床上安装定位用的柄部是一体的。这种刀柄对机床与零件的变换适应能力较差。为适应零件与机床的变换,用户必须储备各种规格的刀柄,因此刀柄的利用率较低。模块式刀具系统是一种较先进的刀具系统,每把刀柄都可通过各种系列化的模块组装而成。针对不同的加工零件和使用机床,采取不同的组装方案,可获得多种刀柄系列,从而提高刀柄的适应能力和利用率。刀柄结构形式的选择应兼顾技术先进与经济合理;对一些长期反复使用的简单刀具,宜采用整体式刀柄;在加工孔径、孔深经常变化的多品种、小批量零件时,宜选用模块式刀柄。

在加工中心上,各种刀具分别装在刀库上,按程序规定随时进行选刀和换刀动作。因此必须采用标准刀柄,以便使钻、镗、扩、铣削等工序用的标准刀具迅速、准确地装到机床主轴或刀库上去。编程人员应了解机床上所用刀柄的结构尺寸、调整方法以及调整范围,以便在编程时确定刀具的径向和轴向尺寸。目前,我国的加工中心采用 TSG 工具系统,其刀柄有直柄和锥柄两种,共包括 20 种不同用途的刀柄。因装夹等原因,数控刀具刀柄多数采用 7∶24 圆锥工具刀柄,并采用相应形式的拉紧结构与机床主轴相配合。但在高速切削中,常采用1∶10的锥度,这是因为该锥度下锥柄较短,有较强的抗扭能力,能抑制因高速切削带来的振动所产生的微量位移。常见的刀柄有德国OTT公司的HSK刀柄和美国Kennametal公司的KM刀柄等。

2. 刀库的形式

刀库的功能是存储加工工序所需要的各种刀具,并按照程序指令把要用的刀具准确地送到换刀位置,同时接收主轴送回的已用刀具。

(1)直线刀库

直线刀库是指刀具在刀库中直线排列。它结构简单,存放刀具数量有限(一般8～12把),较少使用。

(2)盘式刀库

盘式刀库是指刀具在刀库中成环形排列。它存刀量少则6～8把,多则50～60把,有多种形式。

刀具轴线与盘轴线平行的盘式刀库分径向和轴向两种取刀方式,这种刀库结构简单,应用较多,适用于刀库容量较少的情况。为了增加刀库空间利用率,可采用双环或多环排列刀具的形式,但盘直径增加,转动惯量就增加,选刀时间也长。径向取刀的刀库,占有较大空间,一般置于机床立柱上端;轴向取刀的刀库,常置于主轴侧面,刀库轴心线可垂直放置,也可以水平放置,使用较多。

刀具轴线与盘轴线不平行的盘式刀库。刀具为伞状布置,多斜放于立柱上端。

(3)链式刀库

链式刀库是较常使用的形式,常用的有单排链式刀库和加长链条的链式刀库两种。其结构紧凑,通常是轴向换刀,刀库容量较大,存放刀具数量为30～120把。链环可根据需要配置成各种形状。

(4)格子盒式刀库

固定式格子盒式刀库,刀具分几排直线排列,由于刀具排列紧密,因此空间利用率高,库容量大。非固定式格子盒式刀库由多个刀匣组成,可直线运动,刀匣可从刀库中垂直提出。

3. 换刀指令

无论是卧式加工中心还是立式加工中心,为了实现多工序加工,都具有一套自动换刀装置,大多数加工中心带有"机械手——刀库"的自动换刀装置。这样在加工中心的加工程序编制中都带有换刀程序,不同的加工中心其换刀程序的编制方法不同,下面就一般情况做一个简要介绍,具体可参看各机床说明书。

带有"机械手——刀库"的加工中心,其换刀动作包括"换刀"和"选刀"两项内容。

"换刀"是把主轴上的刀具取下,换上选用的刀具;"选刀"是将从主轴上取下的刀具送回刀库,同时在刀库中选取下次要更换的刀具,以备使用。因此,换刀程序中应该包括上述两部分的内容。多数数控加工中心换刀时都规定"换刀点"的位置,即"定距换刀",主轴只有运动到规定位置时,机械手才可以实行换刀动作。还有的加工中心采用"跟踪换刀",即主轴运动到任意位置时,机械手都可以执行换刀动作。对于"定距换刀",在增量坐标系中,应在换刀程序中书写主轴到换刀点的坐标值,在绝对坐标系中可以不写。

实际换刀程序的编制,一般包括两部分内容:首先在程序中安排一段"换刀准备程序",作用是将第一把刀装到主轴上,并同时检查一下机床的换刀运动;再编写加工过程中的"选刀"和"换刀"指令。在加工中心使用 T 指令,然后使用 M06 指令来实现自动换刀功能。

常见的换刀指令有以下几种。

(1)在程序中先出现 T 指令,后出现 M06 指令

编程格式:N G28 Z T M06;

采用这种方式编程时,在 Z 轴返回参考点的同时,刀库开始运动,进行刀具交换,所选刀具 T 换到主轴上。

(2)在程序中先出现 M06,后出现 T 指令

编程格式:N G28 Z M06 T;

执行程序时,首先返回参考点,然后执行 M06 进行主轴换刀。换刀完成后执行 T 指令,因此这种换刀程序完成时,主轴上的刀具并不是 T,而是前段换刀程序执行后换刀刀位上的刀具。即 T 要在下个换刀程序出现后被安装在主轴上。

(3)T 指令和 M06 不在同一程序段

编程格式:N G28 Z M06;

这种编程格式,在执行 T 功能的同时,也开始执行下面的加工程序,选刀时间与加工时间重合,所换刀具为 T,编程时也经常采用。

下面是某台卧式数控加工中心加工程序中的"刀具准备程序"和"第一次换刀程序"。

刀具准备程序:

%	(程序开始)
O1111;	(程序名)
N1 M19;	(主轴定向停止在换刀位置)
N2 T01;	(选取第一把刀)
N3 M06;	(换刀,将 T01 刀具装到主轴上)
N4 T02;	(选取 T02 刀)
N5 G04 X60 M00;	(暂停 60 s 后机床停止,换刀程序结束)

第一次换刀程序:

(加工程序)
N10 Z500 F99;   (沿 Z 向退回原点,准备换刀)
N11 Y500 M06;   (沿 Y 向退回原点,并换刀,即从轴上取下)
(T01 并退回,换上 T02 刀)
N12 T03;   (选取 T03 刀具)
N13 G01 X−79;   (用 T02 刀具开始加工)
(加工程序)

程序中 M06 是换刀辅助功能指令。这台加工中心的每次换刀位置都在原点,所以为"定距换刀"。应当指出,在加工过程中,每次换刀时都有一段上述的换刀程序。

早期的加工中心"定距换刀"的换刀程序中,都是将换刀位置的坐标指令与换刀辅助功能指令分编为不同的程序段。目前,大多数加工中心在换刀过程中都把 T 指令与 M06 指令编写在一个程序段,以节省换刀时间。

4.孔加工固定循环指令

因为加工中心包含了数控铣床的功能,两者的加工指令大部分相同,因此相同部分本章节不再重复介绍。在数控加工中,有些典型的加工工序是由刀具固定的动作完成的,如在加工中心上钻孔,一般需要快速接近工件、慢速(切削进给)钻孔、快速退回等固定动作。将这些典型的、固定的几个连续动作用一条 G 指令来代表,只需要用单一程序段的指令即可完成加工,这样的指令称为固定循环,如表 5.3.1 所示。固定循环多用于孔加工,包括钻孔、镗孔、攻螺纹等。

表 5.3.1 FANUC Oi Mate−MC 系统固定循环功能

指令	刀具切入动作(动作3)	刀具孔底动作(动作4)	刀具返回动作(动作5)	用途
G73	间歇进给	—	快速移动	深孔断屑循环
G74	切削进给	主轴暂停→主轴正转	切削进给	攻左旋螺纹循环
G76	切削进给	主轴定向停止	快速移动	精密镗孔循环
G80	—	—	—	自动切削循环取消
G81	切削进给	—	快速移动	钻孔循环
G82	切削进给	主轴暂停	快速移动	钻孔循环
G83	间歇进给	—	快速移动	深孔排屑循环
G84	切削进给	主轴暂停→主轴反转	切削进给	攻右旋螺纹循环
G85	切削进给	—	切削进给	铰孔循环
G86	切削进给	主轴停止	快速移动	镗孔循环
G87	切削进给	主轴停止	快速移动	反镗孔循环
G88	切削进给	主轴暂停→主轴停止	手动操作	镗孔循环
G89	切削进给	主轴暂停	切削进给	精镗阶梯孔循环

(1)孔加工固定循环的动作

孔加工固定循环通常由以下 6 个动作构成,如图 5.3.2 所示,实线表示切削进给,虚线表示快速进给。

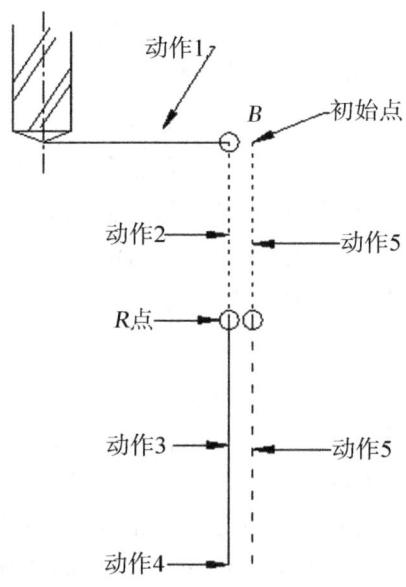

图 5.3.2 孔加工循环的动作组成

1)X 和 Y 轴定位;
2)快速运行到 R 点;
3)孔加工;
4)在孔底的动作,包括暂停、主轴反转等;
5)返回到 R 点;
6)快速退回到初始点。

孔加工时需要正确设置 3 个高度平面,分别为初始平面、R 点平面和孔底平面。

1)初始平面:初始点 B 所在的与 Z 轴垂直的平面,是为安全下刀而规定的一个平面。只有孔间存在障碍需要跳跃或全部孔加工结束时,采用 G98 指令使刀具返回初始平面上的初始点 B。

2)R 点平面:刀具下刀时,由快进到工件的高度平面,一般距离工件表面 2~5 mm。用 G99 指令使刀具返回到该平面上的 R 点。

3)孔底平面:盲孔、通孔对应的孔底平面各不相同。盲孔是孔底 Z 坐标的高度,对于通孔,还要伸出工件底平面一段距离。

(2)固定循环代码组成

编程指令由以下五部分组成:

1)孔定位平面和加工轴指定。孔定位平面由 G17、G18、G19 指定,孔加工轴为坐标平面的垂直轴。取消固定循环后,才能转换加工轴。

2)孔加工循环方式。即固定循环代码 G73、G74、G76 和 G81—G89 中的任一个。

3)返回点平面。G98 为返回初始平面,G99 为返回 R 点平面。在同一平面上加工多孔时,一般开始用 G99,最后用 G98。

4)孔位置数据。指令孔在定位平面内的位置,由 X,Y,Z 三轴坐标确定,可用绝对值或增量值指定孔的位置,移动轨迹和进给速度与用 G00 定位的时间相同。

5)孔加工数据。孔加工数据包括以下数据:

孔底数据——加工轴为定位平面以外的基本轴,G17 平面为 Z 轴,G18 平面为 Y 轴,G19 平面为 X 轴。若为增量指定,则是从 R 点到孔底的距离。

R 点数据——若为增量值指定,则为从初始平面到 R 点的距离。

Q 值——在不同的固定循环中有所不同。在深孔加工 G73、G83 中为每次切入量,通常为无符号增量值。在精镗循环 G76 和背镗循环 G87 中为孔底移动距离,移动方向由参数设置。此值为无符号增量。

P 值——为暂停时间,设定方法与 G04 相同。

F 值——指定切削进给速度,单位为 mm/min,若为攻螺纹方式,$F = S \times T$,式中,S 为主轴转速,r/min;T 为螺距,mm。

孔加工数据为模态值,不变的数据不必重复指令,一旦指令,不受 G90/G91 和孔加工循环方式改变的影响,只有在 G80 或 O1 组 G 指令取消加工时,才清除 F 以外的所有加工数据。

K 值——指定固定循环从动作 1 到动作 6 的重复次数,K 的最大值为 9 999 次,默认值为 1 次,只有在指定的程序段有效。若 K 值指定为零,只存储加工数据,不加工孔。若孔位置数据为增量值 G91 指令时,则加工出等距离孔。若用绝对值指令时,则在同一位置重复进行孔加工。在固定循环执行过程中,若复位,则孔加工方式、孔加工数据、孔位置数据、重复次数均被取消。

(3)固定循环指令

FANUC 0i Mate-MC 系统共有 11 种孔加工固定循环指令,下面对其中的部分指令加以介绍。

1)钻孔循环指令 G81。G81 钻孔加工循环指令格式为:

G81 G△△ X_ Y_ Z_ R_ F_

X,Y 为孔的位置,Z 为孔的深度,F 为进给速度(mm/min),R 为参考平面的高度。G△△可以是 G98 和 G99,G98 和 G99 两个模态指令控制孔加工循环结束后刀具是返回初始平面还是参考平面;G98 返回初始平面,为缺省方式;G99 返回参考平面。

编程时可以采用绝对坐标 G90 和相对坐标 G91 编程,建议尽量采用绝对坐标编程。

其动作过程如下:

A.钻头快速定位到孔加工循环起始点 $B(X,Y)$;

B.钻头沿 Z 方向快速运动到参考平面 R;

C.钻孔加工；

D.钻头快速退回到参考平面 R 或快速退回到初始平面 B。

该指令一般用于加工孔深小于 5 倍直径的孔。

2)钻孔循环指令 G82。G82 钻孔加工循环指令格式为：

G82 G△△ X_ Y_ Z_ R_ P_ F_

在指令中，P 为钻头在孔底的暂停时间，单位为 ms（毫秒），其余各参数的意义同 G81。

该指令在孔底加进给暂停动作，即当钻头加工到孔底位置时，刀具不做进给运动，并保持旋转状态，使孔底更光滑。G82 一般用于扩孔和沉头孔加工。

其动作过程如下：

A.钻头快速定位到孔加工循环起始点 $B(X,Y)$；

B.钻头沿 Z 方向快速运动到参考平面 R；

C.钻孔加工；

D.钻头在孔底暂停进给；

E.钻头快速退回到参考平面 R 或快速退回到初始平面 B。

3)高速深孔钻循环指令 G73。由于孔深大于 5 倍直径孔的加工是深孔加工，不利于排屑，故采用间段进给（分多次进给），每次进给深度为 Q，最后一次进给深度$\leqslant Q$，退刀量为 d（由系统内部设定），直到孔底为止。

G73 高速深孔钻循环指令格式为：

G73 G△△ X_ Y_ Z_ R_ Q_ F_

在指令中，Q 为每次进给深度，其余各参数的意义同 G81。

其动作过程如下：

A.钻头快速定位到孔加工循环起始点 $B(X,Y)$；

B.钻头沿 Z 方向快速运动到参考平面 R；

C.钻孔加工，进给深度为 Q；

D.退刀，退刀量为 d；

E.重复 C、D，直至要求的加工深度；

F.钻头快速退回到参考平面 R 或快速退回到初始平面 B。

4)攻螺纹循环指令 G84。G84 螺纹加工循环指令格式为：

G84 G△△ X_ Y_ Z_ R_ F_

攻螺纹过程要求主轴转速 S 与进给速度 F 成严格的比例关系，因此，编程时要求根据主轴转速计算进给速度，进给速度 $F=$ 主轴转速×螺纹螺距，其余各参数的意义同 G81。

使用 G84 攻螺纹进给时主轴正转，退出时主轴反转。与钻孔加工不同的是，攻螺纹结束后的返回过程不是快速运动，而是以进给速度反转退出。

该指令执行前，甚至可以不启动主轴；当执行该指令时，数控系统将自动启动主轴正转。

其动作过程如下：

A. 主轴正转，丝锥快速定位到螺纹加工循环起始点 $B(X,Y)$；

B. 丝锥沿 Z 方向快速运动到参考平面 R；

C. 攻丝加工；

D. 主轴反转，丝锥以进给速度反转退回到参考平面 R；

E. 当使用 G98 指令时，丝锥快速退回到初始平面 B。

5）左旋攻螺纹循环指令 G74。G74 螺纹加工循环指令格式为：

G74 G△△ X_ Y_ Z_ R_ F_

与 G84 的区别是：进给时主轴反转，退出时主轴正转。各参数的意义同 G84。

其动作过程如下：

A. 主轴反转，丝锥快速定位到螺纹加工循环起始点 $B(X,Y)$；

B. 丝锥沿 Z 方向快速运动到参考平面 R；

C. 攻丝加工；

D. 主轴正转，丝锥以进给速度正转退回到参考平面 R；

E. 当使用 G98 指令时，丝锥快速退回到初始平面 B。

6）镗孔加工循环指令 G85。G85 镗孔加工循环指令格式为：

G85 G△△ X_ Y_ Z_ R_ F_

各参数的意义同 G81。

其动作过程如下：

A. 镗刀快速定位到镗孔加工循环起始点 $B(X,Y)$；

B. 镗刀沿 Z 方向快速运动到参考平面 R；

C. 镗孔加工；

D. 镗刀以进给速度退回到参考平面 R 或初始平面 B。

7）镗孔加工循环指令 G86。G86 镗孔加工循环指令格式为：

G86 G△△ X_ Y_ Z_ R_ F_

与 G85 的区别是：在到达孔底位置后，主轴停止，并快速退出。各参数的意义同 G85。

其动作过程如下：

A. 镗刀快速定位到镗孔加工循环起始点 $B(X,Y)$；

B. 镗刀沿 Z 方向快速运动到参考平面 R；

C. 镗孔加工；

D. 主轴停，镗刀快速退回到参考平面 R 或初始平面 B。

8）镗孔加工循环指令 G89。G89 镗孔加工循环指令格式为：

G89 G△△ X_ Y_ Z_ R_ P_ F_

与 G85 的区别是：在到达孔底位置后，进给暂停。P 为暂停时间（ms），其余参数的意义同 G85。

其动作过程如下：

A.镗刀快速定位到镗孔加工循环起始点 $B(X,Y)$;

B.镗刀沿 Z 方向快速运动到参考平面 R;

C.镗孔加工;

D.进给暂停;

E.镗刀以进给速度退回到参考平面 R 或初始平面 B。

9) 精镗加工循环指令 G76。G76 精镗加工循环指令格式为:

G76 G△△ X_ Y_ Z_ R_ P_ Q_ F_

与 G85 的区别是:G76 在孔底有三个动作,分别是进给暂停、主轴准停(定向停止)、刀具沿刀尖的反向偏移 Q 值,然后快速退出。这样保证刀具不划伤孔的表面。P 为暂停时间(ms),Q 为偏移值,其余各参数的意义同 G85。

其动作过程如下:

A.镗刀快速定位到镗孔加工循环起始点 $B(X,Y)$;

B.镗刀沿 Z 方向快速运动到参考平面 R;

C.镗孔加工;

D.进给暂停、主轴准停、刀具沿刀尖的反向偏移;

E.镗刀快速退出到参考平面 R 或初始平面 B。

10) 背镗加工循环指令 G87。G87 背镗加工循环指令格式为:

G87 G△△ X_ Y_ Z_ R_ Q_ F_

各参数的意义同 G76。

其动作过程如下:

A.镗刀快速定位到镗孔加工循环起始点 $B(X,Y)$;

B.主轴准停、刀具沿刀尖的反方向偏移;

C.快速运动到孔底位置;

D.刀尖正方向偏移回加工位置,主轴正转;

E.刀具向上进给到参考平面 R;

F.主轴准停,刀具沿刀尖的反方向偏移 Q 值;

G.镗刀快速退出到初始平面 B;

H.沿刀尖正方向偏移。

11) 取消孔加工循环指令 G80。

5.4 加工中心操作简介

5.4.1 FANUC 0i Mate—MC 系统数控操作面板介绍

任何数控机床的操作面板都是由显示、MDI、机械操作面板三个部分组成,如图 5.4.1 所示。FANUC 0i Mate—MC 系统数控加工中心面板按钮说明如表 5.4.1 所示。

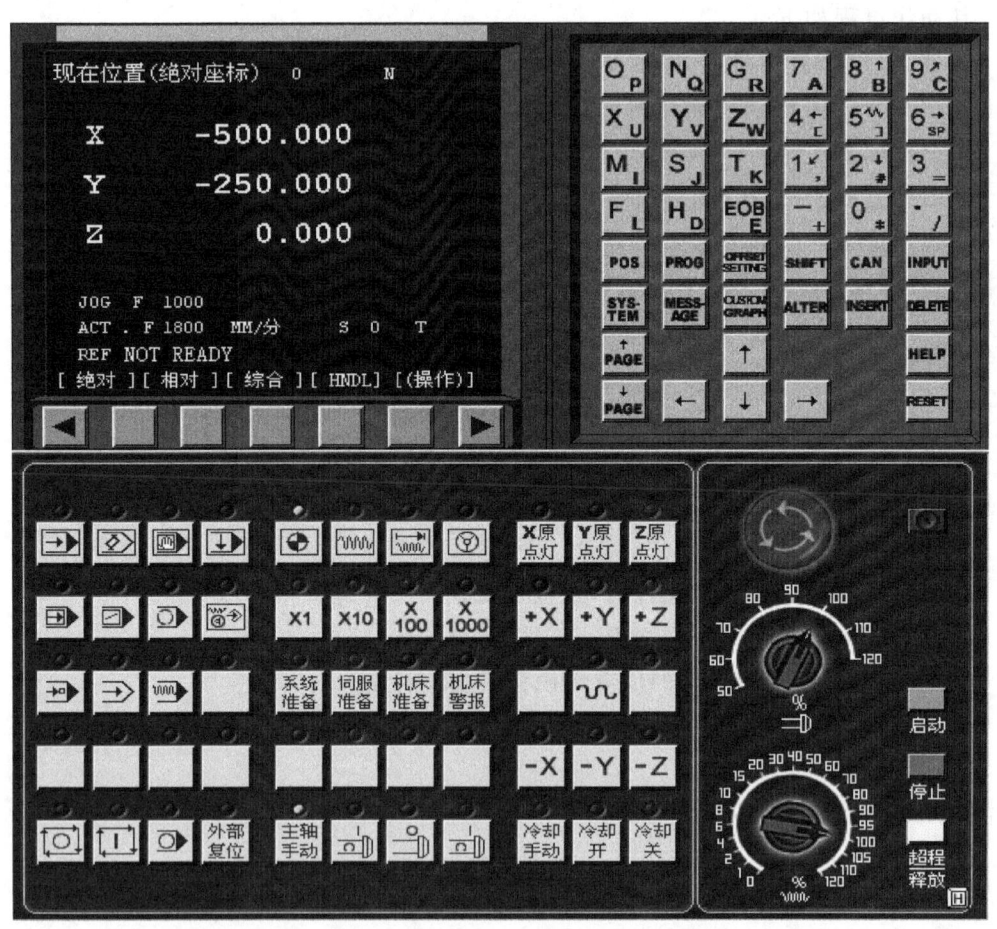

图 5.4.1 FANUC 0i Mate—MC 机械操作面板功能介绍

表 5.4.1　FANUC Oi Mate-MC 系统数控加工中心面板按钮说明

按　钮	名称	功能说明
	自动运行	此按钮被按下后,系统进入自动加工模式
	编辑	此按钮被按下后,系统进入程序编辑状态
	MDI	此按钮被按下后,系统进入 MDI 模式,手动输入并执行指令
	DNC 运行方式	此按钮被按下后,系统进入远程执行模式(DNC 模式),输入输出资料
	单段执行	此按钮被按下后,运行程序时每次执行一条数控指令
	跳步	此按钮被按下后,数控程序中的注释符号"/"有效
	选择性停止	点击该按钮,"M01"代码有效
	机械锁定	锁定机床各轴不移动
	试运行	空运行
	进给保持	程序运行暂停,在程序运行过程中,按下此按钮运行暂停。按"循环启动"恢复运行
	循环启动	程序运行开始,系统处于自动运行或"MDI"位置时按下有效,其余模式下使用无效
	循环停止	程序运行停止,在数控程序运行中,按下此按钮停止程序运行
	回原点	点击该按钮系统处于回原点模式
	手动	机床处于手动模式,连续移动
	增量进给	机床处于手动,点动移动
	手动脉冲	机床处于手轮控制模式
	手动增量步长选择按钮	手动时,通过点击按钮来调节手动步长。X1、X10、X100 分别代表移动量为 0.001 mm、0.01 mm、0.1 mm
	主轴手动	点击该按钮将允许手动控制主轴
	主轴控制按钮	从左至右分别为:正转、停止、反转
	X 正方向	在手动时控制主轴向 X 正方向移动

续表

按钮	名称	功能说明
+Y	Y 正方向	在手动时控制主轴向 Y 正方向移动
+Z	Z 正方向	在手动时控制主轴向 Z 正方向移动
-X	X 负方向	在手动时控制主轴向 X 负方向移动
-Y	Y 负方向	在手动时控制主轴向 Y 负方向移动
-Z	Z 负方向	在手动时控制主轴向 Z 负方向移动
	主轴倍率选择旋钮	将光标移至此旋钮上后,通过旋转来调节主轴旋转倍率
	进给倍率	调节运行时的进给速度倍率
	急停按钮	按下急停按钮,使机床移动立即停止,并且所有的输出如主轴的转动等都会关闭
H	手轮按钮	按下此按钮,则可以显示出手轮
	手轮轴选择旋钮	在手轮状态下,通过旋转来选择进给轴
	手轮进给倍率选择旋钮	在手轮状态下,将光标移至此旋钮上后,X1、X10、X100 分别代表移动量为 0.001 mm、0.01 mm、0.1 mm
	手轮	在此状态下,旋转该键选择相应的速度
启动	启动	启动控制系统
停止	关闭	关闭控制系统

5.4.2 MDI 面板介绍

数字/地址键:数字/字母键用于输入数据到输入区域,系统自动判别取字母还是取数字。字母和数字键通过"SHIFT"键切换输入。MDI 面板编辑键和功能键分别如表 5.4.2 和表 5.4.3 所示。

表 5.4.2　编辑键

按钮	键名称	功　能
ALTER	替换键	用输入的数据替换光标所在的数据
DELETE	删除键	删除光标所在的数据，或者删除程序
INSERT	插入键	把输入区之中的数据插入当前光标之后的位置
CAN	取消键	消除输入区内的数据
EOBE	换行键	结束一行程序的输入且换行
SHIFT	上档键	对数字和字母进行切换输入

表 5.4.3　功能键

按　钮	键名称	功　能
POS	位置显示页面键	显示坐标位置
OFFSETO SETING	参数输入页面键	显示 MDI 参数
SYSTEM	系统参数页面键	显示系统参数
MESSAGE	信息页面键	显示报警信息等
CUSTOMO GRAPH	图形参数设置页面键	显示图形及相关参数
HELP	系统帮助页面键	显示系统基本操作等内容
RESET	复位键	消除报警和对机床进行复位等
PROG	程序页面切换键	显示程序内容
PAGE↑	翻页键	向上翻页
PAGE↓		向下翻页
↑	光标移动键	向上移动光标
↓		向下移动光标
INPUT	输入键	把输入区内的数据输入参数页面

5.4.3　FANUC Oi Mate－MC 系统数控加工中心的基本操作

1. 机床准备

2. 开机

点击"启动"按钮，此时机床电机和伺服控制的指示灯变亮。

检查"急停"按钮是否松开至　状态，若未松开，轻轻顺时针方向旋转"急停"按钮，将其松开。

3.机床回参考点

检查操作面板上回原点指示灯是否亮,若指示灯亮,则已进入回原点模式;若指示灯不亮,则点击"回原点"按钮,转入回原点模式。

在回原点模式下,先将 Z 轴回原点,点击操作面板上的"Z 轴正向"按钮,此时 Z 轴将回原点,Z 轴回原点灯变亮,CRT 上的 Z 坐标变为"0.000"。同样,再分别点击"Y 轴正向"按钮,"X 轴正向"按钮,此时 Y 轴、X 轴将回原点,Y 轴、Z 轴回原点灯变亮。此时 CRT 界面如图 5.4.2 所示。

图 5.4.2　CRT 界面

4.手动操作

(1)手动/连续方式

点击操作面板中的"手动"按钮,手动状态灯亮,机床进入手动模式。分别点击 +X、+Y、+Z、-X、-Y、-Z 按钮,选择移动的坐标轴。点击控制主轴的转动和停止。

注:刀具切削零件时,主轴需转动。加工过程中刀具与零件发生非正常碰撞后(非正常碰撞包括车刀的刀柄与零件发生碰撞、铣刀与夹具发生碰撞等),系统弹出警告对话框,同时主轴自动停止转动,调整到适当位置,继续加工时需再次点击按钮,使主轴重新转动,点击快速按钮,可增大移动倍率。

(2)手动脉冲方式

用手动/连续方式或在对刀时,以及需精确调节机床时,可用手动脉冲方式(手轮方式)调节机床。

点击操作面板上的"手动脉冲"按钮,使手动脉冲指示灯变亮。点击按钮,选择相应的坐标轴,旋转手轮,精确控制机床的移动。点击控制主轴的转动和停止;点击▣,可取消手轮方式。

(3)增量进给方式

点击操作面板上的"增量进给"按钮▣,使其指示灯亮▣,机床进入增量进给模式(点动模式)。

分别点击 +X、+Y、+Z、-X、-Y、-Z 键,选择移动的坐标轴。

点击 ▣▣▣ 控制主轴的转动和停止。

注:刀具切削零件时,主轴需转动。加工过程中刀具与零件发生非正常碰撞后(非正常碰撞包括车刀的刀柄与零件发生碰撞、铣刀与夹具发生碰撞等),系统弹出警告对话框,同时主轴自动停止转动,调整到适当位置,继续加工时需再次点击 ▣▣▣ 按钮,使主轴重新转动。

(4)▣单步执行开关

每按一次"单步执行开关"按钮,就执行一条数控指令。

(5)▣程序跳读

自动方式下按此键,跳过程序段开头带有"/"的程序。

(6)▣程序选择性停止

自动方式下,遇有 M01 程序停止。

(7)冷却

点击此键,开启冷却液,再次点击则关闭。

(8)相对坐标的清零

按"POS",在综合坐标中,按"起源"按钮,按面板上的"Z",Z 轴相对坐标就变为 0;若按"全轴"按钮,X,Y,Z 相对坐标就变为 0。

5.4.4 加工中心的安全操作规程

1.加工中心安全操作基本要求

1)每次开机后,必须首先进行回机床参考点的操作。

2)运行程序前要先对刀,确定工件坐标系原点。对刀后立即修改机床零点偏置参数,以防程序不正确运行。

3)在手动方式下操作机床,要防止主轴和刀具与机床或夹具相撞。操作机床面板时,只允许单人操作,其他人不得触摸按键。

4)运行程序自动加工前,必须进行机床空运行。空运行时必须将 Z 向提高一个安全高度。

5)自动加工中出现紧急情况时,立即按下复位或急停按钮。当显示器出现报警号,要先查明报警原因,采取相应措施,取消报警后,再进行操作。

6)拆卸刀具时,要先观察压力表,待气压达到 0.5 MPa 后,再执行松刀指令。若刀柄暂时未达到松刀状态,手持刀柄等待数秒。

7)机床运行过程中,操作人员不能离开。

2.加工中心安全操作具体要求

(1)工作前的准备

1)操作前必须熟悉加工中心的一般性能、结构、传动原理及控制程序,掌握各操作按钮、指示灯的功能及操作程序。在搞清楚整个操作过程前,不要进行机床的操作。

2)开动机床前,要检查机床电气控制系统是否正常,润滑系统是否良好,工件、刀具是否夹持牢固,冷却液是否充足。

3)加工零件前,必须严格检查机床原点、刀具数据是否正确,并进行无切削轨迹仿真运行。

(2)工作过程中的安全注意事项

1)加工零件前,必须严格检查机床原点、刀具数据是否正确,并进行无切削轨迹仿真运行。

2)严禁用力拍打控制面板和显示屏,严禁敲击工作台、分度头、夹具和导轨等。

3)严禁私自打开数控系统控制柜进行观看和触摸。

4)操作人员不得随意更改机床内部参数。

5)加工中心属于大精设备,除工作台上安放工装和工件外,机床其他位置严禁堆放任何工、夹、刀、量具、工件等物品。

6)禁止用手接触刀尖和铁屑。

7)禁止用手或其他任何方式接触正在旋转的主轴、工件或其他运动部位。

8)使用手轮或快速移动方式移动各轴时,一定要看清楚机床 X,Y,Z 轴各方向"+、−"号标牌后再移动。

9)在加工中需暂停测量工件尺寸时,要待机床完全停止、主轴停转后方可进行测量。

(3)工作完成后注意事项

1)清除切屑、擦拭机床,使机床与环境保持清洁状态。

2)检查润滑油、冷却液的状态,及时添加或更换。

3)依次关掉机床操作面板上的电源和总电源。

正确手动操控工作台移动、刀具运动,防止刀具与工件、夹具等发生碰撞。在机床加工运动过程中,注意人身安全,要做好个人安全防护措施,同时也要注意设备安全等。

5.5 加工中心编程综合实训

5.5.1 实例 1

1.加工零件

加工如图 5.5.1 所示零件,材料 HT200,毛坯尺寸长 * 宽 * 高为 170 mm×110 mm×50 mm,试分析该零件的数控铣削加工工艺、零件图分析、装夹方案、加工顺序、刀具卡、工艺卡等,编写加工程序和主要操作步骤。

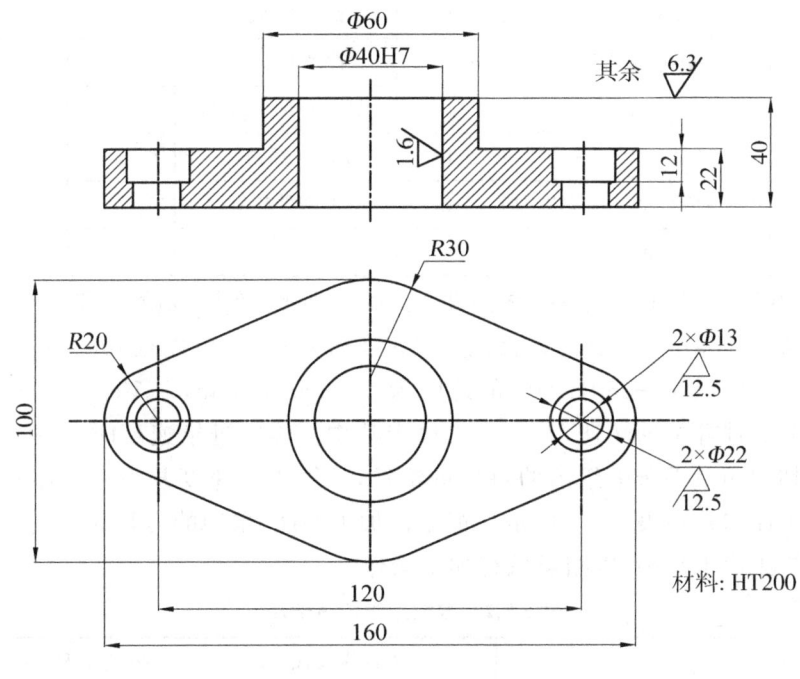

图 5.5.1 加工零件图

2.工艺分析

1)零件图工艺分析。该零件主要由平面、孔及外轮廓组成,平面与外轮廓的表面粗糙度要求 Ra 6.3,可采用铣粗—精铣方案。

2)确定装夹方案。根据零件的特点,加工上表面、直径 60 外圆及其台阶面和孔系时选用平口虎钳夹紧;铣削外轮廓时,采用一面两孔的定位方式,即以底面尺寸 40 和直径 13 孔定位。

3)确定加工顺序。按照基面先行,先面后孔,先粗后精的原则确定加工顺序,即粗加工定位基准面(底面)——直径 60 外圆及其台阶面——孔系加工——外轮廓铣削——精加工底面并保证尺寸 40。

4)刀具的选用。加工中心刀具通常由刃具和刀柄两部分组成,刃具有面加工用的各种铣刀和孔加工用的各种钻头、扩孔钻、镗刀、铰刀及丝锥等,刀柄要满足机床主轴自动松开和夹紧定位,并能准确地安装各种刀具和适应换刀机械手的夹持等要求。

在加工孔时,主要依据孔的深度和孔径选择刀具,那么选择长度与直径适当的刀具是极其关键的,如表 5.5.1 所示。

表 5.5.1 刀具选择

产品名称或代号			零件名称		图号	
序号	刀具编号	刀具规格名称	数量	加工表面	刀具半径	备注
1	T01	Φ20 硬质合金端面铣刀	1	铣削上、下表面	Φ16	
2	T02	Φ12 硬质合金端面立铣刀	1	铣削外圆及其台阶面	Φ8	
3	T03	Φ38 钻头	1	钻 Φ40 底孔		
4	T04	Φ40 镗孔刀	1	镗 Φ40 内孔		
5	T05	Φ13 钻头	1	钻 2×Φ13 螺孔		
6	T06	Φ22×14 锪钻	1	2×Φ22 锪孔		
7	T07	Φ8 硬质合金端面立铣刀	1	铣削外轮廓		
编制		审核		批准		年 月 日

5)切削用量的选择该材料,铣削平面、Φ60 外圆及其台阶面和外轮廓时可留 0.5 mm 的精加余量,其余一次走完粗铣。确定主轴转速时,可先查确削用量手册,硬质合金铣刀加工铸铁(190~260HB)时的速度为 45~90 m/min,取 $V_c = 70$ m/min,根据铣刀直径和公式计算主轴转速,并填入工序卡片中。确定进给速度时,根据铣刀齿数、主轴转速和切削用量手册中给出的每齿进给量,计算进给速度并填入工序卡片中。拟订数控加工工序卡片如表 5.5.2 所示。把零件加工顺序、采用的刀具和切削用量等参数编入数控加工工序卡片中,以指导编程加工操作。

表 5.5.2 数控加工工序卡片

单位名称		产品名称或代号	零件名称	零件图号
		数控铣削加工实例		
工序号	程序编号	夹具名称	使用设备	车间
		平口虎钳和一面两销	TH5640D 加工中心	

续表

工步号	工步内容	刀具号	刀具规格/mm	主轴转速/(r/min)	进给速度/(mm/min)	背吃刀量/mm
1	粗铣定位基准面(底面)	T01	Φ125 硬质合金端面铣刀	500	200	4
2	粗铣上表面	T01	Φ20 硬质合金端面铣刀	500	200	5
3	精铣上表面	T01	Φ20 硬质合金端面铣刀	1 000	100	0.5
4	粗铣 Φ60 外园及其台阶面	T02	Φ12 硬质合金端面立铣刀	500	200	5
5	精铣 Φ60 外园及其台阶面	T02	Φ12 硬质合金端面立铣刀	600	100	0.5
6	钻 Φ40H7 底孔	T03	Φ38 钻头	400	50	19
7	粗镗 Φ40H7 内孔表面	T04	Φ40 镗孔刀	400	100	0.8
8	精镗 Φ40H7 内孔表面	T04	Φ40 镗孔刀	900	100	0.2
9	钻 2×Φ13 螺孔	T05	Φ13 钻头	500	50	6.5
10	用 2×Φ22 锪孔	T06	Φ22×14 锪钻	350	200	4.5
11	粗铣外轮廓	T07	Φ8 硬质合金端面立铣刀	800	200	11
12	精铣外轮廓	T07	Φ8 硬质合金端面立铣刀	1200	100	22
13	粗铣定位基面至尺寸40	T01	Φ20 硬质合金端面铣刀	500	100	0.2
编制		审核		批准		年 月 日

3.程序

换刀点选在坐标系的 $X=0$ m, $Y=0$ m, $Z=250$ mm 处,初始平面设在 $Z=50$ mm 的位置。长度刀具补偿值和半径刀具补偿值为系统预设。

(1)精铣 Φ60 外圆工序

N010 G92 X0 Y0 Z50.0;
N020 G90 G00 Z250.0 T02 M06;
N030 G42 X30.0 Y0 D04;
N040 S600 M03;
N050 Z−18;
N060 G03 X30.0 Y0 R−30 F100;
N070 G00 Z50.0 M05;
N080 G40 X0;
N090 M30;

(2)工序 6 到 10 加工程序

N010 G92 X0 Y0 Z50.0;
N020 G90 G00 Z250.0 T03 M06;

N030 G43 Z50.0 H05;
N040 S400 M03;
N050 G98 G81 X0 Y0 Z−43.0 R3.0 F50;
N060 G28 X0 Y0 M05;
N070 G49 Z250.0 T04 M06;
N080 G43 Z50.0 H06;
N090 S400 M03;
N100 G99 G85 X0 Y0 Z−43.0 R3.0 F100;
N110 S900;
N120 G98 G76 Z−43.0 R3.0 F100;
N130 M05;
N140 G49 G00 Z250.0 T05 M06;
N150 G43 Z50.0 H07;
N160 S500 M03;
N170 G98 G81 X−60.0 Y0 Z−43.0 R−15.0 F50;
N180 X60;
N190 G00 X0 Y0 M05;
N200 G49 G00 Z250.0 T06 M06;
N210 G43 Z50.0 H08;
N220 S350 M03;
N230 G98 G81 X−60.0 Y0 Z−30 R−15.0 P2000 F200;
N240 X60;
N250 G00 X0 Y0;
N260 G49
N270 M05;
N280 M30;

(3)工序 12 精铣外轮廓加工程序

N010 G92 X0 Y0 Z50.0;
N020 G90 G00 Z250.0 T7 M06;
N030 G42 X80.0 Y0 D05;
N040 S1200 M03;
N050 Z−43;
N060 G03 X69.245 Y17.735 R20;
N070 G01 X13.867 Y46.602;
N080 G03 X−13.867 R30;
N090 G01 X−69.245 Y17.735;

N100 G03 Y-17.735 R20;
N110 G01 X-13.867 Y-46.602;
N120 G03 X13.867 R30;
N130 G01 X69.245 Y-17.735;
N140 G03 X80.0 Y0 R20;
N150 G00 Z50.0 M05;
N160 G40 X0;
N170 M30;

5.5.2 实例 2

1. 对图 5.5.2 所示零件编程

♯1～6：钻 10 mm 直径的孔
♯7～10：钻 20 mm 直径的孔
♯11～13：镗 30 mm 直径的孔

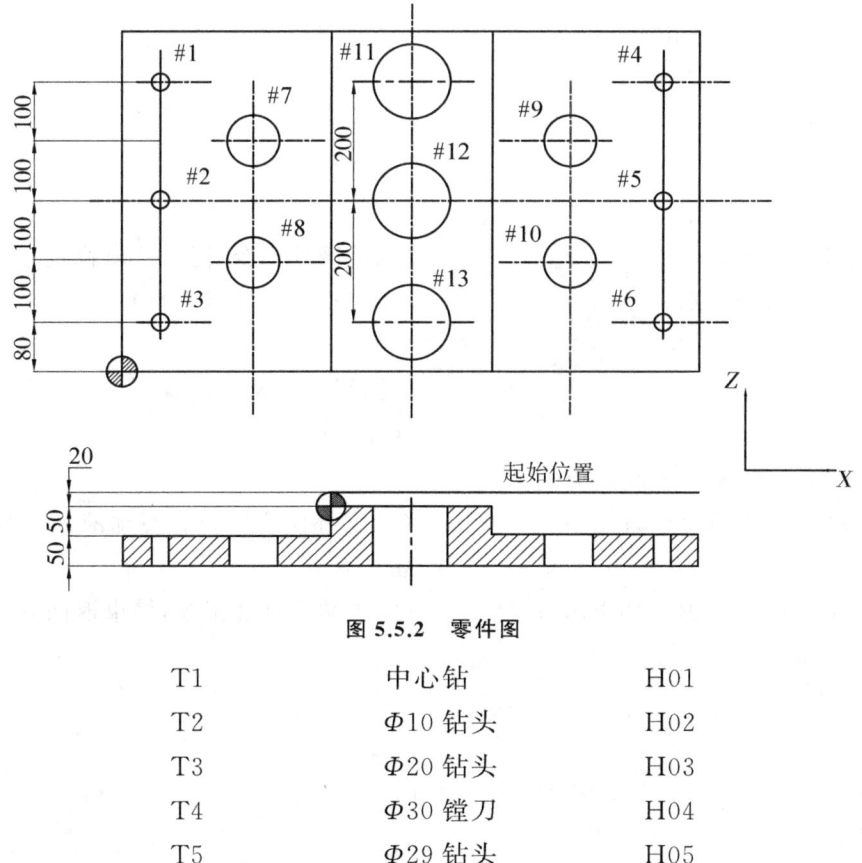

图 5.5.2 零件图

T1	中心钻	H01
T2	Φ10 钻头	H02
T3	Φ20 钻头	H03
T4	Φ30 镗刀	H04
T5	Φ29 钻头	H05

O0001;
G40 G80 G17;   (取消指令)
G00 G91 G30 X0 Y0 Z0 T1;   (换刀指令)
M6;
N1(CDR-3);   (Φ3 中心钻)
G00 G90 G54 X60 Y80 S1000;   (绝对坐标编程快速移动到 G54 坐标 X60, Y80。主轴转速 1 000 r/min)
G43 Z20 H01 M13 T02;   (长度补偿主轴正转冷却液开 2 号刀刀换刀位置(节约时间))
G99 G81 Z-55 R-45 F100G81;   (钻孔循环指令,结束后回 R 点平面)
Y280;
Y480;
X210 Y380;
G98 Y180;   (钻 8 号孔后返回初始平面)
G99 X460 Y80 Z-5 R5;   (钻 13 孔后返回 R 点平面)
Y280;
Y480;
X710 Y180 Z-55 R-45;
Y380;
X860 Y80;
Y280;
Y480;
G00 G80 Z100;   (取消循环指令升至 Z100 高度)
G91 G30 X0 Y0 Z0;   (换刀指令换 2 号刀具)
M6;
M01;   (选择停止(检查刀具))
N2(DR-10);   (Φ10 钻头)
G00 G54 G90 X60 Y80 S800;
G43 Z20 H02 M13 T3;   (长度补偿主轴正转冷却液开 3 号刀到准备位置)
G99 G81 Z-105 R-45 F100;   (G81 钻孔循环指令,结束返回 R 点平面)
X60 Y280;
G98 Y480;
G99 X860;
Y280;
Y80;
G00 G80 Z100;   (取消循环指令,升至 Z100 高度)

G91 G30 X0 Y0 Z0;	(换刀指令,换 3 号刀具)
M6;	
M1;	(选择停止(检查刀具))
N3(DR_20);	(Φ20 钻头)
G00 G90 G54 X210 Y180 S800;	
G43 Z50 H03 M13 T5;	
G99 G81 Z－102 R－45 F90 G81;	(钻孔循环指令,结束返回 R 点平面)
G98 Y380;	(钻 7 号孔后返回初始平面)
G99 X710;	(钻 10 号孔后返回 R 点平面)
Y180;	
G00 G80 Z100;	(取消循环指令升至 Z100 高度)
G91 G30 X9 Y0 Z0;	(换刀指令换 5 号刀具)
M6;	
M1;	(选择停止(检查刀具))
N5(DR_29);	(Φ29 钻头)
G00 G90 G54 X460 Y80 S800;	
G43 Z50 H05 M13 T04;	
G99 G81 Z－102 R5 F80G81;	(钻孔循环指令,结束返回 R 点平面)
Y280;	
Y480;	
G00 G80 Z100;	(取消循环指令,升至 Z100 高度)
G91 G30 X0 Y0 Z0;	(换刀指令,换 4 号刀具)
M6;	
M1;	(选择停止(检查刀具))
N4(TD_30);	(Φ30 镗刀)
G00 G90 G54 X460 Y80 S500;	
G43 Z50 H04 M13;	
G99 G76 Z－102 R5 Q100 F50 G76;	(镗孔循环指令,结束返回 R 点平面)
Y280;	
Y480;	
G00 G80 Z100;	(取消循环指令,升至 Z100 高度)
G91 G30 X0 Y0 Z0;	(回第二原点)
M30;	(程序结束)

5.5.3　实例 3

如图 5.5.3 所示为一长方形板类零件,工件材料为 45 号钢,六面已加工,试分析孔加工工艺并编写该零件的加工程序。

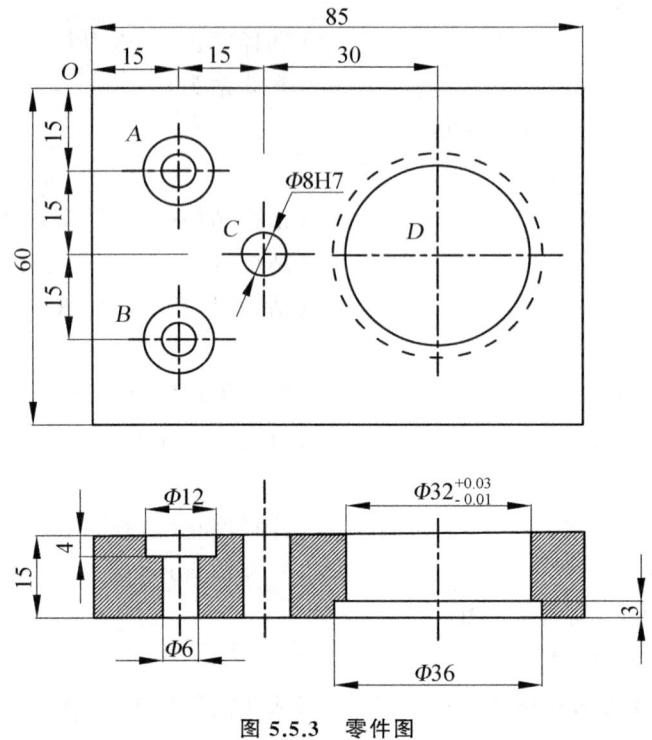

图 5.5.3　零件图

1.零件加工工艺分析

如图 5.5.3 所示的零件,其上共有 4 个孔,两个精度要求不高的 Φ6/Φ12 的沉头孔,可以直接钻头钻穿,后采用 Φ12 的立铣刀扩出沉孔。Φ8H7 的通孔要求精度较高,可以先采用 Φ7.8 的钻头钻穿,留 0.2 mm 的余量进行铰削加工,保证精度。为了保证孔的同轴度和表面的垂直度,Φ36 的沉孔可以采用背镗工艺,因此该零件安排的加工工艺过程如下:

1)为保证孔间距精度,先采用中心钻点孔。

2)采用 Φ6 的钻头钻削两个 Φ6 孔。

3)采用 Φ7.8 钻头钻削 Φ8 孔留余量 0.2 mm。

4)采用 Φ30 钻头钻留余量 2 mm。

5)扩 Φ12 沉孔。

6)粗镗 Φ32 孔留余量 0.03 mm。

7)背镗 Φ36 孔至要求尺寸。

8)铰 Φ8H7。

9)精镗 Φ32 孔。

2.刀具及切削用量的选择

加工零件所需的刀具及其切削用量的选择如表 5.5.3 所示。

表 5.5.3 加工刀具及切削用量

刀号	加工内容	刀具规格		主轴转速/(r/min)	进给速度/(mm/min)	刀具补偿	
		类型	材料			半径	长度
T1	中心钻钻孔	Φ3 mm 中心钻	高速钢	1 300	80		H01
T2	钻孔	Φ6 mm 钻头		800	100		H02
T3	钻孔	Φ7.8 mm 钻头		600	100		H03
T4	钻孔	Φ30 mm 钻头		200	60		H04
T5	扩孔	Φ12 mm 立铣刀		600	100		H05
T6	粗镗	可调粗镗刀	硬质合金	800	100		H06
T7	镗孔	可调背镗刀		600	50		H07
T8	铰孔	Φ8H7 铰刀	高速钢	200	50		H08
T9	精镗	可调精镗刀	硬质合金	800	50		H09

3.确定编程原点位置及相关的数值计算

根据工艺分析,为方便计算与编程,选左上角的 O 点为工件坐标系原点。4 个点位的坐标如下:

$A(X=15.00\ Y=-15.00)$ $B(X=15.00\ Y=-45.00)$
$C(X=30.00\ Y=-30.00)$ $D(X=60.00\ Y=-30.00)$

4.程序

程序段号	O100	程序名
	G40 G80 G49;	安全设定
	G28 G91 Z0;	经当前点,返回换刀点
	G28 X0 Y0;	返回机床原点
	G54;	坐标系设定
N1	M06 T01;	换 1 号刀(Φ3 mm 中心钻),适用无机械手盘式刀库
	M03 S1300;	主轴设定
	M8;	冷却液设定
	G43 G90 G0 Z20 H01;	下刀至横越平面,同时执行刀具长度补偿
	G99 G81 X15 Y−15 R3 Z−4 F80;	中心钻点出 A 孔位

续表

程序段号	O100	程序名
	X15 Y−45;	点出 B 孔位
	X30 Y−30;	点出 C 孔位
	X60 Y−30;	点出 D 孔位
	G80 G28 G91 Z0;	返回换刀点
N2	M06 T02;	换 2 号刀（Φ6 mm 钻头）
	M03 S800;	主轴设定
	G43 G90 G0 Z20. H02;	下刀至横越平面,同时执行刀具长度补偿
	G73 X15 Y−15 Z−19 Q4 F100;	断削钻方式钻削 A 孔
	X15 Y−45;	断削钻方式钻削 B 孔
	G80 G28 G91 Z0;	返回换刀点
N3	M06 T03;	换 3 号刀（Φ7.8 mm 钻头）
	M03 S600;	主轴设定
	G43 G90 G0 Z20 H03;	
	G73 X30 Y−30 Z−19. Q4. F100;	断削钻方式钻削 C 孔
	G80 G28 G91 Z0;	
	M5;	主轴停
	M9;	冷却液停
	M1;	选择性暂停,测量尺寸,保证余量（试件时使用）
N4	M06 T04;	换 4 号刀（Φ30 钻头）
	M03 S200;	
	M8;	冷却液设定
	G43 G90 G0 Z20 H04;	
	G73 X60 Y−30 Z−19 Q4 F60;	断削钻方式钻削 D 孔
	G80 G28 G91 Z0;	
N5	M06 T05;	换 5 号刀（Φ12 立铣刀）
	M03 S600;	
	G43 G90 G0 Z20 H05;	
	G81 X15 Y−15 Z−19 F100;	铣削沉孔 A
	X15 Y−45;	铣削沉孔 B
	G80 G28 G91 Z0;	
N6	M06 T06;	换 6 号刀（可调粗镗刀）

续表

程序段号	O100	程序名
	M03 S800；	
	G43 G90 G0 Z20 H06；	
	G86 X60 Y−30 R3 Z−17 F100；	镗Φ32孔留0.02 mm余量
	G80 G28 G91 Z0；	
	M5；	
	M9；	
	M1；	选择性暂停,调整余量(试件时使用)
N7	M06 T07；	换7号刀(可调背镗刀)
	M03 S600；	
	M8；	冷却液设定
	G43 G90 G0 Z20 H07；	
	G87 X60 Y−30 R−18 Z−12 Q2 F50；	背镗Φ36孔至尺寸
	G80 G28 G91 Z0；	
	M5；	
	M9；	
	M1；	选择性暂停,控制尺寸(试件时使用)
N8	M06 T08；	换8号刀(Φ8H7铰刀)
	M03 S200；	
	M8；	冷却液设定
	G43 G90 G0 Z20 H08；	
	G85 X30 Y−30 R3 Z−19 F50；	铰Φ8H7孔
	G80 G28 G91 Z0；	
	M5；	
	M9；	
	M1	
N9	M06 T09；	换9号刀(可调精镗刀)
	M03 S800；	
	M8；	冷却液设定
	G43 G90 G0 Z20 H09；	
	G76 X60 Y−30 R3 Z−17 Q2 F50；	精镗Φ32孔至要求尺寸
	G80 G28 G91 Z0；	
	M30；	程序结束,光标返回程序头

5.加工注意事项

1)装夹镗刀杆时,要注意首先使用 M19 控制好准定方位;另外,注意系统内设的退刀方向。

2)在首件加工后,要按下选择性暂停按钮,调整好刀具,控制精度。

5.5.4 实例 4

1.零件图(图 5.5.4)

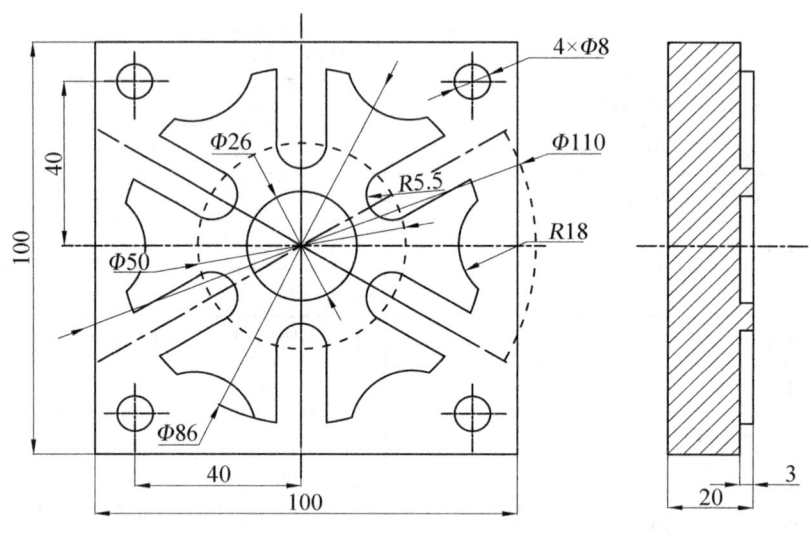

图 5.5.4 零件图

2.零件机械加工工艺卡(表 5.5.4)

表 5.5.4 零件加工工艺卡

凸台类零件数控加工工艺卡							零件代号	材料名称
							1.1.6	低碳钢
设备名称	加工中心	系统型号	Fanuc	夹具名称		工艺板	毛坯尺寸	100 mm× 100 mm
工序号	工序内容			刀具号	道具规格/ mm	主轴转速/ (r/min)	进给量/ (mm/min)	背吃刀量/ mm
1	粗铣平面 A 留余量 0.5 mm			T01	Φ20	600	100	$ap=1$
2	精铣 A 平面至尺寸			T01	Φ20	700	50	$ap=0.5$
3	粗铣 B 平面留余量 0.5 mm			T04	Φ6	600	100	$ap=1$

续表

凸台类零件数控加工工艺卡						零件代号	材料名称
						1.1.6	低碳钢
设备名称	加工中心	系统型号	Fanuc	夹具名称	工艺板	毛坯尺寸	100 mm×100 mm
工序号	工序内容		刀具号	道具规格/mm	主轴转速/(r/min)	进给量/(mm/min)	背吃刀量/mm
4	精铣 B 平面至尺寸		T04	Φ6	700	50	$ap=0.5$
5	粗铣 C 平面留余量 0.5 mm		T04	Φ6	600	100	$ap=1$
6	精铣 C 平面至尺寸		T04	Φ6	700	50	$ap=0.5$
7	钻 4×Φ8 的孔		T02	Φ12	400	50	
编制		审核		批准			年 月 日

3. 数控程序的编写

O0001;
G54 G90 G00 X0 Y0 Z25;
M03 S600 F100;
D03 M98 P31002;
G00 Z25;
D01 M98 P31002;
G00 Z50;
G91 G28 Z0;
M05;
T04 M06;
G43 G00 Z25 H01;
M03 S600 F100;
G90 G00 Z25;
X−50 Y−35.18;
G68 X0 Y0 R−60;
M98 P31001;
G00 Z25;
X−50 Y22.56;
G00 Z25;
X50 Y−22.56;
G68 X0 Y0 R−120;
M98 P31001;
G00 Z25;
X−5.5 Y50;
G68 X0 Y0 R−180;
M98 P31001;
G00 Z25;
X50 Y358.18;
G01 Y−42.65;
X−10.51 Y−41.7;
G03 X−30.86 Y−29.95 R18;
G03 X−45.34 Y−50 R18;
G91 G00 Z25;
G90 G40 G00 X0 Y0;
G69;
M9;

G68 X0 Y0 R－240；
M98 P31001；
G00 Z25；
X50 Y－22.56；
G68 X0 Y0 R－300；
M98 P31001；
M30；

O1002；
G00 X50 Y－43；
G91 G00 Z－22；
G01 Z－4；
G90 G41 G01 X30 Y－43；
G01 X0；

G02 X0 Y43 R43；
G02 X0 Y－43 R43；
G01 X－30 Y－43；
G91 Z25；
G90 G40 X0 Y0；
M99；

O1001；
G91 G00 Z－22；
G90 G41 G01 X5.5 Y－45；
G91 Z－5；
G90 G01 Y－25.61；
G03 X－5.5 Y－25.61 R5.5；

技能训练

1. 请根据下列零件图 1，编制加工程序。

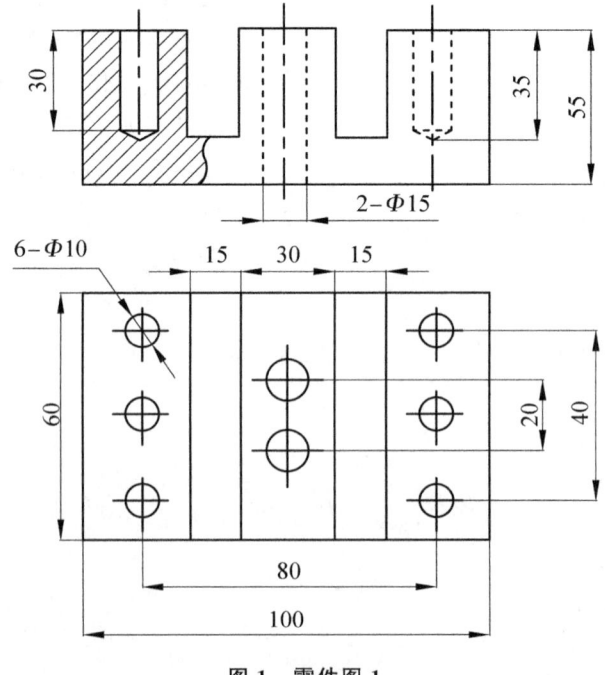

图1　零件图1

2.请根据下列零件图 2,编制加工程序。

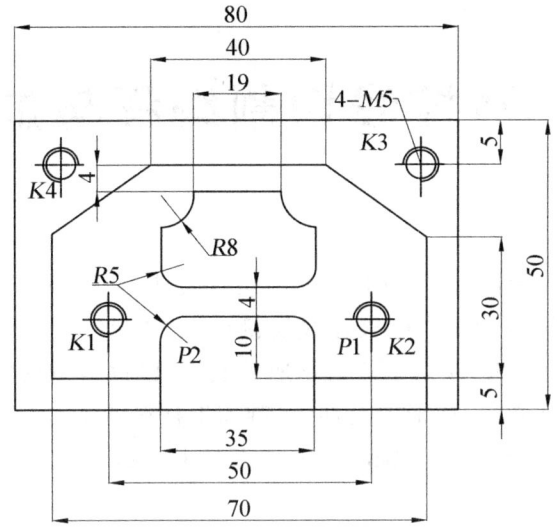

图 2　零件图 2

模块六 数控线切割编程与加工操作

随着电火花加工技术的发展,在成形加工方面逐步形成两种主要加工方式:电火花成形加工和电火花线切割加工。电火花线切割加工(Wire Cut EDM,简称 WEDM)自 20 世纪 50 年代末诞生以来,获得了极其迅速的发展,已逐步成为一种高精度和高自动化的加工方法。在模具制造、成形刀具加工、难加工材料和精密复杂零件的加工等方面获得了广泛应用。目前,线切割机床已占电加工机床的 60% 以上。

6.1 概 述

6.1.1 数控电火花线切割的加工原理

数控电火花线切割是利用连续移动的细金属导线(称作电极丝、铜丝或钼丝)作为工具电极(接高频脉冲电源的负极),对工件(接高频脉冲电源的正极)进行脉冲火花放电腐蚀、切割加工。其加工原理如图 6.1.1 所示,加上高频脉冲电源后,在工件与电极丝之间产生很强的脉冲电场,使其间的介质被电离击穿,产生脉冲放电。电极丝在贮丝筒的作用下做正反向交替(或单向)运动,在电极丝和工件之间浇注工作液介质,在机床数

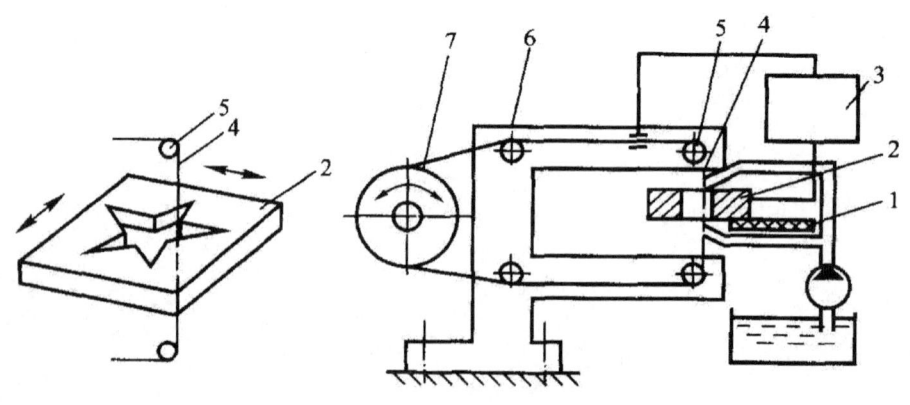

(a)工件及其运动方向　　　　(b)电火花线切割加工装置原理

图 6.1.1　电火花线切割原理

1—绝缘底板;2—工件;3—脉冲电源;4—电极丝(钼丝);5—导向轮;6—支架;7—贮丝筒

控系统的控制下,工作台相对电极丝在水平面两个坐标方向各自按预定的程序运动,从而切割出需要的工件形状。

6.1.2 数控电火花线切割的加工特点

1)直接利用线状的电极丝作线电极,不需要像电火花成形加工一样的成形工具电极,可节约电极设计、制造费用,缩短了生产准备周期。

2)可以加工用传统切削加工方法难以加工或无法加工的微细异形孔、窄缝和形状复杂的工件。

3)利用电蚀原理加工,电极丝与工件不直接接触,两者之间的作用力很小,因而工件的变形很小,电极丝、夹具不需要太高的强度。

4)传统的车、铣、钻加工中,刀具硬度必须比工件硬度大,而数控电火花线切割机床的电极丝材料不必比工件材料硬,所以可以加工硬度很高或很脆,用一般切削加工方法难以加工或无法加工的材料。在加工中作为刀具的电极丝无须刃磨,可节省辅助时间和刀具费用。

5)直接利用电、热能进行加工,可以方便地对影响加工精度的加工参数(如脉冲宽度、间隔、电流)进行调整,有利于加工精度的提高,便于实现加工过程的自动化控制。

6)电极丝是不断移动的,单位长度损耗少,特别是在慢走丝线切割加工时,电极丝一次性使用,故加工精度高(可达±2 μm)。

7)采用线切割加工冲模时,可实现凸、凹模一次加工成形。

6.1.3 数控电火花线切割的应用

线切割加工的生产应用,为新产品的试制、精密零件及模具的制造开辟了一条新的工艺途径,具体应用有以下三个方面。

1)模具制造。适合于加工各种形状的冲裁模,一次编程后通过调整不同的间隙补偿量,就可以切割出凸模、凹模、凸模固定板、凹模固定板、卸料板等,模具的配合间隙、加工精度通常都能达到要求。此外,电火花线切割还可以加工粉末冶金模、电机转子模、弯曲模、塑压模等各种类型的模具。

2)电火花成形加工用的电极。一般穿孔加工的电极以及带锥度型腔加工的电极,若采用银钨、铜钨合金之类的材料,用线切割加工特别经济,同时也可加工微细、形状复杂的电极。

3)新产品试制及难加工零件。在试制新产品时,用线切割在坯料上直接切割出零件,由于不需另行制造模具,可大大缩短制造周期,降低成本。加工薄件时可多片叠加在一起加工。在零件制造方面,可用于加工品种多、数量少的零件,还可加工特殊难加工材料的零件,如凸轮、样板、成形刀具、异形槽、窄缝等。

6.2 数控电火花线切割工艺与工装基础

电火花线切割加工一般作为工件加工中的最后工序,要达到加工零件的加工要求,应合理控制线切割加工的各种工艺因素,同时选择合适工装。

6.2.1 线切割加工的主要工艺指标

(1)切割速度

在保持一定的表面粗糙度的前提下,单位时间内电极丝中心在工件上切过的面积总和即为切割速度,单位为 $mm^2 \cdot min^{-1}$。

(2)表面粗糙度

我国和欧洲常用轮廓算术平均偏差 $Ra(\mu m)$ 来表示表面粗糙度,日本常用 Rmax 来表示。

(3)电极丝损耗量

对高速走丝机床,用电极丝在切割 10 000 mm^2 面积后电极丝直径的减小量来表示电极丝损耗量,一般减小量不应大于 0.01 mm。

(4)加工精度

加工精度是指所加工工件的尺寸精度、形状精度和位置精度的总称。

6.2.2 影响线切割工艺指标的若干因素

影响线切割工艺指标的因素很多,也很复杂,主要包括以下几个方面。

1. 电参数对工艺指标的影响

(1)脉冲宽度 t_w

t_w 增大时,单个脉冲能量增多,切割速度提高,表面粗糙度数值变大,放电间隙增大,加工精度有所下降。粗加工时取较大的脉宽,精加工时取较小的脉宽,切割厚大工件时取较大的脉宽。

(2)脉冲间隔 t

t 增大,单个脉冲能量降低,切割速度降低,表面粗糙度数值有所增大,粗加工及切割厚大工件时脉冲间隔取宽些,而精加工时取窄些。

(3) 开路电压 U_o

开路电压增大时,放电间隙增大,排屑容易,提高了切割速度和加工稳定性,但易造成电极丝振动,工件表面粗糙度变差,加工精度有所降低。通常精加工时取的开路电压比粗加工低,切割大厚度工件时取较高的开路电压。一般 $U_o=60\sim150$ V。

(4) 放电峰值电流 I_p

放电峰值电流是决定单脉冲能量的主要因素之一。I_p 增大,单个脉冲能量增多,切割速度迅速提高,表面粗糙度数值增大,电极丝损耗比加大甚至容易断丝,加工精度有所下降。粗加工及切割厚件时应取较大的放电峰值电流,精加工时取较小的放电峰值电流。

(5) 放电波形

电火花线切割加工的脉冲电源主要有晶体管矩形波脉冲电源和高频分组脉冲电源。在相同的工艺条件下,高频分组脉冲能获得较好的加工效果,其脉冲波形如图 6.2.1 所示。它是矩形波改造后得到的一种波形,即把较高频率的脉冲分组输出。矩形波脉冲电源在提高切割速度和降低表面粗糙度之间存在矛盾,二者不能兼顾,只适用于一般精度和表面粗糙度的加工。高频分组脉冲波形是解决这个矛盾的比较有效的电源形式,得到了越来越广泛的应用。

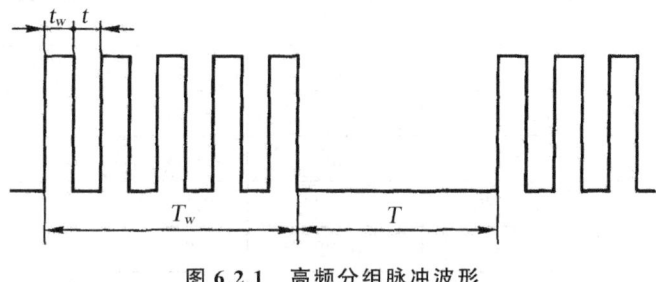

图 6.2.1 高频分组脉冲波形

(6) 极性

线切割加工因脉冲较窄,所以都用正极性加工,即工件接电源的正极,否则会使切割速度变低而电极丝损耗增大。

(7) 变频、进给速度

预置进给速度的调节,对切割速度、加工速度和表面质量的影响很大。因此,调节预置进给速度应紧密跟踪工件蚀除速度,以保持加工间隙恒定在最佳值上。这样可使有效放电状态的比例大,而开路和短路的比例小,使切割速度达到给定加工条件下的最大值,相应的加工精度和表面质量得到提高。如果预置进给速度调得太快,超过工件可能的蚀除速度,会出现频繁的短路现象,切割速度反而低,表面粗糙度也差,上下端面切缝呈焦黄色,甚至可能断丝;反之,进给速度调得太慢,大大落后于工件的蚀除速度,极间将偏于开路,有时会时而开路时而短路,上下端面切缝呈焦黄色。这两种情况都大大影响工艺指标。因此,应按电压表、电流表调节进给旋钮,使表针稳定不动,此时进给速度均匀、平稳,是线切割加工速度和表面粗糙度均好的最佳状态。

2.非电参数对工艺指标的影响

(1)走丝速度对工艺指标的影响

对于高速走丝线切割机床,在一定的范围内,随着走丝速度的提高,有利于电极丝把工作液带入较大厚度的工件放电间隙中,有利于放电通道的消电离和电蚀产物的排除,保持放电加工的稳定,从而提高切割速度;但走丝速度过高,将加大机械振动,降低加工精度和切割速度,表面粗糙度也将恶化,并且易断丝。

低速走丝时由于电极丝张力均匀,振动较小,电极丝直径较小,因而加工稳定性、表面粗糙度及加工精度等均很好。表 6.2.1 是在瑞士阿奇公司低速走丝电火花线切割机床上切割加工的工艺效果,可供参考。

表 6.2.1 低速走丝电火花线切割加工的工艺效果

工件材料	电极丝直径 d/mm	切割厚度 H/mm	切缝厚度 s/mm	表面粗糙度 R_Z/μm	切割速度 v_{wi}/mm^2·min^{-1}	电极丝材料
碳钢铬钢	0.1	2~20	0.13	0.2~0.3	7	黄铜丝
	0.15	2~50	0.19	0.35~0.5	12	
	0.2	2~75	0.259	0.35~0.71	25	
	0.25	10~125	0.34	0.35~0.71	25	
	0.3	75~150	0.378	0.35~0.5	25	
铜	0.25	2~40	0.32	0.35~0.7	19.4	
硬质合金	0.1	2~20	0.19	0.15~0.24	3.5	
	0.15	2~30	0.229	0.24~0.25	7.1	
	0.25	2~50	0.361	0.2~0.5	12.2	
石墨	0.25	2~40	0.351	0.35~0.6	12	
铝	0.25	2~40	0.34	0.5~0.83	60	
碳钢铬钢	0.08	2~10	0.105	0.35~0.55	5	钼丝
	0.1	2~10	0.125	0.47~0.59	7	
硬质合金	0.08	2~12.7	0.105	0.078~0.23	4	
	0.1	2~12.7	0.125	0.118~0.23	6	

(2)工件厚度及材料对工艺指标的影响

工件薄时,工作液容易进入并充满放电间隙,有利于排屑和消电离,加工稳定性好;但工件太薄时,电极丝容易产生抖动,对加工精度和表面粗糙度不利,且脉冲利用率低,切削速度因而下降。工件厚时,工作液难以进入和充满放电间隙,加工稳定性差,但电极丝不易抖动,因而加工精度和表面粗糙度较好,但过厚时排屑困难,导致切割速度下降。

(3)电极丝材料及直径对加工指标的影响

高速走丝用的电极丝材料应具有良好的导电性、较大的抗拉强度和良好的耐电腐蚀性能,且电极丝的质量应该均匀,不能有弯折和打结现象。钼丝韧性好,放电后不易变脆,不易断丝,因而应用广泛。黄铜丝加工稳定,切割速度高,但电极丝损耗大。

低速走丝线切割机床上常采用 0.2 mm 的黄铜丝,也可采用钨丝、钼丝。

电极丝直径大时,能承受较大的电流,从而使切割速度提高,同时切缝宽,放电产生的腐蚀物排除条件得到改善而使加工稳定,但加工精度和表面粗糙度下降。当直径过大时,切缝过宽,需要蚀除的材料增多,导致切割速度下降,而且难以加工出内尖角的工件。高速走丝时电极丝的直径可在 0.1~0.25 mm 选用,常用的电极丝为 0.12~0.18 mm,低速走丝时电极丝的直径可在 0.076~0.3 mm 选用,最常采用的为 0.2 mm。电极丝直径与其相适应的切割厚度如表 6.2.2 所示。

表 6.2.2 电极丝直径与合适的切割厚度

电机丝材料	电机丝直径/mm	合适的切割厚度/mm
钨丝	Φ0.05	0~5
	Φ0.07	0~8
	Φ0.10	0~30
铜丝	Φ0.10	0~15
	Φ0.15	0~30
	Φ0.20	0~80
	Φ0.25	0~100

(4)工作液对加工指标的影响

在电火花线切割加工中,工作液为脉冲放电的介质,对加工工艺指标的影响很大。同时,工作液通过循环过滤装置连续地向加工区供给,对电极丝和工件进行冷却,并及时从加工区排除电蚀产物,以保持脉冲放电过程能稳定而顺利地进行。低速走丝线切割机床大都采用去离子水作工作液,只有在特殊精加工时才采用绝缘性能较高的煤油。高速走丝线切割机床大都使用专用乳化液。乳化液的品种很多,各有特点,有的适合精加工,有的适合大厚度切割,有的适合高速切割等。因此,必须按照线切割加工的需要正确选用。

(5)工件材料内部残余应力的影响

对热处理后的坯料进行线切割时,由于大面积去除金属和切断加工,材料内部残余应力的相对平衡状态受到破坏,从而产生很大的变形,使零件的加工精度下降,有的零件甚至在切割中出现裂纹、断裂。减少变形和裂纹的措施如下:

1)改善热处理工艺,减少内部残余应力。

2)减少切割体积,在淬火前先用切削加工方法把中心部分材料切除或预钻孔,使热处理均匀发生,如图 6.2.2 所示。

3)精度要求高的,采用二次切割法。第一次加工单边留下余量 0.1~0.5 mm,余量大小根据淬硬程度、工件厚度、壁厚等确定。第二次加工时将第一次加工的变形切除,如图 6.2.3 所示。

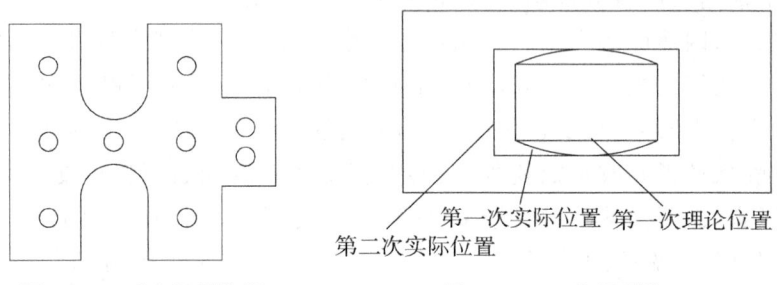

图 6.2.2　减少切割体积　　　　图 6.2.3　二次切割法

4)为了避免材料组织及内应力对加工精度的影响,必须合理地选择切割的走向和进刀点。通常切割路径应使夹持部分位于程序的最后一条加工语句处,如图 6.2.4 所示,这样可以减小工件变形引起的误差。进入点的选择要尽量避免留下接刀痕,如图 6.2.5 所示。当接刀痕不可避免时,应尽量把进刀点放在尺寸精度要求不高或容易钳修处,如图 6.2.6 所示。

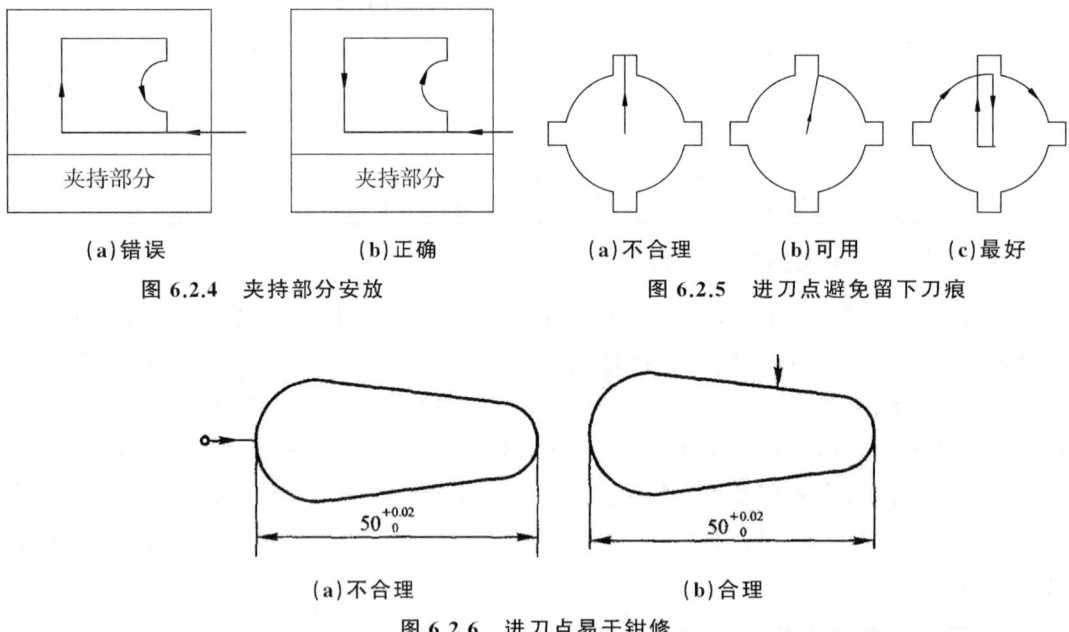

图 6.2.4　夹持部分安放　　　　图 6.2.5　进刀点避免留下刀痕

图 6.2.6　进刀点易于钳修

5)若精度要求高,应先在坯料内加工出穿丝孔,以免当从坯料外切入时引起坯料切开处变形,如图 6.2.7 所示。

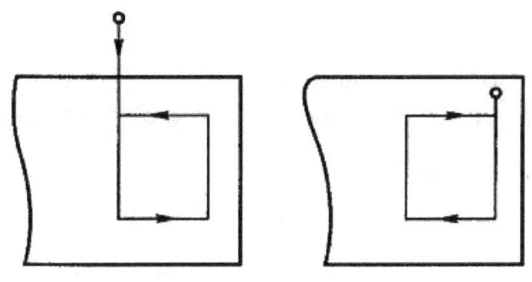

图 6.2.7 切割起点确定

6)工件上的剩磁会使内应力不均匀,且加工时对排屑不利,因此平磨过的工件应先充分去磁。

6.2.3 电火花线切割典型夹具、附件及工件装夹

工件装夹的形式对加工精度有直接影响。电火花线切割加工机床的夹具一般是在通用夹具上采用压板螺钉固定工件。为了适应各种形状工件加工的需要,还可使用磁性夹具、旋转夹具或专用附件。

1.常用工件夹具、附件

(1)压板夹具

由于线切割机床主要用于切割冲模的型腔,因此机床出厂时通常只提供一对夹持板形工件的压板夹具(压板、紧固螺钉等)。

(2)磁性夹具

采用磁性工作台或磁性表座夹持工件,不需要压板和螺钉,操作快速方便,定位后不会因压紧而变动,如图 6.2.8 所示。

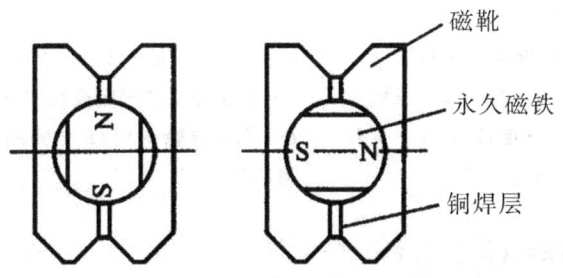

图 6.2.8 磁性夹具的基本原理

要注意保护上述两类夹具的基准面,避免工件将其划伤或拉毛。压板夹具应定期修磨基准面,保持两件夹具的等高性。对于夹具的绝缘性也应经常检查和测试,以免绝缘体受损造成绝缘电阻减小,影响正常的切割。

(3)分度夹具

分度夹具(图 6.2.9)是根据加工电机转子、定子等多型孔的旋转形工件设计的,可保证高的分度精度。近年来,因微机控制器及自动编程机能够对加工图形进行对称、旋转等功能操作,所以分度夹具用得较少。

(4)3R 夹具

瑞典 System 3R 公司生产的 3R 夹具具有以下基本特点:
1)安装简单:仅需内六角螺栓与机床台面固定。
2)高精度:重复定位精度±0.002 mm。
3)预调工件:可在机床外调节好工件,再装到机床上直接进入加工。
4)五面加工:可在机床上实现精确的五面加工。
5)适应范围广:可装夹方形、圆形等大小不同的工件。
6)易于装夹:使用十分方便。

3R 基准导轨是 3R 线切割新概念中的基本元件,能给线切割机床的工作台提供 X,Y,Z 方向的固定基准;并且可以有不同的长度和不同位置的安装孔,以应用于不同的线切割机床,如图 6.2.10 所示。

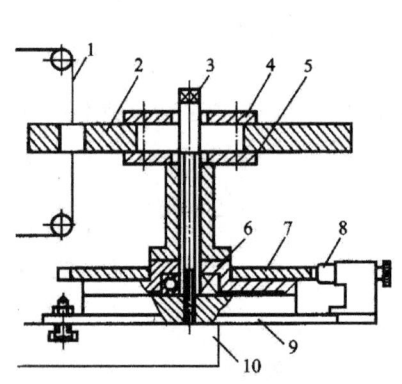 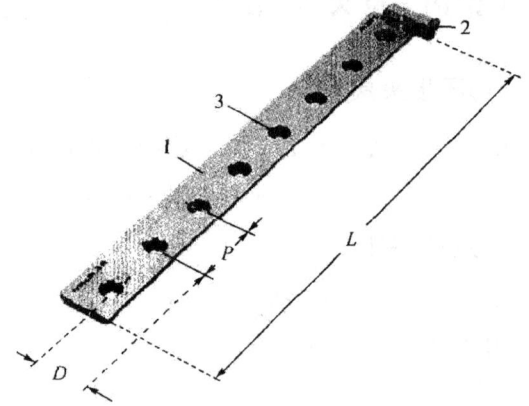

图 6.2.9 专用分度夹具示意图
1—电极丝;2—工件;3—螺杆;4—压板;5—垫板;6—轴承;7—定位盘;8—定位销;9—底座;10—工作台

图 6.2.10 3R 基准导轨
1—基准导轨;2—定位块;3—安装孔(沉孔);
L—基准导轨长度;P—安装孔距;D—距台架边缘的尺寸

(5)数控回转工作台(简称转台)

在数控线切割机床上,用来加工圆形或阿基米德螺旋线型凸轮,可大大简化编程工作,结构如图 6.2.11 所示。步进电机经过二级蜗轮蜗杆传动标准心轴,其传动比为 1∶1 800,步进电机每转一步(1.5),心轴旋转 3″(0.001),相当于工件半径为 70 mm 的圆周上移动 1 μm。如果旋转与坐标运动结合起来,可加工正弦、余弦、双曲线、螺旋线等特殊曲线轮廓的工件。

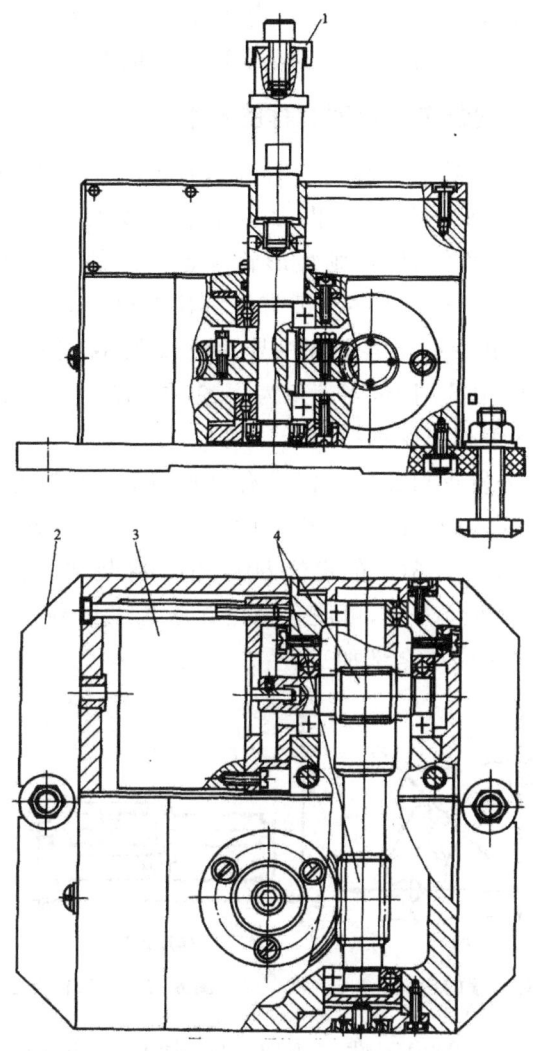

图 6.2.11 回转工作台
1—定位心轴;2—基座;3—步进电机;4—蜗杆蜗轮

2.工件的正确装夹方法

(1)正确装夹的一般要求

1)工件的基准面应清洁无毛刺,经热处理的工件,在穿丝孔内及扩孔的台阶处,要清除热处理残留物及氧化皮。

2)夹具应具有必要的精度,并将其稳定地固定在工作台上,拧紧螺丝时用力要均匀。

3)工件装夹的位置应有利于工件找正,并应与机床行程相适应,工作台移动时工件不得与丝架相碰。

4)对工件的夹紧力要均匀,不得使工件变形或翘曲。

5)大批零件加工时,最好采用专用夹具,以提高生产效率。

6)细小、精密、薄壁的工件应固定在不易变形的辅助夹具上。

(2)工件在工作台上的装夹位置对编程的影响

1)适当的定位可以简化编程工作。工件在工作台上的位置不同,会影响工件轮廓线的方位,也就影响各点坐标的计算结果,从而影响各段程序。在图 6.2.12(a)中,若使工件的 α 角为 0°、90°以外的任意角,则矩形轮廓各线段都成了切割程序中的斜线,这样,计算各点的坐标、填写程序单及穿制纸带等都比较麻烦,还可能发生错误。如条件允许,使工件的 α 角成 0°和 90°,则各条程序皆为直线程序,这就简化了编程,从而减少差错。同理,图 6.2.12(b)中的图形,当 α 角为 0°、90°或 45°时,也会简化编程,提高质量;而又为其他角度时,会使编程复杂些。

2)合理的定位可充分发挥机床的效能。有时则与上述情况相反,如图 6.2.13 所示,工件的最大长度尺寸为 139 mm,最大宽度为 20 mm,工作台行程为 100 mm × 120 mm。很明显,若用图 6.2.13(a)的定位方法,在一次装夹中就不能完成全部轮廓的加工;如选图 6.2.13(b)的定位方法,可使全部轮廓落入工作台行程范围内,虽然编程比较复杂,但可在一次装夹中完成全部加工。

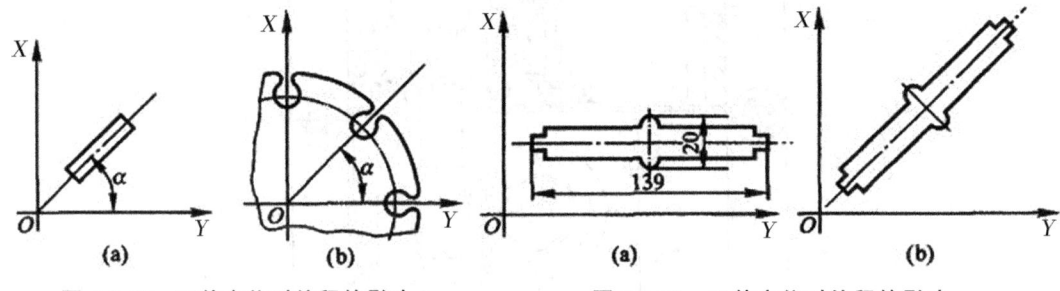

图 6.2.12　工件定位对编程的影响　　　图 6.2.13　工件定位对编程的影响

3)正确定位可提高加工的稳定性。在加工时,执行各条程序切割的稳定性并不相同,如较长直线的切割过程,就容易出现加工电流不稳定、进给不均匀等,严重时还会引起断丝。因此,编程时应使零件的定位尽量避开较长的直线程序。

6.3　线切割编程

数控线切割编程与数控车、铣床、加工中心的编程过程一样,也是根据零件图样提供的数据,经过分析和计算,编写出线切割机床数控装置能接受的程序。编程方法分手工编程和自动编程两种,一般形状简单的零件数控线切割采用手工编程,目前我国数控线切割机床常用的手工编程格式有 3B、4B、ISO 格式。

6.3.1　3B 格式程序编制

我国早期数控线切割机床使用的是 5 指令 3B 格式编程,一般用于高速走丝,不能实现电极丝半径和放电间隙的自动补偿。

1.程序格式

指令格式为:BX BY BJ GZ;

其中,B 叫分隔符号,用它来区分、隔离 X,Y 和 J 数值,B 后的数值如为 0,则此 0 可不写,但分隔符号 B 不能省略。G 为计数方向,有 G_X 和 G_Y 两种。Z 为加工码,有 12 种,即 L1、L2、L3、L4、NR1、NR2、NR3、NR4、SR1、SR2、SR3、SR4。

加工圆弧时,程序中的 X,Y 必须是圆弧起点对其圆心的坐标值。加工斜线时,程序中的 X,Y 必须是该斜线段终点对其起点的坐标值,斜线段程序中的 X,Y 值允许把它们同时缩小相同的倍数,只要其比值保持不变即可,因为 X,Y 值只用来确定斜线的斜率,但 J 值不能缩小。对于与坐标轴重合的线段,在其程序中的 X 或 Y 值,均可不必写出或全写为 0,但分隔符号 B 必须保留。X,Y 坐标值为绝对值,单位为 μm,1 μm 以下的按四舍五入计。

2.计数方向 G 和计数长度 J

(1)计数方向 G 及其选择

按 X 轴方向、Y 轴方向计数,分为 G_X 和 G_Y 两种。它确定在加工直线或圆弧时按哪个坐标轴方向取计数长度值。

在加工直线时规定终点接近 X 轴时应取 G_X,终点接近 Y 轴时应取 G_Y。加工圆弧时终点接近 X 轴时应取 G_Y,接近 Y 轴时应取 G_X。这样设定的原因在于,加工直线时终点接近 X 轴,即进给的 X 分量多,X 轴走几步,Y 轴才走一步。用 X 轴计数不至于漏步,可保持较高的精度。而圆弧的终点接近 X 轴时线段趋于垂直方向,即 Y 轴走几步,X 轴才走一步,因此用 Y 计数能保持较高的精度,如图 6.3.1 所示。

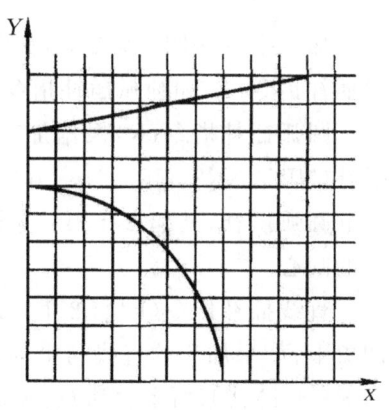

图 6.3.1　计数方向的决定

(2)计数长度 J 的确定

当计数方向确定后,计数长度 J 应取计数方向从起点到终点移动的总距离,即圆弧或直线段在计数方向坐标轴上投影长度的总和。

对于斜线,如图 6.3.2(a)取 $J=Xe$,如图 6.3.2(b)取 $J=Ye$ 即可。

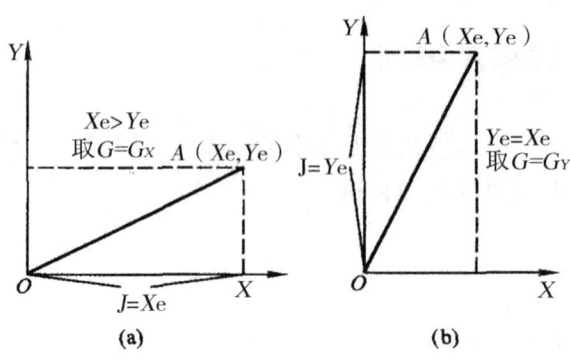

图 6.3.2　直线 J 的确定

对于圆弧,它可能跨越几个象限,如图 6.3.3 的圆弧都是从 A 加工到 B,图 6.3.3(a) 为 $G_X,J=J_{x_1}+J_{x_2}$;图 6.3.3(b) 为 $G_Y,J=J_{y_1}+J_{y_2}+J_{y_3}$。

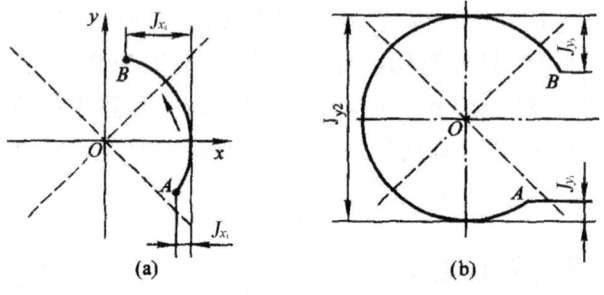

图 6.3.3　圆弧 J 的确定

(3)加工指令 Z

加工指令是用来确定轨迹的形状、起点、终点所在坐标象限和加工方向的,包括直线插补指令(L)和圆弧插补指令(R)两类。

圆弧插补指令(R)根据加工方向又可分为顺圆插补(SR1、SR2、SR3、SR4)和逆圆插补(NR1、NR2、NR3、NR4),字母后面的数字表示该圆弧的起点所在象限,如 SR1 表示顺圆弧插补,其起点在第一象限,如图 6.3.4(a)、(b)所示。注意:坐标系的原点是圆弧的圆心。

直线插补指令(L1、L2、L3、L4),表示加工的直线终点分别在坐标系的第一、二、三、四象限;如果加工的直线与坐标轴重合,根据进给方向来确定指令(L1、L2、L3、L4),如图 6.3.4(c)、(d)所示。注意:坐标系的原点是直线的起点。

例如,起点为(2,3),终点为(7,10)的直线的 3B 指令是:B5000 B7000 B7000 GY L1;半径为 9.22,圆心坐标为(0,0),起点坐标为(-2,9),终点坐标为(9,-2)的圆弧 3B 指令是:B2000 B9000 B25440 GY NR2。

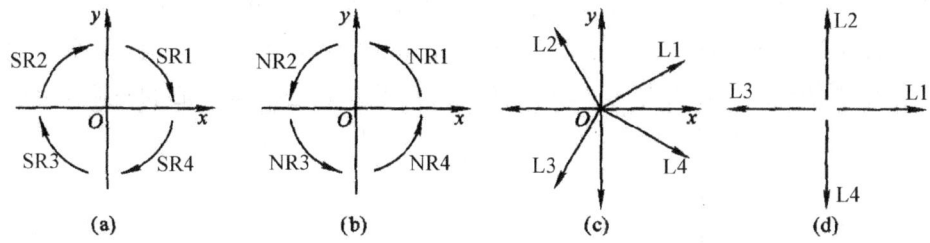

图 6.3.4 直线和圆弧加工指令

【例 6-3-1】试用 3B 格式编写如图 6.3.5 所示轨迹的程序,切割路线为:$A \rightarrow B \rightarrow C \rightarrow D \rightarrow E$,不考虑切入路线的程序。

编制程序如下:

B B B40000 GX L1;	($A \rightarrow B$)
B1 B9 B90000 GY L1;	($B \rightarrow C$)
B30000 B40000 B60000 GX NR1;	($C \rightarrow D$)
B1 B9 B90000 GY L4;	($D \rightarrow E$)
D;	(停机)

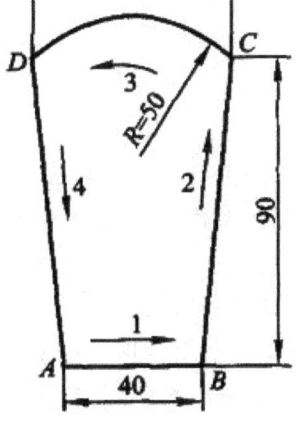

图 6.3.5 编程图形

3. 标注公差尺寸的编程计算

根据大量的统计表明,线切割加工后的实际尺寸大部分是在公差带的中值附近。因此对标注有公差的尺寸,应采用中差尺寸编程。其计算公式为:

中差尺寸 = 基本尺寸 + (上偏差 + 下偏差)/2

例如,半径 $R20_{-0.02}^{0}$ 的中差尺寸为:$20+(0-0.02)/2=19.99$。

实际加工和编程时,要考虑钼丝半径 r 丝和单边放电间隙 δ 电的影响。对于切割凹体,应将编程轨迹减小(r 丝 + δ 电);切割凸体,则应将偏移增大(r 丝 + δ 电);切割模具时,还应考虑凸凹模之间的配合间隙 δ 隙。

4. 间隙补偿量的确定

在数控线切割加工时,控制装置所控制的是电极丝中心轨迹,如图 6.3.6 所示(图中双点画线为电极丝中心轨迹),加工凸模时电极丝中心轨迹应在所加工图形的外面;加工凹模时,电极丝中心轨迹应在要求加工图形的里面。工件图形与电极丝中心轨迹间的距离,在圆弧的半径方向和线段的垂直方向都等于间隙补偿量 f。

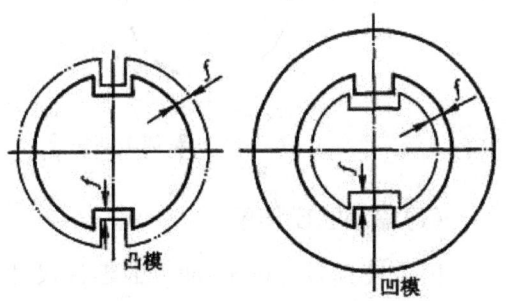

图 6.3.6 电极丝中心轨迹

1) 间隙补偿量的符号。该符号可根据在电极丝中心轨迹图形中圆弧半径及直线段法线长度的变化情况来确定。对于圆弧,当考虑电极丝中心轨迹后,其圆弧半径比原图形半径增大时取 $+f$,减小时取 $-f$;对于直线段,当考虑电极丝中心轨迹后,使该直线段的法线长度 P 增加时取 $+f$,减小时则取 $-f$,如图 6.3.7 所示。

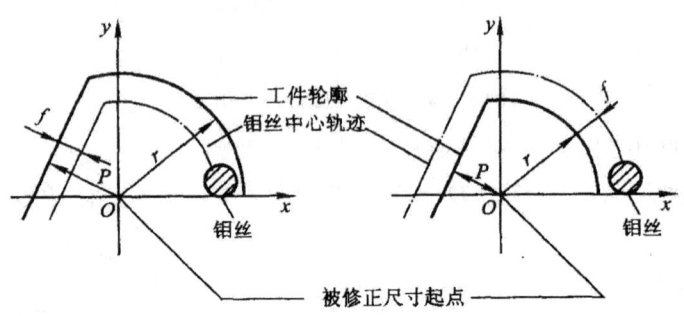

图 6.3.7　间隙补偿量的符号判别

2) 间隙补偿量的算法。加工冲模的凸、凹模时,应考虑电极丝半径 $r_丝$、电极丝和工件之间的单边放电间隙 $\delta_电$ 及凸模和凹模间的单边配合间隙 $\delta_配$。当加工冲孔模具时(即冲后要求保证工件孔的尺寸),凸模尺寸由孔的尺寸确定。因 $\delta_配$ 在凹模上扣除,故凸模的间隙补偿量 $f_凸 = r_丝 + \delta_电$,凹模的间隙补偿量 $f_凹 = r_丝 + \delta_电 - \delta_配$。当加工落料模时(即冲后要求保证冲下的工件尺寸),凹模尺寸由工件尺寸确定。因 $\delta_配$ 在凸模上扣除,故凸模的间隙补偿量 $f_凸 = r_丝 + \delta_电 - \delta_配$,凹模的间隙补偿量 $f_凹 = r_丝 + \delta_电$。

【例 6-3-2】编制加工如图 6.3.8 所示零件的凹模和凸模线切割程序。已知该模具为落料模,$r_丝 = 0.065, \delta_电 = 0.01, \delta_配 = 0.01$。

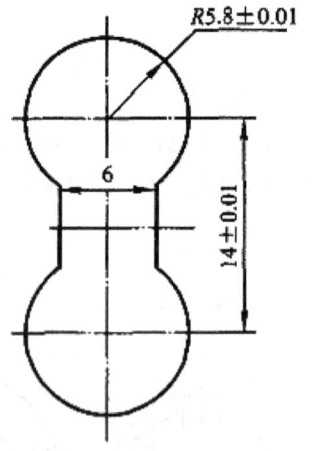
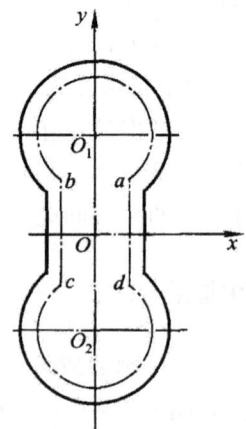

6.3.8　冲裁加工零件图　　图 6.3.9　凹模电极丝中心轨迹

(1) 编制凹模程序

因该模具为落料模,冲下的零件尺寸由凹模决定,模具配合间隙在凸模上扣除,故凹模的间隙补偿量为:

$$f_凹 = r_丝 + \delta_电 = (0.065 + 0.01) \text{ mm} = 0.075 \text{ mm}$$

图 6.3.9 中点画线表示电极丝中心轨迹,此图对 X 轴上下对称,对 Y 轴左右对称。因此,只要计算一个点,其余三个点均可由对称得到,通过计算可得到各点的坐标为:

$O_1(0,7)$;$O_2(0,-7)$;$a(2.925,2.079)$;$b(-2.925,2.079)$;
$c(-2.925,-2.079)$;$d(2.925,-2.079)$。

若将穿丝孔钻在 O 处,切割路线为:$O→a→b→c→d→a→O$,程序编制如下:

B2925 B2079 B2925 GX L$_1$;　　　($O→a$)
B2925 B4921 B17050 GX NR$_4$;　　($a→b$)
B B B4158 GY L$_4$;　　　　　　　($b→c$)
B2925 B4921 B17050 GX NR$_2$;　　($c→d$)
B B B4158 GY L$_2$;　　　　　　　($d→a$)
B2925 B2079 B2925 GX L$_3$;　　　($a→O$)

(2)编制凸模程序

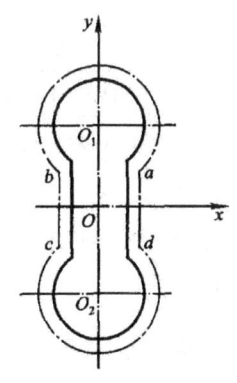

图 6.3.10 凸模电极丝中心轨迹

如图 6.3.10 所示,凸模的间隙补偿量,$f_{凸}=r_{丝}+\delta_{电}-\delta_{配}=(0.065+0.01-0.01)$ mm$=0.065$ mm,计算可得到各点的坐标为:

$O_1(0,7)$;$O_2(0,-7)$;$a(3.065,2)$;$b(-3.065,2)$;
$c(-3.065,-2)$;$d(3.065,-2)$。

切割路线为:加工时先沿 L_1 切入 5 mm 至 b 点,沿凸模按逆时针方向切割回 b 点,再沿 L_3 退回 5 mm 至起始点。程序如下:

B B B5000 GX L$_1$;　　　　　　　(沿 L_1 切入 5 mm 至 b 点)
B B B4000 GY L$_4$;　　　　　　　($b→c$)
B3065 B5000 B17330 GX NR$_2$;　　($c→d$)
B B B4000 GY L$_2$;　　　　　　　($d→a$)
B3065 B5000 B17330 GX NR$_4$;　　($O→b$)
B B B5000 GX L$_3$;　　　　　　　(沿 L_3 退回 5 mm 至起始点)

6.3.2 4B 格式程序编制

所谓 4B 格式法,就是直线和圆弧、圆弧和圆弧相交时仍要加过渡圆,而直线和直线相交时不加过渡圆,只在前增加一个参数 R,形成 4B 指令,即可以说它具有电极丝间隙自动补偿功能。这种方法用于一些不适合直线间加过渡圆的工件加工。

4B 程序格式:BX BY BJ BRGD(DD)Z。

其中,B、X、Y、J、G、Z 与 3B 相同。

R:所要加工圆弧的半径,对于加工图形的尖角,一般取 $R=0.1$ mm 的过渡圆弧编程。半径增大时为正补偿,减少时为负补偿。

D(DD):凸(凹)圆弧。

6.3.3 ISO 格式程序编制

低速走丝线切割机床常常采用国际上通用的 ISO 格式。表 6.2.3 为该机床使用的 ISO 代码及其含义。

表 6.2.3 数控线切割机床的指令代码

代码	含义	代码	含义
%	程序开始	M22	不带电极丝的定位
N	程序号	M61	腐蚀起始孔
/N	可跳过的程序段	M62	切丝
X±	带符号的 X 轴上的增量	M63	穿丝
Y±	带符号的 Y 轴上的增量	M64	在 0°方向上找中心
I±	圆心在 X 轴方向上的相对距离（带符号）	M65	在 45°方向上找中心
J±	圆心在 Y 轴方向上的相对距离（带符号）	M66	在＋x 轴方向上接触感知，进行边沿定位
Q±	电极丝的轴向倾角（带符号）	M67	在－x 轴方向上接触感知，进行边沿定位
R±	电极丝的前向倾角（带符号）	M68	在＋y 轴方向上接触感知，进行边沿定位
G01	直线插补	M69	在－y 轴方向上接触感知，进行边沿定位
G02	顺圆插补	M90	阅读到终止指令，人工重新启动
G03	逆圆插补	M94	阅读到终止指令，自动重新启动
G40	无补偿的插补	M95	外围装置的指令
G41	生成圆锥或圆柱的圆弧插补	M96	外围装置的指令
G42	带有 Q 和 R 的直线插补	M97	外围装置的指令
G43	补偿量和圆锥寄存器的启动	M98	外围装置的指令
G44	用补偿量和圆锥曲线（双曲线）的插补	M99	复位 $x-y$ 的相关示数
G45	补偿量和双曲线（圆锥）的重新设置	T00～T99	调用电源寄存器
M00	程序停止	S00～S99	调用电极丝和冲洗寄存器
M02	程序结束	D01～D99	调用补偿寄存器
M21	带电极丝的定位	P01～P99	调用锥度角寄存器

1. 直线插补指令(G01)

该指令可使机床加工任意斜率的直线轮廓。

格式:G01 X± Y±;

说明:X,Y 为目标点对前一点的相对坐标值。

2. 圆弧插补指令(G02、G03)

G02 为顺圆弧插补加工指令,G03 为逆圆弧插补加工指令。

格式:G02 X± Y± I± J±;

　　　G03 X± Y± I± J±;

说明:X,Y 表示圆弧终点相对圆弧起点的坐标;I,J 分别表示圆心相对圆弧起点在 X 方向和 Y 方向的增量坐标。编辑 ISO 代码时,应注意所输入的数据都必须是六位整数,单位为 μm,不够六位时在最高位前加"0"补足。所用字母必须是大写形式。

【例 6-3-3】切割如图 6.3.11 所示凸模,路径为:$A \to B \to C \to D \to E \to F \to G \to H \to I \to J \to K \to B \to A$。

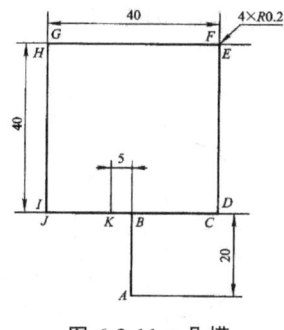

图 6.3.11　凸模

加工程序为:

%N001 M63;	(程序开始,穿丝)
N002 D01 P01 S01 T01 G43;	(寄存器的定义及启动)
N003 G01 X+019800 G44;	(启动补偿寄存器,切割直线 BC)
N004 G01 Y+020000 G40;	(引入切割,无补偿的插补)
N005 G03 X+000200 Y+000200 J+000200 G44;	(切割圆弧 CD)
N006 G01 Y+039600;	(切割直线 DE)
N007 G03 X−000200 Y+000200 I−000200;	(切割圆弧 EF)
N008 G01 X−039600;	(切割直线 FG)
N009 G03 X−000200 Y−000200 J−000200;	(切割圆弧 GH)
N010 G01 Y−039600;	(切割直线 HI)
N011 G03 X+000200 Y−000200 I+000200;	(切割圆弧 IJ)

N012 G01 X+014800;　　　　　　　　　　　（切割直线JK）
/N013 M00;　　　　　　　　　　　　　　　（选择性停止）
N014 G01 X+005000;　　　　　　　　　　　（直线KB—分离切割）
N015 G01 X+001000 G44;　　　　　　　　　（虚拟语句，X后数字任意）
N016 G01 Y+020000 G40 M21;　　　　　　　（退出切割回起割点）
N017 G45;　　　　　　　　　　　　　　　　（补偿量的重新设置）
N018 M02;　　　　　　　　　　　　　　　　（程序结束）

程序说明：

第一步：N003和N004为倒装语句，N003为切割第一元素程序段，而N004为引入切割程序段。该系统要求引入切割程序段必须放在切割第一元素程序段的后面。

第二步：N015程序段为虚拟语句，表示切割型线已完成。在该语句前一程序段已完成整个型线的切割。该语句的走向必须与前一程序段的走向一致，坐标值任意指定，系统执行该程序段时并不产生坐标移动。

第三步：执行N013程序段时程序停止，操作者可用501粘接住工件后，方可执行下一程序段，以防止工件脱落不能满足加工要求。

第四步：D01中设置的偏移量应为正值（逆时针方向切割时，凸模的补偿为正）。

【例6-3-4】切割如图6.3.12所示Φ10内孔，切割路径：A→B→C→D→B→A，编制加工程序。

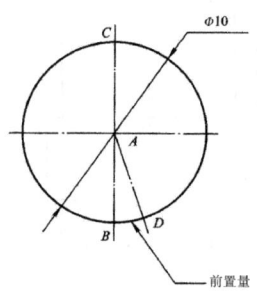

图6.3.12　凹模

加工程序如下：
%N001 M63;　　　　　　　　　　　　　　　　（程序开始，穿丝）
N002 D01 S01 T01 P11 G43;　　　　　　　　　（寄存器的定义及启动）
N003 G02 X+000000 Y+010000 I+000000 J+005000 G44;　（BC）
N004 G01 X+000000 Y-005000 G40;　　　　　　（AB）
N005 G02 X+002823 Y-009127 J-005000 G44;　（CD）
/N006 M00;　　　　　　　　　　　　　　　　　（选择性停止）
N007 G02 X-002823 Y-000873 I-002823 J+004127;　（DB）
N008 G01 X-001000 Y+000000 G44;　　　　　　（虚拟语句）
N009 G01 Y+005000 G40;　　　　　　　　　　　（BA）
N010 G45;　　　　　　　　　　　　　　　　　　（补偿量的重新设置）

N011 M02； （程序结束）

程序说明：

第一步：N003 和 N004 程序段为倒装语句。

第二步：程序中前置量设为 3 mm，执行 N006 程序段时程序停止，操作者可用强力磁铁吸住脱落件后，再执行下一程序段，这样可防止脱落件掉下砸伤工作台面。

第三步：D01 中设置的偏移量应为负值（逆时针方向切割时，凹模的补偿为负）。

6.3.4 数控线切割自动编程

由于计算机技术的飞速发展，很多厂家新出售的数控线切割机床都有微机编程系统。微机编程系统类型比较多，按输入方式不同，大致可分为：

1）数控语言式输入。

2）采用中文或西文菜单人机对话输入。

3）采用 AUTOCAD 方式输入。

4）采用鼠标器按图形标注尺寸输入，绘图法输入。

5）用数字化仪输入。

6）用扫描仪输入等。

利用上述方式之一输入工件图样尺寸之后，通过计算机内部的应用软件处理转换成线切割程序（3B 或 ISO 代码等），可在 CRT 屏幕上显示程序和图形，并可打印出程序清单或图形，或打出穿孔纸带，或录写成磁带、磁盘，现在则往往将数控程序通过通信接口由编程计算机直接传输给线切割机床的控制器，节省了纸带、磁带等中间环节，减少差错。

各厂家生产的自动编程系统型号繁多，千差万别，具体可参见其使用说明书，现对几种主要的自动编程系统的特点做扼要介绍。

1.语言式微机编程系统

人机对话式系统虽然易学，但使用时微机不断地提问，操作人员需要根据微机的提问逐个输入几何参数，很烦琐。语言式系统是指人把零件的源程序编好后，一次就输入微机中，没有人机对话的烦琐，但在源程序中除了几何元素定义语句之外，还要输入描述切割路线的语句以及间隙补偿、旋转、对称等语句。所以在使用语言式编程系统时，需要记忆的语句量比较多。

改进后的语言式编程系统，采用了一些几何元素定义语句，因而大幅度地减少了微机的提问，又省去了一般语言式描述切割路线的语句，对于所切割工件图形上的线也不必逐条加以定义，使编程工作很简洁，学起来也较容易，且在输入几何元素定义语句过程中，能及时显示计算结果，容易立即发现和纠正输入时的错误，当操作上发生错误时，微机能及时显示错误信息，提醒及时更正错误，所以使用起来比较方便灵活。

为了把图样中的信息和加工路线输入计算机，要利用一定的自动编程语言（数控语言)来表达,构成源程序。源程序输入后,必要的处理和计算工作则依靠应用软件(针对数控语言的编译程序)来实现。

自动编程中的应用软件(编译程序)是针对数控编程语言开发的,所以研制合适的语言系统是重要的先决条件。从20世纪70年代初起,我国研制了多种自动编程软件(包括数控语言和相应的编译程序),如XY、SKX-1、SXZ-1、SB-2、SKG、XCY-1、SKY、CDL、TPT等。通常经后置处理可按需要显示或打印出3B(或4B、5B扩展型)格式的程序清单,或由穿孔机制出数控纸带。在国际上主要采用APT数控编程语言,但一般根据线切割机床控制的具体要求做了适当简化,使语言表达更为简单、直观,便于掌握;输出的程序格式为ISO或EIA。

2.人机对话输入式微机编程系统

最早是英文人机对话,现在用中文人机对话,显示屏幕上依次用中文提问并加上适当的解释,突破了以往编程机采用数控语言编程或采用"英文代号"提问的缺陷,从而使编程人员不需记忆大量的代号含义及符号规则。

具有多种直线输入定义格式和圆弧输入定义格式,具有点切线、公切线、切角线、过渡圆(即二切圆)、三切圆的特别处理功能,具有列表点非圆曲线的自动编程功能等。

人机对话输入式的数控编程系统,特点是直观易懂,不需记忆很多语句指令,逐条人机问答对话,初学时容易入门,但使用长了就会觉得烦琐。目前单纯的人机对话输入方式已较少。

3.绘图式线切割自动编程系统

工件图样都是由点、线、圆(圆弧)等组成的,为此绘图式编程系统可以在计算机屏幕上用鼠标器绘出点、线、圆(圆弧)以及作交线、切线、内外圆、椭圆、抛物线、双曲线、阿基米德螺旋线、渐开线、摆线、齿轮等非圆曲线和列表曲线。

只要按工件图样上标注的尺寸用鼠标器和光标在计算机屏幕上作图输入,即可完成自动编程,输出3B或ISO代码切割程序,无须硬记编程语言规则,过程直观明了,易于学习、掌握,应用日益广泛。国内开发最早、应用较多的有YH绘图式自动编程系统等。

4.用扫描仪输入的微机自动编程系统

近年来,由于扫描仪性能的不断完善,价格的不断降低,很多厂商都在原微机自动编程系统中增加用扫描仪输入图形,而后通过应用软件将图形信息进行"矢量化"等处理,使其成为"一笔画",最后转换成3B、ISO等代码的数控线切割程序,特别适合于字体、工艺美术图案等线条外形复杂而精度要求又不是很高的曲线编程。我国苏州市开拓电子技术公司的YH线切割绘图式自动编程系统、北京北航海尔软件有限公司的CAXA线切割编程系统超强版、温州飞虹电子仪器厂的XBK系列线切割编程控制系统、宁波傲强电子机械有限公司的 PM—A95 辅助设计型线切割自动编程软件,以及重庆华明光电子技术研究所等的 HGD 线切割数控编程软件,都在原编程功能的基础上增加了图形扫描输入的自动编程功能,大大地增强了编程的适应能力。

值得指出的是,目前国内外很多知名的线切割机床生产厂、研究所等生产的一些数控线切割机床(包括低速走丝线切割机床和部分高速走丝线切割机床),本身已具有多种自动编程的功能,或做到控制机与编程机合二为一,在控制加工的同时,可以"脱机"进行自动编程。

6.4 综合编程实例与加工操作

6.4.1 数控线切割机床基本操作步骤

在对零件进行线切割加工时,必须正确地确定工艺路线和切割程序,包括对图纸的审核及分析,加工前的工艺准备和工件的装夹,程序的编制,加工参数的设定和调整以及检验等步骤。

1.数控线切割机床一般工作过程

1)分析零件图,确定装夹位置及走刀路线。
2)编制程序单,传输程序。
3)检查机床,调试工作液,找正电极丝,装夹工件并找正。
4)调节电参数、形参数。
5)切割零件,检验。

分析零件图是保证加工工件综合技术指标满足要求的关键,一般应着重考虑是否满足线切割工艺条件(如工件材料性质、尺寸大小和厚度等),同时考虑所要求达到的加工精度。

确定装夹位置及走刀路线:装夹位置要合理,防止工件翘起或低头;切割点应取在图形的拐角处,或在容易将凸尖修去的部位。走刀路线要防止或减少零件的变形,一般选择靠近装夹位置的一边图形最后切割。

编制程序单:生成代码程序后一定要校核代码,仔细检查图形尺寸。

调试机床:调整电极丝的垂直度及张力,调整电参数,必要时试切检验。

2.数控线切割机床操作步骤

1)开机。按下电源开关,接通电源。

2)将加工程序输入控制机。

3)开运丝。按下运丝开关,让电极丝空运转,检查电极丝抖动情况和松紧程度。若电极丝过松,则应充分且用力均匀紧丝。

4)开水泵,调整喷水量。开水泵时,请先把调节阀调至关闭状态,然后逐渐开启,调节至上下喷水柱包容电极丝,水柱射向切割区即可,水量不必过大。上线架底面前部有一排水孔,经常保持畅通,避免上线架内积水渗入机床电器箱内。

5)开脉冲电源选择电参数。应根据对切割效率、精度、表面粗糙度的要求,选择最佳的电参数,电极丝切入工件时,先将脉冲间隔拉开,待切入后,稳定时再调节脉冲间隔,使加工电流满足要求。

6)开启控制机,进入加工状态。观察电流表在切割过程中指针是否稳定,精心调节,切忌短路。

7)加工结束后应先关闭水泵电机,再关闭运丝电机,检查 X,Y 坐标是否到终点。

到终点时,拆下工件,清洗并检查质量;未到终点应检查程序是否有错或控制机是否有故障,及时采取补救措施,以免工件报废。

机床电气操纵面板和控制面板上都有红色急停按钮开关,加工工件过程中若有意外情况,按下此开关即可断电停机。

6.4.2 注意事项

电火花线切割加工与电火花成形加工原理是一样的,但加工电流较小,使用乳化液工作时,一般情况下不会发生火灾,而且也基本没有废气产生,因此,主要是注意电气安全。电火花线切割加工也是直接利用电能使金属蚀除的工艺,使用的机床及电源上设有强电及弱电回路,除有与一般机床相同的用电安全要求外,对接地、绝缘、稳压还有一些特殊要求。

1)电源(或控制柜)外壳、油箱外壳要妥善接地,防止人员触电,并起到抗干扰、电磁屏蔽的作用。

2)加工中,禁用裸手接触加工区任何金属物体,若调整冲液装置必须停机进行,保障操作人员及电极、工件的安全。不在工作箱内放置不必要或暂不使用的物品,防止意外短路。

3)稳压电源的进线,加装稳压及滤波环节,提高抗干扰能力,减少对外电磁污染。

4)加工时人不能离开机床,随时注意工作液是否溢出。

5)装卸工件时要特别小心,避免碰断电极丝。

6.4.3 典型零件的线切割加工实例

在对零件进行线切割加工时,必须正确地确定工艺路线和切割程序,包括对图纸的审核及分析,加工前的工艺准备和工件的装夹,程序的编制,加工参数的设定和调整以及检验等步骤。

【例 6-4-1】 按照技术要求,完成图 6.4.1 所示平面样板的加工。

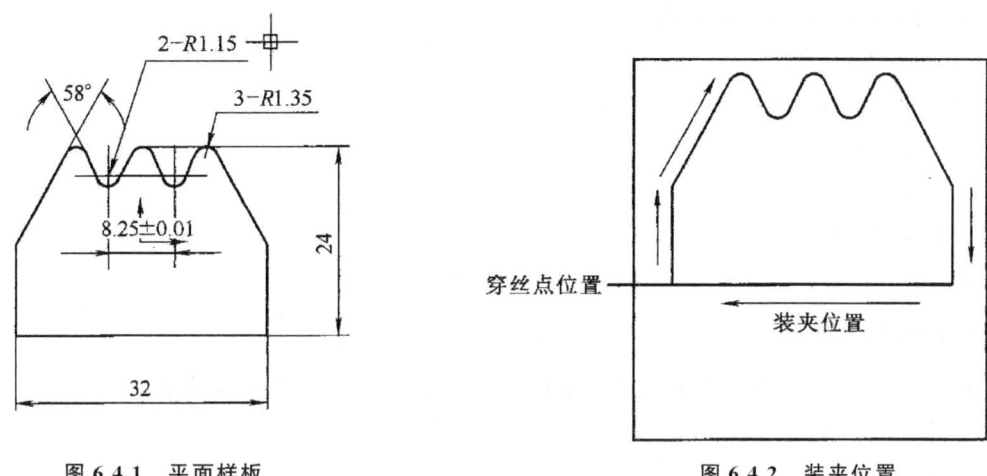

图 6.4.1　平面样板　　　　　　图 6.4.2　装夹位置

(1)零件图工艺分析

经过分析图纸,该零件尺寸要求比较严格,但是由于原材料是 2 mm 厚的不锈钢板,因此装夹比较方便。编程时要注意偏移补偿的给定,并留够装夹位置。

(2)确定装夹位置及走刀路线

为了减小材料内部组织及内应力对加工精度的影响,要选择合适的走刀路线,如图 6.4.2 所示。

(3)编制程序单

1)利用 CAXA 线切割 V2 版绘图软件绘制零件图。

2)生成加工轨迹并进行轨迹仿真。生成加工轨迹时,注意穿丝点的位置应选在图形的角处,减小累积误差对工件的影响。

3)生成 G 代码程序。

G 代码程序如下:

%
G92 X16000 Y-18000;
G01 X16100 Y-12100;
G01 X-16100 Y-12100;
G01 X-16100 Y-521;
G01 X-9518 Y11353;
G02 X-6982 Y11353 I1268 J-703;
G01 X-5043 Y7856;
G03 X-3207 Y7856 I918 J509;
G01 X-1268 Y11353;

G02 X1268 Y11353 I1268 J-703;
G01 X3207 Y7856;
G03 X5043 Y7856 I918 J509;
G01 X6982 Y11353;
G02 X9518 Y11353 I1268 J-703;
G01 X16100 Y-521;
G01 X16100 Y-12100;
G01 X16000 Y-18000;
M02;

(4) 调试机床

调试机床应校正钼丝的垂直度(用垂直校正仪或校正模块),检查工作液循环系统及运丝机构工作是否正常。

(5) 装夹及加工

1)将坯料放在工作台上,保证有足够的装夹余量。然后固定夹紧,工件左侧悬置。
2)将电极丝移至穿丝点位置,注意别碰断电极丝,准备切割。
3)选择合适的电参数,进行切割。

此零件作为样板要求切割表面质量,而且板比较薄,属于粗糙度型加工,故选择切割参数为:最大电流 3;脉宽 3;间隔比 4;进给速度 6。

加工时应注意电流表、电压表数值稳定,进给速度均匀。

【例 6-4-2】按照技术要求,完成图 6.4.3 所示内花键扳手零件的加工。

(1) 零件图工艺分析

此零件尺寸要求精度不高,但内外两个型面都要加工,有一定的位置要求。

(2) 确定装夹位置及走刀路线

此零件毛坯料为 100 mm×32 mm×6 mm 板料,为防止工件翘起或低头,装夹采用两端支承方式,走刀路线是先切割内花键然后再切割外形轮廓,如图 6.4.4 所示。

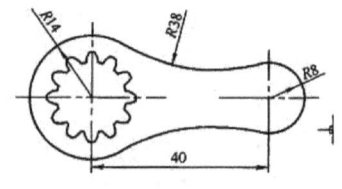

花键类型 内花键
模 数 1.5
压力角 30°
齿 数 12

图 6.4.3 内花键扳手零件

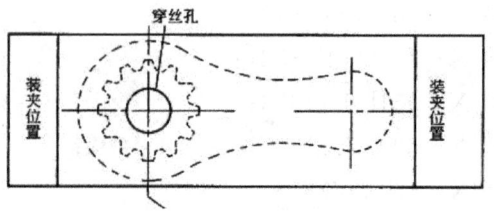

图 6.4.4 零件装夹位置

(3) 根据图纸所给参数,编制程序单

生成切割轨迹时,注意穿丝点的位置;可以用轨迹跳步。

生成 G 代码如下:

%
G92 X0 Y0;
G01 X-9936 Y490;
G02 X-8178 Y1299 I2769 J-3702;
G03 X-8018 Y1460 I-37 J197;
G02 X-7674 Y2745 I8018 J-1460;
G03 X-7732 Y2964 I-188 J67;
G02 X-8850 Y4544 I3131 J3401;
G02 X-8844 Y4721 I183 J83;
G02 X-8510 Y5299 I8844 J-4721;
G02 X-8360 Y5392 I170 J-106;
G02 X-6433 Y5214 I548 J-4590;
G03 X-6214 Y5273 I66 J189;
G02 X-5273 Y6214 I6214 J-5273;
G03 X-5214 Y6433 I-130 J153;
G02 X-5392 Y8360 I4412 J1379;
G02 X-5299 Y8510 I199 J-20;
G02 X-4721 Y8844 I5299 J-8510;
G02 X-4544 Y8850 I94 J-177;
G02 X-2964 Y7732 I-1821 J-4249;
G03 X-2745 Y7674 I152 J130;
G02 X-1460 Y8018 I2745 J-7674;
G03 X-1299 Y8178 I-36 J197;
G02 X-490 Y9936 I4511 J-1011;
G02 X-334 Y10019 I163 J-116;
G02 X334 Y10019 I334 J-10019;
G02 X490 Y9936 I-7 J-199;
G02 X1299 Y8178 I-3702 J-2769;
G03 X1460 Y8018 I197 J37;
G02 X2745 Y7674 I-1460 J-8018;
G03 X2964 Y7732 I67 J188;
G02 X4544 Y8850 I3401 J-3131;
G02 X4721 Y8844 I83 J-183;
G02 X5299 Y8510 I-4721 J-8844;
G02 X5392 Y8360 I-106 J-170;
G02 X5214 Y6433 I-4590 J-548;
G03 X5273 Y6214 I189 J-66;
G02 X6214 Y5273 I-5273 J-6214;
G03 X6433 Y5214 I153 J130;
G02 X8360 Y5392 I1379 J-4412;
G02 X8510 Y5299 I-20 J-199;
G02 X8844 Y4721 I-8510 J-5299;
G02 X8850 Y4544 I-177 J-94;
G02 X7732 Y2964 I-4249 J1821;
G03 X7674 Y2745 I130 J-152;
G02 X8018 Y1460 I-7674 J-2745;
G03 X8178 Y1299 I197 J36;
G02 X9936 Y490 I-1011 J-4511;
G02 X10019 Y334 I-116 J-163;
G02 X10019 Y-334 I-10019 J-334;
G02 X9936 Y-490 I-199 J7;
G02 X8178 Y-1299 I-2769 J3702;
G03 X8018 Y-1460 I37 J-197;
G02 X7674 Y-2745 I-8018 J1460;
G03 X7732 Y-2964 I188 J-67;
G02 X8850 Y-4544 I-3131 J-3401;
G02 X8844 Y-4721 I-183 J-83;
G02 X8510 Y-5299 I-8844 J4721;
G02 X8360 Y-5392 I-170 J106;
G02 X6433 Y-5214 I-548 J4590;
G03 X6214 Y-5273 I-66 J-189;
G02 X5273 Y-6214 I-6214 J5273;
G03 X5214 Y-6433 I130 J-153;
G02 X5392 Y-8360 I-4412 J-1379;
G02 X5299 Y-8510 I-199 J20;
G02 X4721 Y-8844 I-5299 J8510;

G02 X4544 Y-8850 I-94 J77;
G02 X2964 Y-7732 I1821 J4249;
G03 X2745 Y-7674 I-152 J-130;
G02 X1460 Y-8018 I-2745 J17674;
G03 X1299 Y-8178 I36 J-197;
G02 X490 Y-9936 I-4511 J1011;
G02 X334 Y-10019 I-163 J116;
G02 X-334 Y-10019 I-334 J10019;
G02 X-490 Y-9936 I7 J199;
G02 X-1299 Y-8178 I3702 J2769;
G03 X-1460 Y-8018 I-197 J-37;
G02 X-2745 Y-7674 I1460 J8018;
G03 X-2964 Y-7732 I-67 J-188;
G02 X-4544 Y-8850 I-3401 J3131;
G02 X-4721 Y-8844 I-83 J183;
G02 X-5299 Y-8510 I4721 J8844;
G02 X-5392 Y-8360 I106 J170;
G02 X-5214 Y-6433 I4590 J548;
G03 X-5273 Y-6214 I-189 J66;
G02 X-6214 Y-5273 I5273 J6214;
G03 X-6433 Y-5214 I-153 J-130;
G02 X-8360 Y-5392 I-1379 J4412;
G02 X-8510 Y-5299 I20 J199;
G02 X-8844 Y-4721 I8510 J5299;

G02 X-8850 Y-4544 I177 J94;
G02 X-7732 Y-2964 I4249 J-1821;
G03 X-7674 Y-2745 I-130 J152;
G02 X-8018 Y-1460 I7674 J2745;
G03 X-8178 Y-1299 I-197 J-36;
G02 X-9936 Y-490 I1011 J4511;
G02 X-10019 Y-334 I116 J163;
G02 X-10019 Y334 I10019 J334;
G02 X-9936 Y490 I199 J-7;
G01 X0 Y0;
M21;
M00;
G00 X-20000 Y0;
M00;
M20;
G01 X-14100 Y0;
G02 X7416 Y11992 I14100 J0;
G03 X37773 Y7788 I19934 J32234;
G02 X37772 Y-7788 I2227 J-7788;
G03 X7416 Y-11992 I-10422 J-36438;
G02 X-14100 Y0 I-7416 J11992;
G01 X-20000 Y0;
M02;

(4) 调试机床

校正钼丝的垂直度,检查工作液及运丝机构工作是否正常。

(5) 装夹及加工

将坯料放在工作台上,保证有足够的装夹余量,然后工件两端固定夹紧;将电极丝抽出并移至穿丝点位置,穿入工艺孔中,然后上好电极丝,找正工件,准备切割。

选择合适的电参数,进行切割。切割好内花键后,卸丝,移至外形轮廓的穿丝点处,再穿丝加工。

6.4.4 数控线切割加工实训

完成图 6.4.5 所示零件的 G 代码和 3B 代码编程,正确操作数控线切割机床,进行零件的加工。

该零件是个外接圆半径为 20 的五角星,从 S 点起切,加工成凸模。为了方便编程,给出了各点 $O_1 \cdots O_{10}$,$A_1 \cdots A_{10}$,$B_1 \cdots B_{10}$ 及 S 点在 XOY 直角坐标系内的坐标如下。

S(30,0)

A_1:(17.073,−0.951)	B_1:(17.073,0.951)	O_1:(16.764,0)
A_2:(6.871,4.266)	B_2:(6.180,5.217)	O_2:(7.180,5.217)
A_3:(6.180,15.943)	B_3:(4.371,16.531)	O_3:(5.180,15.943)
A_4:(−1.934,7.853)	B_4:(−3.052,7.489)	O_4:(−2.743,8.441)
A_5:(−13.253,10.805)	B_5:(−14.371,9.266)	O_5:(−13.562,9.854)
A_6:(−8.066,0.558)	B_6:(−8.066,−0.588)	O_6:(−8.875,0)
A_7:(−14.371,−9.266)	B_7:(−13.253,−10.804)	O_7:(−13.562,−9.854)
A_8:(−3.052,−7.490)	B_8:(−1.934,−7.853)	O_8:(−2.743,−8.441)
A_9:(4.731,−16.531)	B_9:(6.180,−15.943)	O_9:(5.183,−15.944)
A_{10}:(6.180,−5.217)	B_{10}:(6.871,−4.266)	O_{10}:(7.180,−5.217)

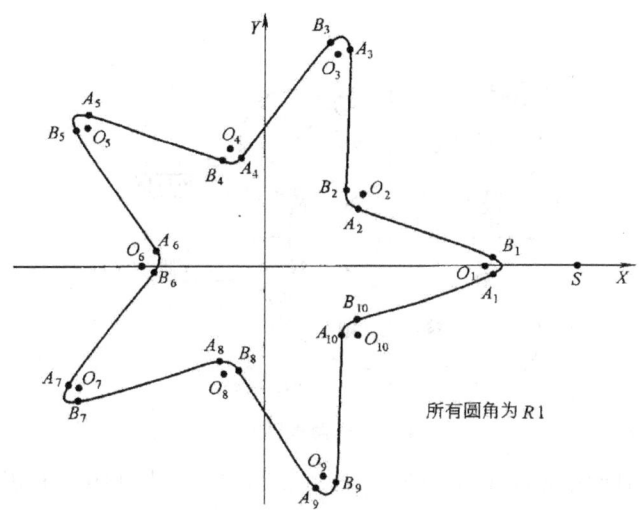

图 6.4.5 加工零件轮廓

(1)加工前的准备工作

1)检查储丝筒运动、导轮运动、工作台往复运动是否灵活。

2)根据工件厚薄调整好上下丝架的距离。

3)安装工件,夹具、工件、工作台面要仔细做好清洁工作,紧固夹具,校正工件后,将工件夹紧。

4)根据工件调整好高频参数,开启高频电源及控制器电源。

(2)加工操作

1)开启计算机,进入线切割自动控制画面,显示系统菜单。

2)输入程序,进行模拟加工,检验编程是否正确,若显示图形不正确需修改程序。

3)进行联机及加工操作,注意观察加工时机床的运行状态。

4)加工完成后,卸去工件,注意不要将钼丝碰伤、碰断;关断高频电源及控制器电源;打扫清理机床,将工具放回原处。

技能训练

1. 简述数控电火花线切割加工原理。
2. 数控电火花线切割的主要特点有哪些?
3. 高速与低速走丝线切割机床的主要区别有哪些?
4. 线切割加工的主要工艺指标有哪些?
5. 某一液压马达用补偿板加工要求如图1所示,切割类型为内孔主切一遍、外轮廓主切一遍,修切两遍,在点5、点16处钻穿丝孔。试用自动编程方式实现补偿板的加工(ISO代码编制)。

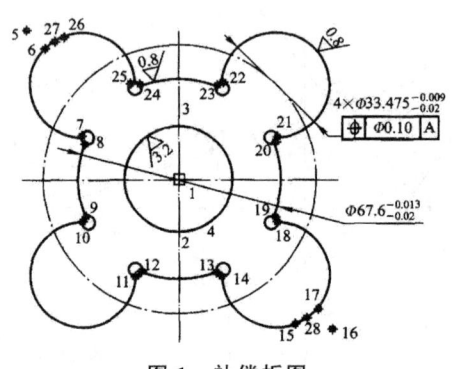

图1 补偿板图

6. 到互联网上访问瑞典 System 3R 公司网址和中国线切割网,了解3R夹具和线切割的其他有关资料。

模块七　自动编程

7.1　自动编程概述

7.1.1　自动编程的发展过程

1. 自动编程的概念及类型

手工编程对于编制形状不太复杂或计算量不大的零件加工程序通常可以胜任，而且简便易行。但是对于一些形状复杂的零件（如冲模、凸轮、非圆齿轮等）或由空间曲面构成的零件，手工编程的周期长、精度差、易出错、计算烦琐，有时甚至无法编程。因此，快速、准确地编制各种零件的加工程序就成为数控技术发展和应用中的一个重要环节。自动编程就是针对这个问题而产生和发展起来的。

自动编程是指用计算机来代替手工编程，也就是说，程序编制的大部分或全部工作是由计算机来完成的。自动编程根据编程信息的输入与计算机对信息的处理方式的不同，可分为以自动编程语言为基础的自动编程方法和以计算机绘图为基础的自动编程方法。

以自动编程语言为基础的自动编程方法，在编程时编程人员是依据所用数控语言的编程手册以及零件图样，以语言的形式表达出加工的全部内容，然后再把这些内容全部输入计算机中进行处理，制作出可以直接用于数控机床的数控加工程序。以计算机绘图为基础的自动编程方法，在编程时编程人员首先要对零件图样进行工艺分析，确定构图方案；然后即可利用自动编程软件本身的自动绘图及CAD（计算机辅助设计）功能，在CRT屏幕上以人机对话的方式构建出几何图形；接着还需利用自动编程软件的CAM（计算机辅助制造）功能，制作出数控加工程序，我们把这种自动编程方式称为图形交互式自动编程，这种编程系统是一种CAD与CAM高度结合的自动编程系统。

从计算机对信息处理的方式上来看，语言式自动编程系统对计算机而言是采用批处理的方式，编程人员必须一次性将编程信息全部向计算机交代清楚，即编程人员必须用规定的编程语言，像写文章一样一次性把该说的"话"全部说完。计算机则把这一次的作业当作一个"批",一次处理完毕,并马上得到结果。而图形交互式自动编程则是一种人机对话的编程方法,编程人员根据屏幕菜单提示的内容反复与计算机对话,回答计算机的各种提问,直到把该答的问题全部答完,计算机就能自动生成所需的零件加工程序。这种编程方式从零件图形的定义、进给路线的确定以及加工参数的选择,整个过程都是在对话方式下完成的,不存在什么编程语言的问题。

2.自动编程的发展历史及现状

从自动编程的发展历史进程来看,很早就发展了以自动编程语言为基础的自动编程方法,以计算机绘图为基础的自动编程方法则发展相对较晚,这主要是由于计算机图形技术发展相对落后。

最早研究数控自动编程技术的是美国。1953年,美国麻省理工学院伺服机构研究室在美国空军的资助下着手研究数控自动编程问题,1955年研究成果予以公布,发表了APT(Automatically Programmed Tools)自动编程语言,奠定了语言式自动编程的基础。1958年,美国航空航天协会组织了10多家航空工厂,在麻省理工学院协助下进一步发展了APT系统,产生了APTⅡ,可用于平面曲线的自动编程问题。1962年,又发展了APTⅢ,可用于3~5坐标立体曲面的自动编程。其后,美国航空航天协会继续对APT进行改进,并成立了APT长远规划组织。1970年发表了APTIV,可处理自由曲面自动编程,该自动编程系统配有多种后置处理程序,是一种应用广泛的数控编程系统,能够适应多坐标数控机床加工曲线曲面的需要。

与此同时,世界上许多先进工业国家也都开展了自动编程技术的研究工作,各主要工业国家都开发有自己的数控编程语言。这些数控语言多借助于APT的思想体系,与APT语言在语法格式上类似而又各具特点。其中,美国除开发了这种大而全的APT系统之外,还开发了ADAPT、AUTOSTOP等小型系统。另外,英国开发的2C、2CL、2PC,德国的EXAPT,法国的IFAPT,日本的FAPT、HAPT,我国在20世纪70年代开发的SKC、ZCX等都在一定范围内在生产中得到了应用。

下面从几个方面对这种语言式自动编程系统的特点做一简要说明。

就适用范围而言,一类是大而全的系统,如APT系统,其功能齐全,对点位、连续以及2~5坐标联动都可适用,其主信息处理(翻译阶段和计算阶段)已通用化,后置处理相当庞大和完善,以适应各种不同类型数控机床的要求,因此需要配备中、大型计算机;另一类向小而专的方向发展,如ADAPT、FAPT等,其针对性比较强,使用成本低,可在小型计算机或微型计算机上实现,便于在广大中小型企业推广使用。

就系统功能而言,这些系统一类只处理几何图形,目前大多数编程系统属于此类(包括ATP系统);另一类是以德国EXAPT为代表的系统,它不仅可以进行图形处理,还可以进行工艺处理,即具有"车间工艺"的功能,在该系统中存有机床、刀具、材料、表面粗糙度、切削用量等工艺文件,可自动选择加工顺序以及工艺参数。

就数控语言的结构和语义而言,可分为词汇式语言(如APT)和符号式语言(如FAPT)。前者用"词汇"描述零件图形和加工过程,所编出的零件源程序直观易懂,但源程序较长,计算机处理复杂。后者与前者相反,用一些特定的符号描述图形和加工过程,源程序较短,系统较简单,针对性较强。

以上我们对 APT 语言的概况做了简要说明。在自动编程技术发展的早期阶段之所以必须用语言的形式来描述几何图形信息及加工过程,然后再由计算机处理成加工程序,主要是因为当时的计算机图形处理能力不强。但是这种自动编程方法直观性差,编程过程比较复杂,使用不够方便。后来,由于计算机技术发展十分迅速、计算机的图形处理功能有了很大的提高,因此一种可以直接将零件的几何图形信息自动转化为数控加工程序的全新的计算机自动编程技术,即图形交互式自动编程方式便应运而生。目前,这种自动编程软件已经可以十分方便地实现三维(3D)曲面的几何造型,有用于大、中型计算机和工作站的,也有用于微型计算机的软件产品,如 Pro/Engineer、UGⅡ、Cimatron、MasterCAM 等,限于篇幅不能在这里一一介绍,具体可参考有关文献。

3.自动编程技术的新进展

数控技术发展很快,数控机床的使用日益广泛,要求有功能更完备、使用更方便的自动编程系统以满足生产需要。因此,数控自动编程系统的发展也是很迅速的,各种新型的自动编程技术和编程系统不断涌现,以下介绍几种较新的自动编程系统。

(1)在线编程

这种编程方法是在生产现场和数控装置上利用数控装置的控制计算机、显示屏幕(CRT)和图形对话功能直接进行编程,有人称它为图形人机对话编程系统。这种系统在数控车床、数控铣床上已有应用,现以数控车床上的编程为例来说明这一方法和系统的概念。在数控装置上先用图形人机对话的方式输入被加工工件的毛坯图形和尺寸,在毛坯图形上给出零件的图形和尺寸,选定机床坐标系、机床原点、工件坐标系、换刀位置并确定所用的刀具;然后在零件图上标示出加工的部位,确定加工工序,并给定所用切削工艺参数;最后在零件与毛坯图上选定进给路线、进给次数,系统根据这些输入数据进行必要的计算,根据给定的工序和进给路线,可以对工序进行增删和编辑。这样,无须生成控制介质,机床便能按上面所确定的加工工序、加工路线和工艺参数自动生成加工程序,并加工出所要求的零件。根据需要也可以将上述加工程序存储在磁盘上,以便保存,或在再次加工时输入。

这种自动编程方法,无须专用的编程计算机系统,在机床加工一个零件的同时,可以编制下一个加工零件的程序,使用方便、直观、迅速省时,是一种有发展前景的编程方法,但是目前还只能编制一些较简单的加工程序。

(2)实物编程

由零件或实物模型通过测量直接得出数控加工所需的数据及程序单,这种方法称为实物编程,也称为无尺寸图形的数字化处理。

这种编程方法可以编制二维和三维零件的加工程序。当有模型或实物而无尺寸的零件要进行数控加工时,可配备一台三坐标测量机或激光扫描仪,测头沿着零件轮廓移动,测出实物或模型的尺寸,测得的原始数据输入计算机后进行测头补偿、坐标转换及数据处理,从而得到零件轮廓点、刀位点的坐标值,再通过后置处理即可得到数控加工程序。

用实物编程方法加工出来的零件的精度主要取决于实物轮廓的精度和测量的精度。它一般适用于轮廓形面光滑过渡、精度要求不高的无尺寸轮廓零件或尺寸繁多的点位系统零件。

(3)语言编程

语言编程系统是利用人的自然声音作为输入介质,用头戴送话器或小型话筒直接与计算机用语音交互的方式命令计算机自动编制出零件的加工程序。这种系统无疑会大大提高编程的效率,若与数控机床相连接,能用语音实时控制加工,该系统在国内已进入试验阶段。

(4)视觉编程

一般的自动编程系统都必须由人阅读、理解零件图样,然后将图样上的信息通过人机对话方式输入计算机来实现自动编程。视觉自动编程系统是采用计算机视觉系统自动阅读、理解图样,记录图样上点、线、圆等图形的各种信息,由编程人员在编程过程中实现给定起刀点、下刀点和退刀点后,计算机自动计算出刀位点的有关坐标值,经处理就可得到数控加工程序。它一般可编制二维零件的加工程序。视觉自动编程系统的特点是不须书写任何源程序,编程人员只要事先输入有关工艺参数就能得到数控加工程序,具备高度的自动化。

7.1.2 自动编程的操作步骤

自动编程一般采用 CAD/CAM 软件编制数控加工程序,一般流程是:第一步,编程人员利用软件的绘图功能(CAD 功能)将零件图样输入计算机中;第二步,利用软件的后处理功能(CAM 功能)由计算机自动编制零件加工程序;最后一步,通过计算机与数控系统的通信接口将加工程序输入数控机床,进而进行零件的加工。自动编程的基本流程如图 7.1.1 所示。

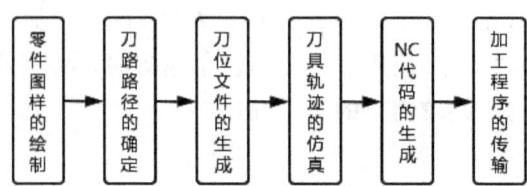

图 7.1.1 语言式自动编程系统组成框图

1.语言式自动编程系统

语言式自动编程系统主要由数控语言、系统软件(编译程序)和通用计算机等部分组成,如图 7.1.2 所示,其工作原理及信息处理过程如图 7.1.3 所示。首先由编程人员根据零件图和工艺要求,用数控语言编写出零件加工源程序,再将该程序输入计算机。计算机经过翻译处理和数值计算(主要是刀具运动轨迹计算)后生成刀具位置数据文件(CLDATA),然后再进行后置处理即可生成符合具体数控机床要求的零件加工程序。计算机可通过各种外设装置打印出加工程序单,也可通过通信接口将加工程序代码直接送入数控装置。

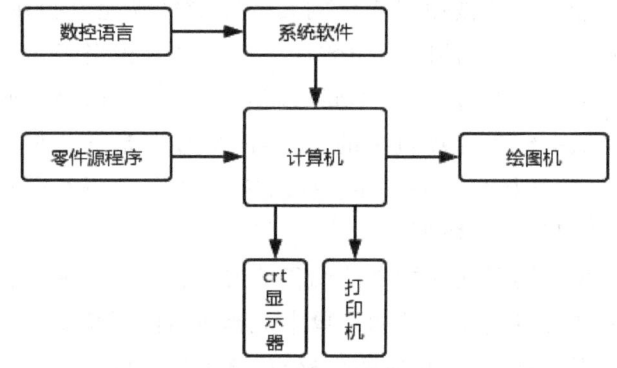

图 7.1.2 语言式自动编程系统组成框图

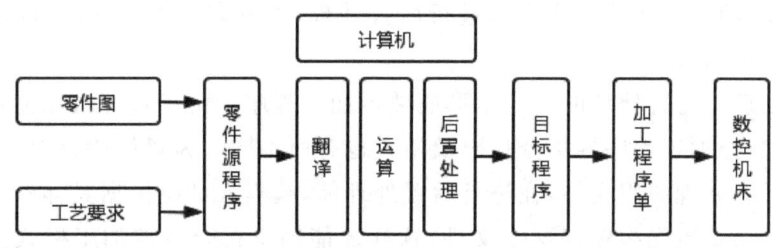

图 7.1.3 语言式自动编程系统的工作原理及信息处理过程

数控语言是一种类似车间用语的工艺语言,是由一些基本符号、字母以及数字组成的并有一定语法的语句,用它来描述零件图的几何形状、尺寸、几何元素间的相互关系(相交、相切、平行等)以及加工时的运动顺序、工艺参数等。按照零件图样用数控语言编写的计算机输入程序称为零件源程序。应当注意的是,零件源程序不同于我们在手工编程时用数控指令代码写出的程序(这种用数控指令代码写出的程序习惯上称为数控加工程序),它不能直接控制数控机床,只是加工程序预处理的计算机输入程序。

编译程序又称系统处理程序,其作用是使计算机具有处理零件源程序和自动输出具体机床数控加工程序的能力。因为用数控语言编写的零件源程序,计算机是不能直接识别和处理的,必须根据具体的数控语言和具体机床的指令,用高级语言或汇编语言编写一套能识别和处理零件源程序的编译程序,并存入计算机中,计算机才能对输入的零件源程序进行处理,生成数控加工程序。

对于大多数语言编程系统,其生成的刀位数据文件(CLDATA)是通用的,而后置处理程序是专用的。不同类型的数控机床需要不同的后置处理程序生成不同的数控加工程序。

2. 图形交互式自动编程系统

图形交互式自动编程是建立在 CAD 和 CAM 的基础上的,其处理过程与语言式自动编程有所不同。以下对其处理过程做一简要介绍。

1) 几何造型。几何造型就是利用图形交互自动编程软件的图形构建、编辑修改、曲线曲面造型等有关功能将零件被加工部位的几何图形准确地绘制在计算机屏幕上,与此同时,在计算机内自动形成零件图形的数据文件。这就相当于在语言编程中用几何定义语句定义零件几何图形的过程,其不同点就在于它不是用语言而是用计算机绘图的方法将零件的图形数据输入计算机中的,这些图形数据是下一步刀具轨迹计算的依据。自动编程过程中,软件将根据加工要求提取这些数据,并进行分析判断和必要的数学处理,以形成加工的刀具位置数据。

2) 刀具路径的产生。图形交互式自动编程的刀具轨迹的生成是面向屏幕上的图形而交互进行的。首先在刀具路径生成的菜单中选择所需的子菜单,然后根据屏幕提示,用光标选择相应的图形目标,点取相应的坐标点,输入所需的各种参数。软件将自动从图形文件中提取编程所需的信息进行分析判断、计算节点数据,并将其转换为刀具位置数据,存入指定的刀位文件中或直接进行后置处理,生成数控加工程序,同时在屏幕上显示出刀具轨迹图形。

3) 后置处理。后置处理的目的是形成数控加工程序。由于各种机床使用的控制系统不同,所用数控加工程序的指令代码及格式也有所不同。为了解决这个问题,软件通常设置一个后置处理惯用文件,在进行后置处理前,编程人员应根据具体数控机床指令代码及程序的格式事先编辑好这个文件,这样才能输出符合数控加工格式要求的数控加工程序。

7.1.3 常见的自动编程软件

CAD/CAM 系统软件是实现图形交互式自动编程必不可少的应用软件。随着 CAD/CAM 技术的飞速发展和推广应用,国内外不少公司和研究单位先后推出各种 CAD/CAM 支撑软件。国内市场上销售比较成熟的 CAD/CAM 支撑软件就有十几种,既有国外的也有国内自主开发的。下面对一些典型的软件做一简单介绍。

1. UG Ⅱ

UG Ⅱ系统由美国 UGS(Unigraphics Solutions)公司开发经销,不仅具有复杂造型和数控加工的功能，还具有管理复杂产品装配，进行多种设计方案的对比分析和优化等功能。该软件具有较好的二次开发环境和数据交换能力，其庞大的模块群为企业提供了从产品设计、产品分析、加工装配、检验，到过程管理、虚拟运作等全系列的技术支持。由于软件运行对计算机的硬件配置有很高要求，其早期版本只能在小型机和工作站上使用。随着微机配置的不断升级，现已在微机上广泛使用，目前该软件在国际 CAD/CAM/CAE 市场上占有较大的份额。UG Ⅱ CAD/CAM 系统具有丰富的数控加工编程能力，是目前市场上数控加工编程能力最强的 CAD/CAM 集成系统之一，其主要功能包括车削加工编程、型芯和型腔铣削加工编程、固定轴铣削加工编程、清根切削加工编程、可变轴铣削加工编程、顺序铣削加工编程、线切割加工编程、刀具路径编辑、刀具路径干涉处理、刀具路径验证、切削加工过程仿真与机床仿真和通用后置处理。

2.CAXA—ME

CAXA—ME 制造工程师是由我国北京北航海尔软件有限公司研制开发的全中文、面向数控铣床和加工中心的三维 CAD/CAM 软件。它基于微机平台，采用原创 Windows 菜单和交互方式，全中文界面，便于轻松地学习和操作。它全面支持图标菜单、工具条、快捷键，用户还可以自由创建符合自己习惯的操作环境。它既具有线框造型、曲面造型和实体造型的设计功能，又具有生成 2～5 轴加工代码的数控加工功能，还可用于加工具有复杂三维曲面的零件。其特点是易学易用、价格较低，已在国内众多企业和研究院所得到应用。

3.Pro/Engineer

Pro/Engineer 是美国 PTC 公司研制和开发的软件，开创了三维 CAD/CAM 参数化的先河。该软件具有基于特征、全参数、全相关和单一数据库的特点，可用于设计和加工复杂的零件。另外，它还具有零件装配、机构仿真、有限元分析、逆向工程、同步工程等功能。该软件也具有较好的二次开发环境和数据交换能力。

Pro/Engineer 系统的核心技术具有以下特点：

1）基于特征。将某些具有代表性的平面几何形状定义为特征，并将其所有尺寸存为可变参数，进而形成实体，以此为基础进行更为复杂的几何形体的构建。

2）全尺寸约束。将形状和尺寸结合起来考虑，通过尺寸约束来实现对几何形状的控制。

3）尺寸驱动设计修改。通过编辑尺寸数值可以改变几何形状。

4）全数据相关。尺寸参数的修改导致其他模块中的相关尺寸得以更新。如果要修改零件的形状，只需修改一下零件上的相关尺寸。

Pro/Engineer 已广泛应用于模具、工业设计、汽车、航天、玩具等行业，并在国际 CAD/CAM/CAE 市场上占有较大的份额。

4.CATIA

CATIA 是最早实现曲面造型的软件,开创了三维设计的新时代,它的出现,首次实现了计算机完整描述产品零件的主要信息,使 CAM 技术的开发有了现实的基础。目前,CATIA 软件已发展成从产品设计、产品分析、加工、装配和检验,到过程管理、虚拟运作等众多功能的大型 CAD/CAM/CAE 软件。

CATIA(NC MILL)系统具有菜单接口和刀具路径验证能力,其主要编程功能除了常用的多坐标点位加工编程、表面区域加工编程、轮廓加工编程、型腔加工编程外,还有以下特点:

1)在型腔加工编程功能上,采用扫描原理对带岛屿的型腔进行行切法编程,对不带岛屿的任意边界型腔进行环切法编程。

2)在雕塑曲面区域加工编程功能上,可以连续对多个零件表面编程,并增加了截平面法生成刀具路径的功能。

5. Master CAM

Master CAM 是由美国 CNC Software 公司推出的基于 PC 平台的 CAD/CAM 软件,具有很强的加工功能,尤其在复杂曲面自动生成加工代码方面具有独特的优势。因为 Master CAM 主要针对数控加工,所以零件的设计造型功能不强,但对硬件的要求不高,且操作灵活、易学易用、价格较低,受到中小企业的欢迎。因此,该软件被认为是一个图形交互式 CAM 数控编程软件。

Master CAM 的数控加工编程能力较强,其功能有点位加工编程、二维轮廓加工编程、三维曲线加工编程、三维曲面加工编程(可按线框和曲面两种方法进行编程)、参数线法加工编程、截平面法加工编程、投影法加工编程、刀具路径编辑、刀具路径干涉处理功能、多曲面组合编程(包括曲面交线及曲面间过渡区域编程)、刀具路径验证与切削加工过程仿真。整个系统的不同模块之间采用文件传输数据,具有 IGES 标准接口,并具有通用后置处理功能。

6. CIMATRON

CIMATRON 是以色列 Cimatron 公司提供的 CAD/CAM/CAE 软件,较早在微机平台上实现三维造型、生成工程图、数控加工等功能,具有各种通用和专用的数据接口及产品数据管理(PDM)等功能。该软件较早在我国得到全面汉化,已积累了一定的应用经验。

7.2 UG NX 10.0 数控加工基础

7.2.1 UG NX 10.0 数控加工流程

UG NX 10.0 能够模拟数控加工的全过程,一般流程如图 7.2.1 所示。

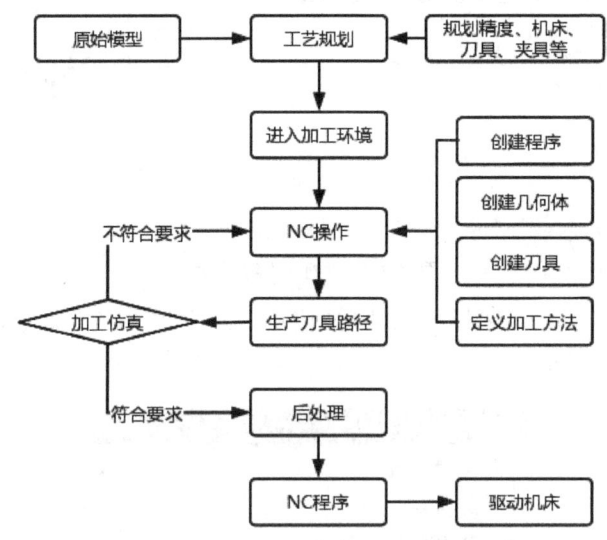

图 7.2.1 UG NX 10.0 数控加工流程

1)创建制造模型,包括创建或获取设计模型以及工件规划。
2)进入加工环境。
3)进行 NC 操作(如创建程序、几何体、刀具等)。
4)创建刀具路径文件,进行加工仿真。
5)利用后处理器生成 NC 代码。

7.2.2 进入 UG NX 10.0 的加工模块

在进行数控加工操作之前首先需要进入 UG NX 10.0 数控加工环境,其操作如下。
Step 1.打开模型文件。选择下拉菜单"文件"⇨"打开"命令,系统弹出图 7.2.2 所示的"打开"对话框;在"查找范围"下拉列表中选择文件目录 E:\NX10-mx(模型文件存储目录),然后在中间的列表框中选择 mx-1.prt 模型文件,单击"OK"按钮,系统打开模型并进入建模环境。

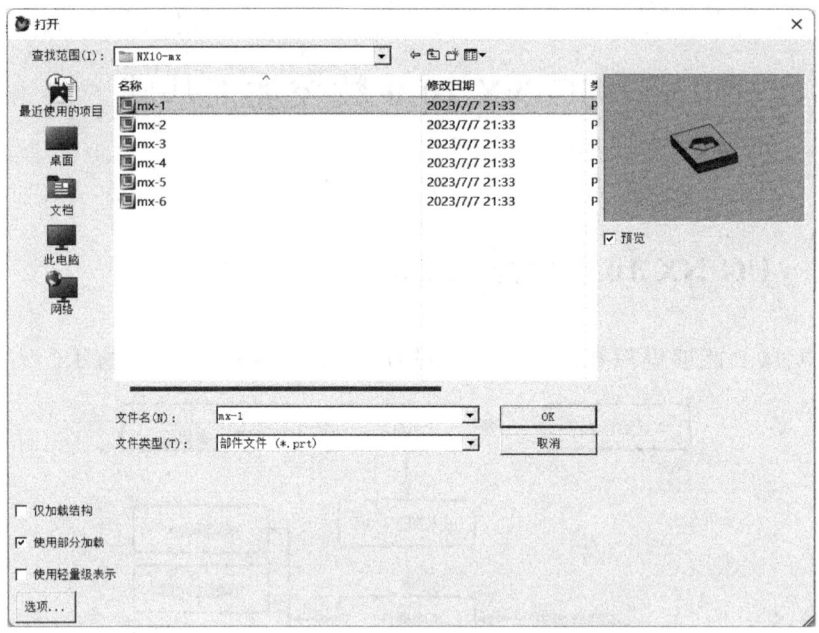

图 7.2.2 "打开"对话框

Step 2.进入加工环境。选择下拉菜单"应用模块"⇨"加工"命令,系统弹出图 7.2.3 所示的"加工环境"对话框。

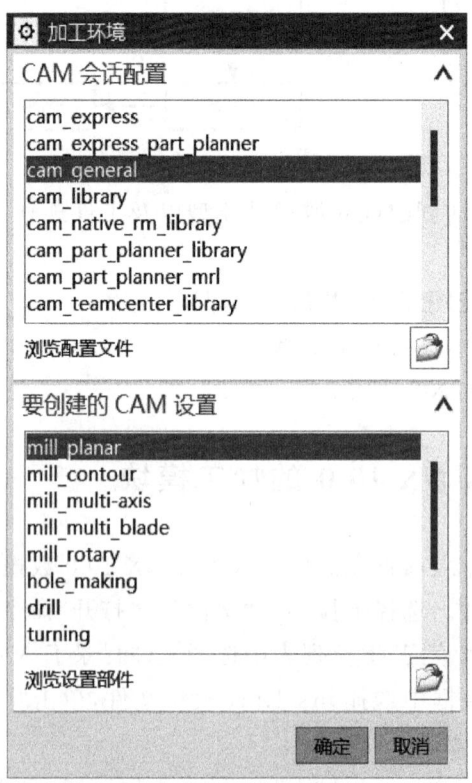

图 7.2.3 "加工环境"对话框

Step 3.选择操作模板类型。在"加工环境"对话框的"要创建的 CAM 设置"列表框中选择"mill-contour"选项,单击"确定"按钮,系统进入加工环境。

7.2.3 创建程序

程序主要用于排列各加工操作的次序,并可方便地对各个加工操作进行管理,某种程度上相当于一个文件夹。例如,一个复杂零件的所有加工操作(包括粗加工、半精加工、精加工等)需要在不同的机床上完成,将在同一机床上加工的操作放置在同一个程序组,就可以直接选取这些操作所在的父节点程序组进行后处理。

下面还是以模型 mx-1.prt 为例,紧接上节的操作来继续说明创建程序的一般步骤。

Step 1.选择下拉菜单"插入"➡"创建程序"命令(或单击"插入"工具栏中的"创建程序"按钮),系统弹出图 7.2.4 所示的"创建程序"对话框。

图 7.2.4 "创建程序"对话框

Step 2.在"创建程序"对话框"类型"下拉列表中选择"mill_contour"选项,在"位置"区域的"程序"下拉列表中选择"NC_PROGRAM"选项,在"名称"文本框中输入程序名称"PROGRAM_1",单击"确定"按钮,在系统弹出的"程序"对话框中单击"确定"按钮,完成程序的创建。

图 7.2.4 所示的"创建程序"对话框中各选项的说明如下:

mill_planar:平面铣加工模板。

mill_contour:轮廓铣加工模板。

mill_multi-axis:多轴铣加工模板。

mill_multi_blade:多轴铣叶片模板。

mill_rotary:旋转铣削模板。

hole_making:钻孔模板。

drill:钻加工模板。

turning:车加工模板。

wire_edm:电火花线切割加工模板。

probing：探测模板。
solid_tool：整体刀具模板。
machining_knowledge：加工知识模板。

7.2.4 创建几何体

创建几何体主要是定义要加工的几何对象（包括部件几何体、毛坯几何体、切削区域、检查几何体、修剪几何体）和指定零件几何体在数控机床上的机床坐标系（MCS）。几何体可以在创建工序之前定义，也可以在创建工序过程中指定。其区别是提前定义的加工几何体可以为多个工序使用，而在创建工序过程中指定加工几何体只能为该工序使用。

1.创建机床坐标系

在创建加工操作前，应首先创建机床坐标系，并检查机床坐标系与参考坐标系的位置和方向是否正确，要尽可能地将参考坐标系、机床坐标系、绝对坐标系统一到同一位置。

下面以前面的模型 mx-1.prt 为例，紧接着上节的操作来继续说明创建机床坐标系的一般步骤。

Step 1.选择下拉菜单"插入"⇨"创建几何体"命令，系统弹出图 7.2.5 所示的"创建几何体"对话框。

Step 2.在"创建几何体"对话框的"几何体子类型"区域中单击"MCS"按钮，在"位置"区域的"几何体"下拉列表中选择"GEOMETRY"选项，在"名称"文本框中输入"CAVITY_MCS"。

Step 3.单击"确定"按钮，系统弹出图 7.2.6 所示的"MCS"对话框。

图 7.2.5 "创建几何体"对话框

图 7.2.6 "MCS"对话框

Step 4.在"MCS"对话框的"机床坐标系"区域中单击"CSYS"对话框按钮，系统弹出图 7.2.7 所示的"CSYS"对话框，在"类型"下拉列表中选择"动态"。

Step 5. 单击"CSYS"对话框"操控器"区域中的"操控器"按钮,系统弹出图 2.7.8 所示的"点"对话框,在"Z"框中输入值"30.0",单击"确定"按钮,此时系统返回至"CSYS"对话框,单击"确定"按钮,完成图 7.2.9 所示的机床坐标系的创建,系统返回到"MCS"对话框。

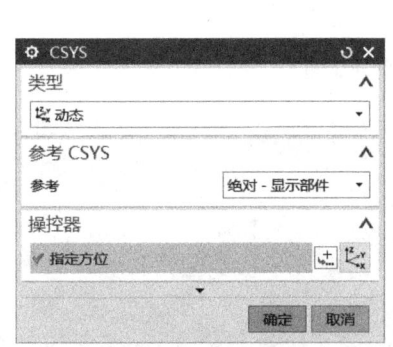
图 7.2.7 "CSYS"对话框

图 7.2.8 "点"对话框

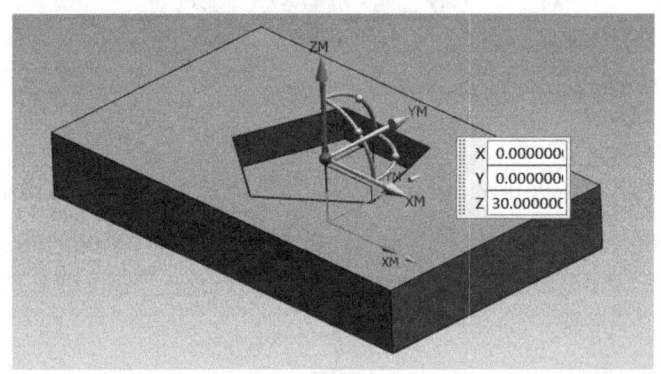
7.2.9 机床坐标系

2.创建安全平面

设置安全平面可以避免在创建每一道工序时都设置避让参数。可以选取模型的表面或者直接选择基准面作为参考平面,然后设定安全平面相对于所选平面的距离。下面以前面的模型 mx-1.prt 为例,紧接上节的操作,说明创建安全平面的一般步骤。

Step 1. 在"MCS"对话框的"安全设置"区域的"安全设置选项"下拉列表中选择"刨"选项。

Step 2. 单击"刨"按钮,系统弹出图 7.2.10 所示的"刨"对话框,选取图 7.2.11 所示的模型表面为参考平面,在"偏置"区域的"距离"文本框中输入值"5.0"。

图 7.2.10 "刨"对话框

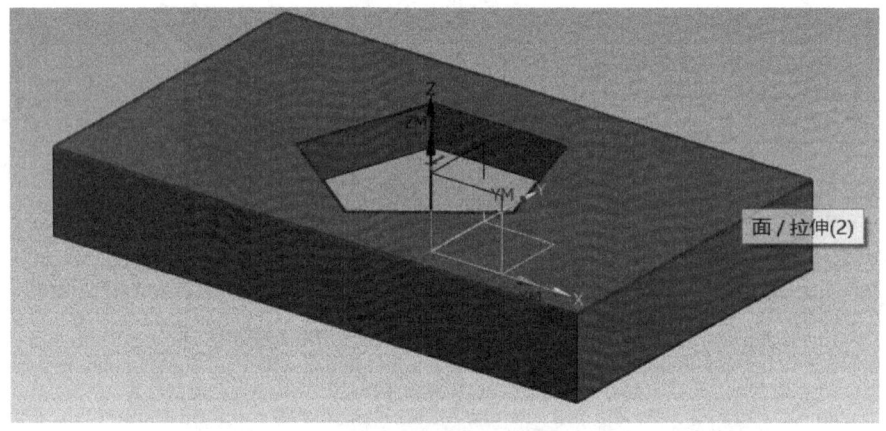

图 7.2.11 选取参考平面

Step 3. 单击"刨"对话框中的"确定"按钮，完成图 7.2.12 所示的安全平面的创建。

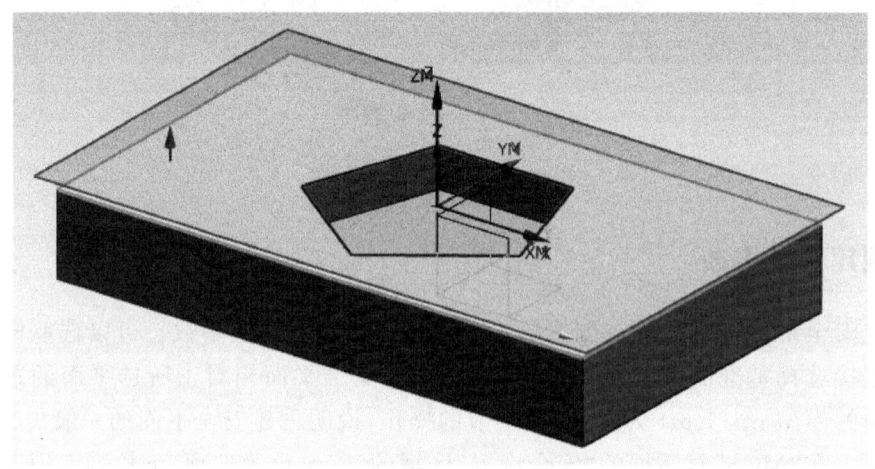

图 7.2.12 安全平面

Step 4. 单击"MCS"对话框中的"确定"按钮，完成安全平面的创建。

3.创建工件几何体

下面以模型 mx-1.prt 为例,紧接着上节的操作,说明创建工件几何体的一般步骤。

Step 1.选择下拉菜单"插入"➡"创建几何体"命令,系统弹出"创建几何体"对话框。

Step 2.在"几何体子类型"区域中单击"WORKPIECE"按钮,在"位置"区域的"几何体"下拉列表中选择"CAVITY_MCS"选项,在"名称"文本框中输入"CAVITY_WORKPIECE",然后单击"确定"按钮,系统弹出图 7.2.13 所示的"工件"对话框。

Step 3.创建部件几何体。

1)单击"工件"对话框中的"部件几何体"按钮,系统弹出图 7.2.14 所示的"部件几何体"对话框。

图 7.2.13 "工件"对话框

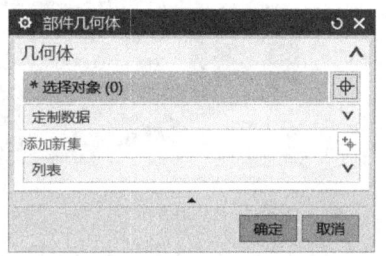
图 7.2.14 "部件几何体"对话框

2)在图形区选取整个零件实体为部件几何体,如图 7.2.15 所示。

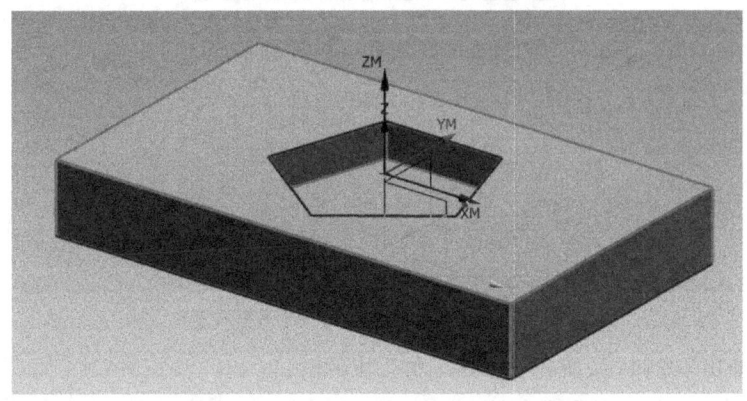
图 7.2.15 部件几何体

3)单击"确定"按钮,系统返回"工件"对话框。

Step 4.创建毛坯几何体。

1)在"工件"对话框中单击"毛坯几何体"按钮,系统弹出图 7.2.16 所示的"毛坯几何体"对话框(1)。

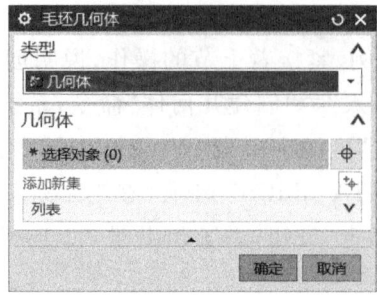

图 7.2.16 "毛坯几何体"对话框(1)

2)在"类型"下拉列表中选择"包容块"选项,此时毛坯几何体如图 7.2.17 所示,显示"毛坯几何体"对话框(2),如图 7.2.18 所示。

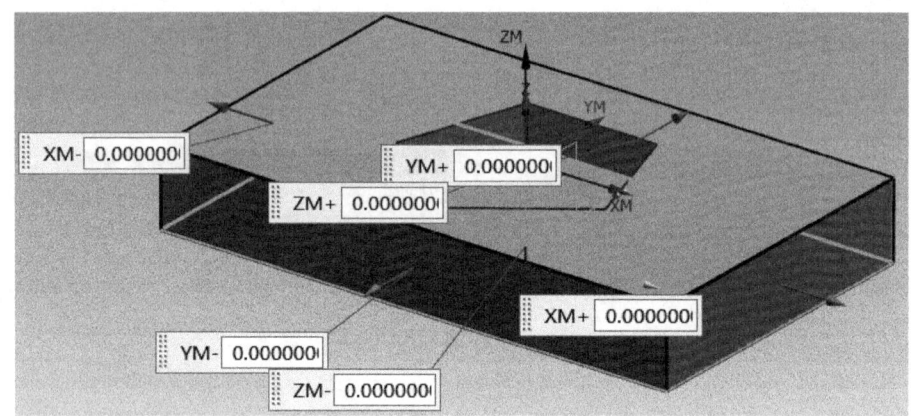

图 7.2.17 毛坯几何体

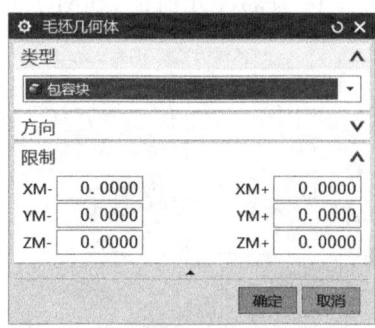

图 7.2.18 "毛坯几何体"对话框(2)

3)单击"确定"按钮,系统返回到"工件"对话框。

Step 5.单击"工件"对话框中的"确定"按钮,完成工件的设置。

4.创建切削区域几何体

Step 1.选择下拉菜单"插入"⇨"创建几何体"命令,系统弹出"创建几何体"对话框。

Step 2.在"几何体子类型"区域中单击"MILL_AREA"按钮,在"位置"区域的"几何体"下拉列表中选择"CAVITY_WORKPIECE"选项,在"名称"文本框中输入"CAVITY_AREA",然后单击"确定"按钮,系统弹出图 7.2.19 所示的"铣削区域"对话框。

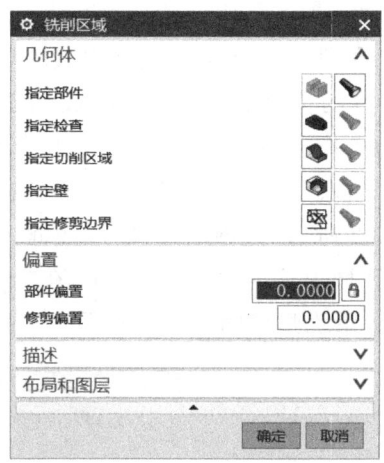

图 7.2.19 "铣削区域"对话框

Step 3.单击"指定切削区域"右侧的"切削区域"按钮,系统弹出图 7.2.20 所示的"切削区域"对话框。

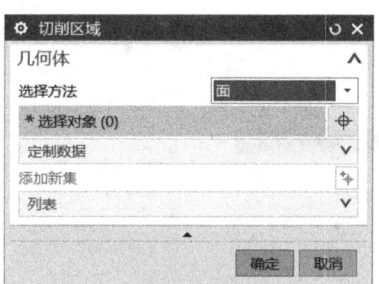

图 7.2.20 "切削区域"对话框

Step 4.选取图 7.2.21 所示的模型表面(共 12 个面)为切削区域,然后单击"切削区域"对话框中的"确定"按钮,系统返回到"铣削区域"对话框。

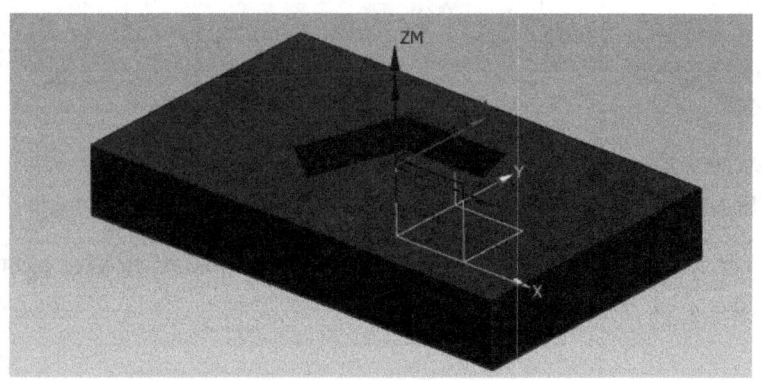

图 7.2.21 指定切削区域

Step 5.单击"确定"按钮,完成切削区域几何体的创建。

7.2.5 创建刀具

在创建工序前,必须设置合理的刀具参数或从刀具库中选取合适的刀具。刀具的定义直接关系到加工表面质量的优劣、加工精度以及加工成本的高低。下面以模型 mx-1.prt 为例,紧接着上节的操作,说明创建刀具的一般步骤。

Step 1.选择下拉菜单插"插入" ⇨ "创建刀具"命令(或单击"插入"工具栏中的"创建刀具"按钮),系统弹出图 7.2.22 所示的"创建刀具"对话框。

Step 2.在"刀具子类型"区域中单击"MILL"按钮,在"名称"文本框中输入刀具名称"D15R0",然后单"确定"按钮,系统弹出图 7.2.23 所示的"铣刀-5 参数"对话框。

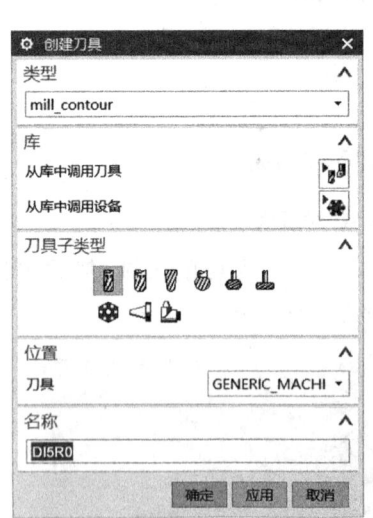

图 7.2.22 "创建刀具"对话框　　图 7.2.23 "铣刀-5 参数"对话框

Step 3.设置刀具参数。设置刀具参数如图 7.2.23 所示,在图形区域可以观察所设置的刀具,如图 7.2.24 所示。

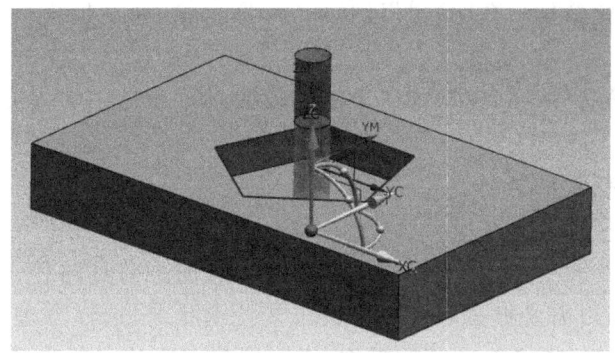

图 7.2.24 刀具预览

Step 4.单击"确定"按钮,完成刀具的设定。

7.2.6 创建加工方法

在零件加工过程中,通常需要经过粗加工、半精加工、精加工几个步骤,而它们的主要差异在于加工后残留在工件上的余料的多少以及表面粗糙度。在加工方法中可以通过对加工余量、几何体的内外公差和进给速度等选项进行设置,从而控制加工残留余量。下面紧接着上节的操作,说明创建加工方法的一般步骤。

Step 1.选择下拉菜单"插入"⇨"创建方法"命令(或单击"插入"工具栏中的"创建方法"按钮),系统弹出图 7.2.25 所示的"创建方法"对话框。

Step 2.在"方法子类型"区域中单击"MOLD_FINISH_HSM"按钮,在"位置"区域的"方法"下拉列表中选择"MILL-SEMI-FINISH"选项,在"名称"文本框中输入"MOLD FINISH HSM";然后单击"确定"按钮,系统弹出图 7.2.26 所示的"模具精加工 HSM"对话框。

图 7.2.25 "创建方法"对话框

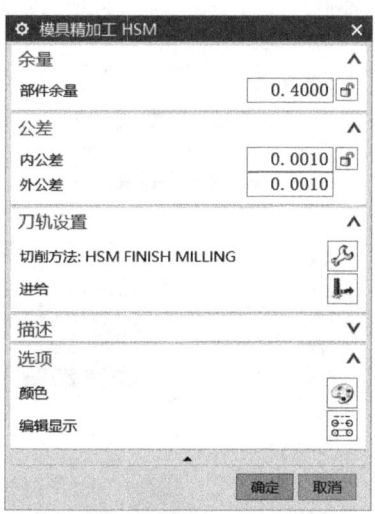

图 7.2.26 "模具精加工 HSM"对话框

Step 3.设置部件余量。在"余量"区域的"部件余量"文本框中输入值"0.4",其他参数采用系统默认值。

Step 4.单击"确定"按钮,完成加工方法的设置。

7.2.7 创建工序

在 UG NX 10.0 加工中,每个加工工序所产生的加工刀具路径、参数形态及适用状态有所不同,所以用户需要根据零件图样及工艺技术状况,选择合理的加工工序。下面以模型 mx-1.prt 为例,紧接着上节的操作,说明创建工序的一般步骤。

Step 1.选择操作类型。

1)选择下拉菜单"插入"⇨"创建工序"命令(或单击"插入"工具栏中的"创建工序"按钮),系统弹出图 7.2.27 所示的"创建工序"对话框。

2)在"类型"下拉列表中选择"mill_contour"选项,在"工序子类型"区域中单击"型腔铣"按钮,在"程序"下拉列表中选择"PROGRAM_1"选项,在"刀具"下拉列表中选择"D6R0(铣刀-5 参数)"选项,在"几何体"下拉列表中选择"CAVITY_AREA"选项,在"方法"下拉列表中选择"FINISH"选项,接受系统默认的名称。

3)单击"确定"按钮,系统弹出图 7.2.28 所示的"型腔铣"对话框。

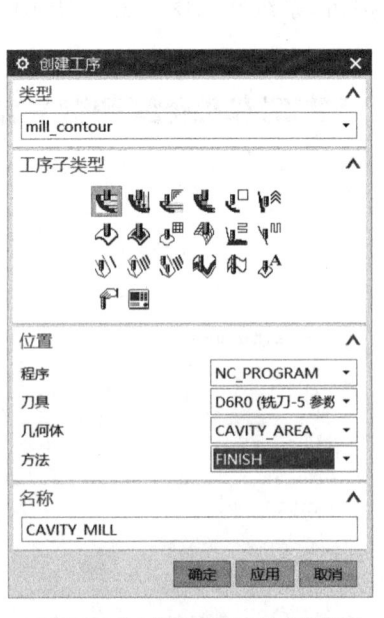

图 7.2.27 "创建工序"对话框   图 7.2.28 "型腔铣"对话框

Step 2.设置一般参数。

在"型腔铣"对话框的"切削模式"下拉列表中选择"跟随部件"选项,在"步距"下拉列表中选择"刀具平直百分比"选项,在"平面直径百分比"文本框中输入值"50.0",在"公共每刀切削深度"下拉列表中选择"恒定"选项,在"最大距离"文本框中输入值"1.0"。

Step 3.设置切削参数。

1)单击"切削参数"按钮,系统弹出图 7.2.29 所示的"切削参数"对话框。

2)单击"切削参数"对话框中的"余量"选项卡,在"部件侧面余量"文本框中输入值"0.1",在"公差"区域的"内公差"文本框中输入值"0.02",在"外公差"文本框中输入值"0.02"。

3)其他参数采用系统默认设置值,单击"确定"按钮,完成切削参数的设置,系统返回到"型腔铣"对话框。

Step 4.设置非切削移动参数。

1)单击"型腔铣"对话框中的"非切削移动"按钮,系统弹出图 7.2.30 所示的"非切削移动"对话框。

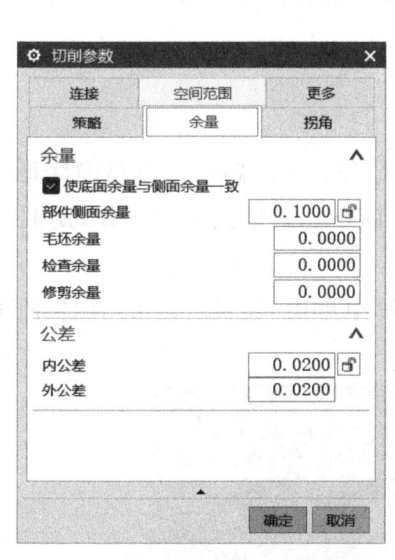

图 7.2.29 "切削参数"对话框

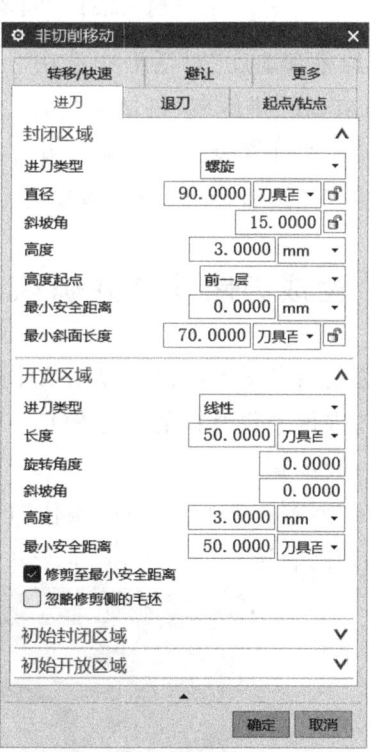

图 7.2.30 "非切削移动"对话框

2)单击"非切削移动"对话框中的"进刀"选项卡,在"封闭区域"区域的"进刀类型"下拉列表中选择"螺旋"选项,其他参数采用系统默认设置值,单击"确定"按钮,完成非切削移动参数的设置。

Step 5.设置进给率和速度。

1)单击"型腔铣"对话框中的"进给率和速度"按钮,系统弹出图7.2.31所示的"进给率和速度"对话框。

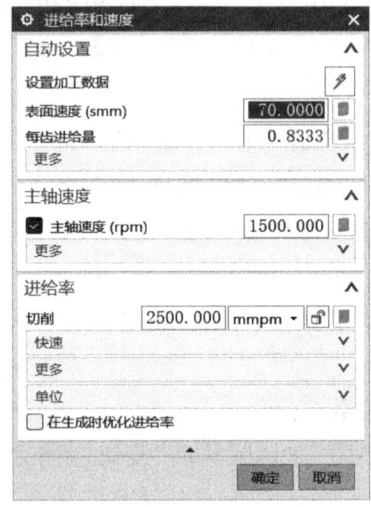

图 7.2.31 "进给率和速度"对话框

2)在"进给率和速度"对话框中选中"主轴转速(rpm)"复选框,然后在其文本框中输入值"1500.0",在"进给率"区域的"切削"文本框中输入值"2500.0",并单击该文本框右侧的"计算"按钮计算表面速度和每齿进给量,其他参数采用系统默认设置值。

3)单击"确定"按钮,完成进给率和速度参数的设置,系统返回到"型腔铣"对话框。

7.2.8 生成刀路轨迹并确认

刀路轨迹是指在图形窗口中显示已生成的刀具运动路径。刀路确认是指在计算机屏幕上对毛坯进行去除材料的动态模拟。下面还是紧接上节的操作,说明生成刀路轨迹并确认的一般步骤。

Step 1.在"型腔铣"对话框的"操作"区域中单击"生成"按钮,在图形区中生成图7.2.32所示的刀路轨迹。

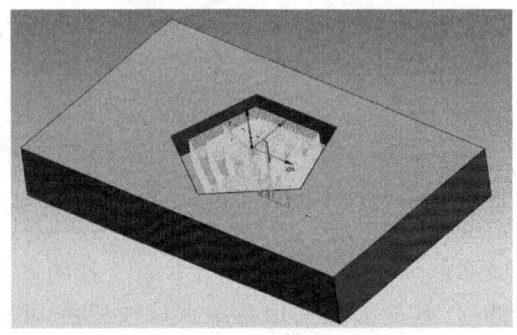

图 7.2.32 刀路轨迹

Step 2.在"操作"区域中单击"确认"按钮,系统弹出图 7.2.33 所示的"刀轨可视化"对话框。

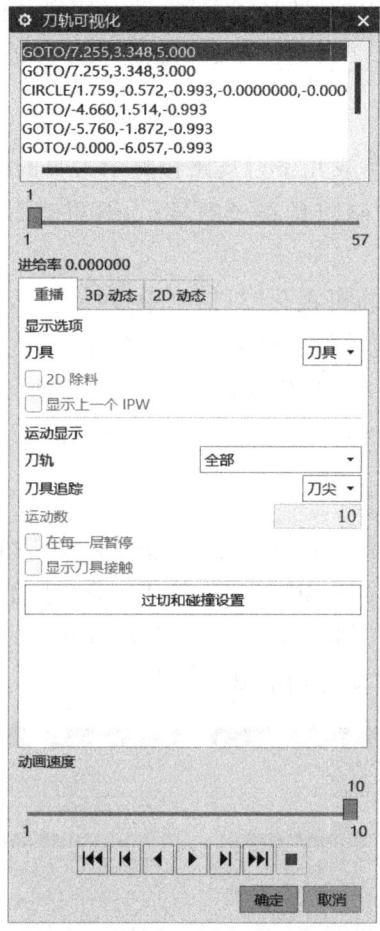

图 7.2.33 "刀轨可视化"对话框

Step 3.单击"2D 动态"选项卡,然后单击"播放"按钮,即可进行 2D 动态仿真,完成仿真后的模型如图 7.2.34 所示。

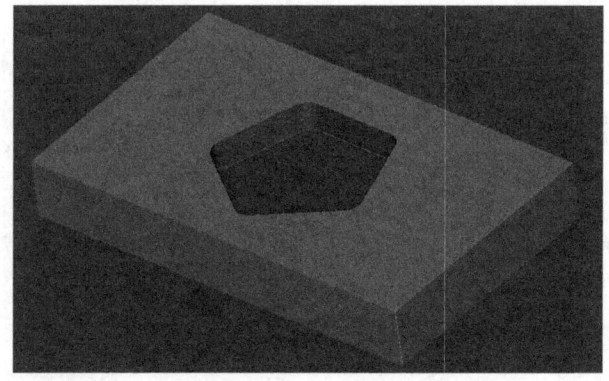

图 7.2.34 2D 仿真结果

Step 4.单击"确定"按钮,系统返回到"型腔铣"对话框,单击"确定"按钮完成型腔铣操作。

刀具路径模拟有三种方式:刀具路径重播、动态切削过程和静态显示加工后的零件形状,它们分别对应于图7.2.33对话框中的"重播""3D动态""2D动态"选项卡。

(1)刀具路径重播

刀具路径重播是指沿一条或几条刀具路径显示刀具的运动过程。通过刀具路径模拟中的重播,用户可以完全控制刀具路径的显示,既可查看程序对应的加工位置,又可查看各个刀位点的相应程序。

当在图7.2.33所示的"刀轨可视化"对话框中选择"重播"选项卡时,对话框上部的路径列表框列出了当前操作所包含的刀具路径命令语句。若在列表框中选择某一行命令语句时,则在图形区中显示对应的刀具位置;反之,也可在图形区中选取任何一个刀位点,则刀具自动在所选位置显示,同时在刀具路径列表框中高亮显示相应的命令语句行。

(2)3D动态切削

在"刀轨可视化"对话框中单击"3D动态"选项卡,对话框切换为图7.2.35所示的形式。选择对话框下部的播放图标,则在图形窗口中动态显示刀具切除工件材料的过程。此模式以三维实体方式仿真刀具的切削过程,非常直观,并且播放时允许用户在图形窗口中通过放大、缩小、旋转、移动等功能显示细节部分。

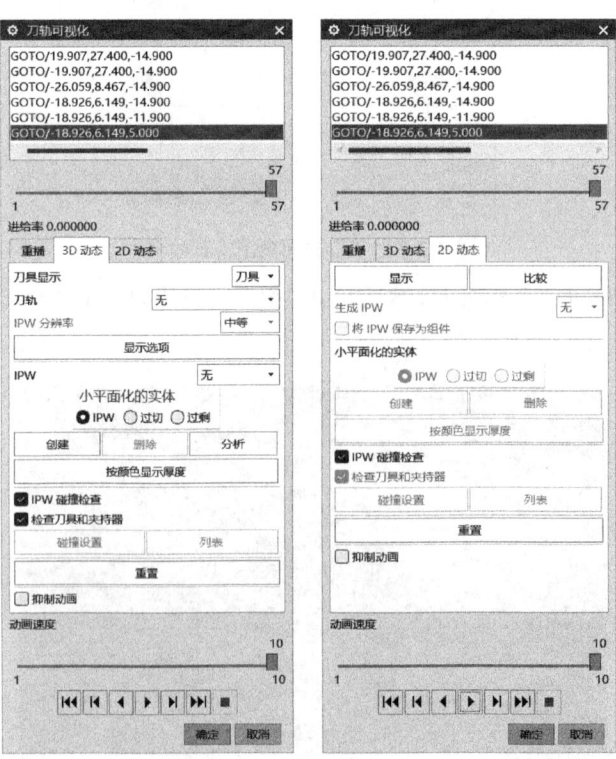

图 7.2.35 "3D 动态"选项卡　　图 7.2.36 "2D 动态"选项卡

(3)2D 动态切削

在"刀轨可视化"对话框中单击"2D 动态"选项卡,对话框切换为图 7.2.36 所示的形式。选择对话框下部的播放图标,则在图形窗口中显示刀具切除运动过程。此模式采用固定视角模拟,播放时不支持图形的缩放和旋转。

7.2.9 生成车间文档

UG NX 提供了一个车间工艺文档生成器,它从 NC part 文件中提取对加工车间有用的 CAM 文本和图形信息,包括数控程序中用到的刀具参数清单、加工工序、加工方法清单和切削参数清单。它们可以用文本文件(TEXT)或超文本链接语言(HTML)两种格式输出。操作工、刀具仓库的工人或其他需要了解有关信息的人员都可方便地在网上查询并使用车间工艺文档。这些文件多半用于提供给生产现场的机床操作人员,免除了手工撰写工艺文件的麻烦。同时,可以将自己定义的刀具快速加入刀具库中,供以后使用。

NX CAM 车间工艺文档可以包含零件几何和材料、控制几何、加工参数、控制参数、加工次序、机床刀具设置、机床刀具控制事件、后处理命令、刀具参数和刀具轨迹信息等。创建车间文档的一般步骤如下:

图 7.2.37 "车间文档"对话框

Step 1.单击"工序"工具栏中的"车间文档"按钮"车间文档",系统弹出图 7.2.37 所示的"车间文档"对话框。

Step 2.在"报告格式"区域选择"Operation List Select(TEXT)"选项。

Step 3.单击"确定"按钮,系统弹出"信息"窗口,并在当前模型所在的文件夹中生成一个记事本文件,该文件即车间文档。

7.2.10 输出 CLSF 文件

CLSF 文件也称为刀具位置源文件,是一个可用第三方后置处理程序进行后置处理的独立文件。它是一个包含标准 APT 命令的文本文件,其扩展名为 cls。

由于一个零件可能包含多个用于不同机床的刀具路径,因此在选择程序组进行刀具位置源文件输出时,应确保程序组中包含的各个操作可在同一机床上完成。若一个程序组包含多个用于不同机床的刀具路径,则在输出刀具路径的 CLSF 文件前,重新组织程序结构,使同一机床的刀具路径处于同一个程序组中。

输出 CLSF 文件的一般步骤如下:

Step 1. 在工序导航器中选择"CAVITY MILL"节点,然后单击"操作"工具栏中的"输出 CLSF"按钮"输出 CLSF",系统弹出图 7.2.38 所示的"CLSF 输出"对话框。

Step 2. 在"CLSF 格式"区域选择系统默认的"CLSF STANDARD"选项。

Step 3. 单击"确定"按钮,系统弹出"信息"窗口,如图 7.2.39 所示,在当前模型所在的文件夹中生成一个名为 mx-1.cls 的 CLSF 文件,可以用记事本打开该文件。

图 7.2.38 "CLSF 输出"对话框

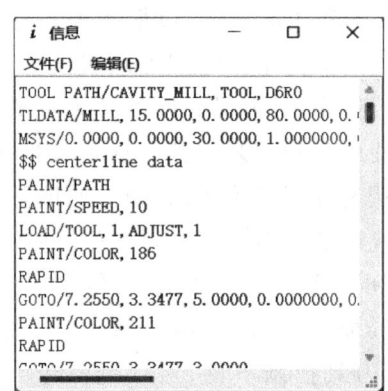
图 7.2.39 CLSF 文件

7.2.11 后处理

在工序导航器中选中一个操作或者一个程序组后,用户可以利用系统提供的后处理器来处理程序,其中利用 Post Builder(后处理构造器)建立特定机床定义文件以及事件处理文件后,可用 NX/Post 进行后置处理,将刀具路径生成为合适的机床 NC 代码。用 NX/Post 进行后置处理时,可在 NX 加工环境下进行,也可在操作系统环境下进行。后处理的一般操作步骤如下:

Step 1. 在工序导航器中选择"CAVITY MILL"节点,然后单击"操作"工具栏中的"后处理"按钮,系统弹出如图 7.2.40 所示的"后处理"对话框。

Step 2. 在"后处理器"区域中选择"MILL_3_AXIS"选项,在"单位"下拉列表中选择"公制/部件"选项。

Step 3. 单击"确定"按钮,系统弹出"后处理"警告对话框,单击"确定"按钮,系统弹出"信息"窗口,如图 7.2.41 所示,并在当前模型所在的文件夹中生成一个名为 mx-1.ptp 的加工代码文件。

Step 4. 保存文件。关闭"信息"窗口,选择下拉菜单"文件"⇨"另存为"命令,即可保存文件。

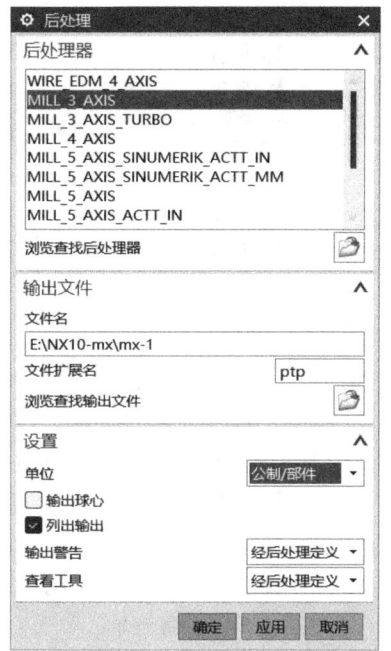
图 7.2.40 "后处理"对话框

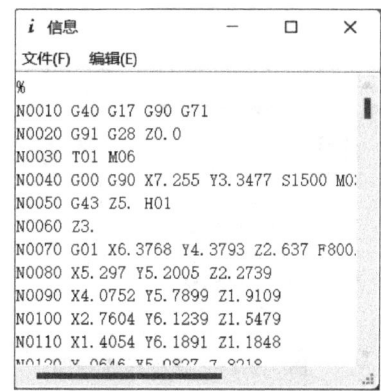
图 7.2.41 NC 代码

7.2.12 工序导航器

工序导航器是一种图形化的用户界面，用于管理当前部件的加工工序和工序参数。在 NX 工序导航器的空白区域右击鼠标，系统会弹出如图 7.2.42 所示的快捷菜单，用户可以在此菜单中选择显示视图的类型，它们分别为程序顺序视图、机床视图、几何视图和加工方法视图；用户可以在不同的视图下方便快捷地设置操作参数，从而提高工作效率。为了使读者充分理解工序导航器的应用，本书将在后面的讲解中多次使用工序导航器进行操作。

1.程序顺序视图

程序顺序视图按刀具路径的执行顺序列出当前零件的所有工序，显示每个工序所属的程序组和每个工序在机床上的执行顺序，如图 7.2.43 所示。在工序导航器中任意选择某一对象并右击鼠标，系统弹出图 7.2.44 所示

图 7.2.42 快捷菜单

的快捷菜单，可以通过编辑、剪切、复制、删除和重命名等操作来管理复杂的编程刀路，还可以创建刀具、操作、几何体、程序组和方法。

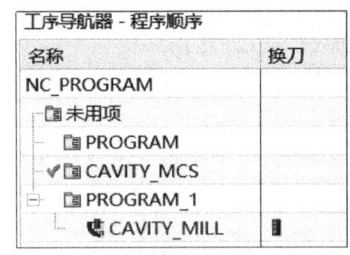
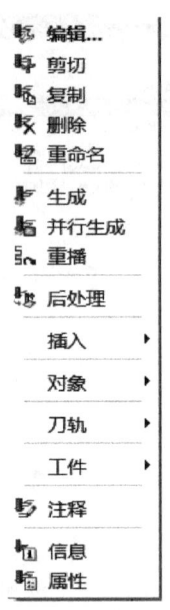

图 7.2.43　程序顺序视图　　　　图 7.2.44　快捷菜单

2.几何视图

几何视图是以几何体为主线来显示加工操作的,该视图列出了当前零件中存在的几何体和坐标系,以及使用这些几何体和坐标系的操作名称。图 7.2.45 所示为几何视图,图中包含坐标系和几何体。

3.机床视图

机床视图用切削刀具来组织各个操作,列出了当前零件中存在的各种刀具以及使用这些刀具的操作名称。在如图 7.2.46 所示机床视图中的"GENERIC_MACHINE"选项处右击鼠标,在弹出的快捷菜单中选择"编辑"命令,系统弹出"通用机床"对话框。在此对话框中可以进行调用机床、调用刀具、调用设备和编辑刀具安装等操作。

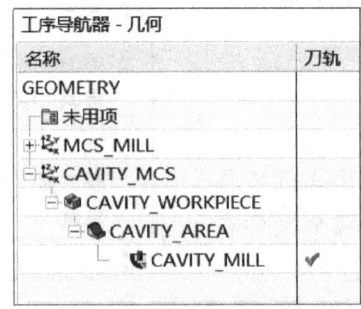

图 7.2.45　几何视图　　　　图 7.2.46　机床视图

4.加工方法视图

加工方法视图列出了当前零件中的加工方法,以及使用这些加工方法的操作名称。在如图 7.2.47 所示的加工方法视图中显示了根据加工方法分组的操作,通过这种组织方式可以很轻松地选择操作中的方法。

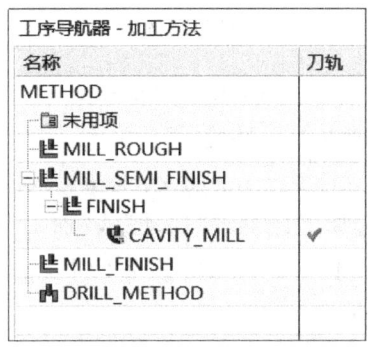

图 7.2.47 加工方法视图

7.3 轮廓铣削加工

7.3.1 轮廓铣削简介

轮廓铣削在数控加工应用中最为广泛,用于大部分的粗加工,以及直壁或者斜度不大的侧壁的精加工。轮廓铣削加工的特点是刀具路径在同一高度内完成一层切削,遇到曲面时将其绕过,下降一个高度进行下一层的切削。系统按照零件在不同深度的截面形状,计算各层的刀路轨迹。轮廓铣削在每一个切削层上,根据切削层平面与毛坯和零件几何体的交线来定义切削范围。通过限定高度值,只做一层切削,轮廓铣可用于平面的精加工以及清角加工等。

7.3.2 型腔铣

型腔铣(标准型腔铣)主要用于粗加工,可以切除大部分毛坯材料,几乎适用于加工任意形状的几何体,可以应用于大部分的粗加工和直壁或者是斜度不大的侧壁的精加工,也可以用于清根操作。型腔铣以固定刀轴快速而高效地粗加工平面和曲面类的几何体。型腔铣和平面铣一样,刀具是侧面的刀刃对垂直面进行切削,底面的刀刃切削工件底面的材料,不同之处在于定义切削加工材料的方法不同。下面以图 7.3.1 所示的模型为例,讲解创建型腔铣的一般操作步骤。

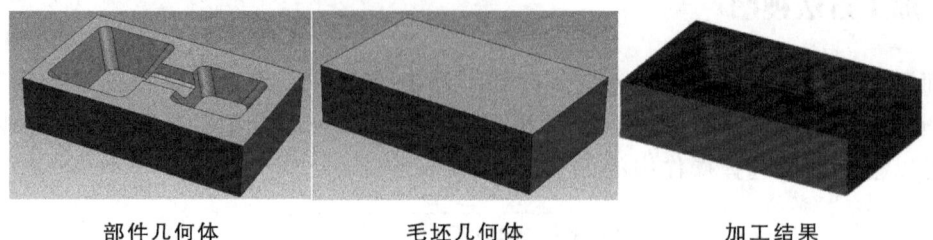

部件几何体　　　　毛坯几何体　　　　加工结果

图 7.3.1　型腔铣

Task 1.打开模型文件并进入加工环境

Step 1.打开模型文件 E:\NX10－mx\mx－2.prt。

Step 2.进入加工环境。选择下拉菜单"启动"➪"加工"命令,系统弹出如图 7.3.2 所示的"加工环境"对话框,在"要创建的 CAM 设置"列表框中选择"mill_contour"选项。单击"确定"按钮,进入加工环境。

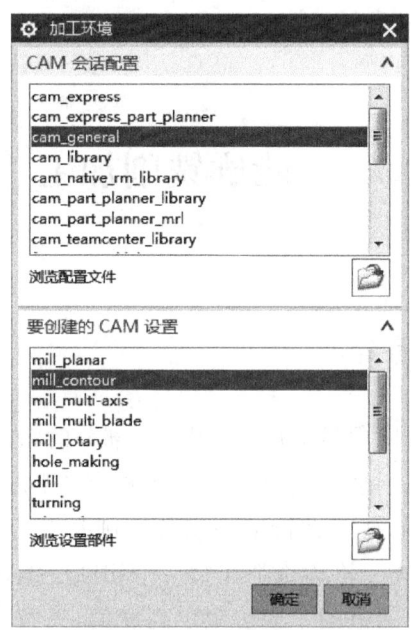

图 7.3.2　"加工环境"对话框

Task 2.创建几何体

Stage 1.创建机床坐标系和安全平面。

Step 1.创建机床坐标系。

1)选择下拉菜单"插入"➪"几何体"命令,系统弹出如图 7.3.3 所示的"创建几何体"对话框。

图 7.3.3 "创建几何体"对话框

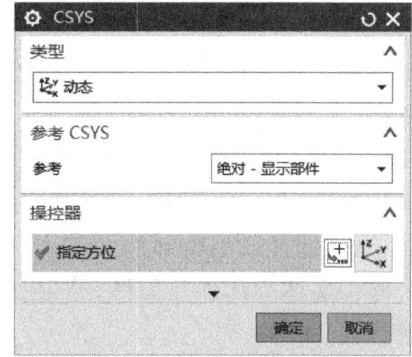
图 7.3.4 "MCS"对话框

2)在"类型"下拉列表中选择"mill_contour"选项,在"几何体子类型"区域中选择"MCS坐标系",在"几何体"下拉列表中选择"GEOMETRY"选项,在"名称"文本框中采用系统默认的名称"MCS"。

3)单击"确定"按钮,系统弹出如图 7.3.4 所示的"MCS"对话框。

Step 2.在"机床坐标系"区域中单击"CSYS对话框"按钮,在系统弹出的"CSYS"对话框的"类型"下拉列表中选择"动态"选项。

Step 3.单击"操控器"区域中的"点"按钮,在"点"对话框的"参考"下拉列表中选择"WCS"选项,然后在"XC"文本框中输入值"-50.0",在"YC"文本框中输入值"-30.0",在"ZC"文本框中输入值"25.0",单击"确定"按钮,返回到"CSYS"对话框,单击"确定"按钮,完成机床坐标系的创建。

Step 4.创建安全平面。

1)在"安全设置"区域的"安全设置选项"下拉列表中选择"刨"选项。单击"平面对话框"按钮,系统弹出"刨"对话框,选取如图 7.3.5 所示的模型表面为参考平面,在"偏置"区域的"距离"文本框中输入值"10.0"。

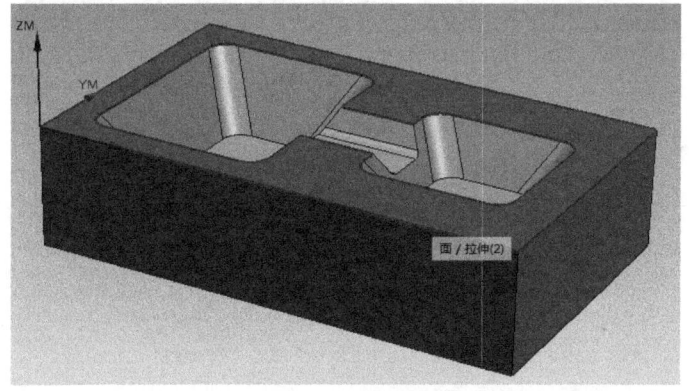
图 7.3.5 选择参考平面

2)单击"确定"按钮,完成安全平面的创建,然后再单击"MCS"对话框中的"确定"按钮。

Stage 2.创建部件几何体。

Step 1.选择下拉菜单"插入"⇨"几何体"命令,系统弹出"创建几何体"对话框。

Step 2.在"类型"下拉列表中选择"mill_contour"选项,在"几何体子类型"区域中选择"WORKPIECE"按钮,在"几何体"下拉列表中选择"MCS"选项,采用系统默认的名称"WORKPIECE_1"。单击"确定"按钮,系统弹出"工件"对话框。

Step 3.单击"选择或编辑部件几何体"按钮,系统弹出"部件几何体"对话框,在图形区选取整个零件实体为部件几何体,结果如图 7.3.6 所示。单击"确定"按钮,系统返回到"工件"对话框。

图 7.3.6　部件几何体

Stage 3.创建毛坯几何体。

Step 1.在"工件"对话框中单击"选择或编辑毛坯几何体"按钮,系统弹出"毛坯几何体"对话框。

Step 2.确定毛坯几何体。在"类型"下拉列表中选择"包容块"选项,在图形区中显示如图 7.3.7 所示的毛坯几何体,单击"确定"按钮完成毛坯几何体的创建,系统返回到"工件"对话框。

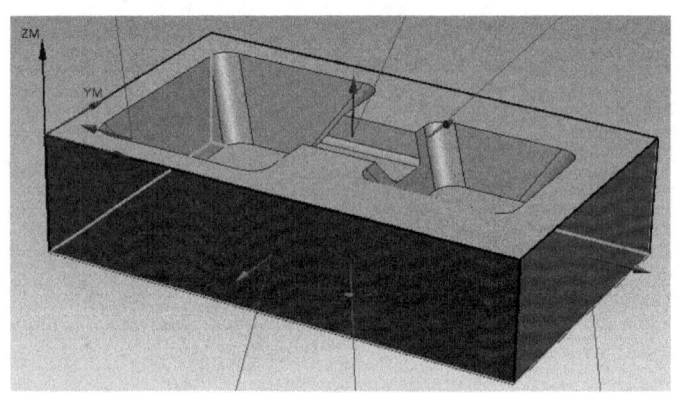

图 7.3.7　毛坯几何体

Step 3.单击"确定"按钮,完成毛坯几何体的创建。

Task 3.创建刀具

Step 1. 选择下拉菜单"插入"➪"刀具"命令,系统弹出"创建刀具"对话框。

Step 2. 确定刀具类型。在"类型"下拉列表中选择"mill_contour"选项,在"刀具子类型"区域中选择"MILL"按钮,在"刀具"下拉列表中选择"GENERIC_MACHINE"选项,在"名称"文本框中输入"D6R1",单击"确定"按钮,系统弹出"铣刀-5 参数"对话框。

Step 3. 设置刀具参数。在"铣刀-5 参数"对话框"尺寸"区域的"直径"文本框中输入值"6.0",在"下半径"文本框中输入值"1.0",其他参数采用系统默认的设置值,单击"确定"按钮,完成刀具的创建。

Task 4.创建型腔铣操作

Stage 1.创建工序。

Step 1. 选择下拉菜单"插入"➪"工序"命令,系统弹出"创建工序"对话框,如图 7.3.8 所示。

Step 2. 确定加工方法。在"类型"下拉列表中选择"mill_contour"选项,在"工序子类型"区域中选择"型腔铣"按钮,在"程序"下拉列表中选择"PROGRAM"选项,在"刀具"下拉列表中选择"D6R1(铣刀-5 参数)"选项,在"几何体"下拉列表中选择"WORK-PIECE_1"选项,在"方法"下拉列表中选择"METHOD"按钮,系统弹出图 7.3.9 所示的"型腔铣"对话框。

图 7.3.8 "创建工序"对话框

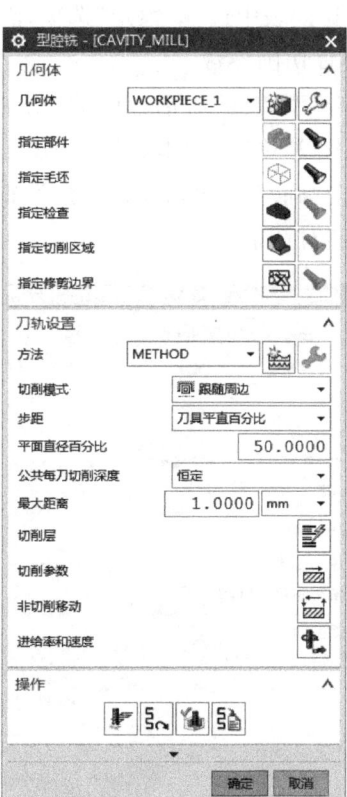
图 7.3.9 "型腔铣"对话框

Stage 2.显示刀具和几何体。

Step 1.显示刀具。在"工具"区域中单击"编辑/显示"按钮,系统弹出"铣刀-5 参数"对话框,同时在图形区显示当前刀具的形状及大小,单击"确定"按钮。

Step 2.显示几何体。在"几何体"区域中单击"指定部件"右侧的"显示"按钮,在图形区会显示与之对应的几何体,如图 7.3.10 所示。

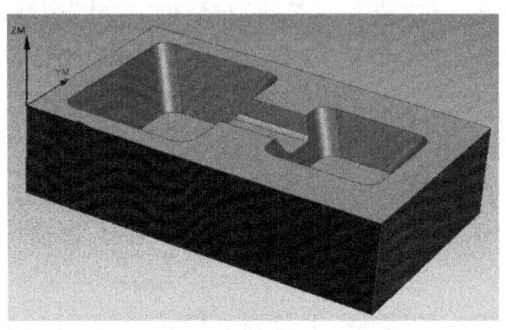

图 7.3.10　显示几何体

Stage 3.设置刀具路径参数。

在"型腔铣"对话框的"切削模式"下拉列表中选择"跟随周边"选项,在"步距"下拉列表中选择"刀具平直百分比"选项,在"平面直径百分比"文本框中输入值 50.0,在"公共每刀切削深度"下拉列表中选择"恒定"选项,然后在"最大距离"文本框中输入值"1.0"。

Stage 4.设置切削参数。

Step 1.单击"型腔铣"对话框中的"切削参数"按钮,系统弹出"切削参数"对话框。

Step 2.单击"策略"选项卡,设置如图 7.3.11 所示的参数。

Step 3.单击"确定"选项卡,其参数设置值如图 7.3.12 所示,单击"确定"按钮,系统返回到"型腔铣"对话框。

图 7.3.11　"策略"选项卡

图 7.3.12　"连接"选项卡

Stage 5.设置非切削移动参数。

Step 1.在"型腔铣"对话框中单击"非切削移动"按钮,系统弹出"非切削移动"对话框。

Step 2.单击"进刀"选项卡,在"封闭区域"中"进刀类型"下拉列表中选择"螺旋"选项,其他参数的设置如图 7.3.13 所示,单击"确定"按钮完成非切削移动参数的设置。

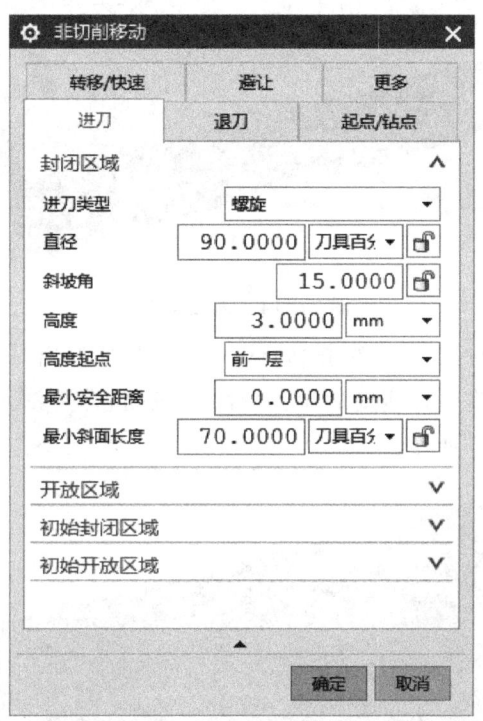

图 7.3.13 "非切削移动"对话框

Stage 6.设置进给率和速度。

Step 1.单击"型腔铣"对话框中的"进给率和速度"按钮,系统弹出"进给率和速度"对话框。

Step 2.选中"主轴转速"复选框,然后在其后的文本框中输入值"1200.0",在"切削"文本框中输入值"250.0",按回车键,单击"计算"按钮,其他参数采用系统默认设置值。

Step 3.单击"进给率和速度"对话框中的"确定"按钮,完成进给率和速度的设置,系统返回到"型腔铣"对话框。

Task 5.生成刀路轨迹并仿真

Step 1.在"型腔铣"对话框中单击"生成"按钮,在图形区中生成如图 7.3.14 所示的刀路轨迹。

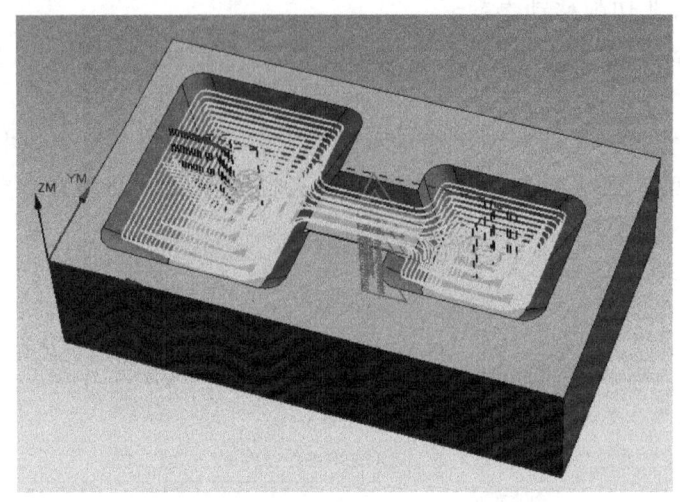

图 7.3.14 刀路轨迹

Step 2.在"型腔铣"对话框中单击"确认"按钮,系统弹出"刀轨可视化"对话框。单击"2D 动态"选项卡,调整动画速度后单击"播放"按钮,即可演示刀具按刀轨运行,完成演示后的模型如图 7.3.15 所示。

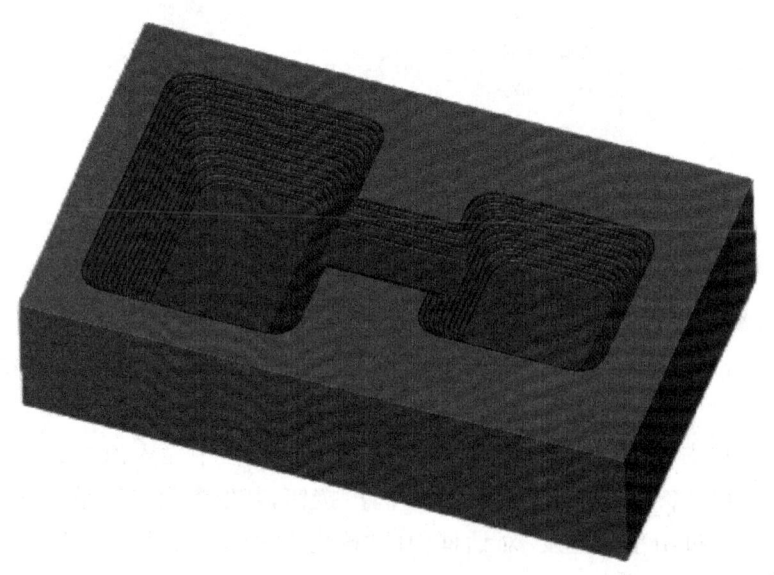

图 7.3.15 2D 仿真结果

Step 3.单击"确定"按钮,完成操作。

Task 6.保存文件

选择下拉菜单"文件"⇨"保存"命令,保存文件。

7.3.3 插铣

插铣是一种独特的铣削操作,该操作使刀具竖直连续运动,高效地对毛坯进行粗加工。在切除大量材料(尤其在非常深的区域)时,插铣比型腔铣削的效率更高。插铣加工的径向力较小,这样就有可能使用更细长的刀具,而且保持较高的材料切削速度。插铣是金属切削最有效的加工方法之一,对于难加工材料的曲面加工、切槽加工以及刀具悬伸长度较大的加工,其加工效率远远高于常规的层铣削加工。

下面以图 7.3.16 所示的模型为例,讲解创建插铣的一般步骤。

部件几何体　　　毛坯几何体　　　加工结果

图 7.3.16　插铣

Task 1.打开模型文件并进入加工模块

Step 1.打开模型文件 E:\NX10－mx\mx－3.prt。

Step 2.进入加工环境。选择下拉菜单"启动"⇨"加工"命令,系统弹出"加工环境"对话框,在"要创建的 CAM 设置"列表框中选择"mill_contour"选项,然后点击"确定"按钮,进入加工环境。

Task 2.创建几何体

Stage 1.创建机床坐标系。

Step 1.进入几何视图。在工序导航器的空白处右击,在系统弹出的快捷菜单中选择"几何视图"命令,在工序导航器中双击节点"MCS_MILL",系统弹出如图 7.3.17 所示的"MCS 铣削"对话框。

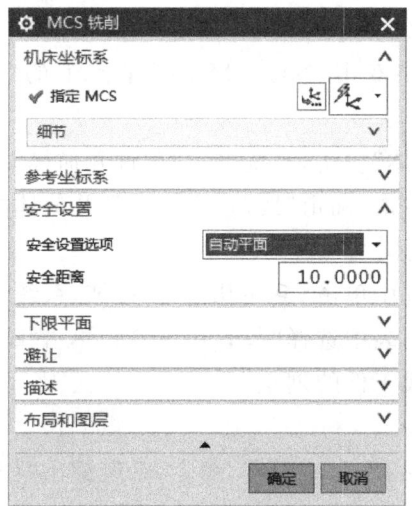

图 7.3.17　"MCS 铣削"对话框

Step 2.在"机床坐标系"区域中单击"CSYS"对话框按钮,系统弹出"CSYS"对话框,如图 7.3.18 所示,确认在"类型"下拉列表中选择"动态"选项。

Step 3.单击"操控器"区域中的"点"按钮,系统弹出"点"对话框,在"参考"下拉列表中选择"WCS"选项,在"XC"文本框中输入值"-50.0",在"YC"文本框中输入值"-30.0",在"ZC"文本框中输入值"40.0",单击"确定"按钮,此时系统返回至"CSYS"对话框,单击"确定"按钮,完成图 7.3.19 所示机床坐标系的创建,系统返回到"MCS 铣削"对话框。

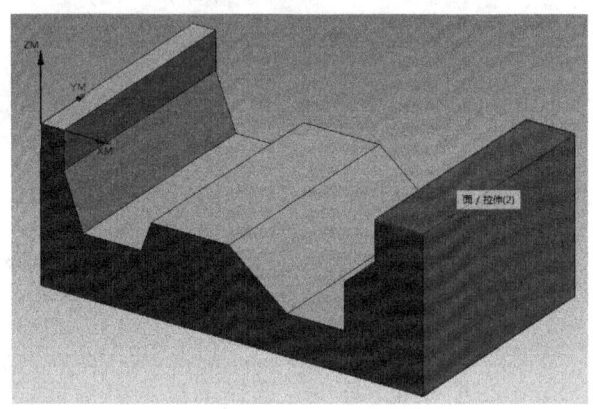

图 7.3.18 "CSYS"对话框　　　　图 7.3.19 机床坐标系

Stage 2.创建安全平面。

Step 1.在"安全设置"区域的"安全设置选项"下拉列表中选择"刨"选项,单击"刨对话框"按钮,系统弹出"刨"对话框。

Step 2.选取图 7.3.19 所示的模型上表面为参考平面,在"偏置"区域的"距离"文本框中输入值"10.0",单击"确定"按钮,再单击"MCS 铣削"对话框中的"确定"按钮,完成安全平面的创建。

Stage 3.创建部件几何体。

Step 1.在工序导航器中双击"MCS_MILL"节点下的"WORKPIECE",系统弹出"工件"对话框。

Step 2.单击"部件几何体"按钮,系统弹出"部件几何体"对话框,在图形区选取整个零件实体为部件几何体。单击"确定"按钮,完成部件几何体的创建。

Stage 4.创建毛坯几何体。

Step 1.在"工件"对话框中单击"毛坯几何体"按钮,系统弹出"毛坯几何体"对话框。

Step 2.在"类型"下拉列表中选择"包容块"选项,单击"确定"按钮,返回到"工件"对话框,单击"确定"按钮,完成工件的创建。

Task 3.创建刀具

Step 1.选择下拉菜单"插入"➪"刀具"命令,系统弹出"创建刀具"对话框。

Step 2.确定刀具类型。在"类型"下拉列表中选择"mill_contour"选项,在"刀具子类型"区域中单击"MILL"按钮,在"刀具"下拉列表中选择"NONE"选项,在"名称"文本框中输入"D10",单击"确定"按钮,系统弹出"铣刀-5 参数"对话框。

Step 3.在"尺寸"区域的"直径"文本框中输入值"10.0",在"下半径"文本框中输入值"0.0",其他参数采用系统默认的设置值,单击"确定"按钮,完成刀具的创建。

Task 4.创建插铣操作

Stage 1.创建工序类型。

Step 1.选择下拉菜单"插入"⇨"工序"命令,系统弹出"创建工序"对话框。

Step 2.确定加工方法。在"类型"下拉列表中选择"mill_contour"选项,在"工序子类型"区域中选择"插铣"按钮,在"程序"下拉列表中选择"PROGRAM"选项,在"刀具"下拉列表中选择"D10(铣刀-5参数)"选项,在"几何体"下拉列表中选择"WORKPIECE"选项,在"方法"下拉列表中选择"METHOD"选项,单击"确定"按钮,系统弹出如图 7.3.20 所示的"插铣"对话框。

Stage 2.显示刀具和几何体。

Step 1.显示刀具。在"工具"区域中单击"编辑/显示"按钮,系统弹出"铣刀-5 参数"对话框,同时在图形区显示当前刀具的形状及大小,然后单击"确定"按钮。

Step 2.显示几何体。在"几何体"区域中单击"指定部件"右侧的"显示"按钮,在图形区会显示与之对应的几何体,如图 7.3.21 所示。

图 7.3.20 "插铣"对话框

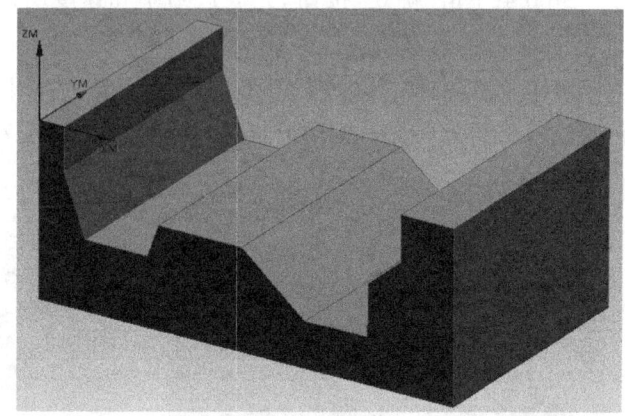

图 7.3.21 显示几何体

Stage 3.设置刀具路径参数。

Step 1.设置切削方式。在"插铣"对话框的"切削模式"下拉列表中选择"往复"

选项。

Step 2.设置切削步进方式。在"步距"下拉列表中选择"恒定"选项,在"最大距离"文本框中输入值"30.0",在后面的单位下拉列表中选择"刀具百分比"选项。

Step 3.设置向前步长。在"向前步距"文本框中输入值"20.0",在后面的单位下拉列表中选择"刀具百分比"选项。

Step 4.设置最大切削宽度。在"最大切削宽度"文本框中输入值"50.0",在后面的单位下拉列表中选择"刀具百分比"选项。

Stage 4.设置切削参数。

Step 1.在"插铣"对话框的"刀轨设置"区域中单击"切削参数"按钮,系统弹出"切削参数"对话框。

Step 2.单击"策略"选项卡,在"在边上延伸"文本框中输入值"1.0",在"切削方向"下拉列表中选择"顺铣"选项,单击"确定"按钮。

Stage 5.设置退刀参数。

在"导轨设置"区域的"转移方法"下拉列表中选择"安全平面"选项,在"退刀距离"文本框中输入值"3.0",在"退刀角"文本框中输入值"45.0"。

Stage 6.设置进给率和速度。

Step 1.在"插铣"对话框中单击"进给率和速度"按钮,系统弹出"进给率和速度"对话框。

Step 2.选中"主轴速度"复选框,在其后的文本框中输入值"1200.0",在"切削"文本框中输入值"1250.0",按回车键,然后单击"计算"按钮。

Step 3.在"更多"区域的"进刀"文本框中输入值"600.0",在"第一刀切削"文本框中输入值"300.0",在其后面的单位下拉列表中选择"mmpm"选项,其他选项均采用系统默认参数设置值。

Step 4.单击"确定"按钮,完成进给率和速度的设置,系统返回到"插铣"对话框。

Task 5.生成刀路轨迹并仿真

Step 1.在"插铣"对话框中单击"生成"按钮,在图形区中生成图 7.3.22 所示的刀路轨迹(1),将模型调整为后视图查看刀路轨迹,如图 7.3.23 所示。

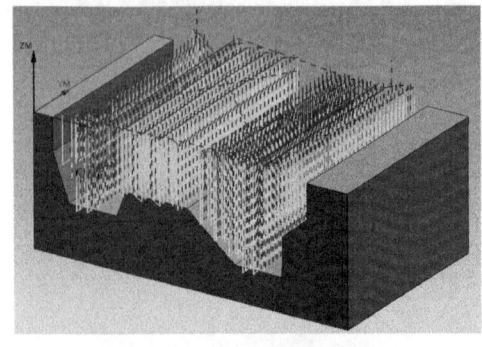

图 7.3.22　刀路轨迹(1)

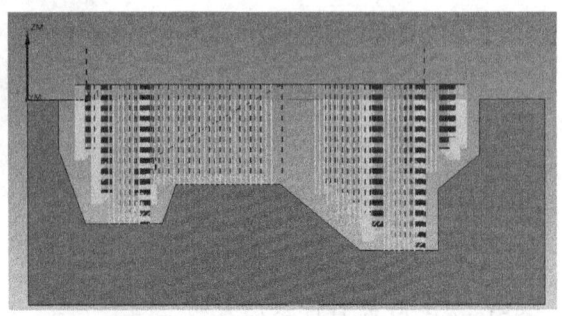

图 7.3.23　刀路轨迹(2)

Step 2.在"插铣"对话框中单击"确认"按钮,系统弹出"刀轨可视化"对话框。

Step 3.使用 2D 动态仿真。单击"2D 动态"选项卡,采用系统默认设置值,调整动画速度后单击"播放"按钮,即可演示刀具刀轨运行,完成演示后的模型如图 7.3.24 所示,仿真完成后单击"确定"按钮,完成仿真操作。

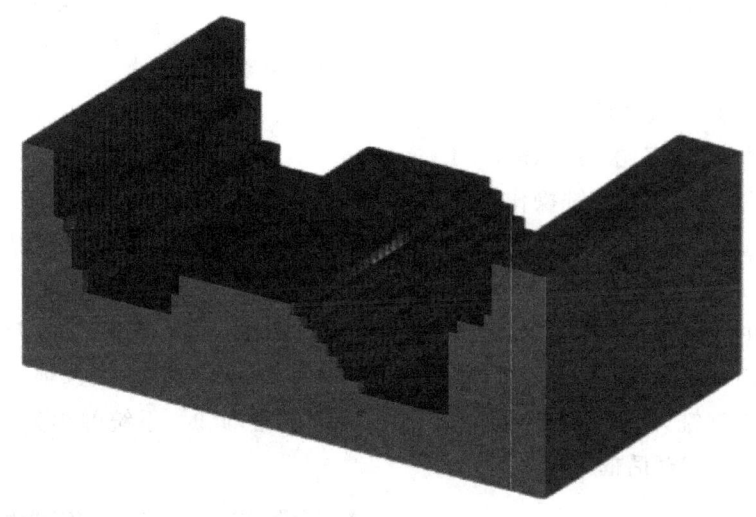

图 7.3.24 2D 仿真结果

Task 6.保存文件

选择下拉菜单"文件"⇨"保存"命令,保存文件。

7.3.4 等高轮廓铣

等高轮廓铣是一种固定的轴铣削操作,通过多个切削层来加工零件表面轮廓。在等高轮廓铣操作中,除了可以指定部件几何体外,还可以指定切削区域作为部件几何体的子集,方便限制切削区域。若没有指定切削区域,则对整个零件进行切削。在创建等高轮廓铣削路径时,系统自动追踪零件几何,检查几何的陡峭区域,定制追踪形状,识别可加工的切削区域,并在所有的切削层上生成不过切的刀具路径。等高轮廓铣的一个重要功能就是能够指定"陡角",以区分陡峭与非陡峭区域,因此可以分为一般等高轮廓铣和陡峭区域等高轮廓铣。

1.一般等高轮廓铣

对于没有陡峭区域的零件,则进行一般等高轮廓铣加工。下面以图 7.3.25 所示的模型为例,讲解创建一般等高轮廓铣的操作步骤。

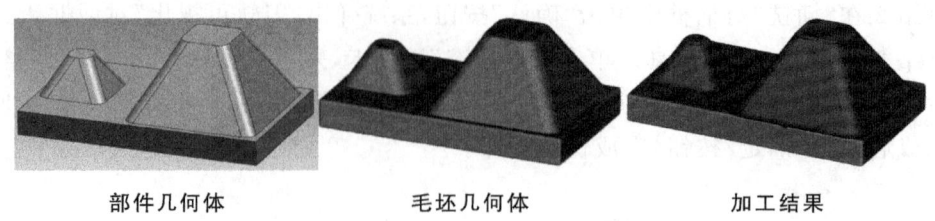

部件几何体　　　　　毛坯几何体　　　　　加工结果

图 7.3.25　一般等高轮廓铣

Task 1.打开模型文件

打开文件 E:\NX10-mx\mx-4.prt。

Task 2.创建等高轮廓铣操作

Step 1. 选择下拉菜单"插入"⇨"工序"命令,系统弹出如图 7.3.26 所示的"创建工序"对话框。

Step 2. 在"类型"下拉列表中选择"mill_contour"选项,在"工序子类型"区域中选择"深度轮廓加工"按钮,在"程序"下拉列表中选择"NC_PROGRAM"选项,在"刀具"下拉列表中选择"D6(铣刀-球头铣)"选项,单击"确定"按钮,此时,系统弹出如图 7.3.27 所示的"深度轮廓加工"对话框。

图 7.3.26　"创建工序"对话框

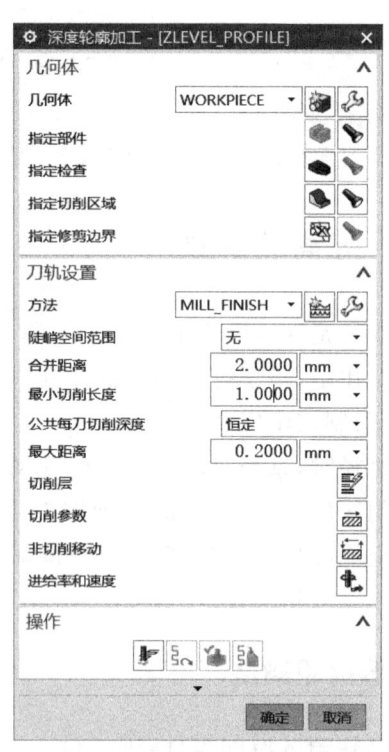

图 7.3.27　"深度轮廓加工"对话框

Stage 1.指定切削区域。

Step 1. 单击"深度轮廓加工"对话框"指定切削区域"右侧的"切削区域"按钮,系统弹出"切削区域"对话框。

Step 2.在图形区中选取图 7.3.28 所示的切削区域,单击"确定"按钮,系统返回到"深度轮廓加工"对话框。

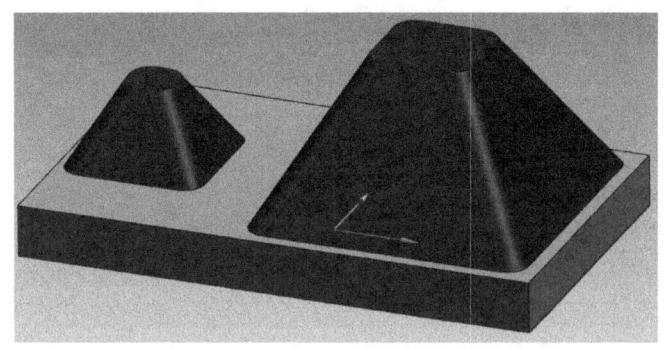

图 7.3.28 指定切削区域

Stage 2.设置刀具路径参数和切削层。

Step 1.设置刀具路径参数。在"深度轮廓加工"对话框的"合并距离"文本框中输入值"2.0",在"最小切削长度"文本框中输入值"1.0",在"公共每刀切削深度"下拉列表中选择"恒定"选项,然后在"最大距离"文本框中输入值"0.2"。

Step 2.设置切削层。单击"切削层"号钮,系统弹出如图 7.3.29 所示的"切削层"对话框,这里采用系统默认参数,单击"确定"按钮,系统返回到"深度轮廓加工"对话框。

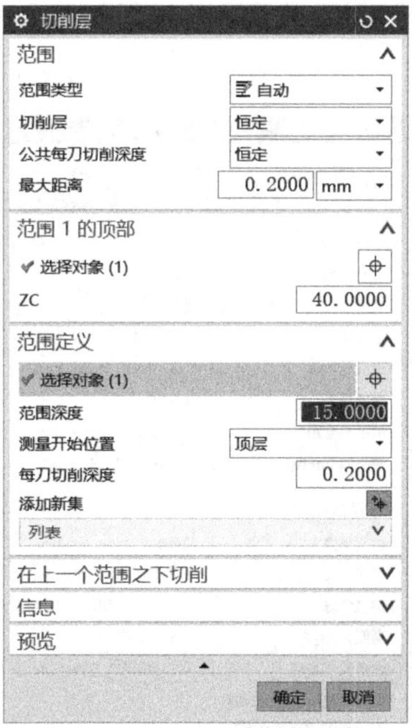

图 7.3.29 "切削层"对话框

Stage 3.设置切削参数。

Step 1.单击"深度轮廓加工"对话框中的"切削参数"按钮,系统弹出"切削参数"对话框。

Step 2.单击"策略"选项卡,在"切削顺序"下拉列表中选择"深度优先"选项。

Step 3.单击"连接"选项卡,参数设置值如图 7.3.30 所示,单击"确定"按钮,系统返回到"深度轮廓加工"对话框。

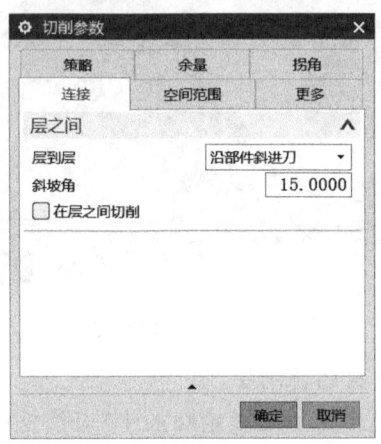

图 7.3.30 "连接"选择卡

Stage 4.设置非切削移动参数。

Step 1.在"深度轮廓加工"对话框中单击"非切削移动"按钮,系统弹出"非切削移动"对话框。

Step 2.单击"进刀"选项卡,其参数设置值如图 7.3.31 所示,单击"确定"按钮,完成非切削移动参数的设置。

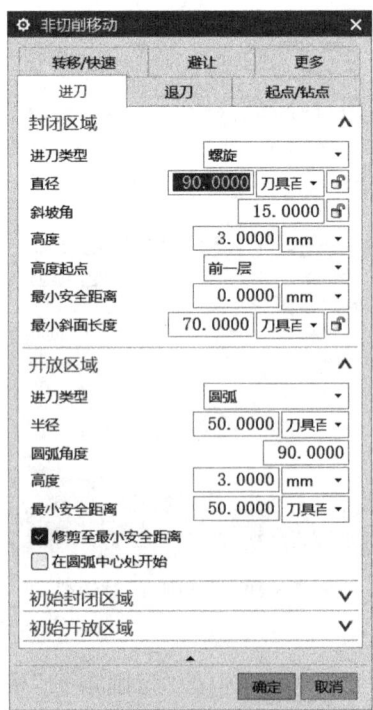

图 7.3.31 "进刀"选择卡

Stage 5.设置进给率和速度。

Step 1.在"深度轮廓加工"对话框中单击"进给率和速度"按钮,系统弹出"进给率和速度"对话框。

Step 2.选中"主轴转速"复选框,在其后的文本框中输入值"1200.0",在"切削"文本框中输入值"1250.0",按回车键,然后单击"计算"按钮。

Step 3.在"更多"区域的"进刀"文本框中输入值"1000.0",在"第一刀切削"文本框中输入值"300.0",其他选项均采用系统默认参数设置值。

Step 4.单击"确定"按钮,完成进给率和速度的设置,系统返回"深度轮廓加工"对话框。

Task 3.生成刀路轨迹并仿真

Step 1.在"深度轮廓加工"对话框中单击"生成"按钮,在图形区中生成如图 7.3.32 所示的刀路轨迹。

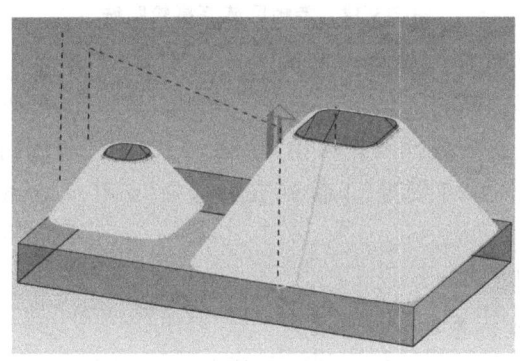

图 7.3.32　刀路轨迹

Step 2.单击"确认"按钮,系统弹出"刀轨可视化"对话框。单击"2D 动态"选项卡,采用系统默认设置值,调整动画速度后单击"播放"按钮,即可演示刀具刀轨运行,完成演示后的模型如图 7.3.33 所示,仿真完成后单击"确定"按钮,完成仿真操作。

图 7.3.33　2D 仿真结果

Step 3.单击"确定"按钮,完成操作。

Task 4.保存文件

选择下拉菜单"文件"⇨"保存"命令,保存文件。

2.陡峭区域等高轮廓铣

陡峭区域等高轮廓铣是一种能够指定陡峭角度的等高轮廓铣,通过多个切削层来加工零件表面轮廓,是一种固定轴铣操作。需要加工的零件表面既有平缓的曲面又有陡峭的曲面,也可能有非常陡峭的斜面,这都特别适合这种加工方式。下面以图 7.3.34 所示的模型为例,讲解创建陡峭区域等高轮廓铣的一般步骤。

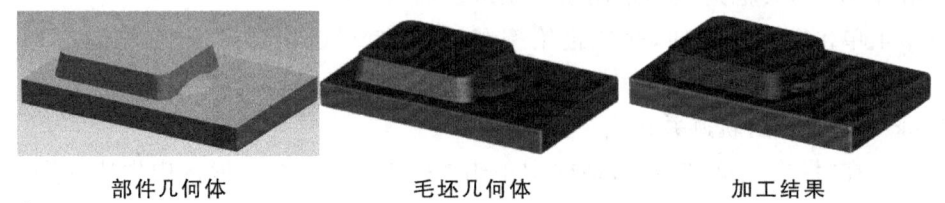

图 7.3.34 陡峭区域等高轮廓铣

Task 1.打开模型文件并进入加工模块

Step 1.打开文件 E:\NX10—mx\mx—5.prt。

Step 2.进入加工环境。选择下拉菜单"启动"➪"加工"命令,在系统弹出的"加工环境"对话框的"要创建的 CAM 设置"下拉列表中选择"mill_contour"选项,然后单击"确定"按钮,进入加工环境。

Task 2.创建几何体

Stage 1.创建机床坐标系和安全平面。

Step 1.进入几何体视图。在工序导航器的空白处右击鼠标,在快捷菜单中选择"几何视图"命令,在工序导航器中双击节点"MCS_MILL",系统弹出"MCS 铣削"对话框。

Step 2.定义机床坐标系。在"机床坐标系"区域中单击"CSYS 对话框"按钮,在"类型"下拉列表中选择"动态"选项。

Step 3.单击"操控器"区域中的"点"按钮,系统弹出"点"对话框,在"参考"下拉列表中选择"WCS"选项,然后在"XC"文本框中输入值"0.0",在"YC"文本框中输入值"0.0",在"ZC"文本框中输入值"60.0",单击两次"确定"按钮,返回到"MCS 铣削"对话框,完成如图 7.3.35 所示的机床坐标系的创建。

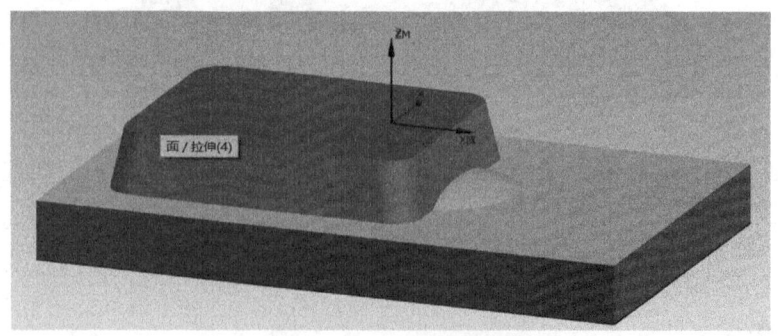

图 7.3.35 创建机床坐标系及安全平面

Step 4.创建安全平面。在"安全设置"区域的"安全设置选项"下拉列表中选择"刨"选项,单击"刨对话框"按钮,系统弹出"刨"对话框;选取图 7.3.35 所示的模型平面为参照,在"偏置"区域的"距离"文本框中输入值"20.0",单击"确定"按钮,完成图 7.3.35 所示的安全平面的创建,然后单击"确定"按钮。

Stage 2.创建部件几何体。

Step 1.在工序导航器中单击"MCS_MILL"节点前的"+",双击节点"WORKPIECE",系统弹出"工件"对话框。

Step 2.选取部件几何体。在"工件"对话框中单击"部件几何体"按钮,系统弹出"部件几何体"对话框,在图形区选取整个零件实体为部件几何体。

Step 3.单击"确定"按钮,完成部件几何体的创建,同时系统返回到"工件"对话框。

Stage 3.创建毛坯几何体。

Step 1.在"工件"对话框中单击"毛坯几何体"按钮,系统弹出"毛坯几何体"对话框。

Step 2.确定毛坯几何体。在"类型"下拉列表中选择"部件的偏置"选项,在"偏置"文本框中输入值"1.0"。单击"确定"按钮,完成毛坯几何体的创建。

Step 3.单击"确定"按钮。

Stage 4.创建切削区域几何体。

Step 1.右击工序导航器中的节点"WORKPIECE",在快捷菜单中选择"插入"⇨"创建几何体"命令,系统弹出"创建几何体"对话框。

Step 2.在"类型"下拉列表中选择"mill_contour"选项,在"几何体子类型"区域中单击"MILL_AREA"按钮,在"几何体"下拉列表中选择"WORKPIECE"选项,采用系统默认名称"MILL_AREA",单击"确定"按钮,系统弹出"铣削区域"对话框。

Step 3.单击"切削区域"按钮,系统弹出"切削区域"对话框,采用系统默认的选项,选取如图 7.3.36 所示的切削区域,单击"确定"按钮,系统返回到"铣削区域"对话框。

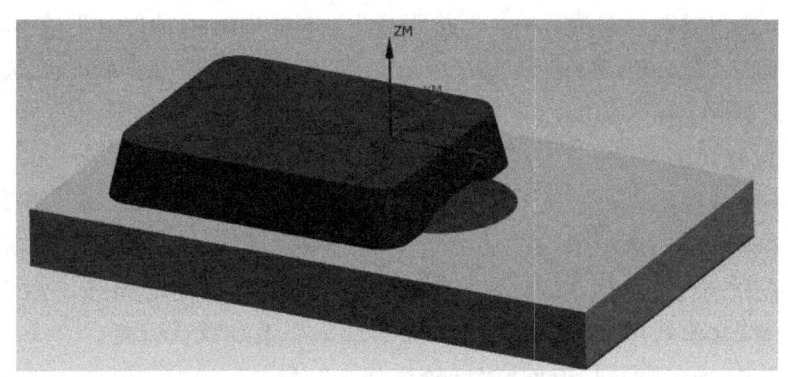

图 7.3.36 指定切削区域

Step 4.单击"确定"按钮。

Task 3.创建刀具

Step 1.选择下拉菜单"插入"⇨"创建刀具"命令,系统弹出"创建刀具"对话框。

Step 2.在"类型"下拉列表中选择"mill_contour"选项,在"刀具子类型"区域中单击

"MILL"按钮,在"位置"区域的"刀具"下拉列表中选择"GENERIC_MACHINE"选项,在"名称"文本框中输入刀具名称"D5R1",然后单击"确定"按钮,系统弹出"铣刀-5 参数"对话框。

Step 3.设置刀具参数。在"尺寸"区域的"直径"文本框中输入值"10.0",在"下半径"文本框中输入值"1.0",其他参数采用系统默认设置值,设置完成后单击"确定"按钮,完成刀具的创建。

Task 4.创建工序

Stage 1.创建工序。

Step 1 选择下拉菜单"插入"⇨"工序"命令,系统弹出"创建工序"对话框。

Step 2.确定加工方法。在"类型"下拉列表中选择"mill_contour"选项,在"工序子类型"区域中单击"深度轮廓加工"按钮,在"刀具"下拉列表中选择"D5R1(铣刀-5 参数)"选项,在"几何体"下拉列表中选择"MILL_AREA"选项,在"方法"下拉列表中选择"MILL_FINISH"选项,采用系统默认的名称。

Step 3.单击"确定"按钮,系统弹出"深度轮廓加工"对话框。

Stage 2.显示刀具和几何体。

Step 1.显示刀具。在"工具"区域中单击"编辑/显示"按钮,系统弹出"铣刀-5 参数"对话框,同时在图形区会显示当前刀具的形状及大小,单击"确定"按钮,系统返回到"深度轮廓加工"对话框。

Step 2.显示几何体。在"几何体"区域中单击相应的"显示"按钮,在图形区会显示当前的部件几何体以及切削区域。

Stage 3.设置刀具路径参数。

Step 1.设置陡峭角。在"深度轮廓加工"对话框的"陡峭空间范围"下拉列表中选择"仅陡峭的"选项,并在"角度"文本框中输入值"45.0"。

Step 2.设置刀具路径参数。在"合并距离"文本框中输入值"3.0",在"最小切削长度"文本框中输入值"1.0",在"公共每刀切削深度"下拉列表中选择"恒定"选项,然后在"最大距离"文本框中输入值"1.0"。

Stage 4.设置切削参数。

Step 1.单击"深度轮廓加工"对话框中的"切削参数"按钮,系统弹出"切削参数"对话框。

Step 2.单击"策略"选项卡,在"切削顺序"下拉列表中选择"层优先"选项。

Step 3.单击"余量"选项卡,取消选中"使用底面余量与侧面余量一致"复选框,在"部件侧面余量"文本框中输入值"0.5",其余参数采用系统默认设置。

Step 4.单击"确定"按钮,返回"深度轮廓加工"对话框。

Stage 5.设置非切削移动参数。

Step 1.在"深度轮廓加工"对话框中单击"非切削移动"按钮,系统弹出"非切削移动"对话框。

Step 2.单击"进刀"选项卡,其参数设置值如图 7.3.37 所示,单击"确定"按钮,完成非切削移动参数的设置。

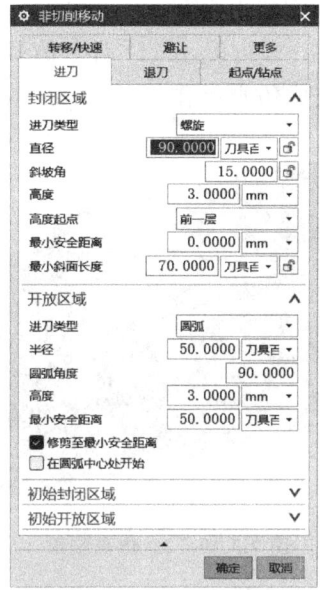

图 7.3.37 "进刀"选项卡

Stage 6.设置进给率和速度。

Step 1.在"深度轮廓加工"对话框中单击"进给率和速度"按钮,系统弹出"进给率和速度"对话框。

Step 2.选中"主轴转速"复选框,在其后方的文本框中输入值"1800.0",在"切削"文本框中输入值"1250.0",按回车键,然后单击"计算"按钮。

Step 3.在"更多"区域的"进刀"文本框中输入值"500.0",在"第一切削"文本框中输入值"2000.0",在其后面的单位下拉列表中选择"mmpm"选项;其他选项均采用系统默认参数设置值。

Step 4.单击"确定"按钮,完成进给率和速度的设置,系统返回"深度轮廓加工"对话框。

Task 5.生成刀路轨迹并仿真

Step 1.在"深度轮廓加工"对话框中单击"生成"按钮,在图形区中生成如图 7.3.38 所示的刀路轨迹。

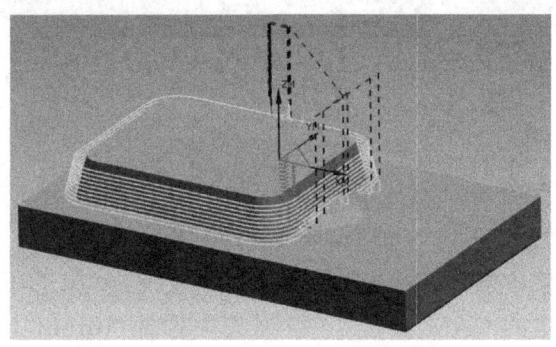

图 7.3.38 刀路轨迹

Step 2.单击"确认"按钮,系统弹出"刀轨可视化"对话框。单击"2D 动态"选项卡,调整动画速度后单击"播放"按钮,即可演示 2D 动态仿真加工,完成演示后的模型如图 7.3.39所示,单击"确定"按钮,完成仿真操作。

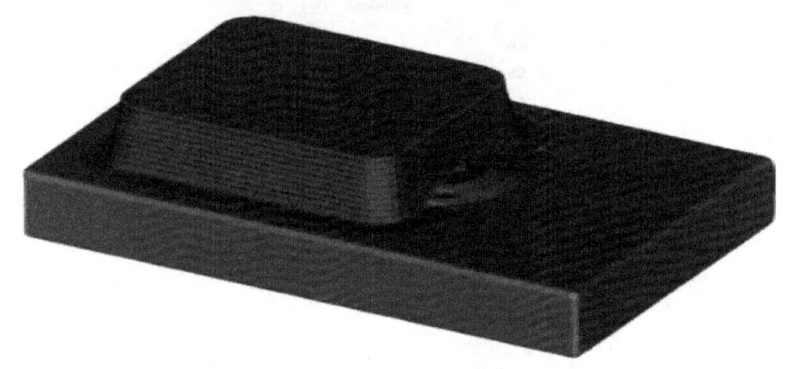

图 7.3.39　2D 仿真结果

Step 3.单击"确定"按钮,完成操作。
Task 6.保存文件
选择下拉菜单"文件"⇨"保存"命令,保存文件。

7.4　粗车外形加工

粗加工功能包含了用于去除大量材料的许多切削技术。这些加工方法包括用于高速粗加工的策略,以及通过正确的内置进刀/退刀运动达到半精加工或精加工的质量。车削粗加工依赖于系统的剩余材料自动去除功能。下面以如图 7.4.1 所示的零件为例,介绍粗车外形加工的一般步骤。

图 7.4.1　粗车外形加工

Task 1.打开模型文件并进入加工模块
Step 1.打开文件 E:\NX10－mx\mx－6.prt。
Step 2.选择下拉菜单"启动"⇨"加工"命令,系统弹出"加工环境"对话框,在"加工环境"对话框的"要创建的 CAM 设置"下拉列表中选择"turning"选项,单击"确定"按钮,进入加工环境。

Task 2.创建几何体

Stage 1.创建机床坐标系。

Step 1.在工序导航器中调整到几何视图状态,双击节点"MCS_SPINDLE",系统弹出"MCS 主轴"对话框,如图 7.4.2 所示。

图 7.4.2 "MCS 主轴"对话框

Step 2.在图形区观察机床坐标系方位,若无须调整,在"MCS 主轴"对话框中单击"确定"按钮,完成坐标系的创建,如图 7.4.3 所示。

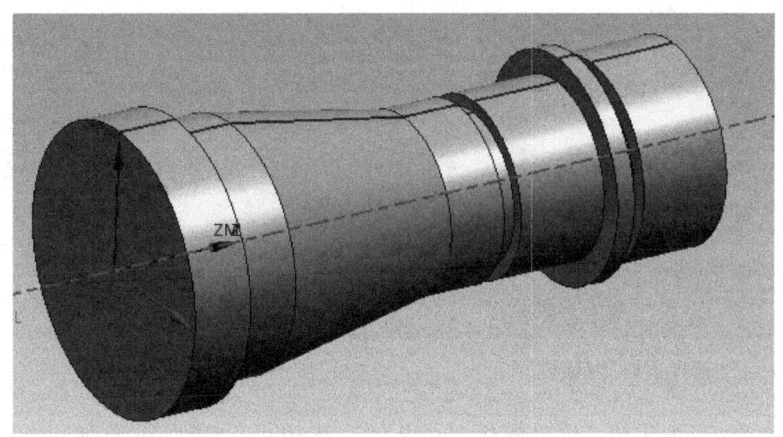

图 7.4.3 创建坐标系

Stage 2.创建部件几何体。

Step 1.在工序导航器中双击"MCS_SPINDLE"节点下的"WORKPIECE",系统弹出如图 7.4.4 所示的"工件"对话框。

Step 2.单击"部件几何体"按钮,系统弹出"部件几何体"对话框,选取整个零件为部件几何体。

Step 3.依次单击"部件几何体"对话框和"工件"对话框中的"确定"按钮,完成部件几何体的创建。

Stage 3.创建毛坯几何体。

Step 1.在工序导航器中的几何视图状态下双击"WORKPIECE"节点下的子节点"TURNING_WORKPIECE",系统弹出如图 7.4.5 所示的"车削工件"对话框。

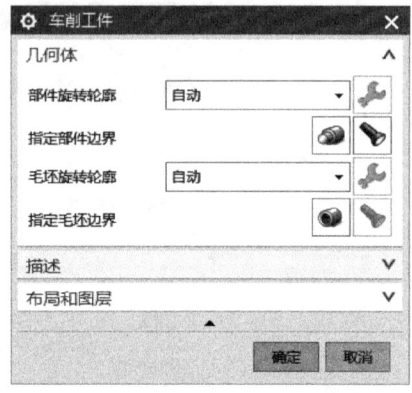

图 7.4.4 "工件"对话框　　　　图 7.4.5 "车削工件"对话框

Step 2.单击"指定部件边界"右侧的"部件边界"按钮,系统弹出如图 7.4.6 所示的"部件边界"对话框,此时系统会自动指定部件边界,并在图形区显示,如图 7.4.7 所示,单击"确定"按钮完成部件边界的定义。

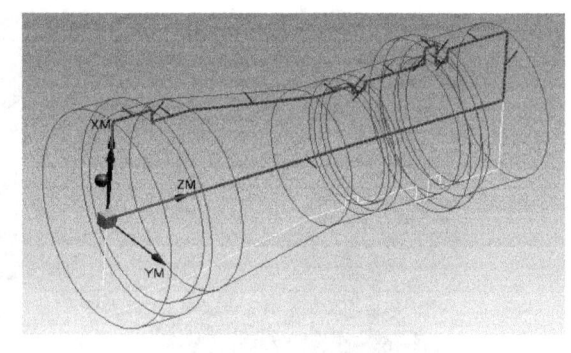

图 7.4.6 "部件边界"对话框　　　　图 7.4.7 部件边界

Step 3.单击"车削工件"对话框中的"指定毛坯边界"按钮,系统弹出"毛坯边界"对话框,如图 7.4.8 所示。

Step 4.在"类型"的下拉列表中选择"棒料"选项,在"毛坯"区域"安装位置"的下拉列表中选择"在主轴箱处"选项,然后单击"点"按钮,系统弹出"点"对话框,在图形中选择机床坐标系的原点为毛坯放置位置,单击"确定"按钮,完成安装位置的定义,并返回"毛坯边界"对话框。

Step 5.在"长度"文本框中输入值"102.0",在"直径"文本框中输入值"50.0",单击"确定"按钮,在图形区中显示毛坯边界,如图 7.4.9 所示。

图 7.4.8 "毛坯边界"对话框

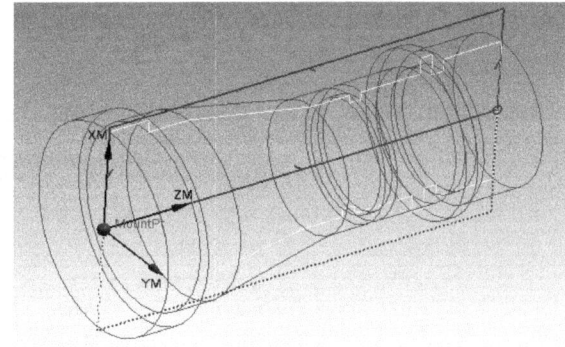
图 7.4.9 毛坯边界

Step 6.单击"车削工件"对话框中的"确定"按钮,完成毛坯几何体的定义。

Task 3.创建 1 号刀具

Step 1.选择下拉菜单"插入"⇨"创建刀具"命令,系统弹出"创建刀具"对话框。

Step 2.在如图 7.4.10 所示的"创建刀具"对话框的"类型"下拉列表中选择"turning"选项,在"刀具子类型"区域中单击"OD_80_L"按钮,在"位置"区域的"刀具"下拉列表中选择"GENERIC_MACHINE"选项,采用系统默认的名称,单击"确定"按钮,系统弹出"车刀-标准"对话框。

Step 3.单击"工具"选项卡,设置如图 7.4.11 所示的参数。

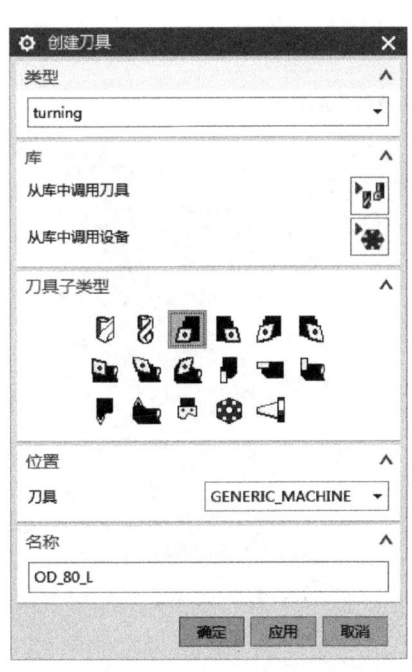

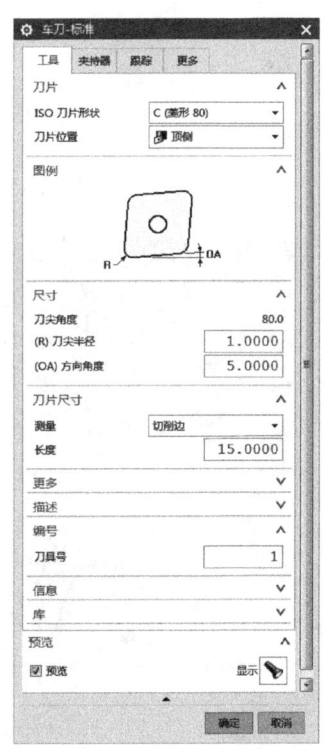

图 7.4.10 "创建刀具"对话框　　图 7.4.11 "车刀-标准"对话框

Step 4.单击"夹持器(柄)"选项卡,选中"使用车刀夹持器"复选框,采用系统默认的参数设置值,如图 7.4.12 所示;调整到静态线框视图状态,显示出刀具的形状,如图 7.4.13 所示。

Step 5.单击"确定"按钮,完成刀具的创建。

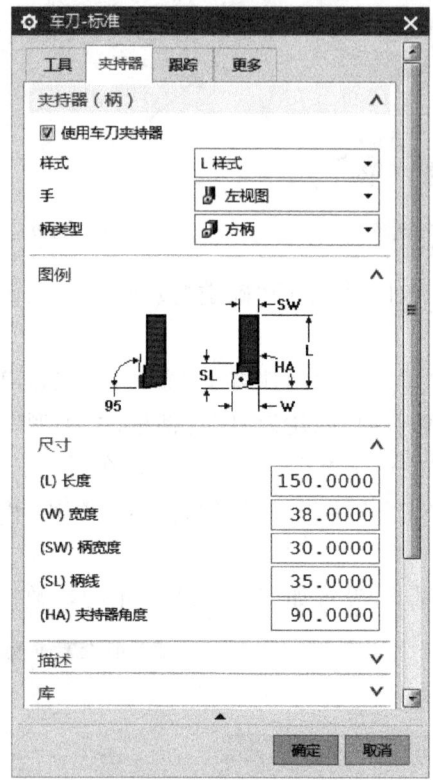

图 7.4.12 "夹持器"选项卡

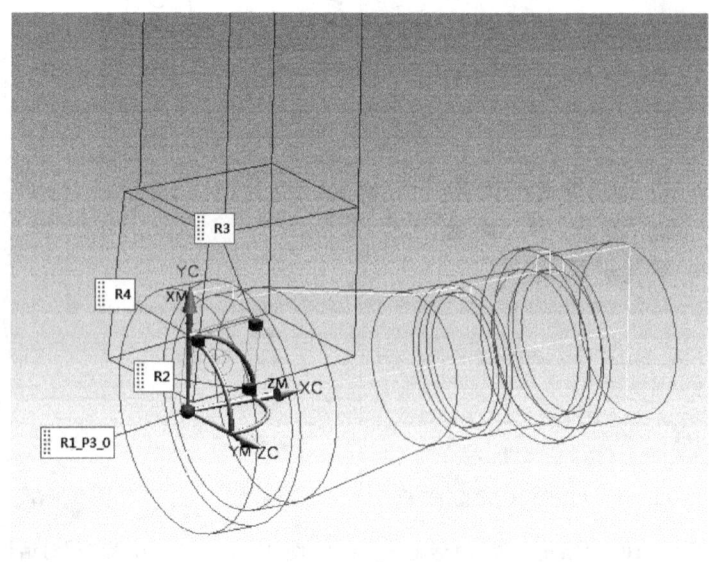

图 7.4.13 显示刀具

Task 4.指定车加工横截面

Step 1.选择下拉菜单"工具"➡"车加工横截面"命令,系统弹出如图 7.4.14 所示的"车加工横截面"对话框。

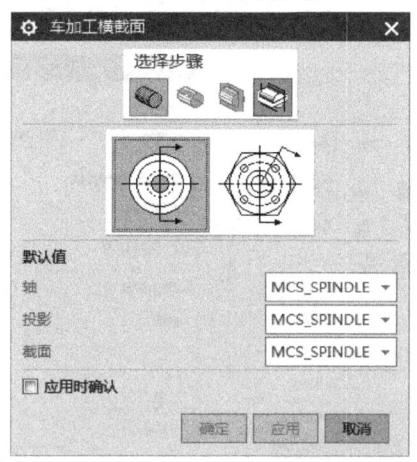

图 7.4.14 "车加工横截面"对话框

Step 2.单击"选择步骤"区域中的"体"按钮,在图形区中选取零件模型。

Step 3.单击"选择步骤"区域中的"剖切平面"按钮,确认"简单截面"按钮被按下。

Step 4.单击"确定"按钮,完成车加工横截面的定义,结果如图 7.4.15 所示,然后单击"取消"按钮。

图 7.4.15 加工横截面

Task 5.创建车削操作 1

Stage 1.创建工序。

Step 1.选择下拉菜单"插入"➡"工序"命令,系统弹出"创建工序"对话框。

Step 2.在如图 7.4.16 所示的"创建工序"对话框的"类型"下拉列表中选择"turning"选项,在"工序子类型"区域中单击"外径粗车"按钮,在"程序"下拉列表中选择"PROGRAM"选项,在"刀具"下拉列表中选择"OD_80_L(车刀-标准)"选项,在"几何体"下拉列表中选择"TURNING_WORKPIECE"选项,在"方法"下拉列表中选择"LATHE_ROUGH"选项,采用系统默认的名称。

Step 3.单击"创建工序"对话框中的"确定"按钮,系统弹出如图 7.4.17 所示的"外径粗车"对话框。

图 7.4.16　"创建工序"对话框　　　　图 7.4.17　"外径粗车"对话框

Stage 2.显示切削区域。

单击"外径粗车"对话框"切削区域"右侧的"显示"按钮,在图形区中显示出切削区域,如图 7.4.18 所示。

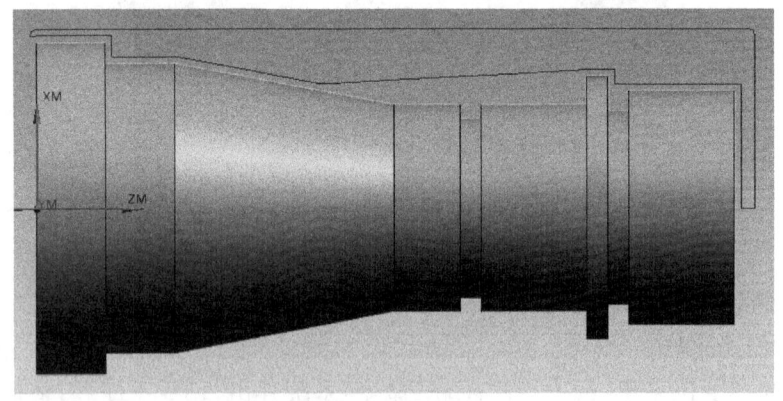

图 7.4.18　切削区域

Stage 3.设置切削参数。

Step 1.在"外径粗车"对话框"步进"区域的"切削深度"下拉列表中选择"恒定"选项,在"深度"文本框中输入值"3.0"。

Step 2.单击"外径粗车"对话框中的"更多"区域,选中"附加轮廓加工"复选框,如图 7.4.19 所示。

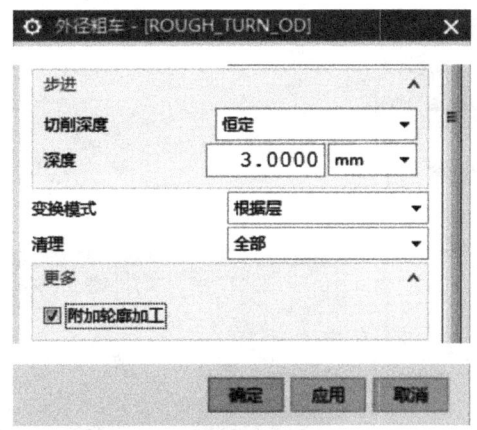

图 7.4.19 设置参数

Step 3. 设置切削参数。

1) 单击"外径粗车"对话框中的"切削参数"按钮,系统弹出"切削参数"对话框,选择"余量"选项卡,然后在"公差"区域的"内公差"和"外公差"文本框中均输入值"0.01",其他参数采用系统默认设置值,如图7.4.20所示。

2) 选择"轮廓加工"选项卡,在"策略"下拉列表中选择"全部精加工"选项,其他参数采用系统默认设置值,如图7.4.21所示,单击"确定"按钮返回到"外径粗车"对话框。

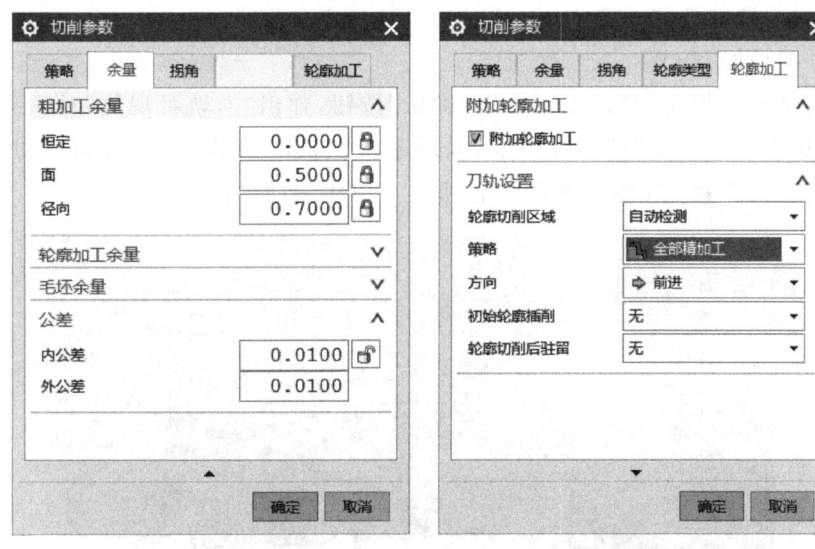

图 7.4.20 "余量"选项卡   图 7.4.21 "轮廓加工"选项卡

Stage 4. 设置非切削参数。

单击"外径粗车"对话框中的"非切削移动"按钮,系统弹出图7.4.22所示的"非切削移动"对话框。在"进刀"选项卡"轮廓加工"区域的"进刀类型"下拉列表中选择"圆弧-自动"选项,其他参数采用系统默认的设置值,然后单击"确定"按钮返回到"外径粗车"对话框。

图 7.4.22 "非切削移动"对话框   图 7.4.23 刀路轨迹

Task 6.生成刀路轨迹

Step 1.单击"外径粗车"对话框中的"生成"按钮,生成刀路轨迹如图 7.4.23 所示。

Step 2.在图形区通过旋转、平移、放大视图,再单击"重播"按钮重新显示路径,可以从不同角度对刀路轨迹进行查看,以判断其路径是否合理。

Task 7. 3D 动态仿真

Step 1.在"外径粗车"对话框中单击"确认"按钮,弹出"刀轨可视化"对话框。

Step 2.单击"3D 动态"动态选项卡,采用系统默认的参数设置值,调整动画速度后单击"播放"按钮,观察 3D 动态仿真加工,加工后的结果如图 7.4.24 所示。

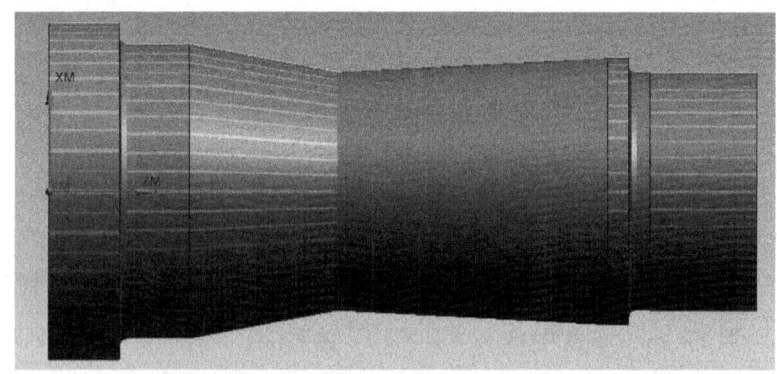

图 7.4.24 3D 仿真结果

Step 3.分别在"刀轨可视化"对话框和"外径粗车"对话框中单击"确定"按钮,完成粗车加工。

Task 8.创建 2 号刀具

Step 1.选择下拉菜单"插入"⇨"刀具"命令,系统弹出"创建刀具"对话框。

Step 2.在图 7.4.25 所示的"创建刀具"对话框的"类型"下拉列表中选择"turning"选

项,在"刀具子类型"区域中单击"OD_55_R"按钮,在"位置"区域的"刀具"下拉列表中选择"GENERIC_MACHINE"选项,采用系统默认的名称,单击"确定"按钮,系统弹出"车刀-标准"对话框。

Step 3.设置如图7.4.26所示的参数,并单击"夹持器(柄)"选项卡,选中"使用车刀夹持器"复选框,其他采用系统默认的参数设置值,单击"确定"按钮,完成2号刀具的创建。

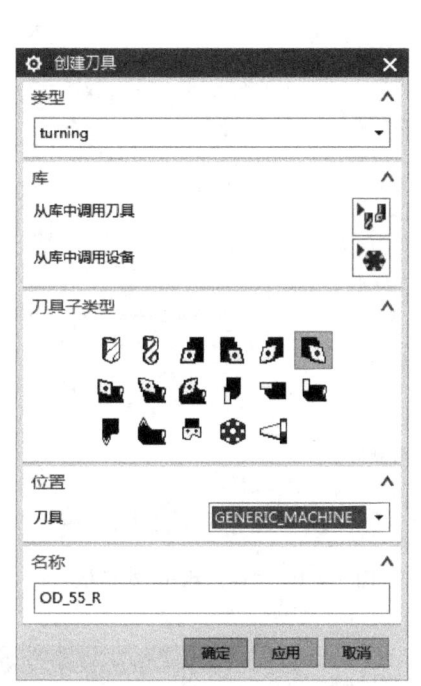
图 7.4.25 "创建刀具"对话框

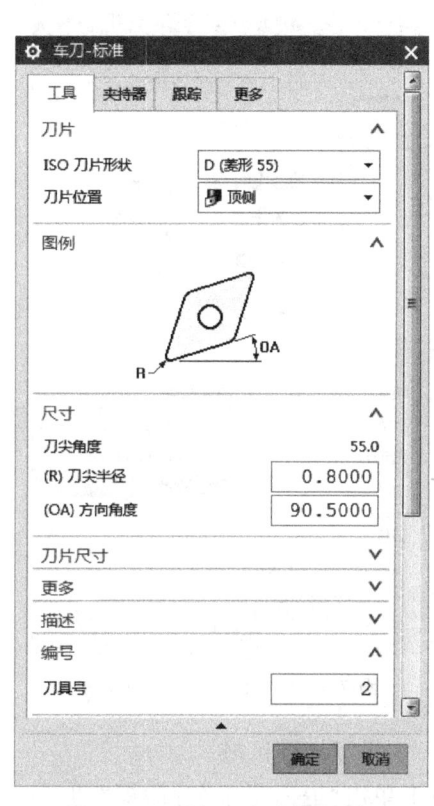
图 7.4.26 "车刀-标准"对话框

Task 9.创建车削操作2

Stage 1.创建工序。

Step 1.选择下拉菜单"插入"⇨"工序"命令,系统弹出"创建工序"对话框,如图7.4.27所示。

Step 2.在"类型"下拉列表中选择"turning"选项,在"工序子类型"区域中单击"退刀粗车"按钮,在"程序"下拉列表中选择"PROGRAM"选项,在"刀具"下拉列表中选择"OD_55_R(车刀-标准)"选项,在"几何体"下拉列表中选择"TURNING_WORKPIECE"选项,在"方法"下拉列表中选择"LATHE_ROUGH"选项,采用系统默认的名称。

Step 3.单击"创建工序"对话框中的"确定"按钮,系统弹出如图7.4.28所示的"退刀粗车"对话框。

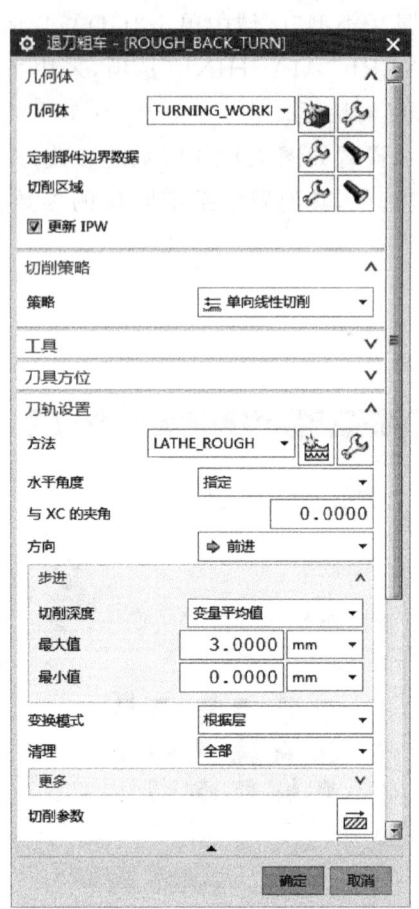

图 7.4.27 "创建工序"对话框　　图 7.4.28 "退刀粗车"对话框

Stage 2. 指定切削区域。

Step 1. 单击"退刀粗车"对话框"切削区域"右侧的"编辑"按钮,系统弹出如图7.4.29所示的"切削区域"对话框。

Step 2. 在"径向修剪平面1"区域的"限制选项"下拉列表中选择"点"选项,在图形区中选取如图7.4.30所示的边线的端点,单击"显示"按钮,显示切削区域,如图7.4.30所示。

Step 3. 单击"确定"按钮,系统返回到"退刀粗车"对话框。

图 7.4.29 "切削区域"对话框

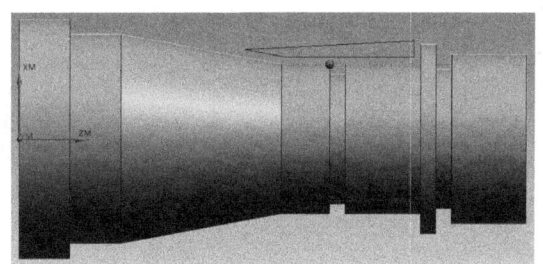

图 7.4.30 显示切削区域

Stage 3.设置切削参数。

在"退刀粗车"对话框"步进"区域的"切削深度"下拉列表中选择"恒定"选项,在"深度"文本框中输入值"3.0";单击"更多"区域,选中"附加轮廓加工"复选框。

Task 10.生成刀路轨迹

Step 1.单击"退刀粗车"对话框中的"生成"按钮,生成的刀路轨迹如图 7.4.31 所示。

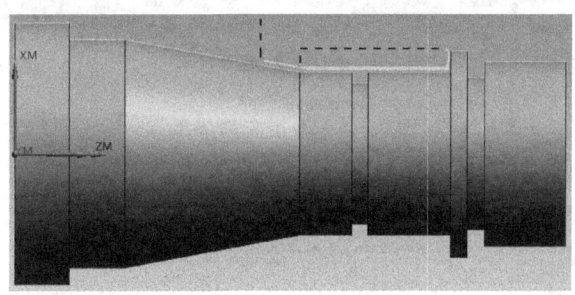

图 7.4.31 刀路轨迹

Step 2.在图形区通过旋转、平移、放大视图,再单击"重播"按钮重新显示路径,即可从不同角度对刀路轨迹进行查看,以判断其路径是否合理。

Task 11.3D 动态仿真

Step 1.在"退刀粗车"对话框中单击"确认"按钮,系统弹出"刀轨可视化"对话框。

Step 2.单击"3D 动态"选项卡,采用系统默认的设置值,调整动画速度后单击"播放"按钮,即可观察到 3D 动态仿真加工,加工后的结果如图 7.4.32 所示。

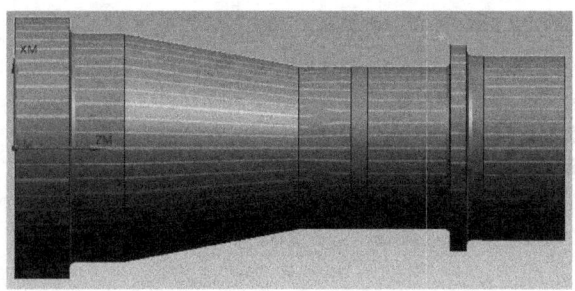

图 7.4.32 3D 仿真结果

Step 3.分别在"刀轨可视化"对话框和"退刀粗车"对话框中单击"确定"按钮,完成粗车加工。

Task 12.保存文件

选择下拉菜单"文件"⇨"保存"命令,保存文件。

7.5 沟槽车削加工

沟槽车削加工可以用于切削内径、外径沟槽,在实际中多用于退刀槽的加工。在车沟槽时一般要求刀具轴线和回转体零件轴线要相互垂直,这是由车沟槽的刀具决定的。下面以如图 7.5.1 所示的零件为例,介绍沟槽车削加工的一般步骤。

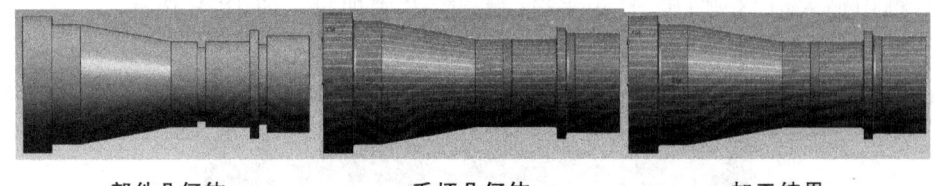

部件几何体　　　　毛坯几何体　　　　加工结果

图 7.5.1 沟槽车削加工

Task 1.打开模型文件并进入加工模块

打开文件 E:\NX10－mx\mx－7.prt,系统进入加工环境。

Task 2.创建刀具

Step 1.选择下拉菜单"插入"⇨"刀具"命令,系统弹出"创建刀具"对话框。

Step 2.在如图 7.5.2 所示的"创建刀具"对话框的"类型"下拉列表中选择"turning"选项,在"刀具子类型"区域中单击"OD_GROOVE_L_1"按钮,在"名称"文本框中输入"OD_GROOVE_L_1",单击"确定"按钮,系统弹出如图 7.5.3 所示的"槽刀-标准"对话框。

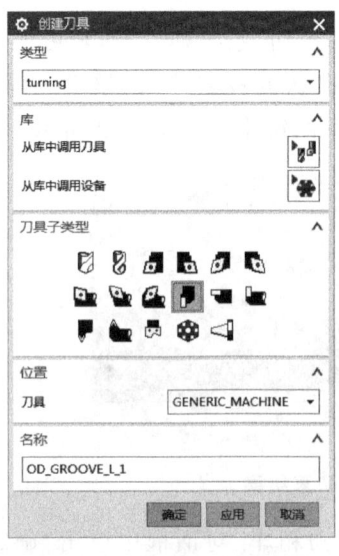 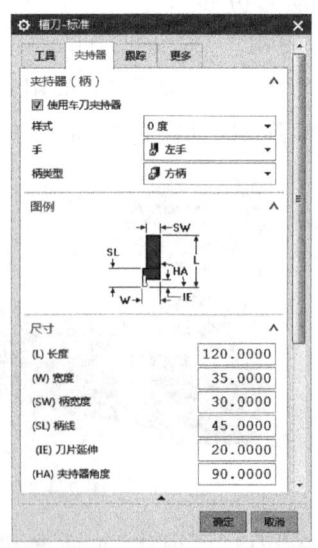

图 7.5.2 "创建刀具"对话框　　　图 7.5.3 "槽刀-标准"对话框

Step 3.单击"工具"选项卡,然后在"刀片形状"下拉列表中选择"标准"选项,其他参数采用系统默认设置值。

Step 4.单击"夹持器(柄)"选项卡,选中"使用车刀夹持器"复选框,设置如图 7.5.3 所示的参数。

Step 5.单击"确定"按钮,完成刀具的创建。

Task 3.创建工序

Stage 1.创建工序。

Step 1.选择下拉菜单"插入"➡"工序"命令,系统弹出"创建工序"对话框。

Step 2.在如图 7.5.4 所示的"创建工序"对话框的"类型"下拉列表中选择"turning"选项,在"工序子类型"中单击"外径开槽"按钮,在"程序"下拉列表中选择"PROGRAM"选项,在"刀具"下拉列表中选择"OD_GROOVE_L(槽刀-标准)"选项,在"几何体"下拉列表中选择"TURNING_WORKPIECE"选项,在"方法"下拉列表中选择"LATHE_GROOVE"选项,在"名称"文本框中输入"GROOVE_OD"。

Step 3.单击"确定"按钮,系统弹出"外径开槽"对话框,在"切削策略"区域的"策略"下拉列表中选择切削类型为"单项插削",如图 7.5.5 所示。

图 7.5.4 "创建工序"对话框

图 7.5.5 "外径开槽"对话框

Stage 2.指定切削区域。

Step 1.单击"外径开槽"对话框"切削区域"右侧的"编辑"按钮,系统弹出"切削区域"对话框,如图 7.5.6 所示。

图 7.5.6 "切削区域"对话框

Step 2.在"区域选择"下拉列表中选择"指定"选项,在"区域加工"下拉列表中选择"多个"选项,在"区域序列"下拉列表中选择"单向"选项,单击"指定点"区域,然后在图形区选取如图 7.5.7 所示的 RSP 点(鼠标单击位置大致相近即可)。

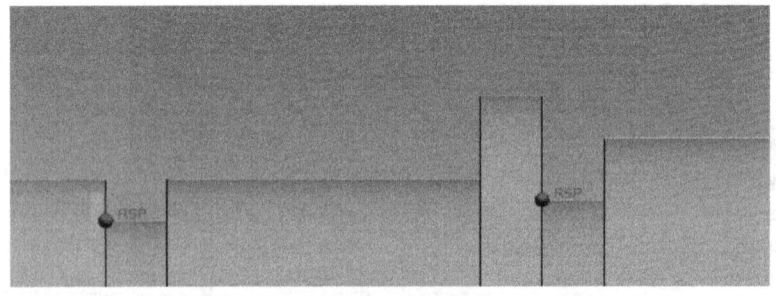

图 7.5.7 RSP 点和切削区域

Step 3.在"切削区域"对话框"自动检测"区域中的"最小面积"文本框中输入值"1.0"。

Step 4.单击"预览"区域的按钮,可以观察到如图 7.5.7 所示的切削区域,完成切削区域的定义,单击"确定"按钮,系统返回到"外径开槽"对话框。

Stage 3.设置切削参数。

Step 1.单击"外径开槽"对话框中的"切削参数"按钮,系统弹出"切削参数"对话框。

Step 2.选择"轮廓加工"选项卡,选中"附加轮廓加工"复选框,其他参数采用系统默认的设置值,如图 7.5.8 所示,单击"确定"按钮回到"外径开槽"对话框。

图 7.5.8 "切削参数"对话框

Stage 4.设置非切削参数。

单击"外径开槽"对话框中的"非切削移动"按钮,系统弹出"非切削移动"对话框;然后在"进刀"选项卡"轮廓加工"区域的"进刀类型"下拉列表中选择"线性-自动"选项,其他参数采用系统默认的设置值,单击"确定"按钮,返回到"外径开槽"对话框。

Task 4.生成刀路轨迹

Step 1.单击"外径开槽"对话框中的"生成"按钮,刀路轨迹如图 7.5.9 所示。

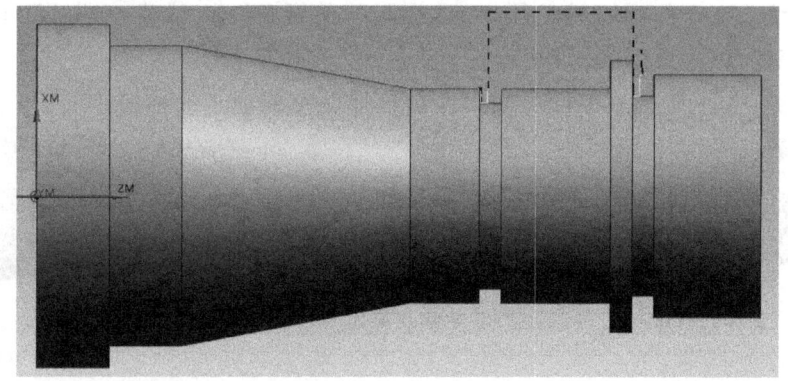

图 7.5.9 刀路轨迹

Step 2.在图形区通过旋转、平移、放大视图,再单击"重播"按钮重新显示路径,即可从不同角度对刀路轨迹进行查看,以判断其路径是否合理。

Task 5.3D 动态仿真

Step 1.在"外径开槽"对话框中单击"确认"按钮,系统弹出"刀轨可视化"对话框。

Step 2.单击"3D 动态"选项卡,其参数采用系统默认设置值,调整动画速度后单击"播放"按钮,即可观察到3D动态仿真加工,加工后的结果如图7.5.10所示。

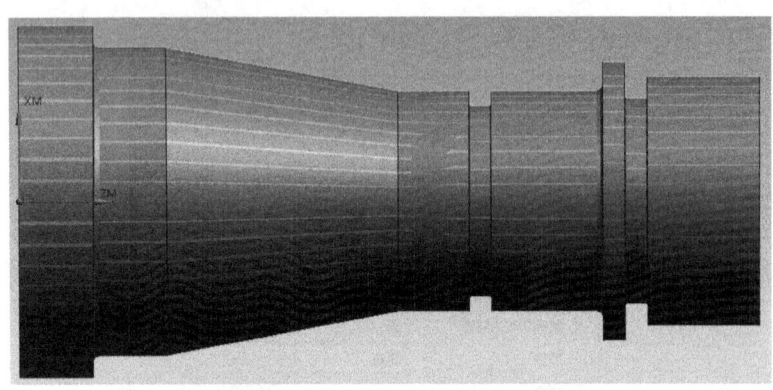

图 7.5.10　3D 仿真结果

Step 3.分别在"刀轨可视化"对话框和"外径开槽"对话框中单击"确定"按钮,完成车槽操作。

Task 6.保存文件

选择下拉菜单"文件"⇨"保存"命令,保存文件。

7.6　螺纹车削加工

在 UG 车螺纹加工中允许进行直螺纹或锥螺纹切削,它们可能是单个或多个内部、外部或面螺纹。在车削螺纹时必须指定"螺距""前倾角"或"每英寸螺纹",并选择顶线和根线(或深度)以生成螺纹刀轨。

下面以图 7.6.1 所示的零件为例来介绍外螺纹车削加工的一般步骤。

图 7.6.1　外螺纹车削加工

Task 1.打开模型文件

打开模型文件 E:\NX10-mx\mx-8.prt,系统自动进入加工模块,按前文方法创建工件坐标系等几何体。

Task 2.创建刀具

Step 1.选择下拉菜单"插入"⇨"创建刀具"命令,系统弹出"创建刀具"对话框。

Step 2.在如图 7.6.2 所示的"创建刀具"对话框的"类型"下拉列表中选择"turning"选项,在"刀具子类型"区域中单击"OD_THREAD_L"按钮,系统弹出"螺纹刀-标准"对话框。

Step 3.设置如图 7.6.3 所示的参数,单击"确定"按钮,完成刀具的创建。

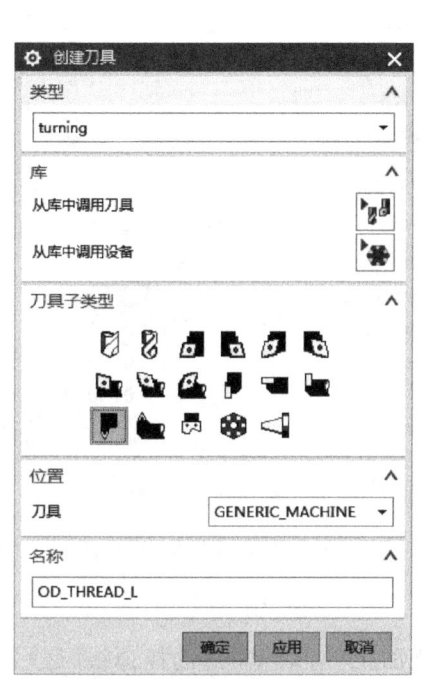 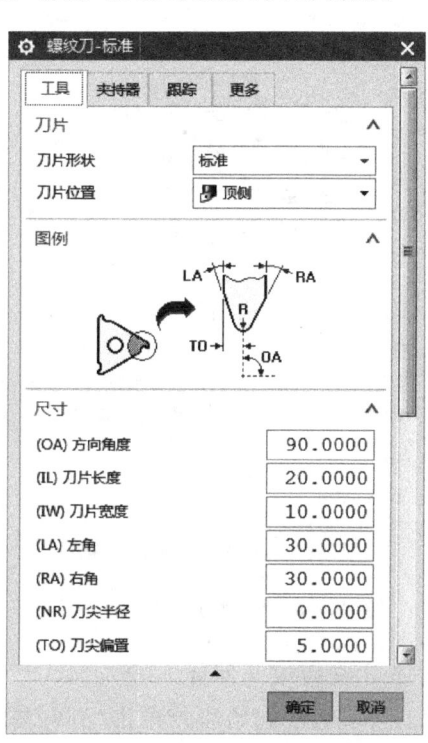

图 7.6.2　"创建刀具"对话框　　　图 7.6.3　"螺纹刀-标准"对话框

Task 3.创建车削螺纹操作

Stage 1.创建工序。

Step 1.选择下拉菜单"插入"⇨"工序"命令,系统弹出"创建工序"对话框,如图 7.6.4所示。

Step 2.在"类型"下拉列表中选择"turning"选项,在"工序子类型"区域中单击"外径螺纹加工"按钮,在"程序"下拉列表中选择"PROGRAM"选项,在"刀具"下拉列表中选择"OD_THREAD_L(螺纹刀-标准)"选项,在"几何体"下拉列表中选择"TURNING_WORKPIECE"选项,在"方法"下拉列表中选择"LATHE_THERAD"选项。

Step 3.单击"确定"按钮,系统弹出"外径螺纹加工"对话框,如图 7.6.5 所示。

图 7.6.4 "创建工序"对话框

图 7.6.5 "外径螺纹加工"对话框

Stage 2. 定义螺纹几何体。

Step 1. 选取螺纹起始线。单击"外径螺纹加工"对话框的"选择顶线"区域,在模型上选取如图 7.6.6 所示的边线。

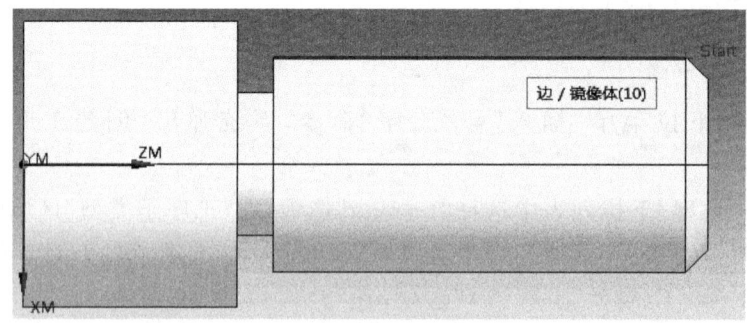

图 7.6.6 定义顶线

Step 2. 选取根线。在"深度选项"下拉列表中选择"根线"选项,单击"选择根线"区域,然后选取如图 7.6.7 所示的边线。

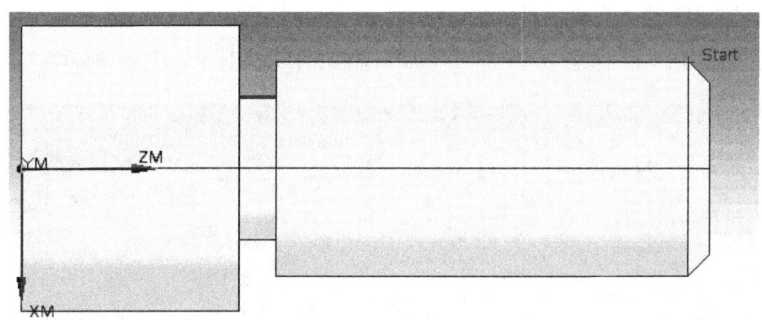

图 7.6.7 定义根线

Stage 3.设置螺纹参数。

Step 1.单击"偏置"区域使其显示出来,然后设置图 7.6.8 所示的参数。

Step 2.设置刀轨参数。在"切削深度"下拉列表中选择"恒定"选项,在"深度"文本框中输入值"1.0",在"螺纹头数"文本框中输入值"1"。

Step 3.设置切削参数。单击"外径螺纹加工"对话框中的"切削参数"按钮,系统弹出"切削参数"对话框,选择"螺距"选项卡,然后在"距离"文本框中输入值"2.5",单击"确定"按钮。

Task 4.生成刀路轨迹

Step 1.单击"外径螺纹加工"对话框中的"生成"按钮,系统生成的刀路轨迹如图7.6.9所示。

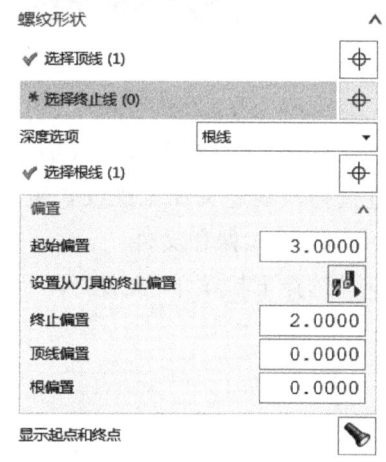

图 7.6.8 螺纹形状参数

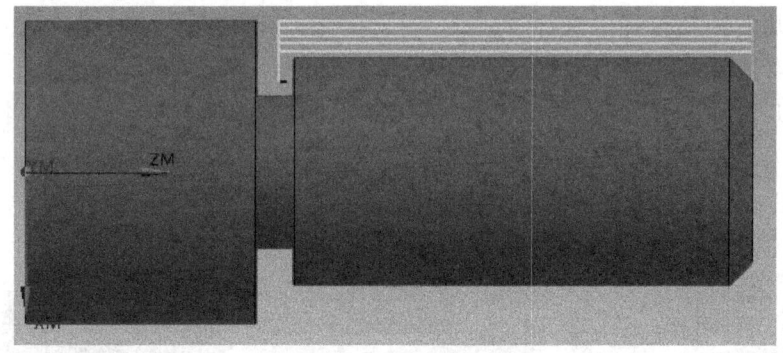

图 7.6.9 刀路轨迹

Step 2.在图形区通过旋转、平移、放大视图,再单击"重播"按钮重新显示路径,即可从不同角度对刀路轨迹进行查看,以判断其路径是否合理。

Task 5.3D 动态仿真

Step 1.单击"外径螺纹加工"对话框中的"确认"按钮,系统弹出"刀轨可视化"对话框。

Step 2.单击"3D动态"选项卡,采用系统默认参数设置值,调整动画速度后单击"播放"按钮,即可观察到3D动态仿真加工,加工后的结果如图7.6.10所示。

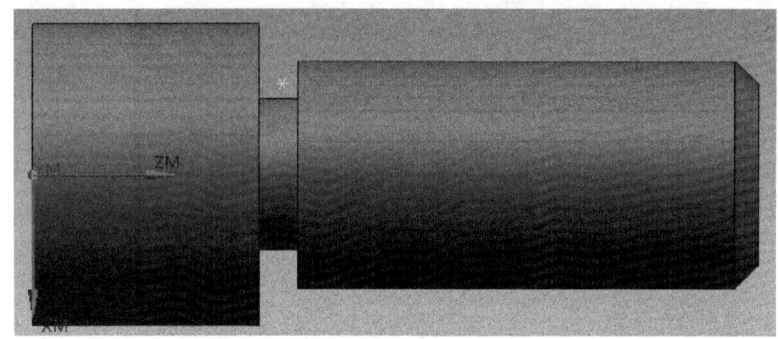

图 7.6.10 3D仿真结果

Step 3.在"刀轨可视化"对话框和"外径螺纹加工"对话框中单击"确定"按钮,完成外螺纹加工。(在车削螺纹加工过程中,通过选择螺纹几何体来设置螺纹加工,一般通过选择顶线定义加工螺纹长度,加工仿真后也看不到真实螺纹的形状。)

Task 6.保存文件

选择下拉菜单"文件"⇨"保存"命令,保存文件。

7.7 钻孔加工

创建钻孔加工操作的一般步骤如下:
1)创建几何体及刀具。
2)设置参数,如循环类型、进给率、进刀和退刀运动、部件表面等。
3)指定几何体,如选择点或孔、优化加工顺序、避让障碍等。
4)生成刀路轨迹及仿真加工。

下面以图7.7.1所示的模型为例,说明创建钻孔加工操作的一般步骤。

部件几何体　　　　毛坯几何体　　　　加工结果

图 7.7.1 钻孔加工

Task 1.打开模型文件并进入加工模块

Step 1.打开模型文件 E:\NX10—mx\mx—9.prt。

Step 2.进入加工环境。选择下拉菜单"启动"⇨"加工"命令,在系统弹出的"加工环境"对话框的"要创建的 CAM 设置"下拉列表中选择"drill"选项,单击"确定"按钮,进入加工环境。

Task 2.创建几何体

Stage 1.创建机床坐标系。

Step 1.在工序导航器中进入几何体视图,然后双击节点"MCS_MILL",系统弹出"MCS 铣削"对话框。

Step 2.创建机床坐标系。在"机床坐标系"区域中单击"CSYS对话框"按钮,在系统弹出的 CSYS 对话框的"类型"下拉列表中选择"动态"。

Step 3.单击"操控器"区域中的"操控器"按钮,在"点"对话框的"Z"文本框中输入值"30.0",单击"确定"按钮,此时系统返回至 CSYS 对话框,单击"确定"按钮,完成机床坐标系的创建,如图 7.7.2 所示;系统返回至"MCS 铣削"对话框,然后单击"确定"按钮。

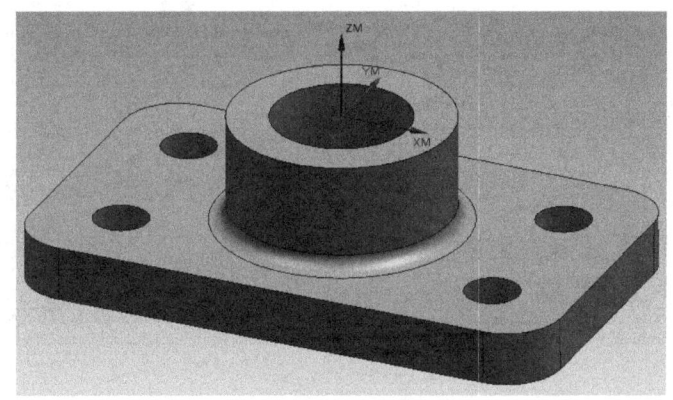

图 7.7.2 创建机床坐标系

Stage 2.创建部件几何体。

Step 1.在工序导航器中单击"MCS_MILL"节点前的"+",双击节点"WORK-PIECE",系统弹出"工件"对话框。

Step 2.选取部件几何体。单击"部件几何体"按钮,系统弹出"部件几何体"对话框。

Step 3.选取全部零件为部件几何体,单击"确定"按钮,完成部件几何体的创建,同时系统返回到"工件"对话框。

Stage 3.创建毛坯几何体。

Step 1.进入模型的部件导航器,单击节点"模型历史记录"展开模型历史记录,在"拉伸"节点上右击,在弹出的快捷菜单中选择"隐藏"命令,在"拉伸"节点上右击鼠标,在弹出的快捷菜单中选择"显示"命令。

Step 2.单击"毛坯几何体"按钮,系统弹出"毛坯几何体"对话框。

Step 3.选取"拉伸为毛坯几何体",完成后单击"确定"按钮。

Step 4.单击"工件"对话框中的"确定"按钮,完成毛坯几何体的创建。

Step 5.进入模型的部件导航器,在"拉伸"节点上右击鼠标,在弹出的快捷菜单中选择"显示"命令,在"拉伸"节点上右击鼠标,在弹出的快捷菜单中选择"隐藏"命令。

Step 6.切换到工序导航器。

Task 3.创建刀具

Step 1.选择下拉菜单"插入"⇨"创建刀具"命令,系统弹出"创建刀具"对话框,如图7.7.3所示。

Step 2.在"类型"下拉列表中选择"drill"选项,在"刀具子类型"区域中选择"DRILLING_TOOL"按钮,在"名称"文本框中输入"Z10",单击"确定"按钮,系统弹出如图7.7.4所示的"钻刀"对话框。

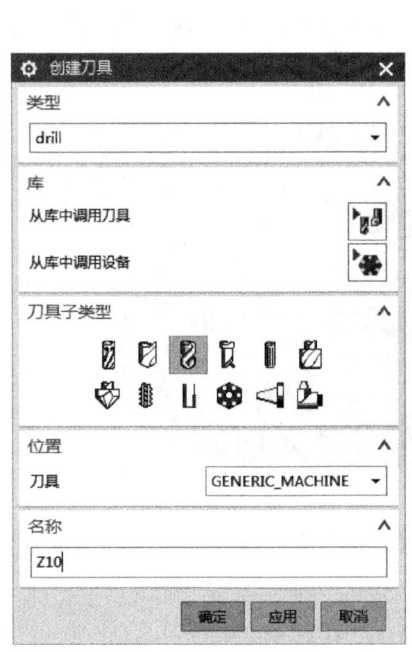
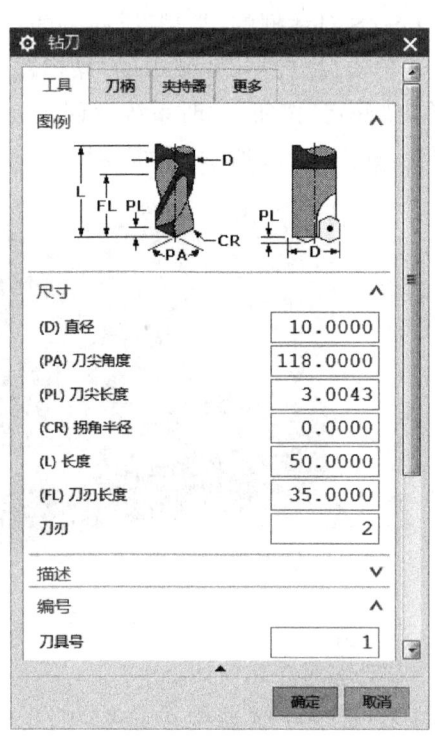

图 7.7.3 "创建刀具"对话框　　　图 7.7.4 "钻刀"对话框

Step 3.设置刀具参数。在"直径"文本框中输入值"10.0",在"刀具号"文本框中输入值"1",其他参数采用系统默认设置值,单击"确定"按钮,完成刀具的创建。

Task 4.创建工序

Stage 1.插入工序。

Step 1.选择下拉菜单"插入"⇨"工序"命令,系统弹出"创建工序"对话框,如图7.7.5所示。

Step 2.在"类型"下拉列表中选择"drill"选项,在"工序子类型"区域中选择"DRILLING"按钮,在"刀具"下拉列表中选择"Z10(钻刀)"选项,在"几何体"下拉列表中选择"WORKPIECE"选项,其他参数可参考图7.7.6。

Step 3.单击"确定"按钮,系统弹出如图7.7.6所示的"钻孔"对话框。

图 7.7.5 "创建工序"对话框 图 7.7.6 "钻孔"对话框

Stage 2.指定钻孔点。

Step 1.指定钻孔点。

1)单击"钻孔"对话框"指定孔"右侧的"点到点"按钮,系统弹出如图 7.7.7 所示的"点到点几何体"对话框;单击"选择"按钮,系统弹出如图 7.7.8 所示的"点位选择"对话框。

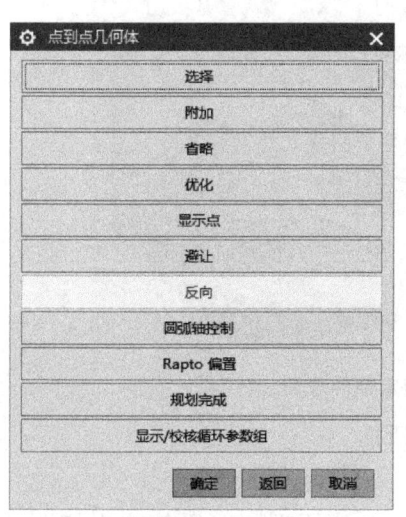 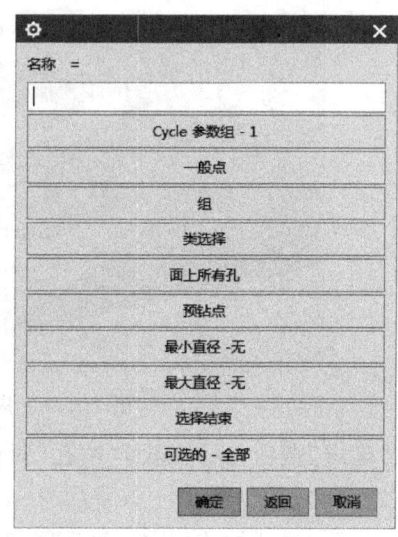

图 7.7.7 "点到点几何体"对话框 图 7.7.8 "点位选择"对话框

2)在图形区依次选取如图7.7.9所示的孔边线,分别单击"点位选择"对话框和"点到点几何体"对话框中的"确定"按钮,返回"钻孔"对话框。

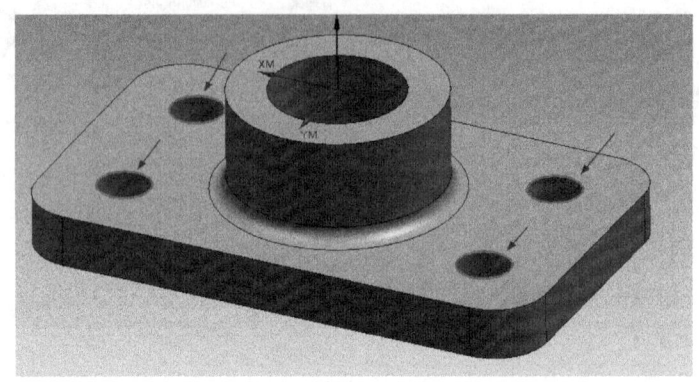

图 7.7.9　选择孔

Step 2.定义顶面。

1)单击"钻孔"对话框中"指定顶面"右侧的"顶部曲面"按钮,系统弹出"顶部曲面"对话框,如图7.7.10所示。

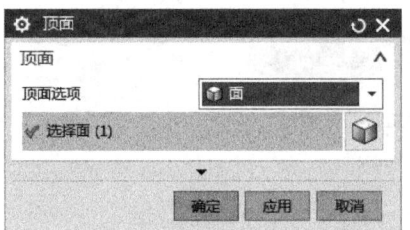

图 7.7.10　"顶部曲面"对话框

2)在"顶面选择"下拉列表中选择"面"选项,然后选取如图7.7.11所示的面。

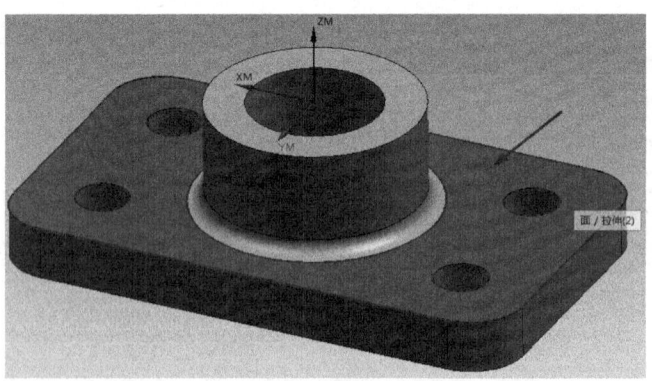

图 7.7.11　指定部件表面

3)单击"确定"按钮,系统返回"钻孔"对话框。

Step 3.定义底面。

1)单击"钻孔"对话框中"指定底面"右侧的"底面"按钮,系统弹出如图7.7.12所示的"底面"对话框。

2)在"底面选项"下拉列表中选择"面"选项,选取如图 7.7.13 所示的面。
3)单击"确定"按钮,返回"钻孔"对话框。

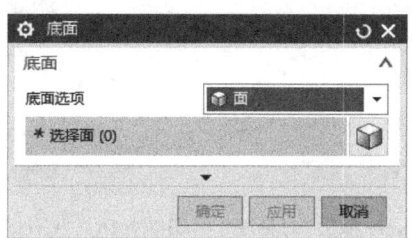

图 7.7.12 "底面"对话框

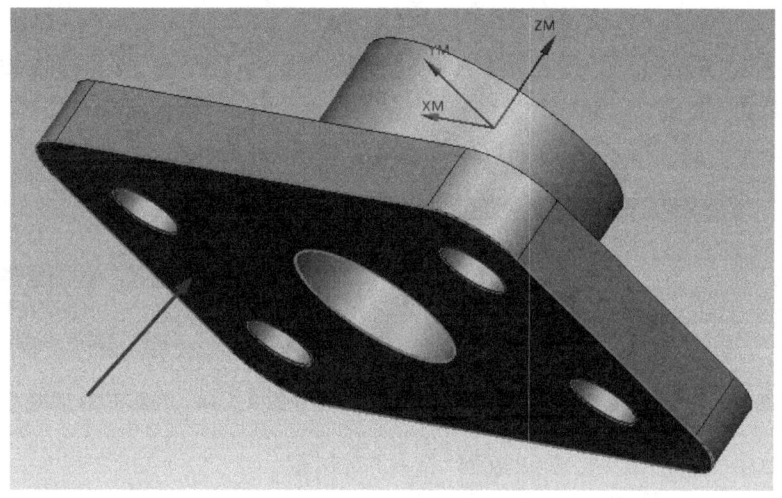

图 7.7.13 指定底面

Stage 3.设置刀轴。

在"钻孔"对话框的"刀轴"区域选择系统默认的"＋ZM 轴"作为要加工孔的轴线方向。

Stage 4.设置循环控制参数。

Step 1.在"钻孔"对话框"循环类型"区域的"循环"下拉列表中选择"标准钻"选项,单击"编辑参数"按钮,系统弹出如图 7.7.14 所示的"指定参数组"对话框。

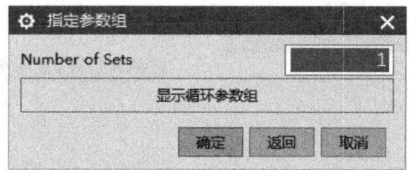

图 7.7.14 "指定参数组"对话框

Step 2.在"指定参数组"对话框中采用系统默认的参数组序号 1,单击"确定"按钮,系统弹出如图 7.7.15 所示的"Cycle 参数"对话框;单击"Depth-模型深度"按钮,系统弹出如图 7.7.16 所示的"Cycle 深度"对话框。

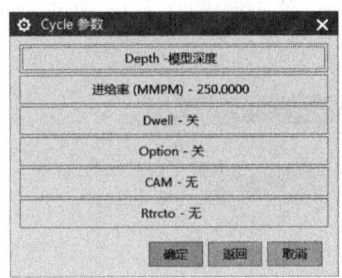
图 7.7.15 "Cycle 参数"对话框
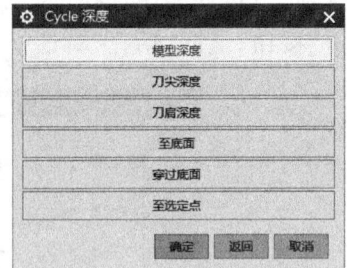
图 7.7.16 "Cycle 深度"对话框

Step 3.在"Cycle 深度"对话框中单击"模型深度"按钮,系统自动计算实体中孔的深度,并返回"Cycle 参数"对话框。

Step 4.单击"Rtrcto-无"按钮,系统弹出如图 7.7.17 所示的"安全高度设置类型"对话框,单击"距离"按钮,系统弹出如图 7.7.18 所示的"退刀"对话框,在文本框中输入值"50.0",单击"确定"按钮,系统返回"Cycle 参数"对话框。

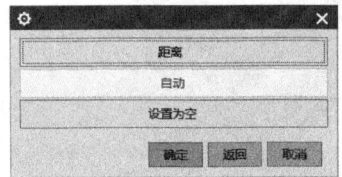
图 7.7.17 "安全高度设置类型"对话框

图 7.7.18 "退刀"对话框

Step 5.单击"确定"按钮,系统返回"钻孔"对话框。

Stage 5.设置一般参数。

Step 1.设置最小安全距离。在"最小安全距离"文本框中输入值"3.0"。

Step 2.设置通孔安全距离。在"通孔安全距离"文本框中输入值"1.5"。

Stage 6.避让设置。

Step 1.单击"钻孔"对话框中的"避让"按钮,系统弹出如图 7.7.19 所示的"避让几何体"对话框。

Step 2.单击"Clearance Plane-无"按钮,系统弹出如图 7.7.20 所示的"安全平面"对话框。

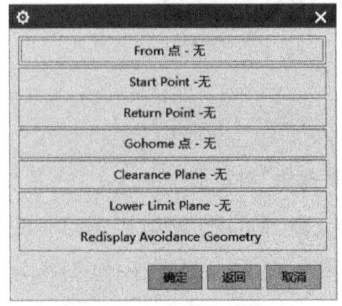
图 7.7.19 "避让几何体"对话框
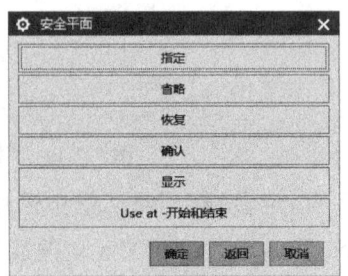
图 7.7.20 "安全平面"对话框

Step 3.单击"安全平面"对话框中的"指定"按钮,系统弹出如图7.7.21所示的"刨"对话框,选取如图7.7.22所示的平面为参照,然后在"偏置"区域的"距离"文本框中输入值"10.0",单击"确定"按钮,系统返回"刨平面"对话框并创建一个安全平面,单击"显示"按钮可以查看创建的安全平面,如图7.7.23所示。

Step 4.单击两次"确定"按钮,系统完成安全平面的设置,返回"钻孔"对话框。

图 7.7.21 "平面体"对话框

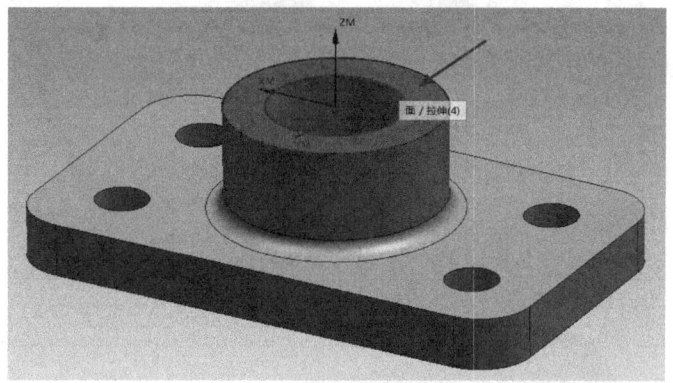

图 7.7.22 选取参照平面框

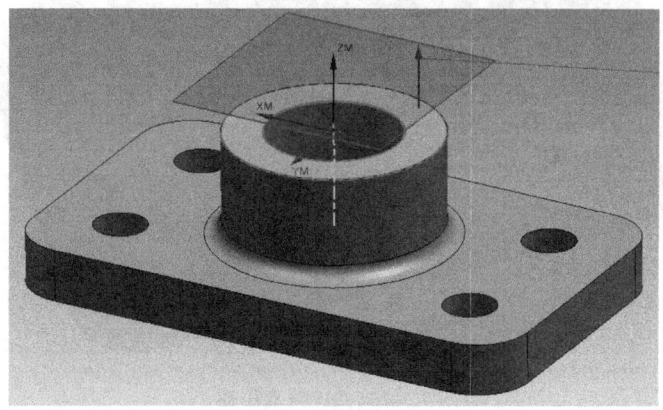

图 7.7.23 创建安全平面

Stage 7.设置进给率和速度。

Step 1. 单击"钻孔"对话框中的"进给率和速度"按钮,系统弹出"进给率和速度"对话框。

Step 2. 选中"主轴转速"复选框,然后在其后方的文本框中输入值"500.0",按回车键;然后单击"计算"按钮,在"切削"文本框中输入值"50.0",按回车键,然后单击"计算"按钮,其他选项采用系统默认设置值,单击"确定"按钮。

Task 5.生成刀路轨迹并仿真

生成的刀路轨迹如图 7.7.24 所示,2D 动态仿真加工后的结果如图 7.7.25 所示。

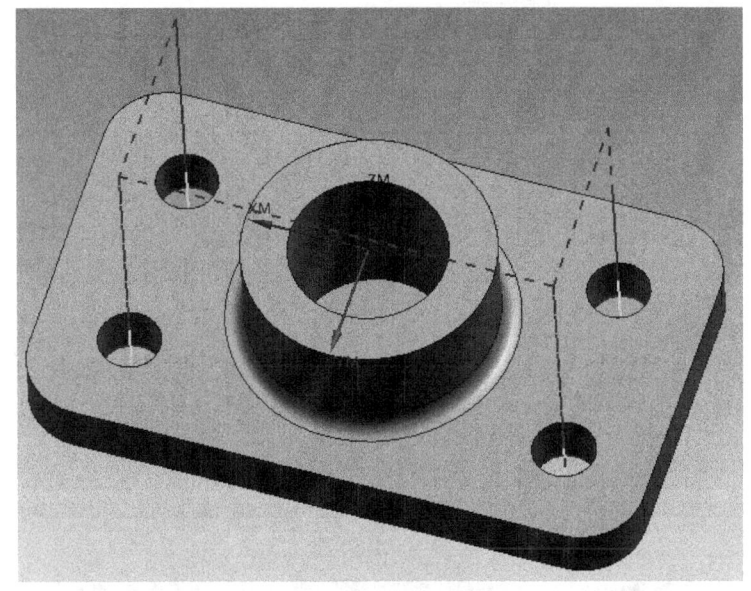

图 7.7.24　刀路轨迹

图 7.7.25　2D 仿真结果

Task 6.保存文件

选择下拉菜单"文件"⇨"保存"命令,保存文件。

7.8 其他功能

在很多情况下,需要在产品的表面上雕刻零件信息和标识,即刻字。UG NX 10.0 中的刻字操作提供了这个功能,它使用制图模块中注释编辑器定义的文字来生成刀路轨迹。创建刻字操作应在一个封闭的区域,这时如果刀尖半径很小,那么这些封闭的区域很可能不被完全切掉。

下面以图 7.8.1 所示的模型为例,介绍创建刻字铣削的一般步骤。

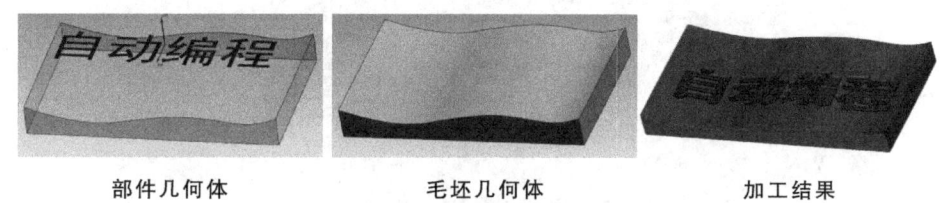

图 7.8.1 刻字

Task 1.打开模型文件并进入加工模块

Step 1.打开模型文件 E:\NX10-mx\mx-10.prt。

Step 2.进入加工环境。选择下拉菜单"启动"⇨"加工"命令,在系统弹出的"加工环境"对话框的"要创建的 CAM 设置"下拉列表中选择"mill_contour"选项,单击"确定"按钮,进入加工环境。

Task 2.创建几何体

Stage 1.创建机床坐标系和安全平面。

Step 1.在工序导航器的几何体视图中双击节点"MCS_MILL",系统弹出"MCS 铣削"对话框。

Step 2.创建机床坐标系。在"机床坐标系"区域中单击"CSYS 对话框"按钮,在系统弹出的 CSYS 对话框的"类型"下拉列表中选择"动态"选项。

Step 3.单击"操控器"区域中的"点"按钮,系统弹出"点"对话框,在"点"对话框的"参考"下拉列表中选择"WCS"选项,在"X"文本框中输入值"30.0",单击"确定"按钮,完成如图 7.8.2 所示的机床坐标系的创建;单击"确定"按钮,系统返回到"MCS 铣削"对话框。

Step 4.创建安全平面。在"安全设置"区域的"安全设置选项"下拉列表中选择"刨"选项,单击"刨对话框"按钮,系统弹出"刨"对话框;在"类型"下拉列表中选择"XC-YC 平面",然后在"距离"文本框中输入值"5.0",单击"确定"按钮,完成图 7.8.3 所示的安全平面的创建,系统返回到"MCS 铣削"对话框。

图 7.8.2 创建坐标系

图 7.8.3 创建安全平面

Stage 2.创建部件几何体。

Step 1.在工序导航器中单击"MCS_MILL"节点前的"+",然后双击节点"WORK-PIECE",系统弹出"工件"对话框。

Step 2.选取部件几何体。单击"部件几何体"按钮,系统弹出"部件几何体"对话框,在图形区选取整个零件作为部件几何体。

Step 3.单击"确定"按钮,完成部件几何体的创建,同时系统返回到"工件"对话框。

Stage 3.创建毛坯几何体。

Step 1.在"工件"对话框中单击"选择或编辑毛坯几何体"按钮,系统弹出"毛坯几何体"对话框,在图形区选取整个零件为毛坯几何体,单击"确定"按钮,系统返回到"工件"对话框。

Step 2.单击"确定"按钮,完成毛坯几何体的创建。

Task 3.创建刀具

Step 1.选择下拉菜单"插入"⇨"创建刀具"命令,系统弹出"创建刀具"对话框。

Step 2.设置刀具类型和参数。在"类型"下拉列表中选择"mill_contour"选项,在"刀具子类型"区域中单击"BALL_MILL"按钮,在"位置"区域的"刀具"下拉列表中选择"NONE"选项,在"名称"文本框中输入刀具名称"BALL_MILL",单击"确定"按钮,系统弹出"铣刀-球头铣"对话框。

Step 3.在对话框中"尺寸"区域的"球直径"文本框中输入值"5.0",在"锥角"文本框中输入值"15.0",其他参数采用系统默认设置值,设置完成后单击"确定"按钮,完成刀具的创建。

Task 4.创建刻字操作

Stage 1.创建工序。

Step 1.选择下拉菜单"插入"⇨"工序"命令,系统弹出"创建工序"对话框。

Step 2.确定加工方法。在"类型"下拉列表中选择"mill_contour"选项,在"工序子类型"区域中单击"轮廓文本"按钮,在"程序"下拉列表中选择"PROGRAM"选项,在"刀具"下拉列表中选择"BALL_MILL(铣刀-球头铣)"选项,在"几何体"下拉列表中选择"WORKPIECE"选项,在"方法"下拉列表中选择"MILL_FINISH"选项,单击"确定"按钮,系统弹出如图7.8.4所示的"轮廓文本"对话框。

Stage 2.显示刀具和几何体。

Step 1.显示刀具。在"轮廓文本"对话框的"工具"区域中单击"编辑/显示"按钮,系统弹出"铣刀-球头铣"对话框,同时在图形区中显示刀具的形状及大小,如图7.8.5所示,然后单击"确定"按钮。

Step 2.显示部件几何体。在"轮廓文本"对话框的"几何体"区域中单击"指定部件"右侧的"显示"按钮,在图形区中显示部件几何体,如图7.8.6所示。

图 7.8.4 "轮廓文本"对话框

图 7.8.5 显示刀具

图 7.8.6　显示部件几何体

Stage 3.指定制图文本。

Step 1.在"轮廓文本"对话框中单击"指定制图文本"右侧的"A"按钮,系统弹出如图 7.8.7 所示的"文本几何体"对话框。

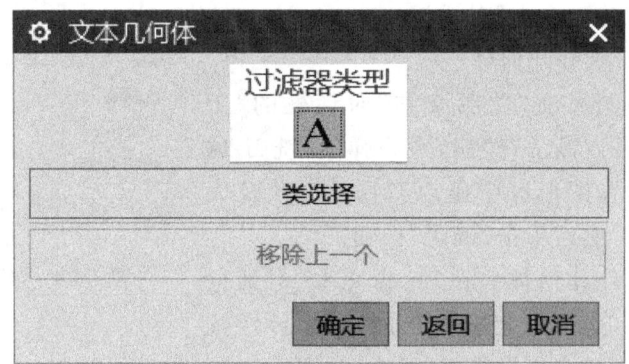

图 7.8.7　"文本几何体"对话框

Step 2.在图形区中选取如图 7.8.8 所示的文本,单击"确定"按钮返回到"轮廓文本"对话框。

图 7.8.8　选取制图文本

Stage 4.设置切削参数。

Step 1.单击"轮廓文本"对话框中的"切削参数"按钮,系统弹出"切削参数"对话框;单击"策略"选项卡,在"文本深度"文本框中输入值"0.25"。

Step 2.单击"余量"选项卡,其参数设置值如图7.8.9所示,单击"确定"按钮。

Stage 5.设置非切削移动参数。

Step 1.在"轮廓文本"对话框中单击"非切削移动"按钮,系统弹出"非切削移动"对话框。

Step 2.单击"进刀"选项卡,其参数设置值如图7.8.10所示,完成后单击"确定"按钮。

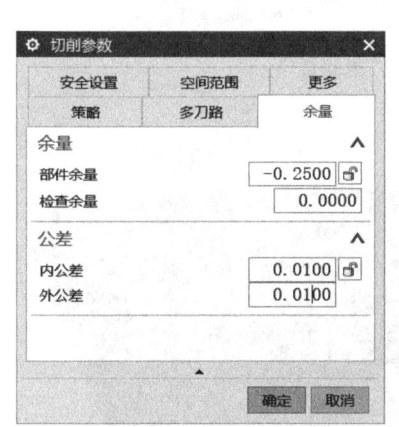
图 7.8.9　"余量"选项卡

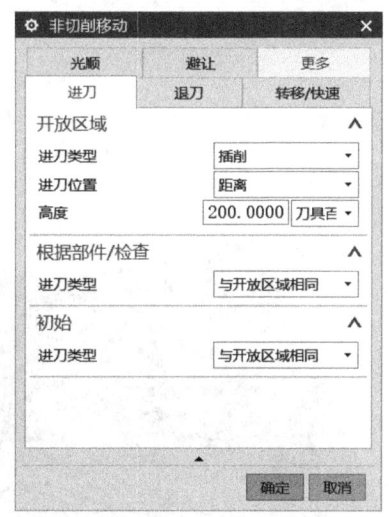
图 7.8.10　"进刀"选项卡

Stage 6.设置进给率和速度。

Step 1.在"轮廓文本"对话框中单击"进给率和速度"按钮,系统弹出"进给率和速度"对话框。

Step 2.选中"主轴转速"复选框,然后在其后的文本框中输入值"1200"。

Step 3.在"切削"文本框中输入值"3000.0",按回车键,然后单击"计算"按钮,在"更多"区域的"进刀"文本框中输入值"500.0",在"第一刀切削"文本框中输入值"300.0",其他选项均采用系统默认设置值。

Step 4.单击"确定"按钮,完成进给率和速度的设置,系统返回"轮廓文本"对话框。

Task 5.生成刀路轨迹并仿真

Step 1.在"轮廓文本"对话框中单击"生成"按钮,在图形区中生成如图7.8.11所示的刀路轨迹。

Step 2.单击"确认"按钮,在系统弹出的"刀轨可视化"对话框中单击"2D 动态"选项卡,单击"播放"按钮,即可演示刀具刀轨运行,完成演示后的模型如图7.8.12所示,仿真完成后单击两次"确定"按钮,完成操作。

Task 6.保存文件

选择下拉菜单"文件"⇨"保存"命令,保存文件。

图 7.8.11　刀路轨迹

图 7.8.12　2D 仿真结果

技能训练

在 UG NX 10.0 中完成下列各零件的自动编程,并进行 2D/3D 动态仿真加工,生成 NC 代码并保存。

1.型腔铣加工（模型文件 xt-1.prt）

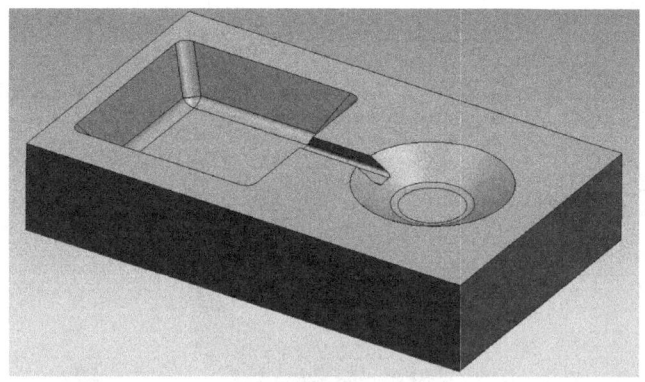

图 1　型腔铣加工

2.等高轮廓铣加工（模型文件 xt-2.prt）

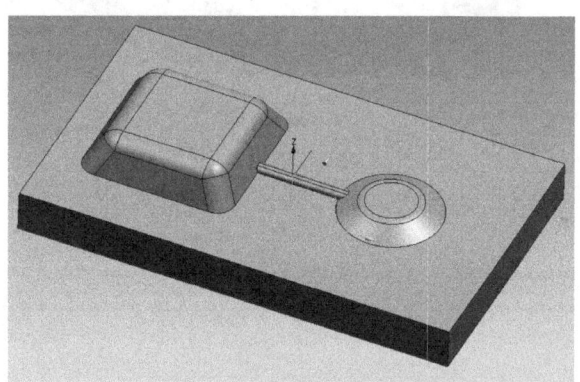

图 2　等高轮廓铣加工

3.粗车外形、沟槽车削加工（模型文件 xt-3.prt）

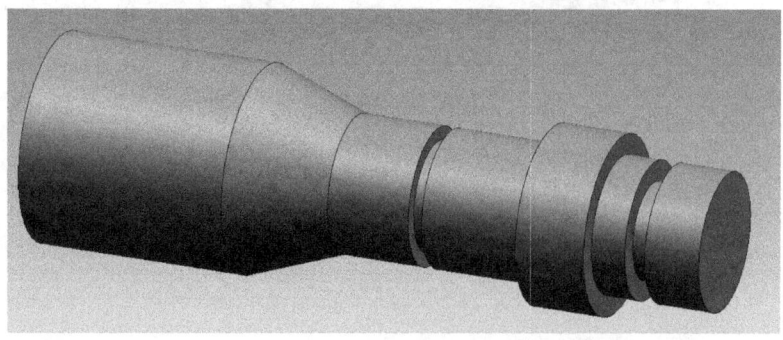

图 3　粗车外形、沟槽车削加工

4.钻孔加工（模型文件 xt-4.prt）

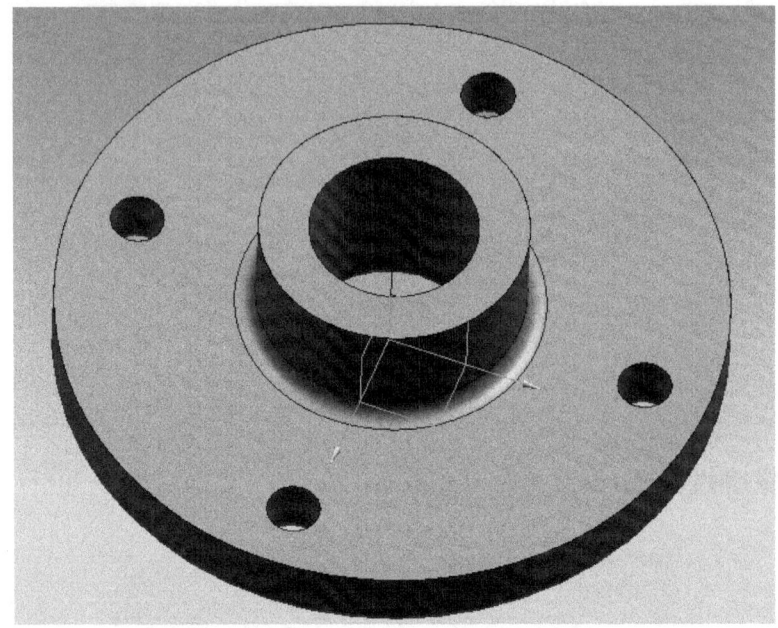

图 4　钻孔加工

5.刻字加工（模型文件 xt-5.prt）

图 5　刻字加工

参考文献

[1] 闫占辉,刘宏伟.机床数控技术[M].武汉:华中科技大学出版社,2008.
[2] 宋凤敏,宋祥玲.数控铣床编程与操作[M].北京:清华大学出版社,2011.
[3] 吴明友.数控铣床(FANUC)考工实训教程[M].北京:化学工业出版社,2015.
[4] 李家杰.数控铣床培训教程[M].北京:机械工业出版社,2011.
[5] 邱世全.数控铣床编程与操作实训教程[M].杭州:浙江工商大学出版社,2014.
[6] 刘鹏玉,陈伟强,涂志标.数控铣床编程100例[M].北京:机械工业出版社,2014.
[7] 周晓宏.数控铣床加工中心编程与加工一体化教程[M].北京:中国电力出版社,2017.
[8] 张美荣,常明.数控机床操作与编程[M].北京:北京交通大学出版社,2010.
[9] 林岩.数控加工工艺与编程[M].北京:化学工业出版社,2023.
[10] 易红.数控技术[M].北京:机械工业出版社,2005.
[11] 王永清,刘海波,杨有君.数控技术[M].北京:机械工业出版社,2023.
[12] 王伟.数控技术[M].北京:机械工业出版社,2017.
[13] 北京兆迪科技有限公司.UG NX 10.0数控加工教程[M].北京:机械工业出版社,2015.